材料与冶金新媒体教材

计算模拟在材料研究中的应用

闫翠霞　主编

北　京
冶　金　工　业　出　版　社
2023

内容提要

本书作为材料科学与工程专业主干课程配套教材，多维度多角度地阐述了材料研究过程中所用到的计算模拟方法及其理论基础。主要内容包括：量子力学及量子化学概述、第一性原理计算、分子动力学计算、有限元方法计算。各章均附有课后习题以及融媒体资料。本书内容突出了应用性与新颖性的特点，力求全面、实用，注重理论与实践相结合。

本书可作为高等学校教材，也可供从事材料专业及相关专业的师生参考。

图书在版编目(CIP)数据

计算模拟在材料研究中的应用/闫翠霞主编. —北京：冶金工业出版社，2023. 11

材料与冶金新媒体教材

ISBN 978-7-5024-9675-3

Ⅰ. ①计…　Ⅱ. ①闫…　Ⅲ. ①材料科学—计算—模拟—教材
Ⅳ. ①TB3

中国国家版本馆 CIP 数据核字(2023)第 215362 号

计算模拟在材料研究中的应用

出版发行　冶金工业出版社　　**电　　话**　(010)64027926
地　　址　北京市东城区嵩祝院北巷 39 号　　**邮　　编**　100009
网　　址　www. mip1953. com　　**电子信箱**　service@ mip1953. com

责任编辑　卢　敏　张佳丽　美术编辑　吕欣童　版式设计　郑小利
责任校对　梁江凤　责任印制　窦　唯

北京印刷集团有限责任公司印刷
2023 年 11 月第 1 版，2023 年 11 月第 1 次印刷
787mm×1092mm　1/16；17. 25 印张；415 千字；265 页
定价 56. 00 元

投稿电话　(010)64027932　投稿信箱　tougao@cnmip. com. cn
营销中心电话　(010)64044283
冶金工业出版社天猫旗舰店　yjgycbs. tmall. com
(本书如有印装质量问题，本社营销中心负责退换)

《计算模拟在材料研究中的应用》
编辑委员会

主　　编：闫翠霞

副 主 编：高　蕾　蔡金明

编写人员：杨　婷　耿　熙　高五一　杜　澳　唐杨浩

前　　言

材料是人类社会发展的重要基础，材料科学与工程是当今最为重要的科学研究领域之一。随着科技的发展，人们对材料的性能不断提出更高的要求，对其研究也迫切地需要由实验室的试错研究方式向科学的数值设计与优化转移，根据预定性能设计新材料与新工艺。计算机科学与计算机技术的飞速发展使得数值模拟和预测方法在材料科学与工程领域的应用上取得了长足的进步，材料的计算与设计已发展成为一门独立的学科——计算材料科学，它综合了材料科学、计算机科学、数学、物理、化学以及机械工程等众多学科的科学内容与技术手段，将材料科学所包含的科学信息有效地提取出来进行定量的分析与描述，通过理论计算来探索材料的组分、微结构、性能及制备工艺之间的关系，实现对研制具有特定性能的新型材料的指导。

计算材料学作为材料科学领域中的新兴学科，已经引起国内外许多材料学家的广泛关注。材料科学与工程领域的数值计算与模拟使人们看到了定量预测材料性能及优化制备加工工艺方面的潜力，也促使国内高校相继开设“计算材料科学”相关课程，以培养学生利用数值计算技术解决专业问题的基本知识和能力。

本教材基于材料专业学生的知识基础编写，加入了量子力学和量子化学的基础知识，并加入大量实际计算的案例，供学生课下练习操作。本教材的目标是帮助学生理解计算材料学的基本概念、原理和方法，并掌握其应用于材料研究和设计的实践技能。通过逐步介绍不同章节的内容，我们将陪伴同学们踏上一段富有挑战和发现的旅程。

本书共分4章，涵盖以下内容：

第 1 章：量子力学与量子化学基础，本章节将探讨量子力学的基本原理和概念，包括波粒二象性、波函数、薛定谔方程以及量子力学在材料科学中的应用。原子之间的相互作用。量子化学作为化学科学的一个分支，应用量子力学规律和方法来处理和研究化学问题。该部分内容由杨婷协助编写。

第 2 章：第一性原理计算在材料研究中的应用，本章节将介绍基于量子力学的第一性原理计算方法，包括密度泛函理论和量子力学分子动力学等。读者将学习如何通过计算模拟材料的原子结构、能带结构、电子结构以及材料的热力学性质等。该部分内容由高五一、耿熙协助编写。

第 3 章：分子动力学在材料研究中的应用，这一章节将介绍分子动力学模拟的原理和方法。我们将学习如何通过数值积分来模拟材料中原子和分子的运动，以及如何分析和解释模拟结果。读者将了解到分子动力学在材料性能预测、相变研究以及材料响应行为等方面的应用。该部分内容由杜澳协助编写。

第 4 章：有限元方法在材料研究中的应用，在这一章节中，我们将介绍有限元方法及其在计算材料学中的应用。读者将学习如何建立材料的有限元模型，并通过数值求解来分析材料的力学行为、热传导以及结构优化等问题。该部分内容由唐杨浩协助编写。

本教材旨在提供一个坚实的基础，让学生能够掌握计算材料学的核心概念和方法。通过学习本教材，读者将能够在材料研究和工程中运用计算技术，提高材料设计和性能优化的效率和准确性。

最后，我们感谢本书有幸成为你的学习指南和研究参考，希望能够为你在计算材料学领域的学术和职业发展提供支持和启发。祝愿你在这个令人兴奋的学科领域取得巨大的成就！

作　者

2023 年 6 月

目　录

1　量子力学与量子化学基础 …… 1
1.1　量子力学基础 …… 1
1.1.1　经典物理学的“危机”和量子力学的诞生 …… 1
1.1.2　爱因斯坦的光量子假说 …… 6
1.1.3　原子的稳定性和玻尔的量子论 …… 8
1.1.4　德布罗意物质波 …… 10
1.1.5　波函数的统计诠释 …… 14
1.1.6　薛定谔方程 …… 17
1.1.7　一维方势阱（束缚态） …… 24
1.1.8　一维 δ 势阱 …… 28
1.1.9　线性谐振子 …… 29
1.1.10　一维势散射 …… 35
1.2　量子化学基础 …… 39
1.2.1　量子化学关于化学键的理论 …… 40
1.2.2　分子轨道理论 …… 49
1.2.3　配合物的化学键 …… 56
1.2.4　别具一格的金属键 …… 60
1.2.5　分子间的缔合键——氢键 …… 63
习题 …… 65
2　第一性原理计算在材料研究中的应用 …… 68
2.1　密度泛函理论 …… 68
2.1.1　Hartree 方程 …… 70
2.1.2　Hartree-Fock 方法 …… 72
2.1.3　密度泛函理论基础 …… 75
2.1.4　Hohenberg-Kohn 定理 …… 76
2.1.5　Kohn-Sham 方程 …… 77
2.1.6　基函数 …… 81
2.1.7　赝势文件 …… 89
2.1.8　交换关联势 …… 94
2.1.9　VASP 程序的基本功能和常见参数 …… 96
2.2　第一性原理计算在二维纳米材料中的应用实例 …… 100

2.2.1 石墨烯的本征力学性质 …… 100
2.2.2 石墨烯的基本电子结构 …… 103
2.2.3 石墨烯中的磁性 …… 104
2.2.4 石墨烯建模 …… 107
2.2.5 Linux 系统操作基础 …… 115
2.2.6 VASP 计算石墨烯能带、态密度 …… 117
2.3 第一性原理计算在三维材料中的应用实例 …… 122
2.3.1 SiC 光学性质计算 …… 122
2.3.2 磁性计算 …… 126
2.3.3 锐钛矿表面 H_2O 分解 …… 130
习题 …… 136
参考文献 …… 136

3 分子动力学在材料研究中的应用 …… 138

3.1 分子动力学介绍 …… 138
3.1.1 分子动力学模拟的概念 …… 138
3.1.2 MD 模拟的应用与意义 …… 138
3.1.3 MD 模拟的发展趋势 …… 139
3.2 分子的物理模型 …… 141
3.2.1 分子的物理模型在化学中的作用 …… 141
3.2.2 原子、分子的几何模型 …… 143
3.2.3 分子的经典力学模型 …… 146
3.3 分子间相互作用 …… 152
3.3.1 分子间相互作用与势函数 …… 152
3.3.2 分子间特殊势函数 …… 154
3.3.3 分子间相互作用的起源 …… 155
3.3.4 氢键相互作用 …… 158
3.3.5 常用分子间相互作用势函数 …… 158
3.3.6 金属势 …… 161
3.4 分子动力学方法 …… 162
3.4.1 分子动力学模拟的基本原理 …… 162
3.4.2 分子动力学的基本思想和计算流程 …… 163
3.4.3 分子体系的运动方程 …… 165
3.4.4 原子势函数 …… 167
3.4.5 边界条件、初始条件 …… 168
3.4.6 数值求解方法 …… 168
3.5 分子动力学模拟实例 …… 171
3.5.1 程序与模块 …… 171
3.5.2 分子模型的创建与优化 …… 176

3.5.3　水分子的扩散系数计算 …… 184
3.5.4　分子及团簇的分子动力学模拟 …… 187
3.5.5　多相体系的分子动力学模拟——气液界面-水/气体系 …… 196
习题 …… 202
参考文献 …… 202

4　有限元方法在材料研究中的应用 …… 208

4.1　有限元法简介及其发展历史 …… 208
4.2　有限元法原理 …… 209
4.2.1　数学基础理论 …… 210
4.2.2　工程问题中的数学物理方程 …… 215
4.2.3　弹性理论 …… 218
4.2.4　变分函数 …… 220
4.2.5　插值函数 …… 223
4.2.6　形状函数 …… 225
4.2.7　连通性 …… 228
4.2.8　刚度矩阵 …… 229
4.2.9　边界条件 …… 229
4.3　有限元方法 …… 229
4.3.1　变分原理 …… 229
4.3.2　伽辽金（Galerkin）逼近 …… 233
4.3.3　联系偏微分方程 …… 238
4.4　有限元法的应用 …… 238
4.4.1　近代梁工程的有限元方法 …… 238
4.4.2　Maxwell 方程组的有限元解 …… 248
4.4.3　结构振动的有限元分析 …… 253
4.4.4　弹塑性问题的有限元分析 …… 258
习题 …… 263

1 量子力学与量子化学基础

量子力学
基础 PPT

1.1 量子力学基础

1.1.1 经典物理学的“危机”和量子力学的诞生

1.1.1.1 经典物理学的理论体系及其“危机”

在进入量子力学理论体系之前，我们首先回顾一下在 19 世纪末完成的称为经典物理学的理论体系。经典物理学包括牛顿力学、热力学与统计物理学、电动力学。

牛顿力学描述宇宙中宏观物体机械运动的普遍规律。这一理论体系可归结为牛顿三定律。无论是各种星体，还是地球上的各种物体，它们的运动无一不服从牛顿力学规律。到了 19 世纪末，牛顿力学发展到登峰造极的地步。海王星的发现就是一个最好的见证。19 世纪上半叶，人们发现天王星的运动与牛顿运动定律不符。1846 年 Adams 等人根据他们基于牛顿运动定律的计算结果提出，如果在天王星外面的某一轨道上还有一颗一定质量的行星存在，就能解释天王星的运动。当时他们预言，在第二年的某月某日这颗星将出现在某地方。第二年，在他们预言的时间和地点人们果然发现了一颗行星，这就是海王星。这一事实无可争辩地说明牛顿力学的巨大成功。

到了 19 世纪末，人们关于热现象的理论也形成了一个完整的体系，这就是热力学与统计物理学。热力学是关于热现象的宏观理论，统计物理学是关于热现象的微观理论。热力学根据关于热现象的三个基本定律，即热力学三定律，进行演绎推理，解释各种物质体系的热平衡性质；统计物理学则从物质是由大量的分子和原子组成这一事实出发，把关于热现象的宏观性质作为微观量的统计平均，解释各种物质体系的热特性。

关于电磁现象的理论——电动力学也是经典物理学的一个组成部分。1864 年，德国物理学家麦克斯韦将库仑、安培、法拉第等前人关于电磁现象的实验定律归纳成 4 个方程，建立了电磁场理论。麦克斯韦的电磁场理论成功地解释了自然界存在的各种电磁现象。麦克斯韦的电磁理论和关于电磁波的传播媒质——以太存在的假说一起构成了描述电磁现象的完整理论体系。

由牛顿力学、热力学与统计力学、电动力学所构成的经典物理学，曾经对自然界里的众多物理现象给出了令人满意的描述。因此，人们曾认为人类对自然界物理现象本质的认识已基本完成，今后物理学家的任务只不过是对个别基本问题的修补和一些具体问题的研究。

尽管经典物理学的完整理论体系能够对大量的物理现象给出令人满意的描述，但是，也出现过一些难以克服的困难，有一些现象无法用经典物理学的理论去解决。如黑体辐射问题、固体的比热问题、光电效应、原子的稳定性和原子光谱的起源、以太是否存在等问题。这些问题涉及统计物理学、电动力学等诸多领域，根源很深，威胁整个经典物理学的基础。因此，人们曾感觉经典物理学面临严重“危机”。尽管如此，大部分人还是认为，从整体上说，经典物理学体系毋庸置疑，这些困难是暂时的，只不过是物理学蓝天中的几朵“乌云”，一切困难总会在经典物理学的框架内得到解决，经典物理学理论体系依然是不可动摇的。

然而，到了20世纪初，人们的这些期望终于落空，因为这些困难的根源比人们想象的深刻得多。物理学蓝天中的几朵“乌云”导致了物理学的一场大革命，最终促成了近代物理学的两大支柱——量子力学和相对论的诞生。

以下几节，我们将介绍在19世纪末曾经困扰物理学家的一些困难以及这些困难是怎么得到解决的。

1.1.2.2 黑体辐射和普朗克的量子假说

A 热辐射

我们知道，灼热的物体能够发光，不同温度的物体发出不同频率的光。例如，一个10W的白炽灯泡发光时钨丝的温度可达2130℃，灯光发黄，光线中长波（低频）光成分较多；一个100W灯泡的钨丝发光时温度可达2580℃的高温，灯光发白，光线中的短波成分较多。由此可见，发光体的温度越高，辐射光的频率越大（波长越短）。这些物体发光是由于物体中的原子、分子的热振动引起的。温度越高，原子、分子的振动频率越大，发射光的频率也就越大。物体的这种发光过程叫作热辐射。

并不是所有的发光过程都是热辐射。例如，日光灯、激光的发光过程并不是热辐射。这些光的波长与发光体的温度没有直接的关系。日光灯虽然发出耀眼的光，但灯管的温度并不高。这些发光过程是由于原子内部电子的能级跃迁引起的。

B 瑞利-金斯黑体辐射理论

任何一个物体都会吸收和辐射电磁波，其中包括人能直接感受的光和热。不同的物体吸收和辐射电磁波的本领不一样，例如黑色物体比白色物体容易吸收热，也容易辐射热。一般来说，外来的电磁波照射一个物体的表面，总有一部分为该物体所吸收，一部分被反射。凡是能百分之百吸收外来辐射而不会被反射的物体称为绝对黑体，简称黑体。理论和实验表明，凡是绝对黑体，其辐射的性质与构成该物体的材料无关。因此物理学家研究辐射的一般性质，都是以黑体为研究对象。一个开有小孔的不透明的腔体，当一束光从小孔中射进腔体后，会在腔体内多次反射。每反射一次，能量就会被吸收掉一些。经过多次反射后再从小孔迅速出去的能量可以忽略不计。所以在实验上都是把开有小孔的腔体加热后作为绝对黑体进行科学研究的。

物理学家为什么要研究黑体辐射问题呢？原来19世纪后半叶德国炼钢工业发展很快。钢的质量与钢水的温度有很大关系。传统的温度计无法测定炼钢炉内钢水的温度，有经验的炼钢工人是靠肉眼从炉孔中看钢水的颜色来判定其温度的。

在这样的背景下，物理学家希望能将黑体辐射特性曲线作为科学测定钢水温度的依据，炼钢炉的小孔正好是一个理想的黑体。

黑体辐射的实验曲线如图1-1所示。图中的纵坐标ρ是能量密度，即单位面积的黑体在单位时间内所辐射的电磁波能量；横坐标是电磁波的波长，温度T作为参数，每一条曲线是在温度不变的条件下测定的。在普朗克以前已有许多科学家根据经典物理的理论研究过黑体辐射的理论公式$\rho(\lambda, T)$，但没有一个理论公式能与实验曲线符合得很好。最典型的两种理论曲线如图 1-2 中的两条虚线所示。图中 P 曲线为实际测量值所绘制的曲线。R-J 曲线是用经典电磁理论和分子动力论推导出来的，它在高温低频（长波）区域与实验符合很好，但在低温高频区域与实验严重偏离。这一理论公式最早是 1900 年 6 月由英国资深物理学家瑞利（J. W. Rayleigh，1842—1919）提出来的，但错了一个数值因子 2，1905 年金斯（J. H. Jeans，1877—1946）对其进行了改正，之后称为瑞利-金斯公式，具体表示式为

$$\rho(\nu,\ T)=\frac{8\pi\nu^2}{c^3}kT \tag{1-1}$$

式中，ν 为频率；k 为玻耳兹曼常数。

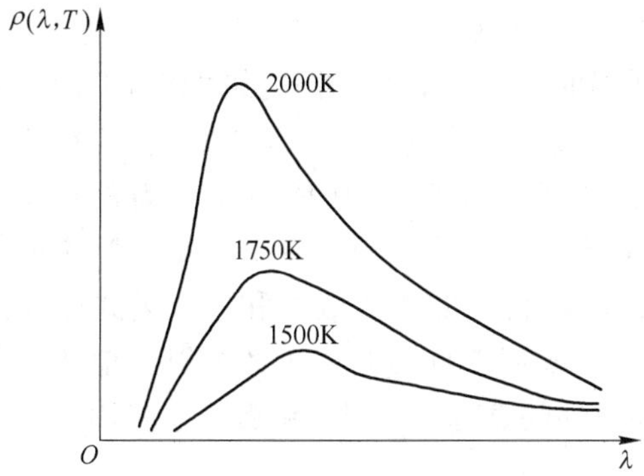

图 1-1 黑体辐射曲线

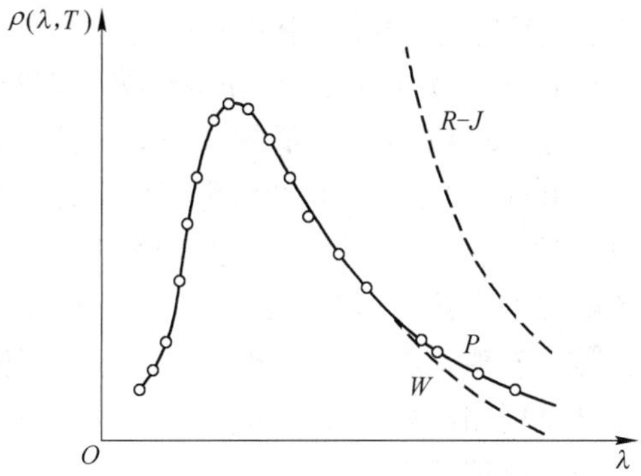

图 1-2 维恩公式和瑞利-金斯公式

另一条 W 曲线是 1987 年由德国物理学家维恩（W. Wien，1864—1928）采用热力学理论得出的，它在高频（短波）低温时与实验符合得很好，在低频（长波）高温区域与实验存在系统误差。维恩公式的具体表示式为

$$\rho(\nu,\ T)=\frac{8\pi\nu^3}{c^3}a'\mathrm{e}^{-\frac{a\nu}{T}} \tag{1-2}$$

式中，a 和 a' 为两个常数。

普朗克研究黑体辐射理论有三个阶段。第一阶段他采用模型与数学相结合的方法，提出了黑体辐射的一个物理模型。根据经典电动力学，带电粒子作加速运动时会辐射电磁波；反过来则可以认为凡是能辐射电磁波的物体，一定可以比拟为是带电粒子在作加速运动。因此，普朗克就把黑体看成是由一些电谐振子所组成的物理体系。谐振子就是作简谐运动的粒子，直线谐振动和等速圆周运动都是谐振子，带电粒子在作这种运动时都有加速度，都能向外辐射电磁波。这种电谐振子称为普朗克振子。根据这种模型，普朗克利用经典电磁理论于 1899 年得出了一个黑体辐射的理论公式：

$$\rho(\nu,\ T)=\frac{8\pi\nu^3}{c^3}u \tag{1-3}$$

式中，u 为频率为 ν 的一个振子的平均能量。

第二阶段，普朗克利用热力学理论，发现了用式（1-1）和式（1-2）表示的热力学体系，它的熵 S 与能量 u 的关系分别为

$$\frac{\mathrm{d}^2S}{\mathrm{d}^2u}=-\frac{c}{u^2},\qquad c\ 为常数 \tag{1-4}$$

$$\frac{d^2S}{d^2u}=-\frac{1}{a\nu}\frac{1}{u} \tag{1-5}$$

比较这两个式子，认为正确的黑体辐射公式，其热力学体系的熵 S 和能量 u 的关系很可能是：

$$\frac{d^2S}{d^2u}=\frac{a}{u(u+\beta)} \tag{1-6}$$

普朗克有了这样的猜想后，就倒过来由式（1-3）来推导 ρ 的表示式，其结果为

$$\rho=\frac{8\pi\nu^2}{c^3}\frac{h\nu}{e^{\frac{h\nu}{kT}}-1} \tag{1-7}$$

式中，k 就是式（1-1）中的玻耳兹曼常数；h 为另一个常数。

由式（1-7）可知，当 $h\nu \gg kT$，即高频低温时，式（1-7）即过渡为式（1-2）；反之，当 $h\nu \ll kT$ 时，即低频高温时，式（1-7）即过渡为式（1-1）。所以式（1-7）把式（1-1）和式（1-2）的两种情况都包容在一个公式内了。1900 年 10 月 19 日，普朗克在德国物理学会的会议上报告了他“猜想”出来的黑体辐射公式。当天晚上，从事黑体辐射实验研究工作的鲁本斯（H. Rubens，1865—1922）将自己的实验数据和这个公式作了详细比较，发现“在任何情况下都令人满意地符合”。这对普朗克是极大的鼓舞，他认识到这个侥幸猜测出来的公式背后一定隐藏着人们还未知的真理，于是他就致力于找出这个公式真正的物理意义。

1900 年 12 月 24 日，普朗克在德国物理学会的一次会议上报告了为式（1-7）所作的一个理论推导。他仿效了玻耳兹曼建立经典统计理论的方法。普朗克假设，视作为黑体的腔体内共有 N 个频率为 ν 的振子，每个振子的平均能量为 u，体系的总能量 $U=Nu$。他假设频率为 ν 的辐射，能量只能以

$$\varepsilon=h\nu \tag{1-8}$$

不连续的变化，ε 称为能量子，因此得

$$U_N=Nu=P\varepsilon \tag{1-9}$$

式中，N 和 P 都是很大的自然数。

对此普朗克强调指出：“E 是由有限个确定且相等的数值组成，这数值 $h=6.55\times10^{-27}$。”经典物理学的信条之一是一切过程和一切物理量都是连续的。普朗克引入的不连续的能量子突破了经典物理学的连续性原理，正是这一点以后被认为标志了量子物理学的诞生，普朗克也因此被称为量子理论之父。

普朗克从理论上推导黑体辐射公式（1-7）时，还用到了另外一个假设。它涉及 P 个能量子 ε 在 N 个振子中进行分配时共有多少种不同的分配方式，其数值称为配容数 W。普朗克给出的 W 的表达式为

$$W=\frac{(N+P-1)!}{(N-1)!\ P!} \tag{1-10}$$

普朗克对此没有作出说明。但根据代数学中排列组合理论，式（1-10）相当于假设 N 个普朗克振子和 P 个能量子都是不可区别的。这和他所借用的玻耳兹曼在建立经典统计时所作的假设不一样。玻耳兹曼在谈到 P 个能量元 ε 在 N 个分子中进行分配时，除了最后要令 $\varepsilon\to0$ 外，还假设能量元和分子都是可以区别的。因为经典粒子即使全同也可以用

编号的方法加以区别。

为什么说式（1-10）表示 P 个能量子和 N 个振子都是不可区别的呢？可简单证明如下。将 N 个振子和 P 个能量子排成一行，规定第一个位置为振子，其余（$N-1$）个振子和 P 个能量子可任意排列，并认为每两个振子间的能量子就是左边这个振子分配到的能量子，如图 1-3 所示。图 1-3 中 □ 表示振子，· 表示能量子，它表示第 1 个振子分配到 1 个能量子，第 2 个振子分配到 2 个能量子，第 $N-1$ 个振子分配到 1 个能量子，等等。根据排列组合理论，由于已经规定第一个必须是振子，因此实际参与排列的物体共（$N+P-1$）个。如果它们之间都是可以区别的，则共有（$N+P-1$）！种排列方式；如果假定（$N-1$）个振子是不可区别的，则应再除以（$N-1$）!；再假定 P 个能量子也是不可区别的，则应再除以 P!。因此实际可能的排列数即 P 个能量子在 N 个振子中进行分配的配容数 $W=\frac{(N+P-1)!}{(N-1)!\ P!}$，它就是式（1-10）。所以普朗克用了式（1-10）来导出他的黑体辐射公式时，相当于假定了所有微观粒子，包括普朗克振子和能量子，都是不可区别的。量子物理学后来的发展表明，普朗克的这一假设是正确的。它和量子化假设一样，是微观世界基本特征之一。

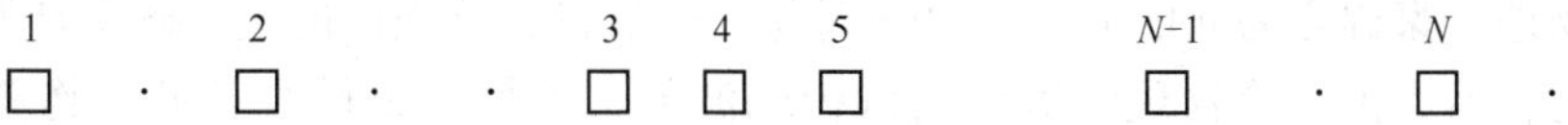

图 1-3　计算 P 个能量子在 N 个振子中进行分配的配容数

C　普朗克量子假说

普朗克用了上述两个假设后，再经过简单的数学运算就可以从理论上推导出每个振子的平均能量为：

$$u=\frac{h\nu}{e^{\frac{h\nu}{kT}}-1} \tag{1-11}$$

将它代入式（1-1）即得到他原来“猜”出来的与实验完全符合黑体辐射公式（1-7）。

普朗克的黑体辐射公式建立后，一方面，由于它和实验符合极好，大家对这个公式的正确性完全肯定；但另一方面大家对这一公式的理论基础都不大满意。第一，普朗克公式（1-7）的理论推导由式（1-3）和式（1-11）两部分合成。在导出式（1-3）时他用的是能量可连续变化的经典电磁理论，而在导出式（1-11）时，用了能量只能以 $\varepsilon=h\nu$ 为单位的不连续假设，两者同时出现在式（1-7）中，逻辑上前后矛盾。第二，就是全同粒子不可区别性假设，这个观念可能比能量量子化更难令人接受。因为普朗克所用的方法是从玻耳兹曼那里借用过来的，玻耳兹曼所用的配容数 W 的公式是粒子可以用编号方法加以区别的，而普朗克却不作任何解释地把 W 的表示改成了微观粒子都是不可区别的配容数公式。1909 年，爱因斯坦对此公开提出过尖锐批评：“普朗克先生运用玻耳兹曼等式的方式，在我看来在这一点上是令人不解的，他引进状态的几率 W 而竟没有给这个量下个物理定义。如果我们接受他的这种做法，那么玻耳兹曼等式简直没有一点物理意义。”

检验科学真理的唯一标准是实验。实验证明普朗克公式（1-7）是对的，因此虽然大家都对这个公式的理论基础不满意，但是这个公式是不可动摇的。这是所有物理学家的共识。留给物理学家要做的工作是如何来改进这个公式的理论基础。所以在普朗克公式问世后一直有人试图通过用不同于普朗克的方法，重新导出普朗克公式。在所作的种种努力中，大家都认为式（1-3）是没有问题的，要改进的是式（1-11）的导出。普朗克本人也作过两次新的尝试。但所有这些推导都同样存在这样那样的令人不满意之处。这个问题直到 1924 年才被印度青年物理学家玻色（S. N. Bose，1894—1974）圆满解决。玻色与大家不同之处在于他不用能量连续的经典电磁理论，而直接用能量量子化和光量子不可区别假设来导出式（1-7)，这样在逻辑上就前后一致了。玻色的工作得到大家的公认，争论才告一段落。玻色的工作还直接导致了被称为玻色-爱因斯坦统计的量子统计理论的产生。对于玻色的工作有兴趣的读者可以参考统计物理教科书中有关玻色-爱因斯坦统计的内容。

1.1.2 爱因斯坦的光量子假说

对普朗克公式理论基础的探索表明，在经典物理中公认为波的频率为 ν 的电磁辐射，可以视作为一群数目有限，能量为 $h\nu$ 的粒子，但这种粒子具有一种经典粒子所没有的性质：相互不能区别，它们总是互相关联在一起的。波和粒子在经典理论中有严格区别。一个客体的运动不可能既是粒子，又是波。那么光，或者说电磁波，究竟是波还是粒子？这个问题被物理学家称之为光的波粒二象性问题。本节我们首先讨论这一概念是怎样进入现代物理学的，然后再讨论物理学家如何认识到波粒二象性乃是微观领域中物质的普遍性质，而不单单是光所独有的。实物粒子也具有波性。

要分析光的波粒二象性概念是怎样进入现代物理学的，首先要澄清一个问题，光的波粒二象性与光的波动说和粒子说之争是两个不同的概念。光的波动说和粒子说之争，早在牛顿、惠更斯时代就已明确提出。光究竟是粒子（这时没有波动性），还是波（这时没有粒子性)，更确切地说光有时像波，有时像粒子，但两者是互相排斥的，在同一个问题中两种性质不可以同时兼备。牛顿在他的名著《光学》一书中，大多数情况下都把光看成微粒流波，但当对某些光学现象（《光学》第三篇 31 个疑问）用微粒说难以解释的时候，他认为光似乎应看成一种波动；惠更斯则相反。以后由于杨（Thoma Young，1773—1829）、菲涅耳（A. J. Fresnel，1788—1872）、麦克斯韦等人的工作，光的波动说成了定论。1905 年爱因斯坦为了解释一些当时新发现的用光的波动说难以解释的光学现象，提出了光量子假说。他认为虽然光的波动理论在描述纯粹的光学现象时很难用别的理论来代替；但在解释关于黑体辐射、光电效应、紫外光产生阴极射线以及其他一些有关光的产生和转化的现象时，如果用光量子假说来解释，似乎就更好理解。这是光的粒子说的重新复活，并不是光的波粒二象性。光的波粒二象性指的是，光在任何时候不管是长波还是短波，不管是发射、吸收还是传播，都同时具有经典意义下的波和粒子的双重性质，即波动性和粒子性共容于同一个问题中。举一个通俗的例子：光的波动性和粒子说之争，好比一个人经常在 A、B 两国之间更换国籍，当他取得 A 国国籍时，B 国国籍必须放弃；反之亦然。局外人则看到他有时似乎是 A 国公民，有时似乎是 B 国公民，常常对他的身份发生争论。波粒二象性就好比一个具有双重国籍的人，在任何场合下，他既是 A 国公民，又是 B 国公民。

最早明确提出光的波粒二象性问题，是爱因斯坦在 1909 年德国自然科学家协会第 81 次大会上所作的关于辐射的本质的报告。报告指出：迄今为止的实验都表明普朗克公式在任何情况下都和经验符合，因此可以认为这个公式正确地反映了辐射的本质。那么，以这个公式为出发点，倒推过去对辐射究竟是波还是粒子，或者在任何情况下波和粒子的特性都共存，就能作出正确的回答。爱因斯坦提出了这个问题以后，接着报告了他曾经考虑过的两个方案之一的结论。设想一个空腔中装有理想气体和一块固体材料制成的板，板只能在同它平面垂直的方向自由运动。如果板静止，辐射对板两边压力相等。如果由于气体分子同板碰撞的无规则性使板发生运动（统计起伏），那么，板在运动过程中走在前面的表面（正面）比背面反射更多的辐射。因此辐射作用于正面的向后压力大于作用于背面的压力，从而形成一个阻止板运动的力，即辐射摩擦。爱因斯坦用 Δ 表示由于辐射的无规则起伏在时间 τ 内传递给板的动量，ε 表示相应的能量，f 表示板的面积，V 表示辐射所占有的体积，ρ 表示辐射能量密度，U 表示体积 V 中频率为 $\nu \sim \nu+\mathrm{d}\nu$ 的能量。根据统计热力学，能量涨落的平方平均值为

$$\overline{\varepsilon^2} = T^2\left(\frac{\partial U}{\partial T}\right)_\nu$$

其中

$$U = \rho \mathrm{d}\nu V,\quad V = fct$$

因此动量涨落的平方平均值为

$$\overline{\Delta^2} = \frac{\overline{\varepsilon^2}}{c^2} = \frac{1}{c}kT^2\left(\frac{\partial \rho}{\partial T}\right)_\nu \mathrm{d}\nu f\tau$$

对于普朗克公式

$$\rho = \frac{8\pi\nu^2}{c^3} - \frac{h\nu}{\mathrm{e}^{\frac{h\nu}{kT}} - 1}$$

得

$$\overline{\Delta^2} = \frac{1}{c^2}\left(\rho h\nu + \frac{c^3\rho^2}{8\pi\nu^2}\right)\mathrm{d}\nu f\tau$$

而对于完全由经典理论导出的瑞利-金斯公式 $\rho = \frac{8\pi\nu^2}{c^3}\mathrm{e}^{\frac{h\nu}{kT}}$ 得

$$\overline{\Delta^2} = \frac{1}{c}h\rho\nu \mathrm{d}\nu f\tau$$

爱因斯坦在给出上述结果后指出：“我们首先注意到，平均起伏的平方是两项之和。因此，结果就像是引起辐射压起伏的两个互不相关的原因……波动论仅对求得的第二项作出解释……公式的第一项怎样解释呢……如果辐射是由很少几个能量 $h\nu$ 的扩大了的复合体所组成，它们在空间中互不相关地运动着，并且互不相关地被反射（这是非常粗糙描述的光量子假设图像），这样，由于辐射压的起伏而作用于板的冲量，就像只有我们公式的第一项所描述的那样。”爱因斯坦在报告中最后说：“根据普朗克公式，（辐射的）两种特殊结构（波动结构和量子结构）都应当适合于辐射，而不应当认为是彼此不相容的。”而“建立一个既能描述辐射的波动结构，又能描述辐射的量子结构的数学理论，至少尚未成功。”所以他预言：“理论物理学发展的随后一个阶段，将给我们带来这样一种光学理论，它可以认为是光的波动论和发射论的某种综合。”这种理论将“深刻地改变我们关于光的本质和组成的观点。”

从上面的分析可以看到，光的波粒二象性最早是普朗克在 1900 年给出黑体辐射公式时被悄悄带入现代物理学中来的，1909 年爱因斯坦以极其明确的方式第一次提出了这个问题。但无论是普朗克还是爱因斯坦，当时都没有弄清楚光的波动性和粒子性是怎样同时进入普朗克公式中去的。正因为爱因斯坦没有弄清楚这一点，因此他在 1909 年的报告中认为正确的光学理论还没有到来，有待理论物理学发展的随后一个阶段探索。在爱因斯坦的这一号召下，许多物理学家投入了对普朗克公式理论基础的再探索，这实际上也就是对光的波粒二象性的本质的探索，使波粒二象性的概念从光拓广到实物粒子，最后导致波动力学的建立。

1.1.3 原子的稳定性和玻尔的量子论

1.1.3.1 *原子有核模型的困难*

普朗克和爱因斯坦创建和发展量子论的时候，物质是由原子、分子组成的观点已被物理学家普遍接受。普朗克本人就是从原子论的反对者转变为原子论的拥护者后才创建量子论的。因此任何一个接受了普朗克、爱因斯坦量子论思想的人，都必然会考虑这样一个问题：构成物质的原子也应该具有量子性质。在这个问题上取得突破性进展的是玻尔。

20 世纪初，由于化学的发展以及电子和放射性现象的发现，人们对原子的认识已相当丰富。人们不再认为原子是一个简单的不可分割的粒子，而是具有复杂的结构。正确的原子结构理论至少要回答这样三个问题：

（1）因为原子是中性的，原子中既然有带负电荷的电子，就一定带有正电荷。那么正电荷和电子在原子中是怎样分布的？

（2）按照经典电动力学，原子的线光谱应是原子中电荷运动的结果。那么原子中的电荷怎样运动才能使各种不同的原子产生不同的线光谱？

（3）原子中的电荷既然在运动，那么如何保持其力学和电学的稳定性？

在玻尔以前，物理学家已提出过许多种原子结构模型。归纳起来有两类：

（1）无核模型。1903 年汤姆逊（J. J. Thomson，1856—1940）提出的“葡萄干布丁”模型：原子的正电荷像一块蛋糕，电子则像一颗颗葡萄干嵌在里面。汤姆逊试图用电子的数目变化去解释元素周期表。为了得到稳定的原子，他设想在正电荷环境中的电子，就像在外磁场中一根浮置着的平行磁体，并且可以在平衡位置作迅速振动。通过研究，还得到了一些可能与元素周期表相对应的电子“壳层”结构。汤姆逊还试图将电子的振动和原子的光谱线联系起来，但没有获得成功。

（2）有核模型。1904 年，日本物理学家长冈半太郎（1865—1950）曾提出过原子结构的“土星模型”，他设想原子有一个很小的带正电的核，而电子则像土星光环那样不断绕核运动。在当时这只是一种思辨式的猜想，不像汤姆逊模型那样作过认真研究，并得到某些实验的支持，所以长冈半太郎模型提出后并没有引起大家注意。1908 年，卢瑟福（E. Rutherford，1871—1937），以及他的助手盖革（H. Geiger，1882—1945）和马斯登（E. Marsden，1880—1970）详细研究 α 粒子被物质散射时，发现存在一些不可忽视的大角度散射事例。按照汤姆逊的原子模型，正电荷在原子中是均匀分布的，α 粒子是很容易通过这些松散的障碍的，不可能出现大角度的散射。只有当原子中的正电荷集中在一个很小的区域时，α 粒子碰上了这些硬核才可能发生大角度散射。于是，在 1911 年卢瑟福提出了新的原子模型，认为原子里的正电荷及其绝大部分质量集中在大约 10^{-12}cm 以内的核内，而电子则像众行星绕太阳那样绕原子核运动。为了支持这种模型，卢瑟福提出了描写这种散射的数学公式，它和实验数据符合得很好。散射公式里的核电荷数等于靶物质的原子序数。卢瑟福手下的另一名物理学家莫斯莱（H. G. J. Moseley，1887—1915），又通过 X 射线谱的研究，认出每种元素的正确原子序数，和 α 粒子散射结果完全一致。

1.1.3.2 玻尔的量子论

1911 年 9 月，玻尔在哥本哈根大学数学和自然科学系获得博士学位后到英国留学，先在剑桥拜汤姆逊为师，半年后转到曼彻斯特在卢瑟福手下工作。当时正是卢瑟福有核模型提出不久，但卢瑟福和他的同伴对于他们所发现的原子有核模型所带来的深远后果，并不是一下子就清楚意识到的，玻尔则认真考虑了这一结论带来的后果。玻尔意识到，原子的有核模型，不但在说明粒子大角度散射之类的实验是有用的，而且也为建立一种有关原子各种属性的系统理论提供了可以一试的基础。于是他的兴趣很快转向了研究新原子模型的一般理论含义。1913 年玻尔分三次在英国《哲学杂志》上发表了被称为“伟大三部曲”的长篇论著《论原子构造和分子构造》。现在各种原子物理学教科书和其他各种科普读物中关于玻尔原子的论述，都直接或间接地来自这篇巨著。

玻尔在文中首先介绍了卢瑟福有核模型的大意，并和汤姆逊模型作了比较，指出汤姆逊模型的致命弱点是不能解释粒子有大角度散射；而卢瑟福模型是解释粒子大角度散射所必需的，但它没有一个明确的原子半径的概念，更严重的是它不具有力学和电动力学的稳定性。然后玻尔指出，他的这篇论文，是想通过普朗克的量子论来确定一个可理解为原子半径的物理量，并为卢瑟福原子模型的稳定性提供一种解释。

玻尔接着研究了线光谱的发射，主要研究了氢光谱，推导了巴耳末（J. J. Balmer，1825—1898）公式，预见了赖曼（C. V. Raman，1888—1970）线系等当时还未发现的一些线系的存在，其理论上所算出的里德伯（J. R. Rydberg，1854—1919）常数的值与实测值符合得很好。然后他提出了量子条件的另一种说法，并结合圆形轨道的“力学图像”，提出了角动量的量子化条件 $J=\tau\dfrac{h}{2\pi}$。这是后来人们常常引用的角动量量子化条件，在这里玻尔是作为一个例子得出的推论，并非基本假设。

玻尔的“三部曲”发表后，引起人们的密切注意，反映强烈，评价不一，毁誉参半。卢瑟福承认玻尔关于光谱发射的看法是很巧妙的，而且看来是很好的，但是普朗克的量子概念和旧力学混合起来，很难使人对它的基础形成一个物理概念。卢瑟福一针见血地指出，玻尔理论中有一个严重困难，那就是，当电子从一个定态过渡到另一个定态时，它必须假定电子预先就知道将在什么地方停下来。劳厄（M. Von Laue，1879—1960）曾对玻尔抛弃经典电动力学及引进“定态”和“跃迁”两个概念表示抗议，他说：“这完全是胡扯，麦克斯韦方程在任何情况下都是成立的。”爱因斯坦则认为：“在它的背后一定有点什么玩意儿。我不相信里德伯常数的绝对值的导出是完全靠运气！”

一个理论最终被人们所接受，总是依靠它的预言得到实验的证实，玻尔的理论也不例外。首先，玻尔用他自己的理论解开了“匹克灵（W. H. Pickering，1858—1938）线系之谜”；其次，夫兰克（J. Frank，1882—1964）-赫兹（H. R. Hertz，1857—894）实验验证了原子定态确实存在；最后，氢光谱的其他线系，按照玻尔理论的预言都陆续发现了。这些漂亮的实验很快就使那些原来持批评和保留态度的人一一折服了。

玻尔在1913年创立的原子理论中，最重要的是“定态”和“跃迁”（当时叫“过渡”）两个概念。这两个概念从经典物理学的眼光看来，比普朗克的能量量子化更离经叛道。在经典物理学中，只要改变边界条件和初始条件，一个物理体系的任何状态都是可能的。定态概念把经典物理学所允许的各种各样的状态进行筛选，其结果只允许剩下有限或无限个分立的状态，而把其他状态都排除了。每两个定态之间有一条“鸿沟”，从一个定态到另一个定态是一种突然的、整体的、不需要时间的跃迁，不允许逐渐地、连续地完成，不能再分为若干个分阶段，两个状态之间的能量差构成了原子发射和吸收的机制。“定态”和“跃迁”这两个奇怪的概念，把原来互不相关的实验事实——α粒子大角度散射、氢原子线光谱规律、不同元素的X射线波长等规律，综合成一个可以理解的原子世界。定态和跃迁这两个概念在量子力学中仍然存在，直到现在也还没有新概念来取代它们。所以，如果说普朗克的量子论揭开了量子世界帐幕的一角，那玻尔的原子理论已打开了量子世界的第一重帐幕，人们可以由此“登堂入室”了。

玻尔理论提出后，索末菲（A. J. W. Sommerfeld，1868—1954）和威尔逊（H. A. Wilson，1874—1964）等发现，玻尔理论中角动量量子化的条件可表示成$\oint p_i \mathrm{d}q_i = n_i h$。这是玻尔理论的一个重要推广。

接着索末菲又想用玻尔的理论来解决巴耳末线系实际上不是单线，而是有多重结构的问题。索末菲首先想到，电子在正电核的库仑场中的轨道是椭圆轨道，需要两个广义坐标。因此$\oint p_i dq_i = n_i h$应有两个量子化条件：径向量子数n_r和角量子数l。但计算结果发现能量是简并的，n_r和l的和正好对应于玻尔理论中量子数n，即$n_r + l = n$。实际上这一点在经典力学的开普勒问题中早已有了结论：行星椭圆轨道的能量只取决于它的长半轴，而与其偏心率无关。玻尔虽然只考虑了圆轨道，但从能量的角度来说，却把同一半长轴的各种可能的椭圆轨道都考虑进去了。

索末菲失望之余，进一步用三维球坐标来代替平面极坐标，引进了相应于球坐标φ、θ、Ψ的三个量子数，其结果能量仍然是简并的，仍不能解释谱线的多重结构。但是用球坐标代替平面极坐标来处理开普勒问题时多得出一个结论：可以确定轨道平面相对于极轴的方向。这一结论在天体力学中是熟知的，且有重要用处。现在索末菲引进3个量子数后，虽然仍没有解决他原来想解决的谱线分裂问题，但得出了电子“轨道”空间量子化的结论，从而改变了玻尔原子模型中“电子环”的图像，使“盘形”原子结构变成“球形”原子结构。1921年斯特恩（O. Stern，1888—1969）、盖拉赫（W. Gerlach，1899—1979）用银分子射线在磁场中分裂为两束的著名实验，证实了索末菲作出的空间量子化的结构的正确性。

1.1.4 德布罗意物质波

第一次把实物粒子和波联系起来的是法国老一辈物理学家M. 布里渊（M. Brillonin）。1913年，玻尔原子理论取得巨大成就后，许多物理学家研究了原子量子化条件的普遍形式，试图用更合乎经典力学框架的假定来取代玻尔的量子化条件。M. 布里渊在研究这个问题过程中于1919年和1930年连续发表了两篇文章，第一次提出了电子波想法，并利用它具体计算了氢原子问题，得到了玻尔氢原子半径公式，其量子化条件相当于电子所发出的介质波在原子周围形成驻波。布里渊的这种电子波不是第一性的，它是由电子所派生的，可以说完全是一种经典理论。当时法国对量子物理学的研究比较落后，布里渊的思想并未引起多少人的注意，但是将电子和波结合起来研究玻尔原子这一想法却启发了一个刚步入物理学界的年轻同胞德布罗意。

德布罗意当时正拜朗之万（P. Langevin，1872—1946）为师攻读理论物理博士学位，对自普朗克以来的理论进行悉心研究。德布罗意是爱因斯坦光量子假设的坚定追随者。但他深感爱因斯坦的光量子理论并没有使从牛顿-惠更斯时代就已尖锐化的光的粒子说和波动说的深刻分歧得到解决，只不过使粒子说又重新抬头罢了。因此，他从 1920 年左右起把他探索量子奥秘的宏愿集中到给光的波粒二象性以一个统一的理论这一点上。1922 年他用自由光量子组成“多原子光分子”导出普朗克公式就是他在这方面工作的一个总结。正在这个时候，他看到了 M. 布里渊的工作，使他开始有了实物粒子也具有波性，波粒二象性是物质普遍属性的思想。根据光的波粒二象性的性质，德布罗意意识到和电子相联系的波应该和电子具有相等的地位。因此他抛弃了布里渊由电子发射波的思想，但如何把电子和一个波统一起来一时未能找到合适的数学工具。经过一段时间的冥思苦想，大约在 1923 年夏，德布罗意发现经典力学的哈密顿-雅可比理论与几何光学理论有惊人的相似性。哈密顿-雅可比方程不仅可以描述粒子的运动，也可以描述光的传播。于是他找到了突破口，1923 年九十月间，他在《法国科学院报告》上连续发表了 3 篇题为《辐射——波和量子》《光学——光量子、衍射和干涉》及《物理学——量子、气体运动理论及费马（P. de Fermat）原理》短文，提出了现在被称为德布罗意波的初步思想。1924 年，他开始撰写题为《量子理论研究》的博士论文，系统地阐述了他在前几篇文章中已经形成的称之为位相波的理论，这一理论以后被薛定谔接受，并最终导致了波动力学的诞生。

德布罗意认为

$$E = h\nu_0, \qquad E = m_0 c^2 \tag{1-12}$$

这两个都是爱因斯坦创立的关系式，不论对光还是实物粒子都普遍成立。别人虽然也承认这两个式子，但前者只对光而言，后者只对实物而言。德布罗意作了这个假定，实际上认为光量子的静止质量不为零，而像电子等一类实物则有频率 ν_0 的周期过程。德布罗意进一步用相对论的思想，由式（1-12）给出在和物体（包括光量子和电子等所有物质）相对静止的参考系中，物体周期过程的频率为

$$\nu_0 = \frac{m_0 c^2}{h} \tag{1-13}$$

现在设物体以速度 $v = \beta c$ 运动，则由相对论的质速关系，可知在静止参考中有

$$E = \frac{m_0 c^2}{\sqrt{1 - \beta^2}} = h\nu$$

从而得到

$$\nu = \frac{m_0 c^2}{h} = \frac{1}{\sqrt{1 - \beta^2}} \tag{1-14}$$

这就是说 $E = h\nu$ 这个公式在不同参考系中，其周期过程 ν 的值是不一样的，式(1-14)

是静止参考系中的频率，而式（1-13）是跟随物质一起运动的参考系中的频率。

根据相对论时钟变慢效应，当跟随时钟一起运动的参考系中有一频率为 ν_0 的周期过程，则在静止参考系中（有相对速度 βc），其频率为 $\nu_1 = \nu_0\sqrt{1-\beta^2}$ ，将式（1-13）中的 ν_0 代入之得到

$$\nu_1 = \nu_0\sqrt{1-\beta^2} = \frac{m_0c^2}{h}\sqrt{1-\beta^2} \tag{1-15}$$

比较式（1-14）和式（1-15）两式，可知在 $\beta \neq 0$ 时，ν 和 ν_1 不可能相同。但从上面引入 ν_1 和 ν 的思想来看，这两个频率似乎应该相同，都是在静止参考中看到的运动物质周期过程的频率。德布罗意在博士论文中说，这里遇到了一个困难，使我长期困惑不解，在证明了如下定理（我们称此为位相调和定理）之后，我才排除这一困难：

与运动物体相联系，其相对于静止观察者的频率等于 $\nu_1 = \frac{m_0c^2}{h}\sqrt{1-\beta^2}$ 的周期性变化的现象，在静止的观察者看来，总是与如下一种波同位相，这个波的频率 $\nu = \frac{m_0c^2}{h}\frac{1}{\sqrt{1-\beta^2}}$，其传播方向以速度 $v=\beta c$ 运动的物质的运动方向相同，相速度为 $v = \frac{c}{\beta}$。

位相调和定理的意思是说，从量子论的观点来看，一个以速度 $v=\beta c$ 运动着的物体，总伴随着一个频率为 ν 的波，这个波具有性质：

（1）相速度为 $v = \frac{c}{\beta}$。

（2）传播方向和物体运动方向相同。

（3）它的位相和相对论观点的周期过程 ν_1 永远同位相。

证明很简单，设 $t=0$ 时，从相对论角度看到的周期过程 ν_1 的位相和量子论周期过程 ν 的位相相同。经过时间 t 后，物体运动的距离 $x=vt=\beta ct$，相对论周期过程的位相则改变了

$$\Delta\varphi_1 = \nu_1 t = \frac{m_0c^2}{h}\sqrt{1-\beta^2}\,t = \frac{m_0c^2}{h}\sqrt{1-\beta^2}\,\frac{x}{\beta c}$$

而量子论周期过程（它是以相速度 $v = \frac{c}{\beta}$ 沿 x 方向传播的波）的位相改变为

$$\Delta\varphi = \nu\left(t-\frac{x}{v}\right) = \frac{m_0c^2}{h}\cdot\in\frac{1}{\sqrt{1-\beta^2}}\left(\frac{x}{\beta c}-\frac{x\beta}{c}\right) = \frac{m_0c^2}{h}\sqrt{1-\beta^2}\,\frac{x}{\beta c}$$

所以 $\Delta\varphi_1 = \Delta\varphi$ ，即这两个周期过程永远同位相。接着德布罗意还证明了这个量子波的群速度即为粒子运动的速度。

德布罗意称这个他所引入的伴随物体运动由位相来定义的波为位相波，而现在大家都称它为德布罗意波。德布罗意在建立了这样的位相波理论后，接着说："借助于受量子概念有力的推动提出的一个假说，这些结果建立了运动物体的运动和波传播之间的联系，使我隐约地看到了这两个关于光的本质的对立的理论统一起来的可能性。"

德布罗意波究竟是一个怎样的波？是真实的波，还是一个想象的波？这个波是否有能

量？静止物体是否有位相波……这些问题德布罗意都没有明确回答。他在博士论文结尾处有这样几句话：“我特意将位相波和周期现象说得比较含糊，就像光量子定义一样，可以说只是一种解释。因此最好将这一理论看成是物理内容尚未说清楚的一种表达方式，而不是看成是最后定论的学说。”

德布罗意的博士论文在第一章建立了位相波这一假说后，接着应用它讨论了一些具体问题。

目前流行的现代物理学教材和科普读物，都把德布罗意的位相波称为物质波，并把它解释为，实物粒子具有波性和波具有粒子性是相应的：作为粒子，具有动量 p 和能量 E；作为波，只有波长 λ 和频率 ν。对于光量子，能量 $E = h\nu$；动量 $p = \frac{h\nu}{c} = \frac{h}{\lambda}$；因此对于实物粒子也有同样的关系 $p = \frac{h}{\lambda}$ 即

$$\lambda = \frac{h}{p} = \frac{h}{\sqrt{2mE_k}}$$

这个关系称为德布罗意公式，A 称为实物粒子的德布罗意波长。

这样的阐述，从历史的角度看是不恰当的。首先，如上所述，德布罗意把他自己所提出的波称为位相波，其本意并非“物质波”。物质波这一名词是在薛定谔方程建立后，为解释波函数的物理意义，由薛定谔开始提出来的。德布罗意本人从来没有说过他的位相波是物质波，而且一直没赞同过薛定谔的物质波诠释。其次，在德布罗意的博士论文中，实际并未出现过德布罗意公式 $P = \frac{h}{\lambda}$。这个公式最早是康普顿（A. H. Compton）1923 年 12 月 1 日在美国物理学会举行的一次会议上提出的，后来发表在 1924 年的《物理评论》上，题目为《匀速直线运动的量子理论》。它比德布罗意的博士论文要早，直到 1926 年德布罗意本人才在自己的文章中出现 $p = \frac{h}{\lambda}$ 这个公式。

那么以后为什么会有人称这个公式为德布罗意公式呢？那是因为德布罗意-薛定谔的波动力学被大家接受后，发觉 $p = \frac{h}{\lambda}$ 这一公式在他的博士论文中已隐含了。德布罗意用的是相对论四维形式，化成非相对论的三维动量形式即有 $p = \frac{h}{\lambda}$ 这个关系式。论文答辩时佩林（J. B. Perrin，1870—1942）问他：“这些波怎样用实验来证实呢？”德布罗意回答道：“对电子的衍射实验可能可以看到。”1927 年戴维逊（C. J. Davisson，1881—1958）和革末（L. H. Germer，1896—1971）的实验证实电子通过 Ni 单晶后确实出现了类似 X 光衍射计算的图样，这一点成了德布罗意理论中最引人注目之处，并且在定量上也和根据 $p = \frac{h}{\lambda}$ 计算的结果符合，因此大家就把这荣誉给予了德布罗意。德布罗意的位相波思想在他 1923 年 9—10 月发表的 3 篇论文中已经有了，比康普顿写出这个公式确实要早一些，所以把 $p = \frac{h}{\lambda}$ 称为德布罗意公式，对德布罗意来讲，是当之无愧的。

1.1.5　波函数的统计诠释

1925 年底和 1926 年初，海森伯的矩阵力学和薛定谔的波动力学相继创建后，由于他们都能给出旧量子论所得出的、已为物理学界所公认的许多结论，而且其物理思想和逻辑演绎方法更符合物理学家的思维方式，因此，虽然这两种量子力学的形式殊异，但大多数物理学家都承认了它们都是正确的科学理论，比原先的旧量子论大大前进了一步。不过存在的困惑和疑虑也还不少。由于当时的物理学家对微分方程和经典力学的哈密顿理论都比较熟悉，相对而言，对矩阵和海森伯论文中大量使用的光谱学的实验和理论分析了解的人较少，因此对这两种不同形式的量子力学，关注比较多的是薛定谔力学，焦点集中在对波函数的物理意义的理解上。对薛定谔建立其波动力学的两大前提——经典力学的哈密顿理论和量子客体具有波粒二象性的假设，一般都难以提出质疑，但对薛定谔关于波函数物理意义的解释，很多物理学家都感到不甚恰当，而且很可能是错误的。第一，站在经典物理的立场上，物质的波动性都是从属于粒子性的，无论对于流体还是弹性体，都是如此。因为只有大量粒子所构成的物理体系才有波动性可言。薛定谔把量子客体的粒子性解释为波包，是把物质的粒子性看成是由波派生出来的概念，实物粒子的观念完全被排除了。波包要有一种连续介质作为其载体，这种载体是什么，薛定谔没有作出回答，它只能是一种虚构的“量子以太”。在电磁以太刚被爱因斯坦的相对论所否定了的 20 世纪初，引入一种新的“量子以太”来排除电子作为一种实物粒子的观念是难以为物理学界普遍接受的。第二，薛定谔心目中的波函数，无论在物理意义上还是数学形式上，都是位形空间的波。如果说对于单个电子，把电子想象成为一个波包还说得过去，那么对于稍复杂一些的量子客体，例如一个刚性转子或核外有 2 个电子的氦原子，这时体系的自由度有 6，如何把这样一个量子客体想象成为三维位形空间中的一个波包呢？第三，一般情况下，波包都要随时间扩散，薛定谔虽曾构造过一个不随时间扩散的“波包”，但那是一个非常特殊的波包，其条件十分苛刻，而电子的稳定性是由无数实验事实证明了的，具有极大的普遍性，因此粒子及波包论断难以为物理学家信服。

正是由于物理学界对薛定谔对波函数物理意义的解释普遍持保留态度，引起了一部分物理学家的认真思考，从 1926 年春夏之交的时候起，各种各样的对波函数物理意义作解释的理论纷纷提了出来，形成了一个“百花齐放，百家争鸣”的局面。其中有些学说比薛定谔的粒子即波包的物质波解释更立不住脚，提出来后无人支持就立即消失了。认为有可能优于薛定谔诠释的学说有马德隆（Madelung）的流体力学解释、德布罗意的双重解理论和波恩的几率波解释。最终波恩的几率波解释为大多数物理学家所接受。下面对这三种解释作一简单介绍。

1.1.5.1　马德隆的流体力学解释

薛定谔方程中波函数 ψ 一般都是复函数。1926 年马德隆撰文把波函数 ψ 改写为

$$\psi = \alpha e^{i\beta\kappa} \tag{1-16}$$

式中，α 和 β 都是实函数。

将上式代入薛定谔方程，将实部和虚部分开，得到两个方程式

虚部：
$$\nabla \cdot (\alpha^2 \nabla\varphi) + \frac{\partial(\alpha^2)}{\partial t} = 0, \ \varphi = -\frac{h}{2\pi m}\beta \tag{1-17}$$

实部：
$$\frac{\partial\varphi}{\partial t}+\frac{1}{2}(\nabla\varphi)^2+\frac{V}{m}-\frac{\nabla^2\alpha}{8\pi m^2}=0 \tag{1-18}$$

式中，V 为粒子所处的势场；$\frac{V}{m}$ 为单位质量的势能。

将式（1-17）和流体力学的连续性方程：

$$\nabla\cdot(\rho V)+\frac{\partial\rho}{\partial t}=0$$

比较，两者的形式完全一样，α^2 相当于流体的密度 ρ，而 $\nabla\varphi$ 相当于无旋流体的速度 $v=\nabla\varphi$，φ 为流体的速度势。而式（1-18）则与保守势场中理想正压流体的欧勒动力学方程：

$$\nabla\left[\frac{\partial\varphi}{\partial t}+\frac{1}{2}(\nabla\varphi)^2+Y+p\right]=0$$

的形式完全一样，$\frac{V}{m}$ 与流体的体力势 U 相当，$-\frac{\nabla^2\alpha}{\alpha}\frac{h^2}{8\pi m}$ 与正压流体的压强 p 相当。因此马德隆认为薛定谔方程所表述的是某种保守、理想、正压流体的动力学方程。这种解释与薛定谔的解释一样存在许多困难。以后有人对它作了改进，例如用更一般的具有黏滞性的非正压流体来取代理想正压流体，但同样存在一些原则性的困难。

1.1.5.2 德布罗意的双重诠释

1923 年德布罗意提出他的位相波理论后，在他的心目中波和粒子是并存的物理实在，不存在何者是第一性、何者是派生的问题。薛定谔的波动力学建立后，德布罗意对薛定谔方程提出了一种双重解理论。他认为薛定谔方程应该有两种解，一种是普通解，对于普通解，德布罗意同意玻恩的几率诠释；另一种是奇异解，这个奇异解引导粒子的运动。德布罗意一直认为光子也有静止质量，因此光的波动方程和电子的薛定谔方程本质上是相同的。对光而言，其波动方程 $\nabla^2u=\frac{1}{c^2}\frac{\partial^2u}{\partial t^2}$ 可以有两种解。普通解为 $u(rt)=a(r)\exp\{i\omega[t-\varphi(r)]\}$，它只反映几率性质；另外还有一个奇异解 $u(r,t)=f(r,t)\exp\{i\omega[t-\varphi(r)]\}$，其中 $f(r,t)$ 含有一个运动的奇点，这个奇点代表光量子的运动，它的运动方向为 $\nabla\varphi$ 方向。德布罗意的双重解理论在解释光的干涉、衍射等现象时遇到极大的数学困难，追随的人不多。1927 年在第五届索尔维会议上，德布罗意的双重解理论遭到泡利（W. E. Pauli，1 900—1958）的激烈批评，德布罗意难以自圆其说，在会上不得不公开表示放弃自己的观点，但内心仍然不服。20 世纪 60 年代，德布罗意又重新提出他的双重解理论，但响应的人仍然不多。

1.1.5.3 玻恩的几率波解释

玻恩虽然是对海森伯量子力学的完善并最终取得成功做出重要贡献的人，但他也是哥本哈根学派中第一个接受薛定谔量子力学的人。1926 年夏，玻恩在《散射过程的量子力学》论文中提到："迄今为止海森伯创立的量子力学仅用于计算定态，以及与跃迁相关的振幅；薛定谔形式的量子力学不仅可用于描述定态，并可用于描述量子跃迁；在各种不同形式的量子理论中，对于散射问题，仅有薛定谔形式表明能够胜任，并认为它是对量子规律最深刻的描述。"

物理学界最终接受了玻恩对波函数的几率解释，其根本原因在于能比较合理地解释已有的实验事实。但不少人对它还是心存疑虑而有所保留的，特别是爱因斯坦、薛定谔及其追随者们。原因有二：一是这个结论似乎意味着在量子领域决定论和因果律失效了，人们难以接受这样的观点，认为付出的代价太大。二是波函数的概念来自薛定谔的波动力学，但薛定谔在构建薛定谔方程时明明是从“物质波”的观念入手的，怎么到了后来“物质波”变成了“几率波”呢？从科学家所习惯的思维方式来说，人们希望几率波的结论能从薛定谔方程的演绎过程中自动得出，而不是从一个特例的计算结果“点评”而得。也就是说，许多人都感到玻恩的几率波解释在逻辑上并不具有普遍意义，说服力不强。

玻恩的波函数几率解释，从提出到被普遍接受经过了一年多时间。1927 年 10 月在布鲁塞尔召开的第五届索尔维会议对此起了决定性的作用。这次会议原定的主题是“电子和光子”，但实际上演变成了对量子力学解释的全面讨论。会上玻恩报告了波函数的几率解释，海森伯也报告了自己的工作。最后他们表达了自己对量子力学的一种信仰：“我们主张，量子力学是一种完备的理论，它的基本物理假设和数学假设是不能进一步被修改的。”这次会议的主席是洛仑兹，他对玻恩的观点发表了自己的观点。他认为，波函数的几率解释只能是理论考虑的一种可能方案，不应当看成是一种先验的公理。人们也是可以相信决定论的，非决定论并不是原则上不可避免的。会议的高潮是最后的一般性讨论。爱因斯坦在这次会议上开始一直没有发言，直到玻恩在讨论中点了他的名字后，爱因斯坦才情不自禁地发表了他对波函数几率解释的看法。爱因斯坦用了一个简单的例子谈了他对波函数几率解释的看法。如图 1-4 所示，一束电子射向屏 S，通过屏上小孔 O 在屏后的壁障 P 上得到衍射图像。观点 1 认为，与德布罗意-薛定谔的波动理论相对应的，不是一个电子而是一团分布在空间的“电子云”，$|\psi^2|$ 表示在所观察的那一部分空间有一个电子的“电子云”存在的几率。观点 2 力图完备地描述单个电子的过程，认为 $|\psi^2|$ 表示在所考虑的瞬间一个特定的电子出现在所观察的地点的几率。爱因斯坦认为观点 2 比观点 1 要彻底得多，因为 2 包含了 1 的全部结果，但相反的结论就不能成立。尽管如此，爱因斯坦最后表示自己不得不表示反对第 2 种观点，因为这种观点是以存在超距作用为前提的，而这是同相对论的原则相矛盾的。爱因斯坦的这一发言，是针对玻尔、海森伯、玻恩所持的观点的，引起了与会者的热烈争论，特别是在玻尔和爱因斯坦之间发生了激烈的公开论战。论战结果，玻尔占了上风，爱因斯坦的批评都被玻尔驳回。很可惜这些论战的原始资料没有被保留下来，只有从与会者事后的一些回忆中略窥一斑。S·罗森塔尔编著的《尼尔斯·玻尔——他的朋友和同事对他生活和工作的回忆》一书中，海森伯对爱因斯坦和玻尔在索尔维会议上的论战的回忆，有这样一段话：

“……讨论很快地就集中到爱因斯坦和玻尔的论战上来了。……我们一般是在早餐以后就见面了。于是爱因斯坦就描述一个理想实验，那是他认为可从中特别清楚地看出哥本哈根诠释之内的矛盾的。……在会议中间，尤其是在会议休息时，我们这些比较年轻的就试着分析爱因斯坦的实验。而在吃午饭时，讨论又在玻尔和来自哥本哈根的其他人之间继续进行。玻尔是在下午较晚的时候就作好了完全的分析，并且在晚饭用餐时就把它告诉爱因斯坦。爱因斯坦对这种分析提不出反驳，但他在内心深处是不

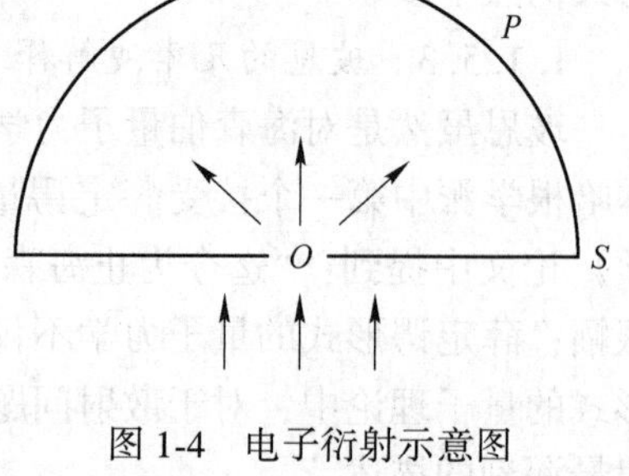

图 1-4　电子衍射示意图

服气的。”

玻尔对玻恩的波函数几率解释特别欣赏。早在 1913 年玻尔提出氢原子中电子运动的定态假设时，他的老师卢瑟福曾严肃地指出，这一理论中有一个严重困难，那就是当电子从一个定态过渡到另一个定态时，它必须假定电子预先就知道将在什么地方停下来。当时玻尔没有能回答老师的质疑。现在玻恩提出的波函数几率解释，正好帮他回答了当年卢瑟福对他的这一责难。所以玻尔要不遗余力地为玻恩的波函数几率解释作辩护。

1.1.6 薛定谔方程

1.1.6.1 状态随时间变化的薛定谔方程

在量子力学中，体系的状态用波函数 $\psi(r,\ t)$ 描写，ψ 是空间坐标 r 和时间 t 的函数，ψ 对于时间 t 的依赖关系反映了状态随时间变化的规律，这也就是微观粒子的运动所遵循的规律。如果知道了这个规律，就可由初始时刻（$t=t_0$）的状态 $\psi(r,\ t_0)$ 求出以后任意时刻的状态 $\psi(r,\ t)$ 。这个规律由 $\psi(r,\ t)$ 所满足的方程表示，该方程的地位类似于经典力学中牛顿方程的地位，它肯定不能从经典力学的方程导出，因为经典力学根本没有涉及微观粒子的波动性问题。相反，该方程应当是新理论的出发点，在回到宏观力学时，它不应与牛顿定律矛盾。

这样的方程首先由薛定谔发现。他先考虑德布罗意平面波，这种波描写动量确定的自由粒子：

$$\psi_p(r,\ t) = A\mathrm{e}^{\frac{\mathrm{i}}{\hbar}(pr-Et)}$$

加下标 p 是为了表明粒子的动量为 p。按照非相对论关系，粒子的动量 p 和动能 E 满足 $E=p^2/(2\mu)$，因为是自由粒子，故 E 也就是粒子的总能量。容易看出

$$\mathrm{i}\hbar\frac{\partial}{\partial t}\psi_p = E\psi_p$$

$$-\frac{\hbar^2}{2\mu}\nabla^2\psi_p = \frac{p^2}{2\mu}\psi_p = E\psi_p$$

由此可得 Ψ_p 满足如下微分方程

$$\mathrm{i}\hbar\frac{\partial}{\partial t}\psi_p = -\frac{\hbar^2}{2\mu}\nabla^2\psi_p \tag{1-19}$$

当粒子在势场 $U(r)$ 中运动时，能量为

$$E = p^2/(2\mu) + U(r) \tag{1-20}$$

这里 $U(r)$ 为势函数，它一般不显含时间 t。薛定谔假设，在这种情况下，体系的波函数 $\psi(r,\ t)$ 满足

$$\mathrm{i}\hbar\frac{\partial}{\partial t}\psi(r,\ t) = \left[-\frac{\hbar^2}{2\mu}\nabla^2 + U(r)\right]\psi(r,\ t) \tag{1-21}$$

这个方程从形式上可以这样得到，先写出非相对论的能量表达式 $E = p^2/(2\mu)+U(r)$，在 $U(r)$ 不显含 t 时，总能量就是体系的哈密顿量 H，即

$$H = p^2/(2\mu) + U(r)$$

作替换：$p\rightarrow\frac{\hbar}{\mathrm{i}}\nabla$，从而哈密顿量成为算符 $\hat{H}$：

$$\hat{H} = -\frac{\hbar^2}{2\mu}\nabla^2 + U(r) \tag{1-22}$$

这样，式（1-21）就可改写为

$$i\hbar\frac{\partial}{\partial t}\psi(r,\ t) = \hat{H}\psi(r,\ t) \tag{1-23}$$

薛定谔进一步假设，即使哈密顿量的形式不能用式（1-22）表示，式（1-23）这种形式的方程仍然正确。这就是薛定谔方程。

这里我们首次遇到算符的概念。所谓算符，就是对函数进行某种运算的符号，用顶上带有“ˆ”的字母表示算符，例如上述 $\hat{H}$，它称为体系的哈密顿算符或能量算符，有时简称为哈密顿。这里先记住几个算符：

动量运算符：

$$\hat{p} = \frac{\hbar}{i}\nabla \tag{1-24}$$

写成分量的形式，就是

$$\hat{p}_x = \frac{\hbar}{i}\frac{\partial}{\partial x},\ \hat{p}_y = \frac{\hbar}{i}\frac{\partial}{\partial y},\ \hat{p}_z = \frac{\hbar}{i}\frac{\partial}{\partial z} \tag{1-25}$$

哈密顿算符：当体系在势场 $U(r)$ 中运动时，哈密顿算符为

$$\hat{H} = -\frac{\hbar^2}{2\mu}\nabla^2 + U(r) = \frac{p^2}{2\mu}U(r)$$

关于薛定谔方程式（1-23），我们作如下几点说明：

（1）薛定谔方程是量子力学中的一项基本假设，它在量子力学中的地位类似于牛顿方程在经典力学中的地位，它的正确性只能靠实验来检验。

（2）薛定谔方程式（1-23）是关于 $\psi(r,\ t)$ 的线性微分方程，也就是说，若 ψ_1 和 ψ_2 满足式（1-23），则 $\psi = C_1\psi_1 + C_2\psi_2$ 也满足式（1-23），当 $\hat{H}$ 由式（1-22）表示时，这显然是对的，当 $\hat{H}$ 比式（1-22）的形式更复杂时，这一点也必须满足，因为这是态叠加原理的要求。

（3）薛定谔方程式（1-23）是关于时间的一阶偏微分方程，其中不包含对时间的二阶及二阶以上的导数，因此，只要知道了初始时刻的波函数 $\psi(r,\ t_0)$，就可确定以后任何时刻的波函数 $\psi(r,\ t)$，这与波函数完全描述了微观体系的状态这一假设一致，因为给定了 $\psi(r,\ t_0)$，初始时刻（$t = t_0$ 时刻）的状态就已经完全确定，故以后时刻的状态也可由此唯一确定。这正是微观世界因果律的表示形式。这一点与牛顿方程不同，以一维运动质点满足的牛顿方程（设外力与时间无关）

$$m\frac{d^2x}{dt^2} = F(x)$$

为例，这是二阶微分方程。为了确定 t 时刻的 $x(t)$，必须知道初位置 $x(t_0)$ 和初速度 $v(t_0) = \left.\frac{d^2x}{dt^2}\right|_{t=t_0}$，这样，质点在 t_0 时刻的状态就要用 $x(t_0)$ 和 $v(t_0)$ 两个量描写。

（4）德布罗意平面波 $e^{\frac{i}{\hbar}(pr-Et)}$ 满足自由空间的薛定谔方程式（1-19），若取其实部 $\cos[(pr - Et)/\hbar]$，则它对时间求偏导后将变为正弦函数，对空间部分用 ∇^2 作用后仍是

余弦函数，因此不可能满足式（1-19）。也就是说，为了满足薛定谔方程式（1-19），平面波波函数必须取复数形式 $e^{\frac{i}{\hbar}(pr-Et)}$，不能只取实部。由于波函数本身没有直接的物理意义，不代表任何可观察量，因此允许是复函数。这与电磁场的情况不同。在求解电磁场时，我们常把平面波写成复数形式，求解后再取实部，这是为了运算方便，而电场强度或磁感应强度本身总是实函数，因为它代表可观察的物理量。

1.1.6.2 自由粒子的波函数

自由粒子的波函数不一定是平面波，只有动量确定的自由粒子才用平面波描写，它满足自由空间（$U(r)=0$）的薛定谔方程式（1-19）。但是，式（1-19）的解并非都具有平面波的形式，还可以是平面波的叠加。下面我们来讨论这种情况。

设 $\psi(r,\ t)$ 满足方程式（1-19），利用式（1-25）作傅里叶展开：

$$\psi(r,\ t)=\frac{1}{(2\pi\hbar)^{3/2}}\int_{\infty}C(p,\ t)e^{\frac{i}{\hbar}pr}d^3p \tag{1-26}$$

代入式（1-19），交换积分和求导次序，得

$$\frac{1}{(2\pi\hbar)^{3/2}}\int i\hbar\frac{\partial}{\partial t}C(p,\ t)e^{\frac{i}{\hbar}pr}d^3p$$

$$=\frac{1}{(2\pi\hbar)^{3/2}}\int_{\infty}C(p,\ t)\left(-\frac{p^2}{2\mu}\nabla^2e^{\frac{i}{\hbar}pr}d^3p\right)$$

$$=\frac{1}{(2\pi\hbar)^{3/2}}\int_{\infty}C(p,\ t)\ \frac{p^2}{2\mu}e^{\frac{i}{\hbar}pr}d^3p$$

这就要求 $C(p,\ t)$ 满足方程

$$i\hbar\frac{\partial}{\partial t}C(p,\ t)=\frac{p^2}{2\mu}C(p,\ t)=EC(p,\ t) \tag{1-27}$$

式中，E 是粒子的总能量。

此方程的解为

$$C(p,\ t)=C(p,\ 0)e^{-\frac{i}{\hbar}Et} \tag{1-28}$$

在式（1-26）中令 $t=0$，并利用式（1-26），可求得

$$C(p,\ 0)=\frac{1}{(2\pi\hbar)^{3/2}}\int_{\infty}e^{-\frac{i}{\hbar}pr}\psi(r,\ 0)d\tau \tag{1-29}$$

只要给定了初态 $\psi(r,\ 0)$ 就可确定 $C(p,\ 0)$。将式（1-28）代入式（1-26），得

$$\psi(r,\ t)=\frac{1}{(2\pi\hbar)^{3/2}}\int_{\infty}C(p,\ 0)e^{\frac{i}{\hbar}(pr-Et)}d^3p \tag{1-30}$$

此时已是平面波叠加的形式，在这个态下，动量没有确定值。

1.1.6.3 概率守恒定律

我们来考查在 $\psi(r,\ t)$ 态下的概率密度 $\omega(r,\ t)=\psi^*(r,\ t)\psi(r,\ t)$ 随时间变化的情况。设系统的哈密顿可表示为式（1-22）的形式

$$\begin{aligned}\frac{\partial}{\partial t}\omega(r,\ t) &= \frac{\partial}{\partial t}[\psi^*(r,\ t)\psi(r,\ t)] \\ &= \psi^*(r,\ t)\frac{\partial}{\partial t}\psi(r,\ t) = +\psi(r,\ t)\frac{\partial}{\partial t}\psi^*(r,\ t)\end{aligned} \tag{1-31}$$

$\psi(r,\ t)$ 满足薛定谔方程

$$\mathrm{i}\hbar\frac{\partial}{\partial t}\psi(r,\ t) = -\frac{\hbar^2}{2\mu}\nabla^2\psi(r,\ t) + U(r)\psi(r,\ t) \tag{1-32}$$

取复共轭，注意 $U(r)$ 是实函数，则有

$$-\mathrm{i}\hbar\frac{\partial}{\partial t}\psi^*(r,\ t) = -\frac{\hbar^2}{2\mu}\nabla^2\psi^*(r,\ t) + U(r)\psi^*(r,\ t) \tag{1-33}$$

式（1-32）两边乘 ψ^*，式（1-33）两边乘 ψ，两式相减，再与式（1-31）比较，可得

$$\frac{\partial}{\partial t}\omega(r,\ t) = \frac{\mathrm{i}\hbar}{2\mu}(\psi^*\ \nabla^2\psi - \psi\ \nabla^2\psi^*) = \frac{\mathrm{i}\hbar}{2\mu}\nabla(\psi^*\ \nabla\psi - \psi\ \nabla\psi^*)$$

令

$$\boldsymbol{J}(r,\ t) = \frac{\mathrm{i}\hbar}{2\mu}(\psi\ \nabla\psi^* - C.C.) \tag{1-34}$$

式中，$C.C.$ 代表前一项的复共轭。由此可得

$$\frac{\partial\omega}{\partial t} + \nabla\cdot J = 0 \tag{1-35}$$

其积分形式为

$$\frac{\mathrm{d}}{\mathrm{d}t}\int_V\omega(r,\ t)\mathrm{d}\tau = -\oint_S\boldsymbol{J}\cdot\mathrm{d}s \tag{1-36}$$

式中，V 是任意空间区域的体积；S 是 V 的表面。

式（1-36）左方的意义是体积 V 内概率的增长率，右方表示通 V 的表面流入 V 的概率，整个式子是概率守恒定律的数学表示。式（1-34）定义的矢量 $\boldsymbol{J}(r,\ t)$ 称为概率流密度，其物理意义是单位时间流过垂直表面上单位面积的概率。

若空间总粒子数不是一个，而是 N 个，则 $N\omega(\boldsymbol{r},\ t)$ 和 $N\boldsymbol{J}(\boldsymbol{r},\ t)$ 分别表示粒子数密度和单位时间内通过单位垂直表面的粒子数，概率守恒定律就成为粒子数守恒定律。由于概率守恒定律是薛定谔方程的直接结果，因此在有粒子产生和消灭的场合薛定谔方程不再适用。

式（1-35）两边乘以粒子的电量或质量，则其物理意义将成为电荷守恒或质量守恒。

若令式（1-36）中的体积 $V\to\infty$，并设 $r\to\infty$ 时波函数 $\psi(r,\ t)$ 比 $r^{-1/2}$ 更快地趋于零，从而 J 比 r^{-2} 更快地趋于零，而 $r\to\infty$ 时 S 的面元以 r^2 的速度趋于∞，故式（1-36）左方的面积分等于零，从而

$$\frac{\mathrm{d}}{\mathrm{d}t}\int_\infty\omega(r,\ t)\mathrm{d}\tau = 0 \tag{1-37}$$

此式表明全空间的总概率不随时间变化，或者说归一化不随时间变化。这是可以理解的，因为在全空间发现粒子是一个必然事件，即概率为 1 的事件。

概率密度 ω 和概率流密度 J 是可观察量，因此必须在全空间单值、有界、连续。一

般要求波函数本身单值、有界、连续。后者是前者的充分条件。在有些问题中，允许 ψ 在个别孤立的点趋于无穷，但必须在全空间平方可积。关于 ψ 微商的连续性也可以有例外。例如，设空间某区域势函数 $U(r) \to \infty$， 在物理上，这意味着粒子不能到达该区域，故该区域中 $\psi=0$，由 ψ 的连续性可知在该区域的边界上也应有 $\psi=0$，由式（1-34）可见，当 $\psi=0$ 时，不管 ψ 的空间微商为何值（只要有界），J 总是零。因此，在这样的边界处，即使 ψ 的微商不连续，J 仍是连续的。除了这种情况外，还有一些特殊情况下 ψ 的微商可以不连续。在下文中，我们将对一维运动的情况作较普遍的讨论。

波函数及其微商所满足的条件，通常称为波函数的标准条件，它们在确定薛定谔方程的解时起着重要的作用。

1.1.6.4 定态问题的一般讨论

本节讨论薛定谔方程的解，先作一般性讨论，在以后各节再求解几个具体例子。

设势函数 $U(r)$ 与时间无关，则薛定谔方程为

$$i\hbar \frac{\partial}{\partial t}\psi(r, t) = -\frac{\hbar^2}{2\mu}\nabla^2\psi(r, t) + U(r)\psi(r, t) \tag{1-38}$$

令 $\psi(r, t)=\psi(r)f(t)$，代入上式并分离变量，得

$$i\hbar \frac{df}{dt} = Ef \tag{1-39}$$

$$-\frac{\hbar^2}{2\mu}\nabla^2\psi(r) + U(r)\psi(r) = E\psi(r) \tag{1-40}$$

式（1-39）、式（1-40）中的 E 为分离变量时出现的常数。式（1-39）的解可直接写出：

$$f(t) = Ce^{-\frac{i}{\hbar}Et} \tag{1-41}$$

从而

$$\psi(r, t) = \psi(r)e^{-\frac{i}{\hbar}Et} \tag{1-42}$$

这里已把式(1-41)中的常数 C 纳入 $\psi(r)$。注意到体系的哈密顿算符为 $\hat{H}=-\frac{\hbar^2}{2\mu}\nabla^2+U(r)$，故式（1-40）可写为

$$\hat{H}\psi(r) = E\psi(r) \tag{1-43}$$

在经典力学中，当势函数不显含 t 时，哈密顿量即系统的总能量。按照量子力学的基本假设，式（1-43）中普朗常数量 E 代表系统的总能量。式（1-42）这种形式的解 $\psi(r, t)$ 称为定态波函数，当状态用这种波函数描写时，体系的能量有确定值 E。能量是可观测量，故 E 为实数。由式（1-43）决定的常数 E 总是实数。定态波函数式（1-42）对时间的依赖关系具有完全确定的形式，因此习惯上也称它的空间部分 $\psi(r)$ 为定态波函数，确定 $\psi(r)$ 的方程，即式（1-43），称为定态薛定谔方程。只要由式（1-42）解出 $\psi(r)$，那么定态波函数 $\psi(r, t)$ 立即可按式（1-42）写出。

在一定的边界条件下求解式（1-43），可在求得波函数 $\psi(r)$ 的同时确定能量 E 的可能取值。在有些问题中，E 的可能取值是离散的，可以编号：E_1，E_2，…，E_n，…，对应的波函数为 $\psi_1(r)$，$\psi_2(r)$，…，$\psi_n(r)$，…，即

$$\hat{H}\psi_n(r) = E_n\psi_n(r), \quad n = 1, 2, \cdots \tag{1-44}$$

$$\psi_n(r, t) = \psi_n(r)\mathrm{e}^{-\frac{\mathrm{i}}{\hbar}E_n t}, \quad n = 1, 2, \cdots \tag{1-45}$$

定态解式（1-45）是在一定的边界条件下薛定谔方程式（1-38）的一系列特解；由于方程式（1-38）是线性微分方程，因此这些待解的线性叠加也是式（1-38）的解：

$$\psi(r, t) = \sum_n A_n\psi_n(r)\mathrm{e}^{-\frac{\mathrm{i}}{\hbar}E_n t} \tag{1-46}$$

下面验证它满足式（1-38）：

$$\mathrm{i}\hbar\frac{\partial}{\partial t}\psi(r, t) = \sum_n A_n\psi_n(r)\left(\mathrm{i}\hbar\frac{\partial}{\partial t}\mathrm{e}^{-\frac{\mathrm{i}}{\hbar}E_n t}\right) = \sum_n A_n E_n\psi_n(r)\mathrm{e}^{-\frac{\mathrm{i}}{\hbar}E_n t}$$

注意到 $\psi_n(r)$ 满足式（1-44），故

$$\begin{aligned}\mathrm{i}\hbar\frac{\partial}{\partial t}\psi(r, t) &= \sum_n A_n\hat{H}\psi_n(r)\mathrm{e}^{-\frac{\mathrm{i}}{\hbar}E_n t}\\ &= \hat{H}\sum_n A_n\psi_n(r)\mathrm{e}^{-\frac{\mathrm{i}}{\hbar}E_n t} = \hat{H}\psi(r, t)\end{aligned}$$

如果粒子只在有限的空间范围内运动，而不能到达无穷远处，则当 $\boldsymbol{r}\to\infty$ 时，波函数 $\psi(r, t)$ 应当以足够快的速率趋于零，这样的状态称为束缚态。在另外一些情况下，粒子可以到达无穷远处，或者是从无穷远处射来，在此种场合，当 $\boldsymbol{r}\to\infty$ 时波函数 $\psi(r, t)$ 不趋于零，这种状态称为非束缚态，或称为游离态。德布罗意平面波就是游离态的例子，它在空间各处有相等的相对概率密度。当 $\boldsymbol{r}\to\infty$ 时 $\psi(r, t)$ 以足够快的速率趋于零，则它就可以归一化，这就是说，束缚态的波函数总可以归一化，至于游离态的波函数，由于它不是在全空间平方可积的，因此游离态的波函数不能归一化到 1。

薛定谔方程式（1-38）和定态薛定谔方程式（1-44），是束缚态和游离态的波函数都应满足的方程，两类波函数的区别仅在于满足的边界条件不同。下面我们来研究定态的一些重要性质。

（1）定态的空间概率分布不随时间改变。由式（1-42）可得

$$\omega(r, t) = |\psi(r, t)|^2 = |\psi(r)|^2 = \omega(r, 0)$$

可见定态的概率密度分布与时间 t 无关。在定态下，一切力学量的可能测值和相应的概率分布均不随时间改变。

（2）设 u 和 v 为 r 的实函数，$\psi = u + \mathrm{i}v$ 是定态薛定谔方程式（1-42）的解，对应于某一确定的能量值 E，则 u 和 v 分别是式（1-42）的解，对应同一能量值 E。证明如下：

$$-\frac{\hbar^2}{2\mu}\nabla^2(u + \mathrm{i}v) + U(r)(u + \mathrm{i}v) = E(u + \mathrm{i}v)$$

由于势函数 $U(r)$ 和能量 E 都是实的，因此该式两端分离实部和虚部后可得

$$-\frac{\hbar^2}{2\mu}\nabla^2 u + U(r)u = Eu$$

$$-\frac{\hbar^2}{2\mu}\nabla^2 v + U(r)v = Ev$$

（3）对于一维定态薛定谔方程

$$-\frac{\hbar^2}{2\mu}\frac{d^2}{dx^2}\psi(x)+U(r)\psi(x)=E\psi(x) \tag{1-47}$$

若 ψ_1 和 ψ_2 是对应于同一能量 E 的两个解，则

$$\psi_1\psi'_2-\psi_2\psi'_1=C \tag{1-48}$$

这里 $\psi'_1=\frac{d}{dx}\psi_1(x)$，$\psi'_2=\frac{d}{dx}\psi_2(x)$，$C$ 是与 x 无关的常数。

[证] 由式（1-48）可得

$$\psi''_1=\frac{2\mu}{\hbar^2}(U-E)\psi_1$$

$$\psi''_2=\frac{2\mu}{\hbar^2}(U-E)\psi_2$$

第二式乘以 ψ_1，第一式乘以 ψ_2，相减，得

$$\psi_1\psi''_2-\psi_2\psi''_1=0$$

$$\frac{d}{dx}(\psi_1\psi'_2-\psi_2\psi'_1)=0$$

积分此式，$\psi_1\psi'_2-\psi_2\psi'_1=C$，式（1-48）得证。

（4）对于一维定态薛定谔方程式（1-47），对应于同一能量值 E 的线性独立解最多只有两个。

[证] 用反证法，设对应于同一能量 E，有 3 个线性独立解 ψ_1、ψ_2、ψ_3，根据式（1-48），有

$$\psi_2\psi'_3-\psi_3\psi'_2=C_1$$
$$\psi_3\psi'_1-\psi_1\psi'_3=C_2$$
$$\psi_1\psi'_2-\psi_2\psi'_1=C_3$$

分别以 ψ_1、ψ_2、ψ_3 乘这三式两边，然后将 3 个式子相加，得

$$C_1\psi_1+C_2\psi_2+C_3\psi_3=0$$

此式表明 ψ_1、ψ_2、ψ_3 线性相关，与最初的假设矛盾，定理得证。

对应于一个能量值 E，如果定态薛定谔方程有几个独立解，我们就说此能级是简并的，独立解的个数叫能级的简并度。因此这里证明的定理可叙述为：一维定态薛定谔方程的每个能级最多是二重简并。

（5）一维束缚定态的能级是不简并的，波函数总可选为实函数。

[证]设对应于同一能级有两个线性独立解 ψ_1 和 ψ_2，由于束缚态波函数必须满足 $x\to\pm\infty$ 时 $\psi\to0$，故式（1-48）中的常数 $C=0$，于是有

$$\psi_1\psi'_2=\psi_2\psi'_1,\qquad \psi'_1/\psi_1=\psi'_2/\psi_2$$

两边对 x 积分，得

$$\ln\psi_1=\ln\psi_2+C'$$

$$\psi_1=C\psi_2$$

这与 ψ_1、ψ_2 线性独立矛盾，因此线性独立解只有一个，即能级是不简并的。

若设 $\psi=u+iv$，则 u 和 v 最多差一个常数因子，因此 ψ 总可选为实函数。

（6）如果势函数 $U(x)$ 具有对原点的反射对称性，即 $U(-x)=U(x)$，则一维束缚定

态波函数 $\psi(x)$ 有确定的对称。

先介绍对称的概念。波函数 $\psi(r)$ 在 r 变为 $-r$ 时，可能有三种情况：

(1) $\psi(-r)=\psi(r)$；(2)$\psi(-r)=-\psi(r)$；(3)$\psi(-r)=\pm\psi(r)$ 。情形（1）称为 ψ 具有偶宇称，(2) 称为 ψ 具有奇宇称，（1）和（2）统称为 ψ 有确定的宇称。而情形（3）则称为 ψ 没有确定宇称，或称状态的宇称不确定。

下面证明定理 6。

对于情形（3），若令

$$\begin{aligned}\psi_1(r)&=\frac{1}{2}[\psi(r)+\psi(-r)]\\ \psi_2(r)&=\frac{1}{2}[\psi(r)-\psi(-r)]\end{aligned}\tag{1-49}$$

则有

$$\psi(r)=\psi_1(r)+\psi_2(r)$$

其中 $\psi_1(r)$ 具有偶对称，$\psi_2(r)$ 具有奇对称。此式表明任何状态都可表示成偶对称态和奇对称态的叠加。

在一维情形下 $\psi(x)$ 的对称就是 $\psi(x)$ 的奇偶性：若 $\psi(x)$ 为 x 的偶函数，则对称为偶；若 $\psi(x)$ 为 x 的奇函数，则对称为奇。若 $\psi(x)$ 是不奇不偶的函数，则 $\psi(x)$ 的对称不确定。

在式（1-47）中令 x 变为 $-x$，注意这个变换下 $\frac{\mathrm{d}^2}{\mathrm{d}x^2}$ 保持不变，根据定理的条件，$U(-x)=U(x)$，于是有

$$\left[-\frac{\hbar^2}{2\mu}\frac{\mathrm{d}^2}{\mathrm{d}x^2}+U(r)\right]\psi(-x)=E\psi(-x)\tag{1-50}$$

这表明，如果 $\psi(x)$ 是式（1-47）的属于能级 E 的解，则 $\psi(-x)$ 也是属于能级 E 的解。但上面已证明一维束缚定态是不简并的，故 $\psi(-x)$ 与 $\psi(x)$ 最多相差一个常数因子：

$$\psi(-x)=C\psi(x)\tag{1-51}$$

再改变 x 的符号，就有

$$\psi(x)=C\psi(-x)=C^2\psi(x)$$

这只能是 $C^2=1$，$C=\pm1$，从而

$$\psi(-x)=\pm\psi(x)$$

亦即 $\psi(x)$ 不是奇对称态就是偶对称态，或者说 $\psi(x)$ 有确定的对称。

在一维非束缚定态的情况下，不能由式（1-50）得到式（1-51），这是因为能级是二重简并的，$\psi(x)$ 和 $\psi(-x)$ 可能是两个独立的简并态。在这种情况下，可类似于式（1-49）那样由 $\psi(x)$ 和 $\psi(-x)$ 组合成另外两个线性独立解 $\psi_1(x)$ 和 $\psi_2(x)$，它们分别具有偶对称和奇对称。

1.1.7 一维方势阱（束缚态）

本节讨论一维方势阱中粒子的束缚态能级和定态波函数。

1.1.7.1 无限深方势阱

设势函数 $U(x)$ 为

$$U(x)=\begin{cases}0, & 0<x<a \\ \infty, & x\leqslant 0,\ x\geqslant a\end{cases}$$

如图 1-5 所示，定态波函数可表示为 $\psi(x,\ t)=e^{\frac{i}{\hbar}Et}$，由于在 $x\leqslant 0$ 和 $x\geqslant a$ 处 $U(x)\to\infty$，故

$$\psi(x)=0,\ 当\ x\leqslant 0,\ x\geqslant a$$

在 $0<x<a$ 范围内，定态薛定谔方程为

$$-\frac{\hbar^2}{2\mu}\psi''(x)=E\psi(x)$$

令 $k=(2\mu E)^{1/2}/\hbar=p/\hbar$，则上式可写为

$$\psi''(x)+k^2\psi''(x)=0 \qquad (1\text{-}52)$$

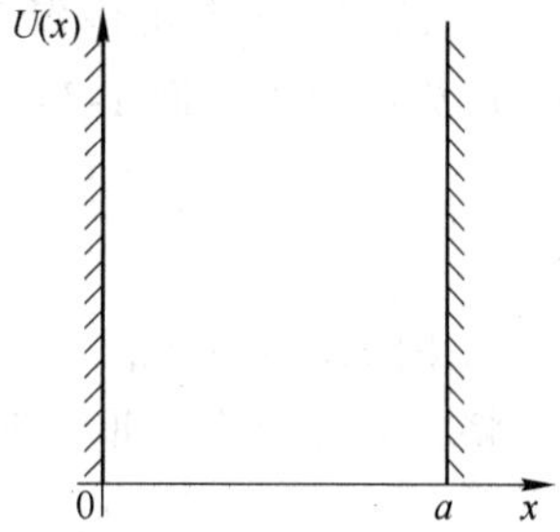

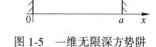

图 1-5 一维无限深方势阱

独立特解为 $e^{\pm ikx}$ 或 $\sin kx$、$\cos kx$，由波函数连续的条件，在 $x=0$，a 处，$\psi=0$，在 $U(x)\to\infty$ 的边界上，$\psi(x)$ 的微商可以不连续。满足 $\psi(0)=0$ 的解只有 $\sin kx$，故

$$\psi(x)=A\sin kx$$

令 $\psi(a)=0$ 得

$$A\sin ka=0$$

从而 $k=n\pi/a$，$n=1,\ 2,\ \cdots$，故相应的波函数为

$$\psi_n(x)=A_n\sin\frac{n\pi}{a}x$$

式中，A_n 为归一化常数。

令

$$\int_{-\infty}^{\infty}|\psi|^2dx=\int_0^a|\psi|^2dx=1$$

可求得 $A_n=\sqrt{2/a}$，从而能级和波函数为

$$A_n=\sqrt{2/a}\sin\frac{n\pi}{a}x,\ n=1,\ 2,\ \cdots \qquad (1\text{-}53)$$

$$E_n=n^2\pi^2\hbar^2/2\mu a^2 \qquad (1\text{-}54)$$

由式（1-54）可见，能级是离散的，$E_n\propto n^2$，即能级越高，能级间隔越大。图 1-6 给出了前几个能级和相应的波函数。由图可见，波函数就像是在两个完全反射壁之间来回反射的平面波形成的驻波，德布罗意波长 $\lambda=h/p=h/(\hbar k)=2\pi/n$，即 $\lambda=2a/n$，阱宽正好是半波长的整数倍。$\psi_n(x)$ 的节点数为 $n+1$，在节点处 $|\psi_n(x)|^2=0$，概率密度为零，即此处不能发现粒子，这个结果在经典力学中是无法理解的。

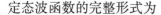

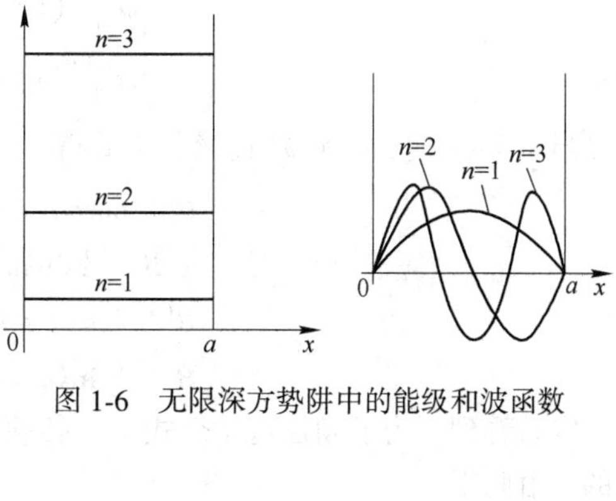

图 1-6 无限深方势阱中的能级和波函数

定态波函数的完整形式为

$$\psi_n(x,\ t)=\sqrt{\frac{2}{a}}\sin\frac{n\pi}{a}x\mathrm{e}^{-\frac{\mathrm{i}}{\hbar}E_nt},\qquad n=1,\ 2,\ \cdots \tag{1-55}$$

1.1.7.2　一维有限深对称方势阱

设势函数为（图 1-7）

$$U(x)=\begin{cases}-U_0, & |x|<a,\ U_0>0\\ 0, & |x|\geqslant a\end{cases} \tag{1-56}$$

求束缚态（$-U_0<E<0$）的能级所满足的方程。

将区域分成Ⅰ、Ⅱ、Ⅲ三部分，如图 1-7 所示。定态薛定谔方程为

$$\psi''_{\text{Ⅱ}}+k^2\psi_{\text{Ⅱ}}(x)=0,\qquad k^2=\frac{2\mu(E+U_0)}{\hbar^2},\qquad |x|<a$$

$$\psi''_{\text{Ⅰ},\text{Ⅲ}}+\beta^2\psi_{\text{Ⅰ},\text{Ⅲ}}(x)=0,\qquad \beta^2=\frac{2\mu|E|}{\hbar^2},\qquad |x|\geqslant a$$

式中，k^2 和 β^2 均大于零。$\psi_{\text{Ⅱ}}$ 的独立特解为 $\cos kx$ 和 $\sin kx$，而 $\psi_{\text{Ⅰ}}$ 和 $\psi_{\text{Ⅲ}}$ 的独立特解为 $\mathrm{e}^{\beta x}$ 和 $\mathrm{e}^{-\beta x}$。考虑到 $x\to+\infty$ 时 $\psi_{\text{Ⅲ}}\to0$，$x\to-\infty$ 时 $\psi_{\text{Ⅰ}}\to0$（束缚态边界条件），故设解为

$$\begin{cases}\psi_{\text{Ⅰ}}(x)=A\mathrm{e}^{\beta x}\\ \psi_{\text{Ⅱ}}(x)=B_1\cos kx+B_2\sin kx\\ \psi_{\text{Ⅲ}}(x)=C\mathrm{e}^{-\beta x}\end{cases} \tag{1-57}$$

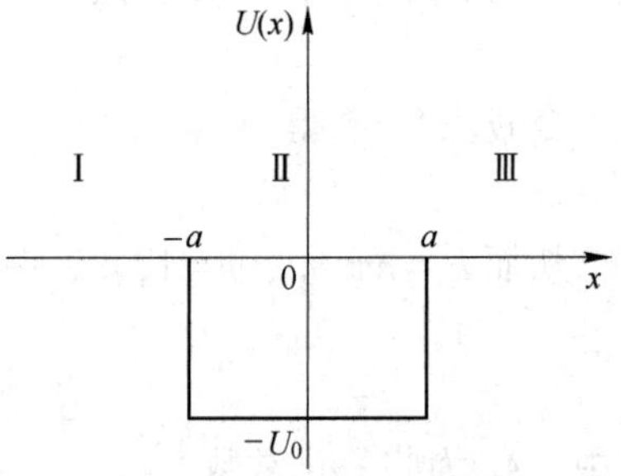

图 1-7　有限深方势阱

本节势函数满足 $U(-x)=U(x)$，因此定态波函数有确定的宇称，而 $\psi_{\text{Ⅰ}}(x)$ 中 $\cos kx$ 为偶宇称，$\sin kx$ 为奇宇称，可见 B_1 和 B_2 不能同时非零，否则 $\psi_{\text{Ⅰ}}$（从而整个 $\psi(x)$）将成为不奇不偶的函数。

（1）偶宇称解。设 $B_2=0$，相应的 A、B_1、C 改为 $A^{(+)}$、$B^{(+)}$、$C^{(+)}$，ψ 改为 $\psi'\psi^{(+)}$：

$$\begin{cases}\psi_{\text{Ⅰ}}^{(+)}(x)=A^{(+)}\mathrm{e}^{\beta x}\\ \psi_{\text{Ⅱ}}^{(+)}(x)=B^{(+)}\cos kx\\ \psi_{\text{Ⅲ}}^{(+)}(x)=C^{(+)}\mathrm{e}^{-\beta x}\end{cases} \tag{1-58}$$

当 $x=\pm a$ 时，ψ 和 ψ' 连续，由此得

$$B^{(+)}\cos ka=C^{(+)}\mathrm{e}^{-\beta a}$$

$$-B^{(+)}k\sin ka=-\beta C^{(+)}\mathrm{e}^{-\beta a}$$

$$B^{(+)}\cos ka=A^{(+)}\mathrm{e}^{-\beta a}$$

$$B^{(+)}k\sin ka=\beta A^{(+)}\mathrm{e}^{-\beta a}$$

容易看到，为了满足这 4 个式子，必须 $A^{(+)}=C^{(+)}$，而这正是波函数为偶宇称所要求的。由此得

$$\cos ka B^{(+)} - e^{-\beta a} C^{(+)} = 0$$

$$k\sin ka B^{(+)} - \frac{\beta}{k} e^{-\beta a} C^{(+)} = 0$$

这是关于 $B^{(+)}$ 和 $C^{(+)}$ 的联立方程组，有非零解的条件是系数行列式等于零：

$$\begin{vmatrix} \cos ka & -e^{-\beta a} \\ \sin ka & -\frac{\beta}{k} e^{-\beta a} \end{vmatrix} = 0 \tag{1-59}$$

这就是确定能级的方程，通常称为久期方程。由式（1-59）可得

$$k\tan ka = \beta \tag{1-60}$$

$$A^{(+)} = C^{(+)} = e^{\beta a} \cos ka B^{(+)} \tag{1-61}$$

k 和 β 均可由能量 E 表示出来，故式（1-60）就是题目要求的确定能级的方程。

式（1-61）是超越方程，不能用解析方法求解，而必须采用数值解法。在精确度要求不太高时，也可采用作图法求解。令 $u = ka$，$v = \beta a$，由 k 和 β 的定义，可得

$$\begin{aligned} u^2 + v^2 &= a^2[2\mu(E + U_0) - 2\mu E]/\hbar^2 \\ &= 2\mu U_0 a^2/\hbar^2 \end{aligned} \tag{1-62}$$

而式（1-60）可改写为

$$u\tan u = v \tag{1-63}$$

以 v 为纵轴，以 u 为横轴作出式（1-62）和式（1-63）的曲线（考虑到 u、v 大于零，故只得第一象限部分），式（1-62）代表半径为 $[2\mu U_0 a^2/\hbar^2]^{1/2}$ 的圆弧。上述两曲线的交点就是式（1-60）的解（图 1-8）。

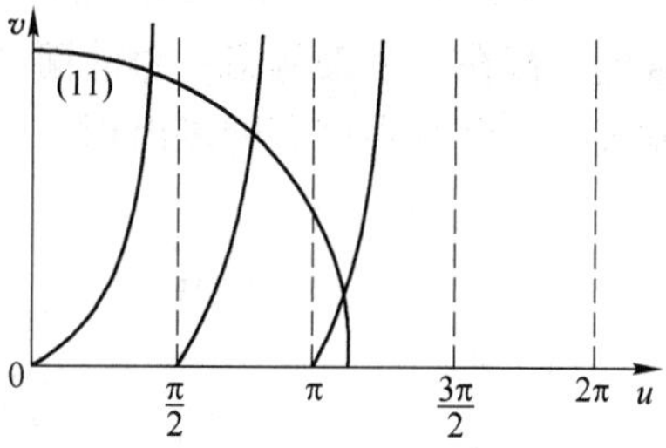

图 1-8 确定方势阱能级的作图法

将交点按 u 从小到大的次序编号，再根据各交点的 u 和 v 的值求出 k 和 β，最后进一步求得能级 E_1，E_2，E_3，…，对于每一个能量值，都可根据式（1-61）确定一组系数 $A^{(+)}$、$B^{(+)}$、$C^{(+)}$，再代入式（1-58）就得到与每个能级相对应的波函数。每个波函数都包含一个任意常数因子，它们可由归一化条件确定。

（2）奇宇称解：设式（1-57）中的 $B_1 = 0$，$B_2 \neq 0$，类似于偶宇称的情况，可得

$$\begin{cases} \psi_{\mathrm{I}}^{(-)}(x) = -A^{(-)} e^{\beta x} \\ \psi_{\mathrm{II}}^{(-)}(x) = B^{(-)} \cos kx \\ \psi_{\mathrm{III}}^{(-)}(x) = C^{(-)} e^{-\beta x} \end{cases}$$

以及

$$u\tan u = -v$$

$$u^2 + v^2 = 2\mu U_0 a^2/\hbar^2$$

u 和 v 的定义同上。在图 1-8 中同时作出了式（1-63）奇宇称解中的两条曲线，它们的交点给出奇宇称解所相应的能级，偶宇称和奇宇称的能级最后应按大小次序统一编号。

讨论：

（1）由图 1-8 可见，随着 U_0a^2 的增大，圆弧半径变大，可形成的束缚态数目也随之增加。

（2）偶宇称解和奇宇称解随能级的增大交替出现。基态总是偶宇称的。

（3）当 $[2\mu U_0a^2/\hbar^2]^{1/2} < \frac{\pi}{2}$ 时，只有一个束缚态，属偶宇称，而没有奇宇称解。这里所给的条件相当于势阱太浅太窄。

（4）题目中所给的条件 $-U_0 < E < 0$，是形成束缚态的必要条件，试想若 $E > 0$，则在 $|x| > a$ 的区域Ⅰ、Ⅱ中 β^2 大于零，故 ψ_{I} 和 ψ_{II} 只有振荡形式的解，而没有指数衰减形式的解，不可能满足 $x \to \pm\infty$ 时，$\psi \to 0$ 的条件，同样，若 $E < -U_0$，则 $k^2 < 0$，区域Ⅱ中将只有指数衰减形式的解，而没有振荡解，在 $x = 0$ 点将不可能同时满足 $\psi = 0$ 和 $\psi' = 0$ 的条件。

（5）在经典情况下，当 $E < 0$ 时，在 $|x| > a$ 处粒子将不能到达，否则粒子的动能 $E_k = E - U = E$ 将小于零。但量子力学中的结论却是，在经典不允许区（$|x| > a$）仍有一定的概率发现粒子。在这个问题中，总能量等于动能加势能这样的经典公式不再适用，它只有在平均值意义下仍保持正确。

图 1-9 所示为某一特定的 U_0a^2 值所对应的能级和相应的波函数的定性图形，这个特定值允许存在 3 个束缚态。由前面的讨论可以看到，随着 U_0a^2 的增加 $[2\mu U_0a^2/\hbar^2]^{1/2}$ 每增加 $\pi/2$，就在阱口附近多出现一个能级。

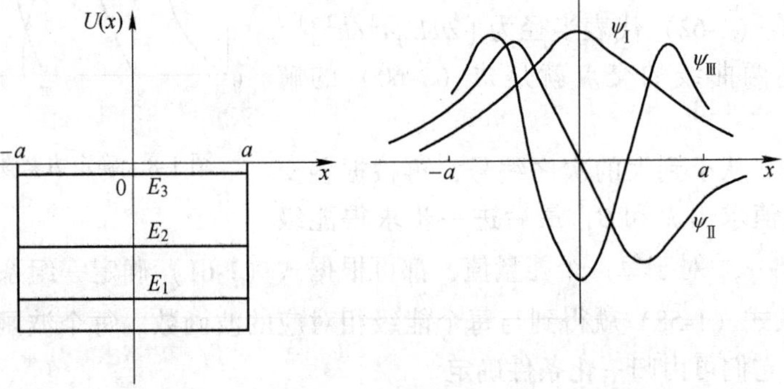

图 1-9 有限深方势阱中的能级和波函数（3 个束缚态的情况）

1.1.8 一维 δ 势阱

在有限深方势阱问题中，若令 $U_0 \to \infty$，$a \to \infty$，而保持 $2aU_0 = \gamma$ 为有限值，则得到一个无限深又无限窄的势阱，称为 δ 势阱，势函数 $U_0(x)$ 可用 δ 函数表示

$$U_0(x) = -\gamma\delta(x) \tag{1-64}$$

式中 $\delta(x)$ 的定义为

$$\delta(x) = \begin{cases} 0, & x \neq 0 \\ \infty, & x = 0 \end{cases}, \quad \int_{-\infty}^{\infty} \delta(x)\,\mathrm{d}x = 1 \tag{1-65}$$

这样，$U_0(x)$ 就满足

$$\int_{-\infty}^{\infty} \delta(x)\,\mathrm{d}x = -\gamma = -2U_0 a \tag{1-66}$$

式中，γ 为有限值。

由式（1-62）可见，此时 u 和 v 都很小，式（1-63）中的 $\tan u \sim u$，式（1-63）变为 $u^2 = v$，代入式（1-62），得

$$v^2 + v - 2\mu\gamma a/\hbar^2 = 0$$

解得

$$v = \frac{1}{2}[(1 + 8\mu\gamma a/\hbar^2)^{1/2} - 1]$$

当 a 很小时

$$(1 + 8\mu\gamma a/\hbar^2)^{1/2} \sim 1 + 4\mu\gamma a/\hbar^2$$

从而

$$v \sim 2\mu\gamma a/\hbar^2 = \beta a = (-2\mu E a^2/\hbar^2)^{1/2}$$

由此得能级

$$E = -\frac{\mu\gamma^2}{2\hbar^2}$$

在上述条件下，式（1-63）的奇对称解无解，即 δ 势阱没有奇对称解，只有一个偶对称的束缚态，波函数的形状如图 1-10 所示。

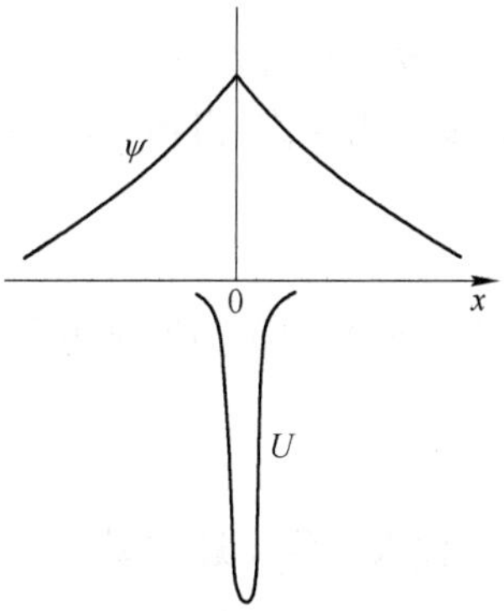

图 1-10　δ 势阱中的波函数

由图 1-10 可见，在 $x = 0(U(x) \to -\infty)$ 处，ψ 是连续的，但 ψ'' 不连续，而是 $\psi'(0^+) = -\psi'(0^-)$。对于一维情况，可以普遍地看一下 ψ' 在某点 x_0 处连续的条件的例外情况。由一维定态薛定谔方程可得

$$\psi''(x) = \frac{2\mu}{\hbar^2}[U(x) - E]\psi(x)$$

此式两边从 $x_0 - \varepsilon$ 到 $x_0 + \varepsilon$ 积分（ε 是小量），得

$$\frac{2\mu}{\hbar^2}\int_{x_0-\varepsilon}^{x_0+\varepsilon}[U(x) - E]\psi(x)\,\mathrm{d}x = \int_{x_0-\varepsilon}^{x_0+\varepsilon}\psi''\mathrm{d}x = \psi'(x_0 + \varepsilon) - \psi'(x_0 - \varepsilon)$$

如果 $U(x_0)$ 有限，则当 $\varepsilon \to 0$ 时，此式左方为零，从而 $\psi'(x_0^+) = \psi'(x_0^-)$，即 ψ' 在 x_0 点连续，但当 $U(x_0) \to \pm\infty$ 时，该式左方的积分可能为有限值，此时，ψ' 在 x_0 点不连续。

1.1.9　线性谐振子

在经典力学中，线性谐振子是指受力与位移成正比且方向指向平衡位置的一维运动质点。设 μ 为振子质量，则势能可写为

$$U(x) = \frac{1}{2}\mu\omega x^2$$

经典振子的能量与振幅的平方成正比，振幅可连续改变，因此振子能量也可连续取值。但量子力学中却有不同的结论。

定态薛定谔方程为

$$-\frac{\hbar^2}{2\mu}\frac{d^2}{dx^2}\psi(x) + \frac{1}{2}\mu\omega x^2\psi(x) = E\psi(x) \tag{1-67}$$

令 $\lambda = \frac{2E}{\hbar\omega}$，$a = \sqrt{\frac{\mu\omega}{\hbar}}$，$\xi = ax$。这里 λ 是一个无量纲参数，a 具有长度倒数的量纲，ξ 是个无量纲的变量。这样，方程式（1-67）成为

$$\frac{d^2\psi}{d\xi^2} + (\lambda - \xi^2)\psi = 0 \tag{1-68}$$

当 $\zeta \to \infty$ 时，λ 与 ξ^2 相比可以忽略，方程变为

$$\frac{d^2\psi}{d\xi^2} = \xi^2\psi$$

容易验证，此方程的解为 $e^{\pm\xi^2/2}$。因为 $\xi \to \pm\infty$ 时 ψ 应有界，而 $e^{+\xi^2/2}$ 不满足此条件，故设解为

$$\psi(\xi) = e^{-\xi^2/2}H(\xi) \tag{1-69}$$

式中，$H(\xi)$ 当 $\xi \to \pm\infty$ 时应保证 $\psi(\xi)$ 有界，因此其发散速度不得比 $e^{\xi^2/2}$ 快。将式（1-69）代入式（1-68），得 $H(\xi)$ 满足的方程：

$$\frac{d^2H}{d\xi^2} - 2\xi\frac{dH}{d\xi} + (\lambda - 1)H = 0 \tag{1-70}$$

这个方程称为厄米方程。该方程在 ξ 有限处无奇点，故可展开成幂级数：

$$H(\xi) = \sum_{m=0}^{\infty} a_m\xi^m \tag{1-71}$$

代入方程，逐项微商，可得

$$\sum_{m=0}^{\infty}[(-2m + \lambda - 1)a_m + (m+1)(m+2)a_{m+2}]\xi^m = 0$$

令 ξ 各次幂的系数为零，得系数的递推关系

$$a_{m+2} = \frac{2m + 1 - \lambda}{(m+1)(m+2)} \tag{1-72}$$

由 a_0 可推得 a_2，a_4，a_6，…，由 a_1 可推得 a_3，a_5，…。a_0 和 a_1 为两个任意常数。

当 $m \to \infty$ 时，$a_{m+2}/a_m \to 2/m$，而级数

$$e^{\xi^2} = \frac{\xi^0}{0!} + \frac{\xi^2}{1!} + \frac{\xi^4}{2!} + \cdots = \sum_{m=0,2,4,\cdots} b_m\xi^m$$

当 $m \to \infty$ 时，相邻系数之比

$$b_{m+2}/b_m = \left(\frac{m}{2}\right)! \bigg/ \left(\frac{m}{2} + 1\right)! \to 1/m$$

可见级数式（1-71）在 $\xi^2 \to \pm\infty$ 时的行为与 e^{ξ^2} 相当，若级数式（1-71）不中断，则

$\psi(\xi)=e^{-\xi^2/2}/H(\xi)$ 在 $\xi\to\pm\infty$ 时将发散，不满足束缚态的边界条件。可见系数递推必须到某一项中断，此时式（1-71）将变为多项式，由递推关系式（1-72）可见，系数中断的必要条件为 λ = 奇数。令 $\lambda=2n+1$，$n=0$，1，…，式（1-71）成为

$$a_{m+2}=\frac{2(m-n)}{(m+2)(m+1)}a_m \tag{1-73}$$

分两种情况：

m=偶数。此时当 $m=n$=偶数时，$a_{m+2}=0$，即由 a_0 出发递推得到的 a_2，a_4，… 到达 a_n 就中断了，但由 a_1 出发递推得到的 a_3，a_5，… 不中断，因为这个系列 $m=1$，3，5，… 不会等于 n（偶数）。这个无穷级数不能保证 $\psi(\xi)$ 满足边界条件，因而不取。

n=奇数：当 $m=n$=奇数时，$a_{m+2}=0$，即由 a_1 出发递推得到 a_3，a_5，… 到达 a_n 就中断了，但由 a_0 出发递推得到的 a_2，a_4，… 不中断，后者也应舍去。

总起来说，当 $\lambda=2n+1$ 而 n=偶数时，可得到满足边界条件的 $H_m(\xi)$，它是 ξ 的多项式，只包含 ξ 的偶次幂；当 n=奇数时，也得到一个满足边界条件的解 $H_m(\xi)$，它也是 ξ 的多项式，只包含 ξ 的奇次幂。在两种情况下，$H_m(\xi)$ 称为厄米多项式。以 $\lambda=2n+1$ 代入式（1-70），得到厄米多项式满足的方程：

$$H_m^n(\xi)-2\xi H'_m(\xi)+2nH_m(\xi)=0 \tag{1-74}$$

在得到了 λ 的可能取值后，就可由 λ 的定义得到能量的可能取值。能级公式将在后面给出，这里先说明几点：

（1）由上述求解过程可见，方程的满足边界条件的解和能级是同时给出的。

（2）能量只能取一系列的特征值（或称本征值），这是边界条件的要求，而不是方程的要求，由此可看到边界条件在定解问题中的重要作用。

下面列出厄米多项式的若干性质：

（1）微分表示。

$$H_m(\xi)=(-1)e^{t^2}\frac{d^n}{d\xi^n}e^{-t^2} \tag{1-75}$$

由微分表示可知，$H_m(\xi)$ 中最高次幂的系数为 2^n；只要取 $n=1$，2，3，…直接求一下式（1-75）中的微商，就可发现最高次幂系数的这个定律。本来在由级数解法得到厄米多项式时，留有一个任意的常数因子，即最低次幂前的系数 a_0 或 a_1，为了满足微分表示式（1-75），这个系数也被最后选定了。

（2）递推公式。

$$H'_m+2nH_{m-1} \tag{1-76}$$

$$H_{m+1}-2\xi H_m+2nH_{m-1}=0 \tag{1-77}$$

（3）正交性和归一因子。将上述 $H_m(\xi)$ 代入式（1-69），即得波函数 ψ_n：

$$\psi_n(\xi)=N_n e^{-\xi^2/2}H_n(\xi) \tag{1-78}$$

其中认为归一化常数由归一化条件

$$\int_{-\infty}^{\infty}|\psi_n(x)|^2dx=\frac{1}{a}\int_{-\infty}^{\infty}|\psi_n(\xi)|^2d\xi=1$$

得到，结果为

$$N_n = \sqrt{\frac{a}{\sqrt{\pi}n!\ 2^n}} \tag{1-79}$$

还可证明函数组 $\{\psi_n(\xi)\}$，$n = 0, 1, 2, \cdots$ 具有如下性质：当 $m \neq n$ 时

$$\int_{-\infty}^{\infty} \psi'_n(\xi)\psi_n(\xi)\mathrm{d}\xi = 0,\ m \neq n \tag{1-80}$$

这个性质叫作函数组 $\{\psi_n(\xi)\}$，$n = 0, 1, 2, \cdots$ 的正交性。

由 $H_m(\xi)$ 的递推公式和式（1-78）、式（1-79）以及 a、ξ 的定义等可得到 $\psi_n(x)$ 的如下递推关系：

$$x\psi_n(x) = \frac{1}{a}\left[\sqrt{\frac{n}{2}}\psi_{n-1}(x) + \sqrt{\frac{n+1}{2}}\psi_{n+1}(x)\right] \tag{1-81}$$

$$\frac{\mathrm{d}}{\mathrm{d}x}\psi_n(x) = a\left[\sqrt{\frac{n}{2}}\psi_{n-1}(x) - \sqrt{\frac{n+1}{2}}\psi_{n+1}(x)\right] \tag{1-82}$$

反复利用这两式，还可得到 $x^2\psi_n$ 和 $\frac{\mathrm{d}^2}{\mathrm{d}x^2}\psi_n(x)$ 的类似表达式。读者应记住式（1-81）、式（1-82）。

（4）生成函数。

$$f(\xi,\ t) = \mathrm{e}^{2t\xi - t^2} = \sum_{n=0}^{\infty} H_m(\xi)\frac{t^n}{n!} \tag{1-83}$$

这里的函数 $f(\xi,\ t)$ 叫作厄米多项式 $H_m(\xi)$ 的生成函数或母函数。

下面列出前几个厄米多项式备查

$$H_0(\xi) = 1,\ H_1(\xi) = 2\xi$$

$$H_2(\xi) = 4\xi^2 - 2,\ H_3(\xi) = 8\xi^3 - 12\xi$$

下面看能量本征值和相应的本征态。由 $\lambda = 2n + 1$ 和 $\lambda = \frac{2E}{\hbar\omega}$，得

$$E_n = \left(n + \frac{1}{2}\right)\hbar\omega, \qquad n = 0, 1, 2, \cdots \tag{1-84}$$

相应的本征态为

$$\psi_n(x) = N_n \mathrm{e}^{-a^2x^2/2} H_n(ax) \tag{1-85}$$

式中，N_n 由式（1-79）表示。

我们看到：

（1）能级是离散的，能级间隔为 $\hbar\omega$，与 n 无关，即所有能级都是等间隔的。我们知道，经典振子的能量可连续取值，量子力学的结果与此不同。普朗克在解释黑体辐射现象时正是作出了振子能量不连续的假设，才得到了正确的黑体辐射公式。

（2）零点能：振子的最低能量为 $\frac{1}{2}\hbar\omega$，称为零点能。这个结果与经典力学不同，与旧量子论也不同。零点能的存在可解释许多实验现象，例如晶体在趋于 0K 时仍能散射光，这说明原子有零点振动，而并非完全静止。

图 1-11 给出了线性谐振子的几个波函数的图形。由图 1-11 可见，ψ_n 有 n 个节点。

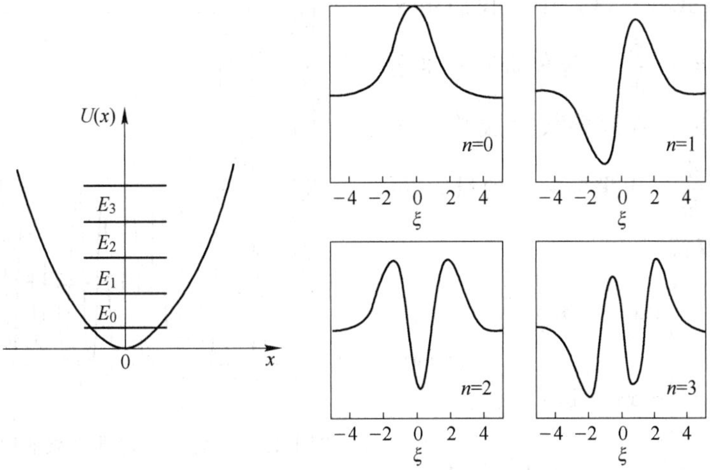

图 1-11 线性谐振子的能级和波函数

在经典力学中，振子的动能 T 必须大于零，而总能量 E 等于动能加势能：$E = T + U(x)$ 。当 $U(x) > E$ 时，经典振子就无法到达。由 $U(x) = E_n$ 可求得经典允许区的范围：

$$x = \pm\sqrt{\frac{(2n+1)\hbar}{\mu\omega}}, \qquad \xi = ax = \pm\sqrt{2n+1}$$

ψ_n 满足的定态薛定谔方程可写为

$$\psi_n''(x) = \frac{2\mu}{\hbar^2}(U(x) - E_n)\psi_n(x)$$

在经典允许区，$U(x) < E_n$，ψ_n'' 与 ψ_n 异号，波函数向 x 轴弯曲，呈振荡形式；在经典不允许区，$U(x) < U$，ψ_n'' 与 ψ_n 同号，波函数的弯曲方向呈指数衰减形式，但在此区域内波函数并不等于零，也就是说，在经典不允许区域仍可有一定的概率发现粒子。与有限深方势阱的情况一样，我们不能说此处粒子的动能是负的。

在经典力学中，在 $\xi \sim \xi + \mathrm{d}\xi$ 范围内发现粒子的概率 $\omega(\xi)\mathrm{d}\xi$ 正比于逗留时间 $\mathrm{d}t$，设周期为 τ ，则

$$\omega(\xi)\mathrm{d}\xi = \frac{\mathrm{d}t}{\tau}$$

$$\omega(\xi) = (1/\tau)\frac{\mathrm{d}\xi}{\mathrm{d}t} = \frac{1}{av\tau} \quad (v\text{ 为速度})$$

经典振子的运动方程为 $x = a\sin(\omega t + \delta)$， $v = a\omega\cos(\omega t + \delta) = a\omega\left(1 - \frac{x^2}{a^2}\right)^{1/2}$ ，这里 a 为振幅。由此可得

$$\omega(\xi) \propto (\xi_0^2 - \xi^2)^{1/2}$$

式中，$\xi_0 = \alpha a$，$\pm\xi_0$ 是经典允许区的边缘。$\omega(\xi)$ 的曲线在图 1-12 中以虚线表示，两条竖直的虚线之间是经典允许区。由图 1-12 可见，尽管当 ξ 较小时，$|\psi_n|^2$ 与经典的 $\omega(\xi)$ 区别很大，但 ξ 很大时，量子力学结果的平均值与经典结果趋于一致，但 $|\psi_n|^2$ 曲线存在着振荡。

例 1-1　在式（1-73）中，我们定义了动量算符 $\hat{p}_x = \dfrac{\hbar}{\mathrm{i}}\dfrac{\partial}{\partial x}$。若只研究一维运动，可略去下标，将偏导数改成普通导数，即 $\hat{p}_x = \dfrac{\hbar}{\mathrm{i}}\dfrac{\mathrm{d}}{\mathrm{d}x}$。由坐标 x 和动量 $\hat{p}_x$ 可以构成两个新算符

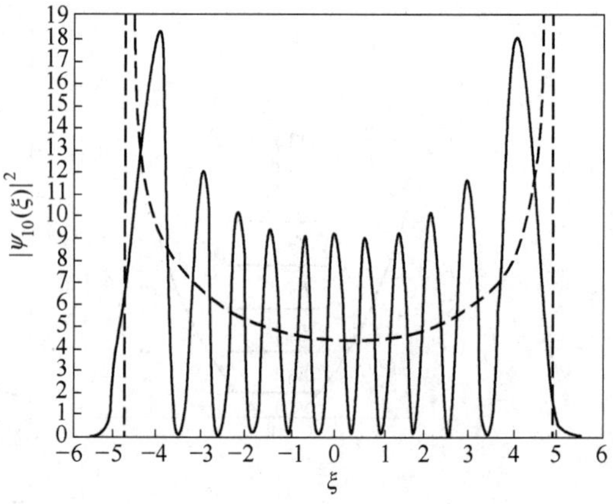

图 1-12　$|\psi_n|^2$ 与经典结果的比较（$n=10$）

$$\begin{cases} \hat{a} = \dfrac{1}{\sqrt{2}}(\alpha x + \mathrm{i}\beta\hat{p}) \\ \hat{a}^+ = \dfrac{1}{\sqrt{2}}(\alpha x - \mathrm{i}\beta\hat{p}) \end{cases} \tag{1-86}$$

其中 $\alpha = \sqrt{\dfrac{\mu\omega}{\hbar}}$，$\beta = \sqrt{\dfrac{1}{\mu\omega\hbar}} = \dfrac{1}{\alpha\hbar}$。

（1）计算 $\hat{a}$ 和 $\hat{a}^+$ 作用于线性谐振子波函数 $\psi_n(x)$ 的结果；

（2）计算 $\hat{a}$ 和 $\hat{a}^+$ 先后连续作用于 $\psi_n(x)$ 的结果。

（3）由上述结果说明哈密顿算符可写成

$$\hat{H} = \left(\hat{a} + \hat{a}^+ + \frac{1}{2}\right)\hbar\omega \tag{1-87}$$

［解］（1）由递推关系式（1-81）和式（1-82），容易求得

$$\begin{cases} \hat{a}\psi_n(x) = \sqrt{n}\psi_{n-1}(x) \\ \hat{a}^+\psi_n(x) = \sqrt{n+1}\psi_{n-1}(x) \end{cases} \tag{1-88}$$

（2）先用 $\hat{a}$ 作用于 $\psi_n(x)$，所得结果再用 $\hat{a}^+$ 作用，得

$$\hat{a}^+\hat{a}\psi_n(x) = \hat{a}^+\sqrt{n}\psi_{n-1}(x) = \sqrt{n}\hat{a}^+\psi_{n-1}(x) = n\psi_n(x) \tag{1-89}$$

（3）由定态薛定谔方程 $\hat{H}\psi_n(x) = E_n\psi_n(x) = \left(n + \dfrac{1}{2}\right)\hbar\omega\psi_n(x)$，而 $n\psi_n(x) = \hat{a}^+\hat{a}\psi_n(x)$，故 $\hat{H} = \left(\hat{a}^+\hat{a} + \dfrac{1}{2}\right)\hbar\omega$。这一说明过程不太严格，因为我们只说明了 $\hat{H}$ 和 $\left(\hat{a}^+\hat{a} + \dfrac{1}{2}\right)\hbar\omega$ 对本征态 $\psi_n(x)$ 作用的效果相同，而未说明对任意状态作用的效果也相同。其实，由 $\hat{a}^+$，$\hat{a}$ 的定义及 $\hat{H}$ 的表达式 $\hat{H} = p^2/(2\mu) + \dfrac{1}{2}\mu\omega^2x^2$ 可以严格地证明式（1-87）。

例 1-2　在直角坐标下求三维各向同性谐振子的能级和定态波函数，并讨论能级的简并度，势函数 $U(r) = \dfrac{1}{2}\mu\omega^2r^2(x^2 + y^2 + z^2)$。

［解］　定态波函数为 $\psi(x,\ y,\ z,\ t) = \psi(x,\ y,\ z)\mathrm{e}^{-\frac{\mathrm{i}}{\hbar}Et}$。而 $\psi(r) = \psi(x,\ y,\ z)$ 满足

$$\left(-\frac{\hbar^2}{2\mu}\nabla^2 + \frac{1}{2}\mu\omega^2r^2\right)\psi(r) = E\psi(r)$$

令 $\psi(x,\ y,\ z,\ t) = X(x)Y(y)Z(z)$，代入上式，即得

$$\left[\frac{X''(x)}{X'(x)}-\alpha^4x^2\right]+\left[\frac{Y''(y)}{Y'(y)}-\alpha^4y^2\right]+\left[\frac{Z''(z)}{Z'(z)}-\alpha^4z^2\right]=-k^2$$

式中，$k^2=2\mu E/\hbar^2$，$\alpha=\sqrt{\frac{\mu\omega}{\hbar}}$。此式成立的条件是左方3个方括号分别等于常数，这样得到的3个方程都与一维谐振子满足的方程相同，即 X，Y，Z 对 x，y，z 的依赖关系都是 ψ_n。以 $\xi_i(i=1,2,3)$ 统一表示 αx，αy，αz，则3个解可统一表示为

$$\psi_{n_i}(\xi_i)=N_{n_i}\mathrm{e}^{-\xi_i^2/2}H_{n_i}(\xi_i)$$
$$(n_i=0,1,2,\cdots,i=1,2,3)$$

能级为

$$E_n=\left(n+\frac{3}{2}\right)\hbar\omega,\ n=n_1+n_2+n_3$$

相应的波函数为

$$\psi_{n_1n_2n_3}(x,y,z)=\psi_{n_1}(x)\psi_{n_2}(y)\psi_{n_3}(z)$$
$$=N_{n_2}N_{n_3}\mathrm{e}^{-\omega^2r^2/2}H_{n_1}(\alpha x)H_{n_2}(\alpha y)H_{n_3}(\alpha z)$$

其中

$$N_{n_i}=[\alpha/(\pi^{\frac{1}{2}}2^nn_i!)]^{1/2}$$

简并度：当 E_n 取定，即 n 取定，因 $n=n_1+n_2+n_3$，n_1 可取0，1，2，…，n，当 n_1 取定后，n_2 可取0，1，2，…，$n-n_1$，共 $n-n_1+1$ 个不同取法，而 n_1，n_2 都取定后，n_3 只有一种取法 $n_3=n-n_1-n_2$，故 n_1，n_2，n_3 不同取法的总数为

$$\sum_{n_1=0}^{n}(n-n_1+1)=(n+1)^2-\sum_{n_1=0}^{n}n_1=(n+1)\left(\frac{n}{2}+1\right)$$

即 E_n 的简并度为 $(n+1)\left(\frac{n}{2}+1\right)$。例如：

E_0：不简并；E_1：3重简并；E_2：6重简并，等等。

对于 $E_2=\frac{7}{2}\hbar\omega$，6个简并态为

$$\psi_{200},\psi_{020},\psi_{002},\psi_{110},\psi_{011},\psi_{101}$$

1.1.10 一维势散射

量子力学中的定态问题分两大类，一类是束缚态问题，另一类是游离态问题，也叫散射态问题，两类问题的定态薛定谔方程相同，在一维情况下，当粒子是在与时间无关的势场中运动时，都为

$$-\frac{\hbar^2}{2\mu}\frac{\mathrm{d}^2}{\mathrm{d}x^2}\psi(x)+U(x)\psi(x)=E\psi(x) \tag{1-90}$$

但两类问题的边界条件不同。束缚态的边界条件是 $x\to\pm\infty$ 时 $\psi(x)\to0$，我们已看到，这个条件给能量的可能取值带来限制，导致能级的离散。存在束缚态的必要条件是当 $x\to\pm\infty$ 时 $E<U(x)$，此时方程式（1-90）可写成

$$\psi''(x)+k^2\psi(x)=0,\qquad k^2=\frac{2\mu}{\hbar^2}(E-U)<0 \tag{1-91}$$

从而 $\psi''(x)$ 和 $\psi(x)$ 同号，$\psi(x)$ 与 x 的关系曲线在远处凸向 x 轴，从而可形成衰减式曲解。

如果在 $x\to\pm\infty$ 时，$E>U(x)$，则式（1-91）中的 k^2 将大于零，$\psi(x)$ 是具有振荡形式的解，不可能趋于零，因而不可能形成束缚态。但是，这种在无穷远处不趋于零的解也有实际意义。例如电子被原子或原子核散射的实验，总是需要用一台仪器制备电子束。仪器离靶原子总是有一个宏观距离，对于原子大小来说，这个距离可看成无穷远。在这类问题中，就不能认为 ψ 在无穷远处趋于零。下面我们看几个具体例子。

1.1.10.1 一维方势垒散射

设势函数为

$$U(x)=\begin{cases}0, & x<0,\ x>a\\ U_0>0, & 0<x<a\end{cases} \tag{1-92}$$

粒子从左向右入射，能量为 E，$0<E<U_0$。将 x 的变化范围分成 3 个区域Ⅰ、Ⅱ、Ⅲ，如图 1-13 所示。定态薛定谔方程为

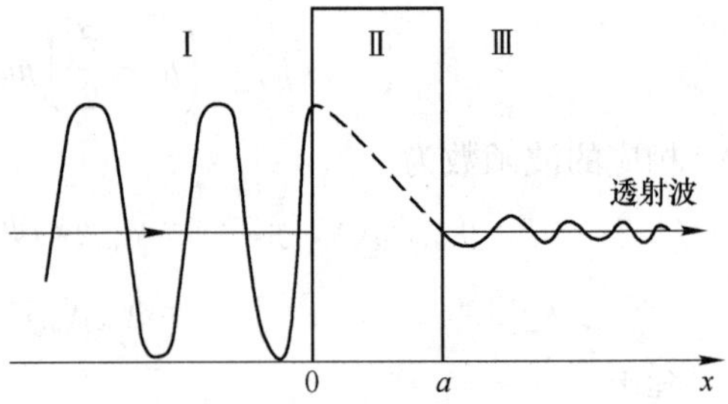

图 1-13 一维方势垒

$$\begin{cases}\psi''_{\mathrm{I}}(x)+k^2\psi_{\mathrm{I}}(x)=0, & k^2=\dfrac{2\mu E}{\hbar^2},\ -\infty<x<0\\ \psi''_{\mathrm{II}}(x)+\beta^2\psi_{\mathrm{II}}(x)=0, & \beta^2=\dfrac{2\mu(U_0-E)}{\hbar^2}>0,\ 0<x<a\\ \psi''_{\mathrm{III}}(x)+k^2\psi_{\mathrm{III}}(x)=0, & a<x<+\infty\end{cases} \tag{1-93}$$

通解为

$$\psi_{\mathrm{I}}=A_1e^{ikx}+A_2e^{-ikx}$$
$$\psi_{\mathrm{II}}=B_1e^{\beta x}+B_2e^{-\beta x}$$
$$\psi_{\mathrm{III}}=C_1e^{ikx}+C_2e^{-ikx}$$

这组解中包含 6 个特定常数，定解条件有 4 个，即在 $x=0$、a 处 ψ 和 ψ' 连续，比束缚态的情况少了 2 个定解条件 $\psi(x)|_{x\to\pm\infty}\to 0$。所缺少的两个条件可根据物理上的考虑给出。在我们的问题中，在 $x\to\pm\infty$ 处没有粒子向左射来，而且那里势因数也不存在不均匀性；不会产生反射，而 ψ_{II} 的两项中，第二项 e^{-ikx} 代表反射波，因此可设 ψ_{II} 中的 $C_2=0$。在区域Ⅰ，有向右入射的粒子，也有被势垒反射回去的粒子，因此 A_1、A_2 都不能设为零。但 $|A_1|^2$ 代表入射波的相对强度，是可以通过调整产生入射粒子的仪器人为调节的，因此可设 $A_1=1$。于是可重新设解为：

$$\begin{cases}\psi_{\mathrm{I}}(x)=e^{ikx}+Ae^{-ikx}, & -\infty<x<0\\ \psi_{\mathrm{II}}(x)=B_1e^{\beta x}+B_2e^{-\beta x}, & 0<x<a\\ \psi_{\mathrm{III}}(x)=C_1e^{ikx}, & a<x<\infty\end{cases}$$

由 $\psi_{\text{I}}(0)=\psi_{\text{II}}(0)$，$\psi'_{\text{I}}(0)=\psi'_{\text{II}}(0)$，$\psi_{\text{II}}(a)=\psi_{\text{III}}(a)$，$\psi'_{\text{II}}(a)=\psi'_{\text{III}}(a)$，可得

$$1+A=B_1+B_2$$

$$1-A=-\frac{i\beta}{k}(B_1-B_2)$$

$$B_1+e^{-2\beta a}B_2=e^{(ik-\beta)a}C$$

$$B_1-e^{-2\beta a}B_2=\frac{i\beta}{k}e^{(ik-\beta)a}C$$

这是关于 A、B_1、C 的线性代数方程组，可用消元法或别的方法求解，结果为

$$\begin{cases}B_1=2\left(1+\dfrac{i\beta}{k}\right)e^{-2\beta a}/B\\ B_2=2\left(1-\dfrac{i\beta}{k}\right)\Big/B\\ A=\left[\left(1+\dfrac{i\beta}{k}\right)\left(1+\dfrac{ik}{\beta}\right)e^{-2\beta a}+\left(1-\dfrac{i\beta}{k}\right)\left(1-\dfrac{ik}{\beta}\right)\right]\Big/B\\ C=4e^{-(ik+\beta)a}/B\end{cases} \tag{1-94}$$

式中的分母 B 都相同，都为

$$B=\left(1-\frac{i\beta}{k}\right)\left(1+\frac{ik}{\beta}\right)e^{-2\beta a}+\left(1+\frac{i\beta}{k}\right)\left(1-\frac{ik}{\beta}\right) \tag{1-95}$$

我们把 $\psi_{\text{I}}(x)$ 中的 e^{-ikx} 称为入射波，Ae^{-ikx} 称为反射波，而 $\psi_{\text{III}}(x)$ 称为透射波。入射概率流密度为

$$J_{入}=\frac{i\hbar}{2\mu}\left(e^{ikx}\frac{d}{dx}e^{-ikx}-C.C.\right)=\frac{\hbar k}{\mu}=\frac{p}{\mu}=v \tag{1-96}$$

式中，$v=\dfrac{p}{\mu}$ 为经典速度。

在区域Ⅰ，入射粒子的能量 E 即动能 $\dfrac{p^2}{2\mu}$，$p=\sqrt{2\mu E}$，而 $k=\dfrac{\sqrt{2\mu E}}{\hbar}$ 故 $p=\hbar k$。

同样可得反射波和透射波的概率流密度分别为

$$J_R=|A|^2v,\qquad J_D=|C|^2v$$

定义反射系数和透射系数：

反射系数 $$R=\left|\frac{J_R}{J_{入}}\right|^2$$

透射系数 $$D=\left|\frac{J_D}{J_{入}}\right|^2$$

在本例中易得

$$R=|A|^2,\qquad R=|C|^2$$

以上述系数 A 和 C 代入，经过计算，可得

$$R=\frac{(k^2+\beta^2)^2\text{sh}^2\beta a}{(k^2+\beta^2)^2\text{sh}^2\beta a+4k^2\beta^2} \tag{1-97}$$

$$D=\frac{4k^2\beta^2}{(k^2+\beta^2)^2\mathrm{sh}^2\beta a+4k^2\beta^2} \tag{1-98}$$

式中，$\mathrm{sh}^2\beta a$ 是双曲正弦函数。

不难看出，反射系数和透射系数满足关系式

$$R+D=1 \tag{1-99}$$

如果最初我们设入射能量 $E>U_0$，则将上述 β 改为 $\mathrm{i}\beta$，同时 β 与 E 的关系改为 $\beta^2=2\mu(E-U_0)/\hbar^2$，反射系数和透射系数的公式相应地变为

$$R=\frac{(k^2-\beta^2)\sin^2\beta a}{(k^2-\beta^2)^2\sin^2\beta a+4k^2\beta^2} \tag{1-100}$$

$$D=1-R \tag{1-101}$$

按照经典力学，当入射粒子的动能量 E 小于势垒高度 U_0 时，粒子将不能穿过势垒，否则在势垒内部粒子的动能将变成负的。但是，量子力学计算的结果是，当 $E<U_0$ 时，粒子仍有一定的概率穿透势垒，在图 1-13 中，我们示意性地画出了这种情况。这个现象是经典力学中无法理解的。量子力学中称为势垒贯穿现象或隧道效应。金属电子的冷发射、原子核的 α 衰变，都是隧道效应的结果。黑洞的量子蒸发也是隧道效应的例子。

1.1.10.2 *方势阱散射与共振透射*

对于图 1-8 所示的有限深方势阱，如果粒子能量 $E>0$，则在区域Ⅰ、Ⅱ、Ⅲ三部分，定态薛定谔方程都有 $\mathrm{e}^{\pm ikx}$ 形式的解，也可以像上述方势垒的例子那样去求反射系数和透射系数。实际上我们并不需要从头去做，而只要将式（1-93）中定义的 $\beta^2=\frac{2\mu(U_0-E)}{\hbar^2}$ 改为 $\beta^2=\frac{2\mu(-U_0-E)}{\hbar^2}$ 即可，此时 β^2 为负的，因此 $\beta=\mathrm{i}\beta'$，反射系数和透射系数的表达式（1-97）和式（1-98）也作相应改变即可。例如透射系数的最后结果为

$$D=\frac{4\beta'^2k^2}{(k^2+\beta'^2)^2\sin^2\beta' a+4\beta'^2k^2},\qquad \beta'^2=\frac{2\mu(U_0-E)}{\hbar^2}$$

当 $\beta' a=n\pi$ 时，D 值达到最大。这种现象称为共振透射。因为在阱中，U_0+E 正是粒子的动能，即

$$U_0+E=\frac{p^2}{2\mu}=\frac{\hbar^2\beta'^2}{2\mu}$$

故 $\beta'=p/\hbar=\frac{2\pi p}{h}=\frac{2\pi}{\lambda}$，$\lambda$ 为德布罗意波长。

于是共振透射的条件可写为 $2a=n\lambda$，即阱宽 $2a$ 正好是 λ 的整数倍，在阱中来回反射的波在到达阱的右沿时，都具有相同的相位，从而使透射波具有最大的强度。

例 1-3 设势函数为下述 δ 势垒

$$U(x)=\gamma\delta(x),\qquad \delta>0 \tag{1-102}$$

粒子从左方入射，入射能量为 E，求透射系数。

［**解**］ 定态薛定谔方程为：

$$-\frac{\hbar^2}{2\mu}\frac{\mathrm{d}^2}{\mathrm{d}x^2}\psi=[E-\gamma\delta(x)]\psi \tag{1-103}$$

1.1.7 节中已说明，在势函数趋于∞的点 ψ' 不连续。对上述方程两边从 $-\varepsilon$ 到 ε 积分，再令 $\varepsilon\to0$，得

$$-\frac{\hbar^2}{2\mu}[\psi'(0^+)-\psi'(0^-)]=\gamma\psi(0) \tag{1-104}$$

设

$$\psi(x)=\begin{cases}\mathrm{e}^{\mathrm{i}kx}+A\mathrm{e}^{-\mathrm{i}kx}, & x<0。\\ B\mathrm{e}^{-\mathrm{i}kx}, & x>0\end{cases} \tag{1-105}$$

式中，$k=(2\mu E/\hbar^2)^{1/2}$。

代入式（1-104），得

$$\frac{\mathrm{i}k\hbar^2}{2\mu}(B-1+A)=\gamma B$$

由 ψ 在 $x=0$ 点连续，得

$$1+A=B$$

消去 A，得

$$B=1\Big/\left(1+\frac{\mathrm{i}\mu\gamma}{\hbar^2k}\right)$$

远射系数为

$$D=|B|^2=1\Big/\left(1+\frac{\mu^2\gamma^2}{\hbar^2k^2}\right)=1\Big/\left(1+\frac{\mu\gamma^2}{2E\hbar^2}\right)$$

这个结果也可以从方势垒散射的透射式（1-97）取极限得到。设方势垒的高度 $U_0\to\infty$，宽度 $a\to0$，同时保证 $U_0a=\gamma$ 有限，根据式（1-65）δ 函数酌定义，这个势垒用 δ 函数表示时正是式（1-102）。在此极限下，式（1-98）中的 βa 很小，$\mathrm{sh}\beta a\sim\beta a$，注意到 $k^2=2\mu E/\hbar^2$，$\beta^2=2\mu(U_0-E)/\hbar^2\sim2\mu U_0/\hbar^2$，得

$$D=\frac{16\mu^2EU_0/\hbar^4}{(4\mu^2U_0^2/\hbar^4)\beta^2a^2+16\mu^2EU_0/\hbar^4}$$

$$=\frac{4EU_0}{U_0^2\times2\mu U_0a^2/\hbar^2+4EU_0}=\frac{1}{1+\dfrac{2\mu U_0a^2}{2E\hbar^2}}$$

再以 $\gamma=U_0a$ 代入，结果与直接求解薛定谔方程所得结果相同。

1.2　量子化学基础

量子化学
PPT

从 1927 年起到现在，量子化学的发展大体上经历了两个阶段。从 20 世纪 30 年代到 50 年代，是量子化学奠定理论基础的时期。这段时间着重研究了化学键的各种理论，取得了不少进展。从 20 世纪 50 年代到目前，这几十年间量子化学发展得很快，它已经不只是研究比较简单的分子，而是可以定量地研究比较复杂的分子了。

1946 年第一台电子计算机的出现，终于使化学家从“山重水复疑无路”的困境中解放出来，欣喜地看到“柳暗花明又一村”的光辉前景。原来用手摇计算机要花一个月的

计算，现在的电子计算机只要1秒钟就够了。“纸张”问题自然也不再存在。电子计算机还可以把数字转换成某些图形。从这些图形中人们可以窥见化学键的面貌和洞察物质的种种性质。因此，人们越来越相信化学的许多问题都可以通过解包含时间参数的薛定谔方程去解决。正是量子化学和电子技术的结合，把化学家变成了可以不摇试管就能预言化学反应成败的现代化学家。尤其是1965年，美国化学家伍德沃德和德国化学家霍夫曼提出了著名的“分子轨道对称守恒原理”。这个原理指出，化学反应前后，电子在反应物和生成物分子里运动轨道的对称性不变。这是现阶段量子化学的主要成就之一，它为人们找到一条捷径——可以不要太复杂的计算，只要考察反应物和生成物的对称性质，就能预言和说明多种化学反应的特性和所需要的条件，这就可以指导复杂的有机合成。近几十年来，量子化学的概念和方法已经被广泛应用到有机化学、无机化学、分析化学、物理化学等基础化学领域，带动了这些学科的发展，也促进了结构化学、催化化学、量子表面化学、量子生物化学等新学科的形成和发展。

1.2.1 量子化学关于化学键的理论

量子化学研究问题的具体方法是采用抽象的理论思维和严密的高等数学计算。这样的内容本书就不打算介绍了。因为即使只说出一些方法的名称也是艰深难懂的，整个数学运算就更繁复了。在这里，我们只打算介绍用量子化学的观点研究、处理化学问题所得到的结论，而不准备进行具体的推导和演算。

各种化学键的理论是量子化学的中心内容，下面一一介绍量子化学的各种化学键理论。量子化学关于化学键的理论探讨，主要是在共价键方面。为了完整地介绍用量子化学观点解释各种化学键的理论，还是先讲一讲离子键。

1.2.1.1 *形成离子键的时候原子电子层的结构变化*

离子键被认为是原子之间由于电子转移形成正负离子，正负离子之间通过库仑力(静电力) 吸引作用而形成。它既然是由原子得到或失去电子形成的，现在需要解决的问题是，原子得到电子变成负离子的时候，得到的电子可能填充到什么轨道上去？原子失去电子变成正离子的时候，又可能失去哪些轨道上的电子？

先看看原子得到电子变成负离子的情况。以原子序数是9的氟原子（F）作为例子，它的电子排布式是$1s^22s^22p^5$，第二层（L层）是它的最外电子层，上面共有7个电子(2s亚层上2个，2p亚层上5个)。它得到一个电子变成负离子，这个电子只可能填充到2亚层上去，因为只有这个亚层上还有没有填满的轨道。这时候电子层的结构就变成了$1s^22s^22p^6$，中性的氟原子也就变成了氟离子（F^-）。又如，原子序数是16的硫原子（S)，它的电子排布式是$1s^22s^22p^63s^23p^4$，它的最外电子层第三层（M层）共有6个电子（3s亚层上2个，3p亚层上4个)。它得到2个电子变成负离子，这2个电子就填充到3p亚层上去。这时候电子层的结构就变成了$1s^22s^22p^63s^23p^6$，中性的硫原子也就变成了硫离子（S^{2-}）。可见，中性原子变成负离子的时候，电子层结构没有什么大的变化，外来电子只可能填入最外层轨道的空位上去。不过在写轨道标示式的时候应该注意一点，要把新填入的电子的自旋方向画成和这个轨道上原有电子的自旋方向相反。

现在再来看看中性原子变成正离子的情况。从中性原子变成正离子，需要判断原子应该失去哪些轨道上的电子。

通常情况下，原子将失去最外电子层上那些能量比较高的电子。这是根据能量最低原理判断的。例如原子序数是 11 的钠原子（Na），它有 11 个核外电子，它的电子排布式是 $1s^22s^22p^63s^1$。它要变成带一个正电荷的钠离子（Na^+），就需要丢掉 3s 亚层上的那个电子，所以钠离子的电子层结构应该是 $1s^22s^22p^6$，把 3s 亚层完全丢掉就行了。又如原子序数是 20 的钙原子（Ca），它有 20 个核外电子，它的电子排布式是 $1s^22s^22p^63s^23p^64s^2$。它要变成带 2 个正电荷的钙离子（Ca^{2+}），就丢掉 4s 亚层上的那 2 个电子，所以钙离子的电子层结构应该是 $1s^22s^22p^63s^23p^6$，把 4s 亚层完全丢掉就行了。再举个例子，原子序数是 33 的砷原子（As），它有 33 个核外电子，它的电子排布式是 $1s^22s^22p^63s^23p^64s^23d^{10}4p^3$。这里我们把 3d 亚层排在 4s 亚层后面，是因为 3d 亚层的能量比 4s 亚层高。它要变成 3 价的正离子（As^{3+}），只要丢掉 4 亚层上那 3 个电子就行了。如果它要变成五价的正离子（As^{5+}），那么该再丢掉哪 2 个电子呢？似乎应该是 3d 亚层上的，因为现在这一亚层的能量最高。但是实验证明，继续丢掉的却是 4s 亚层上的那 2 个电子，而不是 3d 亚层上的电子，只有外界给它很大能量的时候，才能使 3d 亚层上的部分电子丧失。

这是什么原因呢？这是因为原子失去电子的先后顺序取决于离子里而不是原子里能级的高低。前面讲过，离子里电子的能级取决于 $n+0.4l$ 值的大小，而不是像原子里电子的能级那样取决于 $n+0.7l$ 值的大小。也就是说，离子里主量子数 n 的作用更显著，原子里辅量子数 l 对能量的影响比较大。由 $n+0.4l$ 的值的计算，可以知道离子失电子的顺序是：np 先于 ns，ns 先于 $(n-1)$d，$(n-1)$d 又先于 $(n-2)f$。所以，虽然在砷原子里 3d 亚层的能量比 4s 亚层的能量高，可是从离子能级看，失电子的顺序确实先于 3d。所以五价砷离子的电子层结构是 $1s^22s^22p^63s^23p^64s^23d^{10}$。元素周期表里很多具有可变化合价的元素，它们的原子失去电子的时候都遵守上面所说的规律。写它们的离子的电子层结构的时候要注意这个规律才能写出正确的电子排布式。

从上面所说的原子得失电子变成离子的情况看，离子可以有几种不同的电子构型。一般非金属负离子和部分金属正离子（ⅠA，ⅡA 和ⅢA 中的Al^{3+}）都具有惰性气体的原子结构，也就是 2 电子型或 8 电子型。其他一些金属正离子，有的（ⅠB，ⅡB）最外层有 18 个电子，属于 18 电子型，有的次外层有 18 个电子，最外层还有 2 个电子，属于 18+2 电子型；另外有一些离子（过渡元素离子）的最外层电子不饱和，属于不饱和型。离子的各种构型见表 1-1。

表 1-1　离子的电子构型

构型名称	离子外层的电子数	实　例
2 电子型	2 个电子	$Li^+(1s^2)$，$Be^{2+}(1s^2)$
8 电子型	8 个电子	$Na^+(2s^22p^6)$，$Al^{3+}(2s^22p^6)$，$Cl^-(3s^23p^6)$，$S^{2-}(3s^23p^6)$
18 电子型	18 个电子	$Zn^{2+}(3s^23p^63d^{10})$，$Ag^+(4s^24p^64d^{10})$
18+2 电子型	次外层 18 个电子 最外层 2 个电子	$Sb^{2+}(4s^24p^64d^{10}5s^2)$，$Pb^{2+}(5s^25p^65d^{10}6s^2)$
不饱和型	不饱和	$Fe^{2+}(3s^23p^63d^6)$，$Mn^{2+}(3s^23p^63d^5)$，$Cr^{3+}(3s^23p^63d^3)$

1.2.1.2 共价键的理论之一——价键理论

现在回到共价键的问题上来。价键理论也叫价键法，简称 VB 法，VB 就是价键的英文 valence bond 的缩写。这个理论认为，两个原子之间形成共价键的条件是它们各具有未成对的单个电子，而且这两个单个电子的自旋方向必须相反。如果两个单个电子的自旋方向相同，就不能配成对。这里所谓两个原子的单个电子配成对，就是两个原子里的电子云发生重叠，不是路易斯价键理论中的那种配对概念。

当具有自旋方向相反的单个电子的两个原子相互接近的时候，两个原子的电子云发生重叠，这样，两个原子核之间的电子云密度就增大。由于两个原子核对两核间的电子云的吸引作用，它们就结合在一起，形成了共价键。在由共价键结合的分子里，量子力学的计算指出，相邻原子的电子云重叠越多，体系的能量越低，形成的共价键也就越稳固。这叫电子云最大重叠原理。如果两个原子虽然具有未成对的单个电子，但是它们的自旋方向是相同的，那么当这两个原子互相接近的时候，电子云之间会产生排斥作用，结果使两核之间的电子云密度反而减小。这两个原子之间就不能形成共价键。两个原子处在这种状态，我们说它处在排斥态。而前一种状态，就是具有自旋方向相反的单个电子的两个原子所处的状态，叫作基态。图 1-14 所示为氢分子里电子云的重叠示意图和两个氢原子间电子云的排斥示意图。

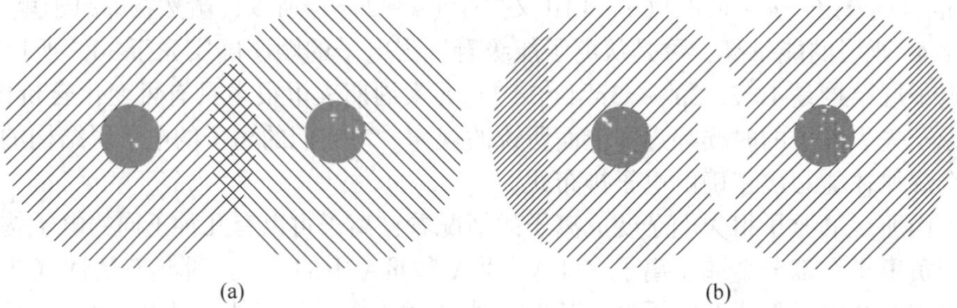

图 1-14 氢分子里电子云的重叠示意图（a）和两个氢原子间电子云的排斥示意图（b）

假如原子 A 和原子 B 各有 1 个未成对的电子，而且它们的自旋方向相反，它们就可以相互配对形成共价单键。如果各有 2 个未成对的电子，就会各自选择和自己自旋方向相反的电子分别配对，形成共价双键。如果各有 3 个未成对的电子，就会按照和上面同样的方式分别两两配对，形成共价叁键。例如，氢气、氯化氢气体分子里的 2 个原子就是以共价单键结合的，用价键表示的分子式就是 H—H 和 H—Cl。又如氧原子有 2 个未成对的电子，2 个氧原子就以共价双键结合成氧气分子，用价键表示的分子式就是 O ═O；氮原子有 3 个未成对的电子，2 个氮原子就以共价三键结合成氮气分子，用价键表示的分子式就是 N≡N 。图 1-15 所示为用轨道式表示这种配对关系。

如果 A 原子有 2 个未成对的电子，B 原子只有 1 个未成对的电子，那么一个 A 原子就可以和两个 B 原子结合成 AB_2 型分子。由此可知，原子拥有的未成对电子的数目就是这个元素的化合价。例如，水分子的分子式是 H_2O，我们说氧是二价，氢是一价，就因为氧原子里有 2 个未成对的电子，而氢原子里只有 1 个未成对的电子，所以每个氧原子必须和 2 个氢原子进行电子配对。如图 1-16 所示为用轨道式表示这种配对关系。

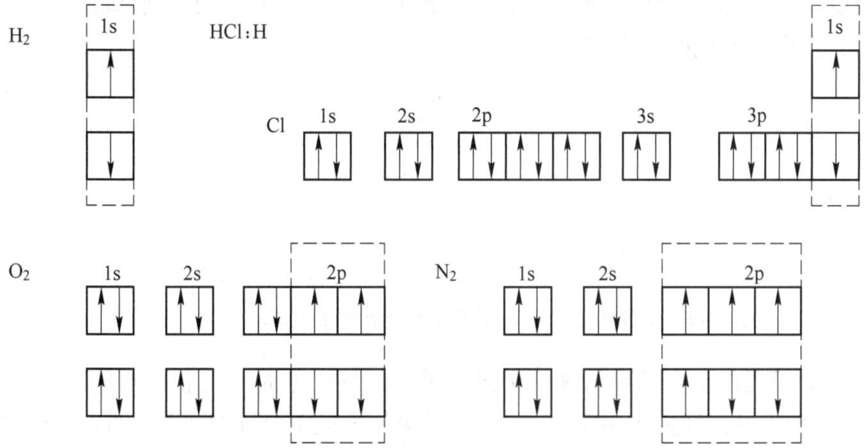

图 1-15　轨道式表示的各分子配对关系

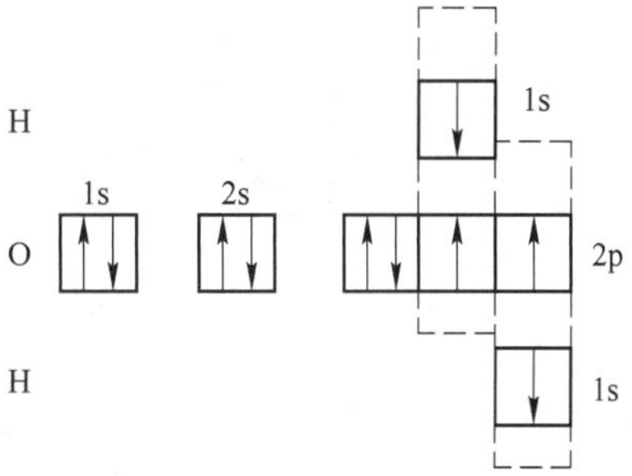

图 1-16　轨道式表示 H_2O 分子的配对关系

共价键具有一个特点，就是它的饱和性。所谓饱和性，是指每个原子成键总数是一定的。例如，氢原子只能以 1 个单键和其他原子相结合，氧原子只能以 2 个单键或 1 个双键和其他原子相结合，氮原子只能以 3 个单键或 1 个单键 1 个双键或 1 个三键和其他原子相结合。这是因为共价键的形成只限于未成对的电子相互配对，而原子里未成对的电子数是一定的。或者按照电子云重叠的说法，只有自旋方向相反的单个电子的电子云能相互重叠。一个原子的一个电子和另一个原子的一个电子配对以后，就不能再和第三个原子的电子配对。比如两个氢原子的 1s 电子彼此配对成键以后，第三个氢原子如果想挤进去，是不会找到和它配对的电子的。因此，只可能有 H_2 分子而不可能有 H_3 分子存在。

这一点是和离子键不一样的。或者你会问，离子化合物里各原子的化合价不也是一定的吗？是的，从电子转移来说，从形成正离子的原子转移到形成负离子的原子上的电子数来说也是一定的。例如钠原子和氯原子化合，1 个钠原子只能把 1 个电子转移给 1 个氯原子，形成 1 个钠离子和 1 个氯离子，所以它们都是一价元素。但是实际上，1 个钠离子四周可以通过库仑力同时和几个氯离子相邻接，反过来 1 个氯离子也可以同时和几个钠离子相邻接。在氯化钠蒸汽里，钠离子和氯离子倒的确是一个对一个形成一个离子对。但是在氯化钠的晶体里，它的每一个立方晶格的 8 个角上相间排列着 1 个钠离子和 1 个氯离子，许多立方晶格连接在一起。所以每一个钠离子的上下前后左右各有 1 个氯离子，一共有 6 个氯离子和它相邻接；同时每一个氯离子的上下前后左右也一共有 6 个钠离子和它相邻接。这就是说，只要空间位置允许，一个正（或负）离子是可以和许多个负（或正）离子相邻接的。所以我们说，离子键是无所谓饱和性的。

共价键还有一个显著特点，就是它具有方向性。所谓方向性，是指一个原子和周围原子形成共价键有一定的角度。例如水分子里的 2 个氢原子不是对称排列在氧原子两侧，形成一条直线，而是形成一个等腰三角形，如图 1-17 所示。两键之间形成固定的夹角（键角）。水分子里的键角据测是 104°45′。

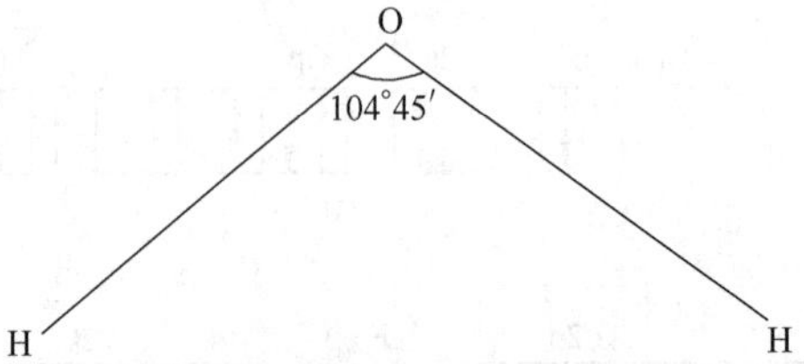

图 1-17　水分子里 2 个氢原子和 1 个氧原子形成一个等腰三角形

又如氨分子里的 1 个氮原子和 3 个氢原子不是形成平面三角形，而是形成一个三角锥形，如图 1-18 所示，键角是 107°18′。又如甲烷分子里 1 个碳原子和 4 个氢原子形成一个正四面体，碳原子在正四面体中心，4 个氢原子在 4 个顶角上，如图 1-19 所示，键角是 109°28′。

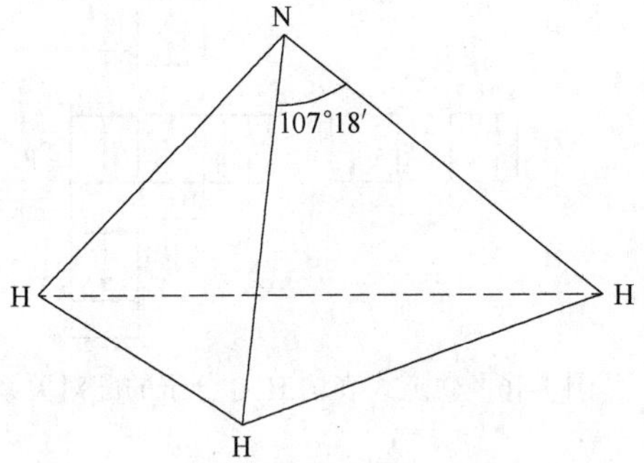

图 1-18　氨分子结构图

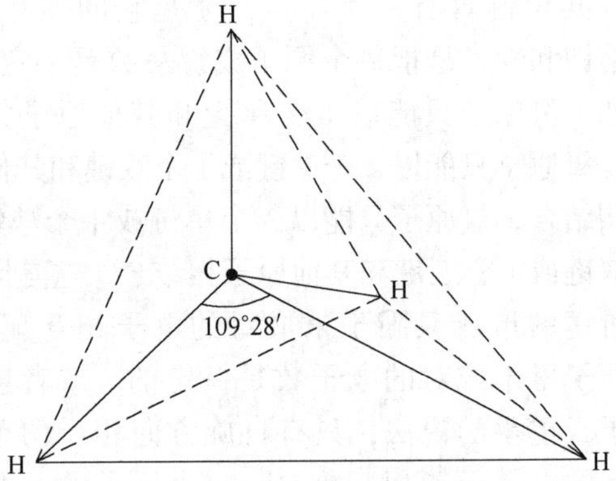

图 1-19　甲烷分子结构图

共价键的方向性需要和电子云的伸展方向联系起来。我们知道，s 电子云呈球形对称分布，在以原子核作为中心的一定范围里出现的几率最大。p 电子云却沿着 x，y，z 三条坐标轴摆放着的哑铃，也就是说，在 x，y，z 三个方向上的哑铃形状的这些电子云几率最大的地方也就是一个 s 电子，如果和一个 p_x 电子配对，那么 s 电子云必须沿着 x 轴方向去和 p_x 电子云重叠，才能使重叠部分比较多。根据前面讲过的电子云最大重叠原理，这样形成的键才比较稳定。所以共价键的方向性可以用电子云伸展的方向性和电子云最大重叠原理得到解释。

但是根据 p 电子云沿 x，y，z 三条坐标轴方向伸展这一点，水分子里 2 个氢原子的 1s 电子云和 1 个氧原子的 2 个 2p 电子云相重叠，形成的 2 个共价键应该相互垂直，就是说键角应该是 90°，可是实际测得的键角却是 104°45′。这一点初步可以用两个键的电子对相互排斥来解释。又如硫化氢和硫化硒分子，有类似水分子的结构，键角却分别是 92°和 90°，2 个键就基本上相互垂直。这是因为硫原子和硒原子都比氧原子大，2 个氢原子的 1s 电子云分别和 $3p_x$、$3p_y$、$4p_x$、$4p_y$ 的 2 个电子云相重叠，2 个键的电子对之间的斥力比较小，键角就接近 90°。

价键理论不仅很好地揭示了共价键的本质，同时也很容易地解释了共价键的饱和性和方向性这两个问题。

例如BF_3和PCl_5都是实际存在的物质，硼是周期表里ⅢA族的元素，最外电子层上当然应该有3个电子，它和3个氟原子的最外层单个电子形成共有电子对后，自己周围最外层最多也只能有6个电子，根本凑不足8个。用电子式表示出来就一目了然了，如图1-20所示。

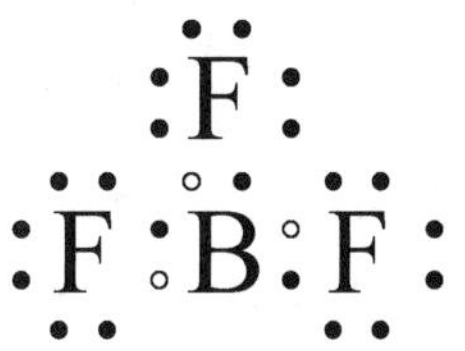

图1-20　BF_3的电子式

1.2.1.3　σ键和π键

前面已经讲了共价键的本质：两个具有自旋方向相反的单个电子的原子，它们的电子云会相互重叠，形成共价键。科学家知道原子里的电子并没有固定的轨道，但是为了叙述方便还是愿意借用“轨道”这个名词。在量子力学里的所谓轨道，是假想通过电子云里电子出现的概率最大的地方所画的一条线。我们把单个原子里的电子轨道常常叫作原子轨道。在共价键里，两个原子里的电子云重叠在一起，就形成了一个新形状的电子云。通过这个新的电子云里电子出现的概率最大的地方所画的一条线，就代表一个新组成的轨道。也就是说，共价键把原来的两个原子轨道连在一起，组成了一个新轨道，这可以叫分子轨道。

在共价键形成的过程中，参与成键的原子轨道进行了改组，建立了新轨道，而没有参与成键的各原子轨道仍然保持原状。新组成的轨道有两种，一种叫作σ轨道（“σ”读作“西格马”），一种叫作π轨道（“π”读作“派”）。和σ轨道对应的键叫作σ键，和π轨道对应的键叫作π键。

σ键和π键的不同是由成键的时候电子云重叠的方式不同形成的。化学上把两个成键原子的核间连线叫作键轴。相对于键轴来说，成键原子的电子云发生重叠的时候可以有如下的两种方式：一种是成键的电子云以“头碰头”的方式重叠而成，重叠以后的电子云以圆柱形对称沿着键轴分布，这样形成的新轨道就是σ轨道。由于这时的电子云形状活像一枚橄榄，所以σ轨道又叫作“橄榄轨道”。在σ轨道上运动的电子通常叫σ电子。σ键就是电子云“头碰头”重叠形成的键，如图1-21所示。

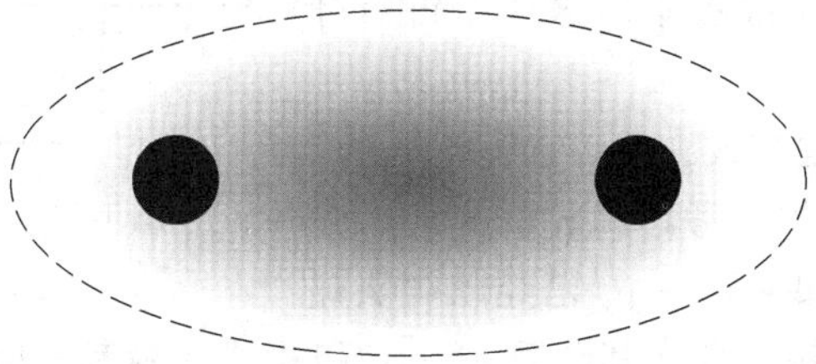

图1-21　两个原子的电子云“头碰头”重叠在一起，形成的电子云形状像橄榄

另一种是有方向性的p电子云以“肩并肩”的方式发生轨道重叠。重叠后的电子云形状像个π字，所以这样形成的键叫作π键，这种轨道叫作π轨道。在π轨道上运动的电子叫π电子。电子云以“头碰头”的方式重叠，一般重叠的程度比较大，所以σ键的稳定性比较好。

两个原子里的s电子总形成σ键，一个s电子和一个p电子或两个沿同一方向伸展的p电子都可以头碰头形成σ键，如图1-22所示。

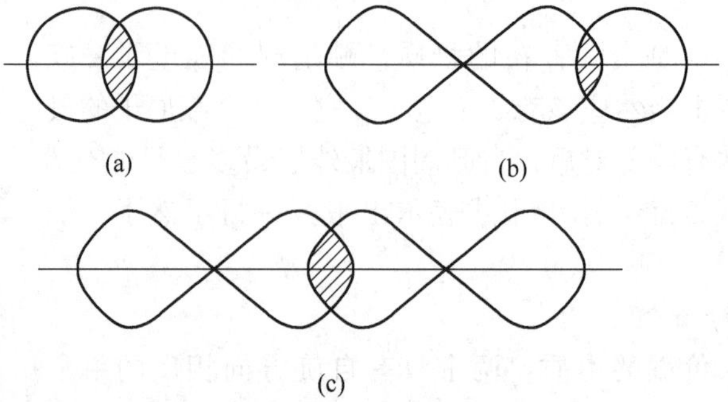

图 1-22 形成 σ 键的几种方式

（a）s-s 重叠；（b）p_x-s 重叠；（c）p_x-p_x 重叠

形成 π 键往往发生在已经有了一个 σ 键之后，余下的 p 电子由于轨道方向的限制不可能再以“头碰头”的方式去接近或重叠，只能“肩并肩”重叠。形成 π 键的电子云重叠程度比较小，没有 σ 键稳定。π 轨道上的电子能量比较高，所以比较活泼，往往是化学反应的积极参加者。例如有机化合物中烷烃性质很稳定，既不能和高锰酸钾反应，也不能和溴水相作用；烯烃却能使紫红色的高锰酸钾和淡黄色的溴水都褪色，表现出很活泼的化学性质。这是什么原因呢？就是因为烷烃里联结碳原子的全是 σ 键，烯烃里碳原子之间除了有 σ 键以外，还有活泼的 π 键。

π 键总是和 σ 键共存在一个分子里，它们是那么“亲密”，以致难舍难分。可是它们又很有节制：两个原子间不可能有多于一个的 σ 键，也不可能有多于两个的 π 键。所以，三重键就是 2 个原子之间的最高结合形式了。比如氮原子结合成的氮分子，用简单的价键表示分子式是 N ═N，它的轨道式前面也已经介绍过。但是不管用上面所说的哪一种方法表示，都看不出这 3 个键有什么区别（图 1-23）。

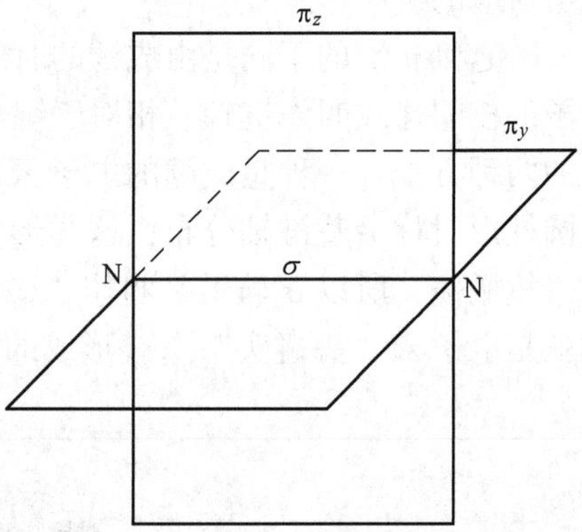

图 1-23 氮分子的三键示意图

根据刚才讲过的成键方式，显然它应该是由 1 个 σ 键和 2 个 π 键组成的。考虑到 p_x、p_y、p_z 是相互垂直的 3 个轨道，如果 $p_z - p_x$ 已经以“头碰头”的方式形成一个 σ 键，那么其余的 $p_x - p_y$ 和 $p_z - p_y$ 就都只能以“肩并肩”的方式分别沿着 y 轴和 z 轴方向形成 2 个 π 键。显而易见，这两个 π 键应该相互垂直成 90°夹角。

π 键还有一个特征：它的电子云重叠部分既垂直于键轴，又垂直于先形成的 σ 键，还存在一个通过键轴的对称平面，在这个对称平面上的电子云密度是零，如图 1-24 所示。量子化学上把电子云密度等于零的面叫作节面。π 电子云的节面又恰好是它的对称平面。所谓对称，说得通俗一些，就是互成镜像的意思。正如图 1-24 所示，节面上下的那两个电子云就有镜像关系，从节面处对叠起来，它们就可以相互重合。

从图 1-24 还可以看出，成键的 π 电子云的形状很像两个冬瓜，它们分别摆在对称节面的上下方，所以 π 轨道又常常被戏称作“双冬瓜轨道”。需要特别说明一下，节面上下的这两个冬瓜是不可分割的整体，它们共同表示着一个 π 键的分子轨道。

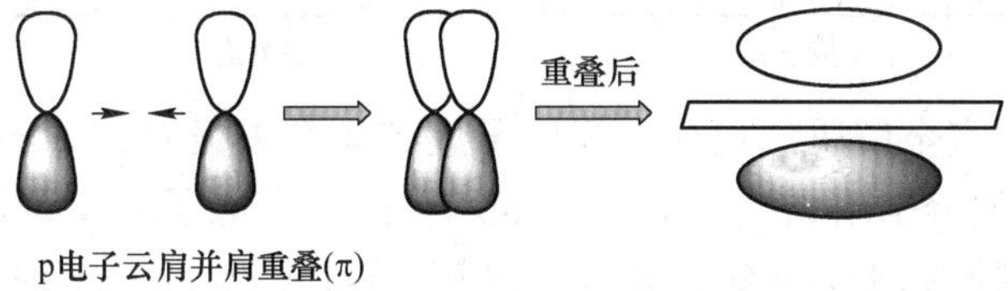

图 1-24　p 电子云肩并肩重叠形成 π 键，存在一个对称节面

如果仔细分析一下 π 电子云的分布，你一定还会感到奇怪和不理解，π 电子竟然能够既在节面上方那个“冬瓜”里出现，又在下方那个“冬瓜”里出现，而节面上电子云的密度是零，就说明它们没有穿越节面。因为如果它们穿越节面，它们也就可以在节面上出现，那就没法保证节面上电子云的密度是零。

这种现象在现实生活里是不管怎么也不会碰到的。比如，紧邻的甲乙两个公园都是游人喜欢去的地方，中间有一条通道，人们就可以既游甲园又游乙园了。但是不管怎样游法，如果有一个游客，他某一时刻出现在甲园，过了一段时间发现他在乙园，这时候谁也不会怀疑他至少穿越过一次通道。当他再返甲园的时候，他一定得第二次出现在通道上。

可是电子为什么可以“无影无踪”地“偷越”节面呢？对于这个不合常规的事实，一时还找不到合适的理论解释，但是它是量子力学计算的结果，尽管它不合常规，我们还得接受。这是微观世界的现象，我们不能用宏观世界的眼光去看待微观世界，这是量子理论一再强调的原则。

1.2.1.4　杂化轨道理论

价键理论在解释共价键分子形成的原因和方式上取得了很大的成就。但是，它对有些事实还是不好解释。例如，在甲烷（CH_4）分子里，碳原子的电子排布式是 $1s^2 2s^2 2p^2$，它的轨道式如图 1-25 所示。

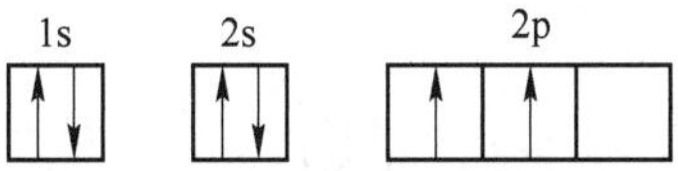

图 1-25　在甲烷（CH_4）分子里，碳原子的电子排布式

这里未成对的电子只有两个 2p 电子，照上面的理论，应该只能和两个氢原子的 1s 电子配对，也就是说，只能形成两个共价键，而甲烷分子里明明有 4 个 C—H 键。

这个问题可以用原子的激发态来作出解释。我们前面介绍玻尔理论的时候，曾经提到过原子的基态和激发态。现在把玻尔的半经典、半量子化的轨道概念改成量子力学的轨道概念，也就是指电子处在不同的电子层、电子亚层，形成不同伸展方向的电子云，并且有一定的自旋方向。正常原子或者所谓基态原子处在能量最低的状态，所以最稳定。如果给一个处在基态的原子以一定的能量，处在低能量轨道上的电子就会向能量高一些的轨道上跃迁，这就成了激发态。

在碳原子的情形，它的基态虽然只有两个未成对的 2p 电子，但是它的 2s 轨道上的一个电子很容易被激发到 2p 的空轨道上去，这时就有了 4 个未成对的电子，就可以形成 4 个共价键了。

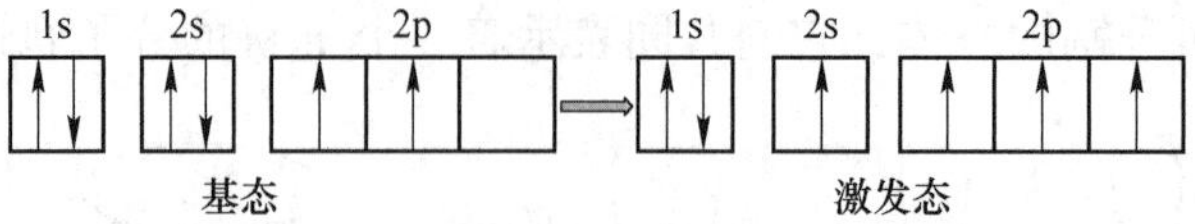

但是问题还没有完全解决。现在，碳原子里有 4 个未成对的电子：一个是 2s 电子，三个是 2p 电子，我们分别用 $2p_x$、$2p_y$、$2p_z$表示。这 4 个电子和 4 个氢原子的 1s 电子配对的时候，应该分别形成 4 个 σ 键，就是 s-sσ 键，s-p_xσ 键，s-p_yσ 键和 s-p_zσ 键。其中 3 个 p 电子构成的键应该是相互垂直的，而 s-s 电子构成的键，据计算，应该和其余 3 个键成 125°14′的键角。但是这个推测和事实不符。因为无论用化学的方法或物理的方法测定，甲烷分子里的 4 个 C—H 键是等同的，键角都是 109°28′。前面已经说过，甲烷分子形成一个正四面体，碳原子在这个四面体的中心，4 个氢原子分别处在四面体的四个顶角上。这是什么缘故呢？为了解决这个矛盾，1931 年，美国化学家鲍林（1901—1994）和斯莱特（1900—1976）提出了杂化轨道理论。

杂化轨道理论是从电子具有波动性、波可以叠加的观点出发，认为原子里电子所处的不同轨道，如果能量比较相近的话，在外力的影响下就可以叠加混合起来，组成新的轨道。这种新轨道就叫杂化轨道。新组成的杂化轨道和原来的轨道相比，能量和方向都发生了改变，更有利于形成稳固的共价键。

根据杂化轨道理论，对甲烷分子的结构是这样分析的：碳原子里的经过激发后的 4 个未成对电子并不是孤立地运动着的，它的轨道要相互混合，形成 4 个完全等同的杂化轨道。它们每一个都包含着 1/4 的 s 轨道成分和 3/4 的 p 轨道成分，彼此以 109°28′的夹角伸向正四面体四个顶点方向。4 个氢原子就是沿着这 4 个方向和杂化轨道实现电子云重叠的，因此能形成 4 个等同的、键角都是 109°28′的 σ 键。甲烷分子里的杂化轨道是由 1 个 s 轨道和 3 个 p 轨道混合以后组成的，就叫作 sp^3 杂化轨道。凡是像甲烷分子里的 sp^3 杂化轨道，4 个杂化轨道上都由来自不同原子的配对电子占据着，它们都具有和甲烷相同的键角。sp^3 杂化轨道和甲烷分子的形成示意图如图 1-26 所示。

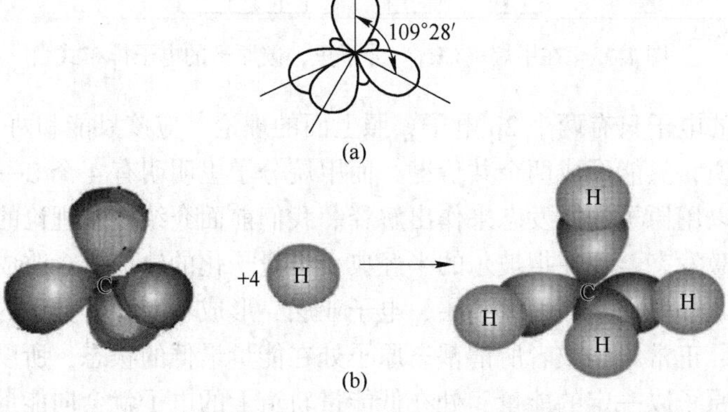

图 1-26　4 个 sp^3 杂化轨道（a）及甲烷分子的形成（b）示意图

但是，也有另外一些情况的 sp^3 杂化轨道，它们的键角却并不都是 109°28′。

前面讲过水分子里的 2 个 O—H 键间的键角是 104°45′，而从价键理论推测，氧原子的 $2p_y$ 和 $2p_z$ 轨道应该相互垂直，键角应该是 90°。为什么实际测得的键角比推测的值大呢？我们前面是用两个成键的电子对相互排斥来解释的。但是经过计算，这种排斥作用只能使键角增大 5°左右，和实测键角还相差 10°之多。

从杂化轨道理论，这个增大的键角也可以得到解释。原来在水分子里，虽然只是 2 个氢原子的 1s 电子和 1 个氧原子的两个未成对的 2p 电子配成对，并没有发生像甲烷分子里碳原子从基态变成激发态的情况，但是，在氧原子和氢原子形成水分子的时候，氧原子里的 1 个 2s 轨道和 3 个 2p 轨道也都发生杂化，形成四个 sp^3 杂化轨道。不过在这里，这 4 个 sp^3 杂化轨道却不是完全等同的。因为其中有 2 个杂化轨道上的一对电子都来自氧原子自己。这种来自同一个原子的一对电子叫孤电子对，它独占着一个杂化轨道，而不是和另一个原子的电子配对后共同占有。由于孤电子对占据的杂化轨道和成键（配对）电子对占据的杂化轨道是有区别的，所以 4 个杂化轨道间的夹角就不相等。这叫“不等性杂化”。所以水分子里虽然也有 4 个 sp^3 杂化轨道，它的键角却不是像甲烷分子里的 109°28′，而是 104°45′（由于轨道杂化，所以它也不是 90°）。

同样，在氨分子里，也由于有 4 个 sp^3 杂化轨道，其中 3 个轨道各有一个成键电子对（氮和氢成键），另一个轨道却被原子自己的孤电子对占据着，不成键，结果形成的键角既不是未杂化所应该具有的 90°，也不是像甲烷分子里 4 个等同的杂化轨道之间的 109°28′，而是 107°18′。这个键角和水分子里的键角也不同，这是因为虽然同是不等性 sp^3 杂化，但是由于孤电子对占据的轨道数不同，所以键角也不相同。

杂化轨道的形式有许多种。只就 s 轨道和 p 轨道的杂化形式来看，除了前面讲过的 sp^3 杂化以外，还有 sp^2 杂化和 sp 杂化。sp^2 杂化是 1 个 s 轨道和 2 个 p 轨道混合，组成 3 个 sp^2 杂化轨道，杂化轨道之间的夹角是 120°，如图 1-27（a）所示。

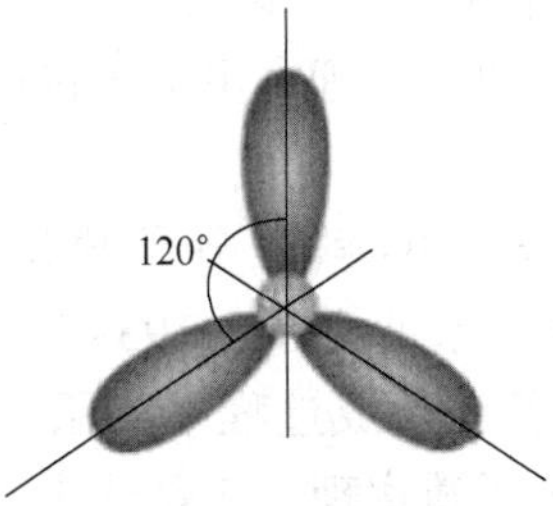

(a)

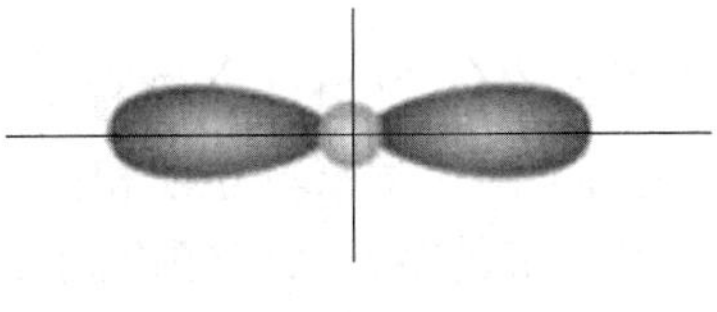

(b)

图 1-27　3 个 sp^2 杂化轨道（a）及两个 sp 杂化轨道（b）

sp 杂化是一个 s 轨道和一个 p 轨道混合，组成两个 sp 杂化轨道。杂化轨道的夹角是 180°，呈直线形，如图 1-27（b）所示。

1.2.2　分子轨道理论

1.2.2.1　分子轨道理论

共价键的价键理论是在经典化学键理论基础上发展起来的，它认为形成化学键的电子只在和化学键相连接的两原子间的小区域里活动，一个单键有 2 个电子（一个电子对）在运动，一个双键有 4 个电子（两个电子对）在运动，一个三键有 6 个电子（三个电子对）在运动，它们的运动方式可以用量子力学方法计算出来，而且和实验的结果还很符合。

这种理论比较简明、直观，又经过了杂化轨道理论的补充，得到了丰富和发展，解释了不少分子结构的实验结果，取得了很大成就。但是一个理论很难尽善尽美，价键理论在解释氧分子的顺磁性问题上就遇到了困难。

什么是顺磁性呢？还是先从指南针说起吧。我们都知道，可以转动的小磁针静止的时候总是一端指向北方，另一端指向南方。我们的祖先就是利用这个性质发明的指南针。为什么会有这种现象呢？因为地球是个大磁体，地磁北极在地理南极附近，地磁南极在地理北极附近❶。在地磁北极和地磁南极之间形成地磁场。两个磁极相互作用的时候总是同极相斥，异极相吸。所以磁针总是要顺着地磁场方向转向，磁针北极指向地磁南极（地理北极），磁针南极指向地磁北极（地理南极）。而且，凡是具有永久磁矩的磁体都具有这个性质。所谓磁矩，原来指一个条形磁体两个磁极间的距离和一个磁极强度的乘积。它的方向规定是沿着两磁极的连线从南极指向北极。电流回路也有磁矩。原子里的电子绕原子核的运动和电流回路相当，所以也有磁矩，叫作“轨道磁矩”。电子本身由于自旋也具有磁矩，叫作“自旋磁矩”。物质的磁性就是起源于电子的自旋磁矩。

如果一个分子里有未配对的电子，因为各个电子自旋磁矩的代数和不等于零，分子就具有磁性，因此也会像小磁针一样顺着磁场方向转向，这种性质就叫作分子的顺磁性。具有顺磁性的分子叫作顺磁分子。实验证明，氧分子具有顺磁性。这就表示氧分子里必定有未配对的电子。可是按照价键理论的观点，氧分子里又没有未配对的电子，如图 1-28 所示的轨道式所示。实验事实和理论发生了矛盾。价键理论也不能解释其他一些比较复杂的分子结构。于是，逐渐地，更加合理、更加先进的分子轨道理论就代替了价键理论。

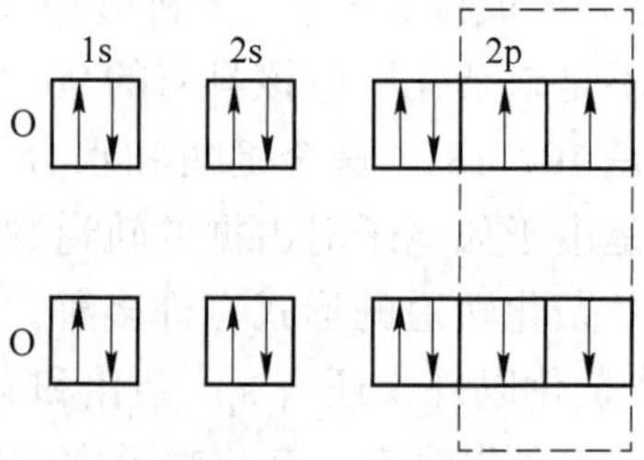

图 1-28　氧分子的轨道式

分子轨道理论也叫分子轨道法，简称 MO 法，MO 就是分子轨道的英文 molecular orbital 的缩写。它是由美国化学家莫立根和德国化学家洪德等在 1932 年前后提出的。

在前面讲 σ 键和 π 键的时候，已经讲到在共价键形成过程中，原子轨道经过新的组合建立起了新轨道，这种新轨道就叫分子轨道。分子轨道理论正是认为形成化学键的电子应该在整个分子区域里运动，属于整个分子而不属于某两个原子。它试图从分子的整体出发，着重研究分子里某一个电子运动的规律。分子轨道理论认为，原子形成分子以后，电子不再属于原子轨道，而是在一定的分子轨道上运动着。但是分子里的电子的分布仍然遵守原子里电子分布的原则，就是遵守能量最低原理、泡利不相容原理和洪德定则。分子轨道理论认为，对双原子分子来说，由两个对称性相同的原子轨道的波函数相加重叠而得到的分子轨道叫作成键分子轨道，而由两个对称性相同的原子轨道的波函数相减重叠所得到的分子轨道叫作反键分子轨道。这是组成分子轨道的对称性原则。

所谓原子轨道的对称性，是指在反演操作作用下，波函数不改变符号的是对称，波函数改变符号的是不对称。如 s-s，s-p_x，p_x-p_z，都是对称性相同的，可以组合成分子轨道。

❶ 这一规定，物理学上和地理学上不同。地理学上常把在地理北极附近的地磁极叫地磁北极，在地理南极附近的地磁极叫地磁铁南极。

而 p_x-p_y，p_y-p_x 等却不能组合成分子轨道。分子轨道理论还认为，由原子轨道组成分子轨道的时候，只有那些能量相近的原子轨道才能组合成分子轨道，这叫作能量相近原则。同时，在成键的时候，原子轨道仍然遵守最大重叠原理。也就是成键的时候原子轨道重叠越多，那么生成的键（就是成键分子轨道）就会越稳定。一般情况下，在原子轨道组成分子轨道的时候，轨道的数目也不变，就是说，新组成的分子轨道数总是等于参加组合的原子轨道数。

现在我们来看看分子轨道理论处理一些原子轨道的结果。由于使用数学方法既复杂又深奥难懂，我们只能满足于用直观图形把计算结果表示出来。

先看看由两个 s 原子轨道组成两个分子轨道的情况，如图 1-29 所示。这个图表示 2 个 s 原子轨道相加重叠形成成键分子轨道，在这里，2 个原子核之间的电子云密度最大，能量低于组成它的原子轨道的能量。2 个 s 原子轨道相减重叠，形成反键分子轨道，在这里，2 个原子核中间有一个空白区，电子云密度等于零，能量高于组成它的原子轨道的能量。这就可以预料到，分子里的电子必将首先去填充能量比较低的成键轨道，如果有剩余电子，再去填充能量比较高的反键轨道。

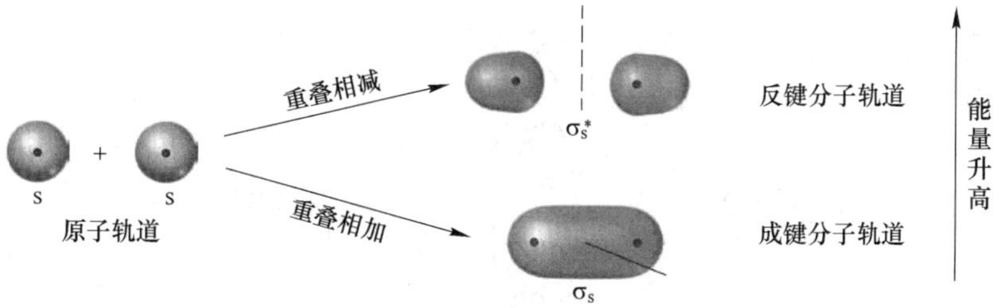

图 1-29　2 个 s 原子轨道组成两个分子轨道的情况

两个 s 原子轨道形成的分子轨道总是 σ 轨道。我们在介绍价键理论的时候，曾经用电子自旋方向相反或相同的点解释基态和推斥态。按照这个理论，认为只有两个原子的自旋方向相反的两个电子才能配对形成共价键。现在的理论却认为相加重叠和相减重叠都能形成分子轨道。这两种 σ 轨道，一种（成键轨道）的形状像 1 只橄榄，这就是前面介绍过的橄榄轨道；另一种（反键轨道）却很像 2 只鸡蛋，所以人们把它叫作“双鸡蛋轨道”。两个 s 原子轨道所形成的成键 σ 轨道就用 σ_s 表示，反键 σ 轨道用 σ_s^* 表示，就是在上面加个星号。

现在再看看由 2 个 p 原子轨道组成的 σ 键的分子轨道。它也有一个能量比较低的成键轨道（用 σ_p 表示）和一个能量比较高的反键轨道（用 σ_p^* 表示），如图 1-30。它也仍然是由原子轨道的波函数重叠相加或者重叠相减分别形成的。电子也必然先填充成键轨道（σ_p），有利于再填充反键轨道（σ_p^*）。

2 个 p 原子轨道还可能形成 π 键分子轨道。π 键分子轨道也有两种，能量比较低的成键轨道（用 π_p 表示）和能量比较高的反键轨道（用 π_p^* 表示）。π_p 成键轨道的形状像 2 个上下放置的冬瓜，我们前面已经说过，它就是“双冬瓜轨道”。π_p^* 反键轨道却像 4 个鸡蛋摆在那里。

根据分子轨道数和原子轨道数相等的原则可以推知，2 个 s 原子轨道组合，只能产生 2 个分子轨道 σ_s 和 σ_s^*；每个原子的 3 个 p 轨道如果全部参加组合，就能形成 6 个分子轨

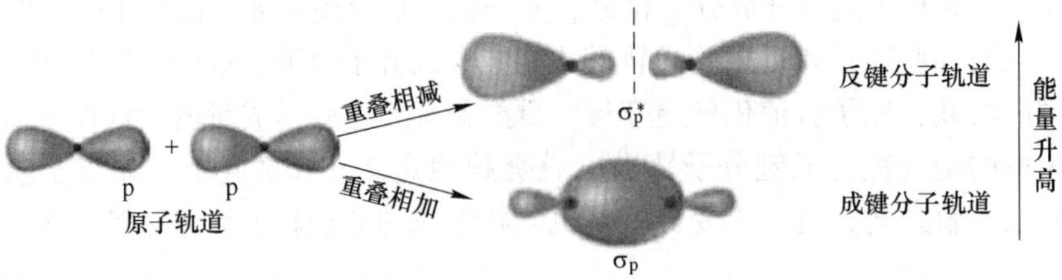

图 1-30　2 个 p 原子轨道组成的 σ_p 和 σ_p^* 两个分子轨道的情况

道，其中 p_x-p_x 原子轨道可以形成一对 σ_{p_x} 和 $\sigma_{p_x}^*$ 分子轨道，p_y-p_y 原子轨道可以形成一对 σ_{p_y} 和 $\sigma_{p_y}^*$ 分子轨道；p_z-p_z 原子轨道可以形成另一对 σ_{p_z} 和 $\sigma_{p_z}^*$ 分子轨道。这两对 π 分子轨道必然彼此垂直，互成 90°夹角，如前面讲过的氮分子的情况。

总起来说，具有 K、L 两个电子层的原子，共有 1s、2s、$2p_x$、$2p_y$、$2p_z$ 5 个原子轨道。两个这样的原子可以组合成 10 个分子轨道，它们的能量高低可以用一个简单明了的图形表示出来。如图 1-31 所示，图上一个小圆圈代表一个轨道，能量相同的轨道处在同一水平线上（高度相等）。这种图叫原子轨道和分子轨道能级关系图。

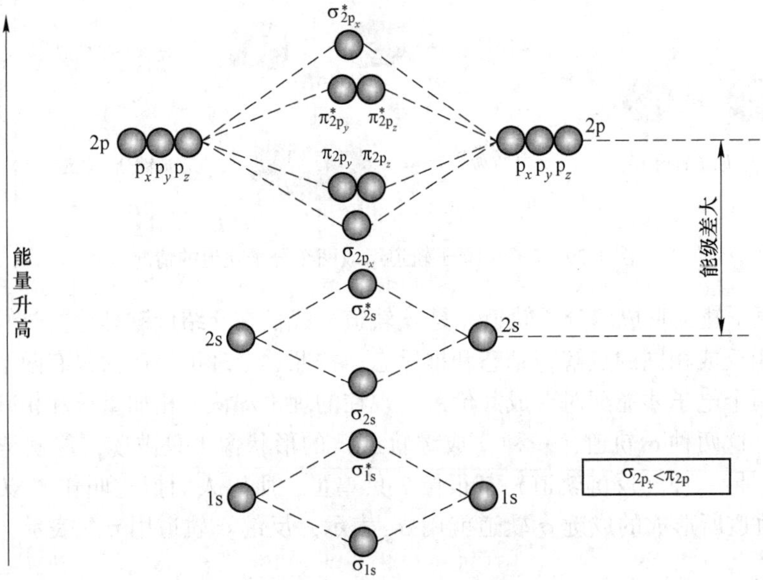

图 1-31　原子轨道和分子轨道能级关系

为了具体表示两个原子的原子轨道组成分子轨道，并且进一步表示出各轨道上电子的填充情况，人们又设计出了一种更简单的图形：用一条水平短线代替一个轨道，用箭头表示轨道上填充的电子，箭头方向表示电子的自旋方向，用级坐标表示能量（E）。例如，两个氢原子结合成氢分子的过程就可以用图 1-32 来表示。图上左边和右边的两条短线分别代表 2 个氢原子的 1s 轨道，箭头表示轨道上的电子。它们组合以前具有一样的高度，表示能量相等。如果组合的话，可以形成 2 个分子轨道 σ_{1s} 和 σ_{1s}^*。σ_{1s} 比 σ_{1s}^* 能量低得多，而且比单独的原子轨道能量都低。因此 2 个电子必然填充在 σ_{1s} 轨道上，并且取相反的自旋方向，而使能量比较高的 σ_{1s}^* 轨道空着。用这种方式组合，分子的能量比组合前单独的原子具有的能量还低，分子就比较稳定。

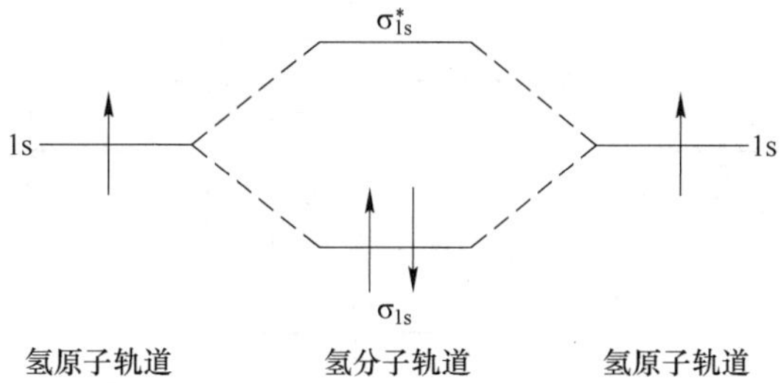

图 1-32 氢原子结合成氢分子的原子轨道和分子轨道能级关系

以上是根据图形对氢原子组合成氢分子的过程进行的分析。事实上也正是这样，氢分子就是比氢原子稳定，氢原子相遇的时候很容易结合成氢分子，而氢分子却很难分解成氢原子。这些意思图形上都很清楚地表现出来了。

1.2.2.2 用分子轨道理论解释氧分子的顺磁性

我们讲分子轨道理论，一开始就提到，氧分子的顺磁性用价键理论是没法解释的，却可以用分子轨道理论得到解释。现在我们已经大致介绍了分子轨道理论，可以来看看分子轨道理论是怎样解释氧分子的顺磁性的。价键理论认为氧分子里没有未配对的电子，而氧分子具有顺磁性又表示氧分子里必定有未配对的电子。那么，按照分子轨道理论，氧原子结合成氧分子，原子轨道到底是怎样组合成分子轨道，各个电子又是怎样填充在各轨道上的呢？

让我们来看看氧原子结合成氧分子过程中原子轨道和分子轨道的能级关系图（图 1-33）。这个图比氢分子的能级关系图复杂些，因为氧原子的电子比较多，除内层有两个 1s 电子外，最外层有 6 个电子：2s 上 2 个，2p 上 4 个。从图上可以看出，2 个 1s 轨道组成一对 σ_{1s} 和 σ_{1s}^* 分子轨道，2 个 2s 轨道组成一对 σ_2 和 σ_{2s}^* 分子轨道，有 8 个电子去分别占满这些轨道。2 个氧原子一共有 16 个电子。剩下的 8 个电子中，又有 6 个去占领能量稍高的 σ_{2p_x}、π_{2p_y} 和 π_{2p_z} 三个成键轨道，再剩下的 2 个电子就只能分别分布在 2 个能量又高一些的反键轨道 $\pi_{2p_y}^*$ 和 $\pi_{2p_z}^*$ 上，根据洪德定则，这 2 个电子取相同的自旋方向。

处在成键轨道上的电子叫作成键电子，处在反键轨道上的电子叫作反键电子。成键电子能量低，它的作用是使分子稳定；反键电子恰好相反，它的能量比较高，使分子有离解的倾向。在氧的分子里，σ_{1s} 轨道和 σ_{1s}^* 轨道已经填满，σ_{2s} 轨道和 σ_{2s}^* 轨道也已经填满，这 4 个分子轨道上的成键电子数和反键电子数相等。所以它们对分子的作用彼此抵消。从图 1-34 还可以看出，π_{2p_y} 和 π_{2p_z} 两个成键轨道的能量相等，$\pi_{2p_y}^*$ 和 $\pi_{2p_z}^*$ 的能量也完全相等，只是比 π_{2p_y} 和 π_{2p_z} 高一些，这表明 π 键的能量高低和方向（沿 y 轴或沿 z 轴）无关。从图 1-34 的分析可以看出，2 个氧原子的最外层电子（价电子）绝大部分处在成键轨道上，所以氧分子应该有一定的稳定性。同时也可以看出，氧分子里确实有 2 个未配对的电子，分别处在反键轨道（$\pi_{2p_y}^*$ 和 $\pi_{2p_z}^*$）上，因此氧分子有顺磁性也就是自然的事了。

价键理论却不能解释这个现象，对比之下，就显出了分子轨道理论的优越性。按照价键理论，氧原子里的 $2p_s$ 轨道上本来已经有配对的电子，所以和形成共价键无关。形成共价键的只是 $2p_y$ 和 $2p_z$ 两个轨道上的两个未配对电子，它们和另一个氧原子里的 2 个未配

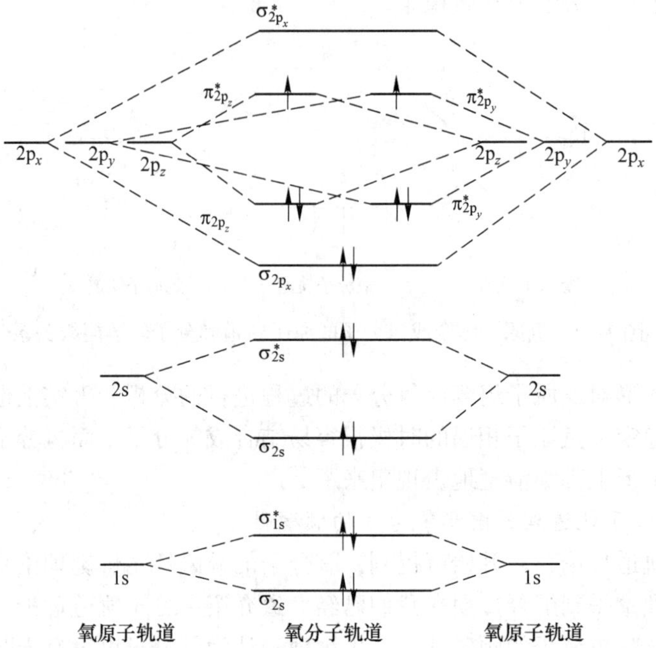

图 1-33　氧原子结合成氧分子的原子轨道和分子轨道能级关系

对电子配对后，就形成一个 σ 键和一个 π 键。但是按照分子轨道理论，2p 亚层的 4 个电子都参与了成键活动。图 1-33 上所表示的氧原子轨道组成分子轨道的成键情况，也可以用下面的简式

$$O_2[KK(\sigma_{2s})^2(\sigma_{2s}^*)^2(\sigma_{2p_x})^2(\pi_{2p_y})^2(\pi_{2p_z})^2(\pi_{2p_y}^*)^1(\pi_{2p_z}^*)^1]$$

来表示。这里 KK 表示 2 个原子的 K 电子层形成 σ_{1s} 和 σ_{1s}^* 两条分子轨道；$(\sigma_{2s})^2$ 和 $(\sigma_{2s}^*)^2$ 表示 σ_{2s} 和 σ_{2s}^* 两个轨道上各有 2 个电子；$(\sigma_{2p_x})^2$、$(\pi_{2p_y})^2$ 和 $(\pi_{2p_z})^2$ 表示 σ_{2p_x}、π_{2p_y} 和 π_{2p_z} 三个轨道上也各有 2 个电子；$(\pi_{2p_y}^*)^1$ 和 $(\pi_{2p_z}^*)^1$ 表示 $\pi_{2p_y}^*$ 和 $\pi_{2p_z}^*$ 两个反键轨道上各有 1 个电子。

从成键电子和反键电子的作用可以相互抵消来看，KK 以及 $(\sigma_{2s})^2$ 和 $(\sigma_{2s}^*)^2$ 这 4 个分子轨道上的成键电子数和反键电子数正好相等，它们的作用就正好抵消。但是 $(\sigma_{2p_x})^2$ 的两个成键电子能量低，没有相应的反键电子的比较高的能量去和它们相抵消，所以这个 σ 键是比较稳定的。另外，在 π_{2p_y} 和 $\pi_{2p_y}^*$ 这 2 个由 $2p_y$ 轨道组成的分子轨道上一共有 3 个电子。这 2 个分子轨道形成的键叫三电子 π 键，其中 2 个电子在成键轨道上，一个电子在反键轨道上。这 3 个电子，一个反键电子的作用和一个成键电子的作用相抵消，还多下来一个成键电子，可以看作是半个键（因为一对电子才形成一个共价键）。同样，π_{2p_z} 和 $\pi_{2p_z}^*$ 两个分子轨道也形成 1 个三电子 π 键，作用也相当于半个键。所以，2 个三电子 π 键合在一起相当于一个正常的 π 键。

所以总起来说，按照分子轨道理论，氧分子里虽然形成了不少成键分子轨道和反键分子轨道，但是成键电子和反键电子的作用抵消以后，剩下来的就是一个 σ 键和两半个合起来的一个 π 键，和价键理论的结论基本上是相当的。如果按照价键理论可以把氧分子

写成 O ═O，按照分子轨道理论可以把氧分子写成 O $\dot{\underset{\cdots}{\overset{\cdots}{—}}}$O，这里中间短线代表 1 个 σ 键，上下各 3 个点代表 2 个三电子 π 键。

我们知道氧气是比较活泼的，这和它的分子里存在三电子 π 键有一定关系，因为分子轨道还没有填满，还有未配对的电子。

1.2.2.3 从分子轨道理论看氮分子的稳定性

氧分子比较活泼，形成对照的是，比氧原子少一个电子的氮原子形成的氮分子却很稳定。从价键理论看，氮原子有 3 个未配对的 2p 电子，所以 2 个氮原子互相结合，各自以 3 个 2p 电子配成对，就形成三键（N≡N），其中 1 个是 σ 键，2 个是 π 键。从电子云的重叠程度来看，σ 键比 π 键重叠得多，一般的 π 键总比较活泼，有两个 π 键的分子还常常比有一个 π 键的更活泼。这就是说 π 键容易拆开，去找另外的原子再结合起来。可是为什么有 2 个 π 键的氮分子却比有 1 个 π 键的氧分子反而稳定呢？这用价键理论是不能解释的。

这个问题用分子轨道理论却能够得到解释。我们知道，氮原子的电子排布式是$1s^2 2s^2 2p^3$。两个氮原子结合成氮分子的时候，1s、2s的原子轨道形成σ_{1s}和σ^*_{1s}、σ_{2s}和σ^*_{2s}分子轨道，作用可以相互抵消。两个氮原子的 2p 电子共有 6 个，在形成的 6 个分子轨道上，首先占据能量比较低的 3 个成键轨道σ_{2p_x}、π_{2p_y}和π_{2p_z}，这时候电子恰好分配完毕，再没有剩余的电子去占据反键轨道了。所以，按照分子轨道理论，氮分子比有 2 个三电子 π 键的氧分子稳定得多，是完全有道理的。氮原子结合成氮分子的原子轨道和分子轨道能级关系如图 1-34 所示。

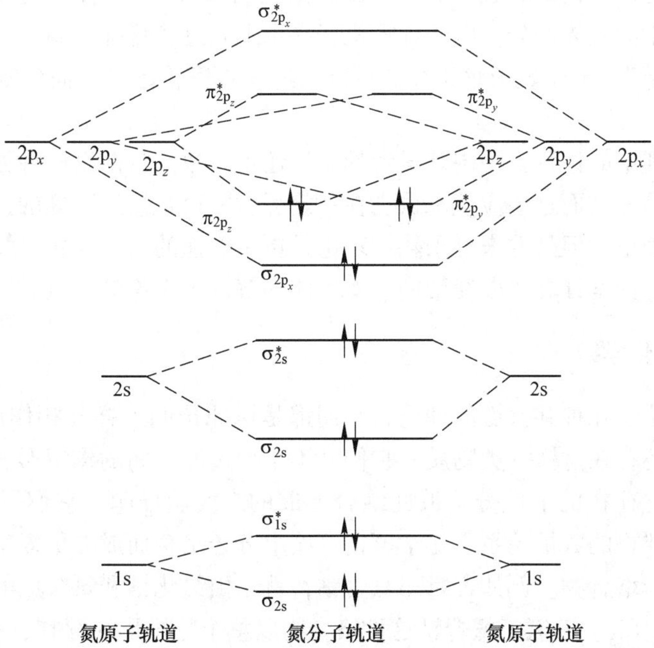

图 1-34 氮原子结合成氮分子的原子轨道和分子轨道能级关系

1.2.2.4 分子轨道理论是一种比较完美的共价键理论

分子轨道理论可以很好地解释氧分子的顺磁性，也可以很好地解释氮分子的稳定性。分子轨道理论还可以解释其他一些问题，也是价键理论所不能解释的。我们不准备把这些问题一一列举了。这里只想再简单说一说关于计算键角的例子。我们知道，在价键理论中，键角主要是用轨道杂化理论解释的。其实这个理论对价键理论只是一种补救办法，并没有真正抓住问题的本质。

而根据分子轨道理论却可以通过计算看出轨道杂化的情况，预言化合物里键角的大小。这都是价键理论没法办到的。表 1-2 给出两组数据，上面一组是用分子轨道法计算出来的几种物质分子里的键角值；下面一组是根据实验测得的键角值。它们的误差是很小的。

表 1-2 几种分子的计算和实测键角值

分子	H_2O	K_2O	L_2O	O_3
计算角度	110°	102°	180°	118.5°
实测角度	104°45′	103°	180°	117°

还有一个很有说服力的例子：以前有人用实验方法确定了次甲基（CH_2）的结构是线型的（就是键角是 180°），但是分子轨道法计算出它的键角是 134°左右，指出它应该是弯曲的。到底是实验测错了，还是理论靠不住？这个问题答案的揭晓，将对分子轨道理论的正确性作出判断。后来，人们再一次用精确的实验方法测定了键角，结果测得键角是 138°±10°，误差 2%，再一次证明了分子轨道理论的正确性。

分子轨道理论是现代发展起来的一种比较完美的共价键理论，目前正处在发展时期，已经成为量子化学的主体部分。电子计算机正在帮助它逐步排除经验参数，以便对各种分子进行“从头计算”。分子轨道理论今后可能会进一步完善起来。而价键理论相对来说就显得陈旧一些。

对于这两种理论的评价，国内外学者的意见还不一致。目前这两种方法都在使用。价键理论因为简明易懂，而且还应该承认它在一定程度上也是接近真理的，所以在许多书里仍然只介绍这种理论。但是看来分子轨道理论是更有前途的。它比较难懂一点，上面我们避开了它的高深的数学计算，以便帮助读者大体理解这个理论的要点。

1.2.3 配合物的化学键

前面我们介绍了几种共价键的理论，它们都是讲原子间怎样互相作用而组成分子的。但是，自然界里还存在这样一类物质，它们并不是通过原子间的作用形成的，而是由一些本来已经可以独立存在的中性分子彼此结合形成的。实验证明，它们不是随意凑合而成的，分子间还有严格的数量关系。化学家把这些由分子结合而成的更复杂的分子叫作分子间化合物，也叫作络合物。例如三氯三氨合钴，就是由氯化钴和氨合成的一种络合物，分子式是 $Co(NH_3)_3Cl_3$。三氯三氨合钴这种络合物以整个分子形式存在，是一种络合分子。配合物中也有形成带正电荷或带负电荷的复杂离子的，这种复杂离子叫作络离子。络离子可以由一种离子和一种分子组成，例如铜氨络离子（$[Cu(NH_3)_4]^{2+}$）；也可以由两种不同的离子组成，例如铁氰离子（$[Fe(CN)_6]^{3-}$）和亚铁氰离子（$[Fe(CN)_6]^{4-}$）。因此，络合物包括含有络离子的化合物和由络合分子组成的化合物。

这些络合物还有一些特点。上面提到三氯三氨合钴，氯化铅和氨不仅能结合成三氯三氨合钴，还能结合成三氯四氨合钴（绿色）、三氯五氨合钴（红紫色）、三氯六氨合钴（橙黄色）、三氯五氨一水合钴（玫瑰红色）等。这些化合物中的钴和氨是结合得非常紧的。我们知道通常的氨或氨水是极容易和硫酸或盐酸作用生成硫酸铵或氯化铵的，但是在这些化合物里的氨分子却不和硫酸或盐酸起作用。同时，通常的钴离子可以用碳酸盐或磷酸盐检测出来，可是对于这些化合物，用碳酸盐或磷酸盐却检测不到钴离子。除非在加热到沸腾的条件下用强碱处理，才能破坏钴和氨的结合，沉淀出氧化钴和释放出氨气。另外，用硝酸银溶液来检测氯离子，也发现奇怪的现象。在三氯三氮合钴里检测不到氯离子，所以我们前面说它是以整个分子形式存在的。在三氯四氨合钴里，可以把1个氯离子沉淀成氯化银；在三氯五氨合钴里，可以把2个氯离子沉淀成氯化银；在三氯六氨合钴和三氯五氨一水合钴里，可以把3个氯离子全部沉淀成氯化银。

络合物有这么一些奇怪的特点，而且，络合物在形成的过程中，既没有电子的转移形成离子键，也没有新的电子对形成共价键，前面介绍过的那些化学键理论都不能解释它们的成因，那么络合物是靠什么力结合而成的呢？1893年，瑞士化学家维尔纳（1866—1919）根据大量实验事实，提出了络合物的配位理论。他用主价和副价的概念说明络合物形成的原因。他认为，一些金属的化合价除了主价以外，还可以有副价。例如在络合物 $Cu(NH_3)_4SO_4$ 里，铜的主价是二，副价是四。铜的主价力使铜和硫酸根生成 $CuSO_4$，而铜的副价力又使铜和4个氨分子结合而形成络合物 $Cu(NH_3)_4SO_4$。

为了解释上面所说像钴和氨的几种复杂络合物的奇怪特性。维尔纳还把络合物分成“内界”和“外界”，内界由“中心原子”或“中心离子”和周围紧密结合的“配位体”组成，所谓配位体就是和中心原子或中心离子根结合的中性分子或离子。例如前面提到的 $Co(NH_3)_4Cl_3$、$Co(NH_3)_5Cl_3$、$Co(NH_3)_6Cl_3$、$Co(NH_3)_5(H_2O)Cl_3$ 分别可以写成如下的结构式：

$$\left[Co^{Cl_2}_{(NH_3)_4}\right]^{+}Cl^{-},\quad \left[Co^{Cl}_{(NH_3)_5}\right]^{2+}\begin{matrix}Cl^{-}\\Cl^{-}\end{matrix},\quad \left[Co(NH_3)_6\right]^{3+}\begin{matrix}Cl^{-}\\Cl^{-}\\Cl^{-}\end{matrix},\quad \left[Co^{(H_2O)}_{(NH_3)_5}\right]^{3+}\begin{matrix}Cl^{-}\\Cl^{-}\\Cl^{-}\end{matrix}$$

这里方括号里是内界，方括号外是外界，外界和内界之间是以离子键结合在一起的。内界里的 Co^{3+} 离子是中心离子，内界里的 Cl^- 离子、NH_3 分子、H_2O 分子都是配位体，它们和 Co^{3+} 紧密地结合着，不容易解离，所以不仅 Co^{3+} 离子和 NH_3 不容易检测出，就是内界里的一部分Cl离子也不会被 Ag^+ 离子沉淀出来。只有外界的 Cl^- 离子才会和 Ag^+ 结合生成氯化银沉淀。

从上面的结构式看，钴的主价是三，和它结合的中性分子可以是3个、4个、5个、6个。但是不管它结合的中性分子是多少，在内界里和 Co^{3+} 离子结合的配位体数却都是六。这个数叫作配位数。就是说 Co^{3+} 离子的配位数是六。维尔纳认为络合物里中心离子的配位数常是六或是四。

维尔纳还研究了络合物内界的几何构型，证明配位体是按一定的规律排列在中心离子周围，而不是任意堆积的。维尔纳指出内界的构型有立体的，也有平面的。配位数不同，络离子的空间构型也不同。配位数是六的络离子是正八面体型；配位数是四的络离子可以是正方形，也可以是四面体形。因此一种络合物还可能形成几种几何异构体。维尔纳的配位理论能够解释络合物的许多性质，正确地提出了配位数的概念。但是，在维尔纳时代，原子结构和化学作用力的本质还没有完全揭示出来，因此维尔纳也没有能说明“副价”的确切含义。

20 世纪以来的一系列发现，促进了络合物化学键理论的发展。这些理论进一步说明了络合物中心离子和配位体之间的结合力的本质。

1919 年，英国化学家西奇维克（1873—1952）根据路易斯的共价键理论，引进了“配位键”的概念，来解释络合物中心离子和配位体结合力的本质。他认为配位体（用 L 表示）的特点是至少有一个孤电子对，而中心离子（用 M 表示）的特点是含有空的价电子轨道。M 和 L 的结合方式就是 L 提供孤电子对和 M 共有，形成配位键，用 L→M 表示。

20 世纪 30 年代初，美国化学家鲍林（1901—1994）发展了配位键理论，开始把量子化学的价键理论应用到络合物上。后来又经过一些人的完善和补充，就形成了近代络合物价键理论。它的要点是：

第一，络合物的中心离子 M 和配位体 L 之间，靠配位体单方面提供孤电子对形成配位键，表示成 L→M。这键的本质还是共价键，只不过是一种特殊形式的共价键。

第二，配位键形成的条件是配位体 L 至少有一个孤电子对，中心离子 M 必须有空着的价电子轨道。配位体里含有孤电子对并且和中心离子直接相连的原子（如NH_3 分子里的 N 原子），叫作配位原子。配位数就是和中心离子相结合的配位。

第三，在形成络离子的时候，中心离子所提供的空轨道必须先进行杂化，形成数目相同的杂化轨道。这些新的杂化轨道能量相同，具有一定的方向性。一个杂化轨道可以接受配位原子的一个孤电子对，形成一个配位键，因此，杂化轨道数必然等于配位数。

第四，络离子的空间结构、中心离子的配位数以及络离子的稳定性，都取决于杂化轨道类型。

这一理论可以成功地解释络离子的空间结构、中心离子的配位数、络离子稳定性的差异，还能解释络合物的磁性。可惜这只是一个定性的理论，它不能定量说明络合物的性质，也不能解释络合物的光谱特性。为了弥补这一不足，人们便着手用分子轨道理论来解决络合物问题，这就又发展起来一种新的理论——配位场理论。

配位场理论不是一下子就产生出来的，它有一个比较长的历史发展过程。早在 1929 年，美籍德国化学家贝特（1906—2005）就提出了晶体场理论。

晶体场理论和简单的静电场理论相似，即把中心离子和周围配位体的相互作用看作像离子晶体里的正负离子间的作用一样，是纯粹的静电力作用，不过晶体场理论认为，中心离子的电子层结构会在晶体场（也叫配位体场）的作用下发生轨道能级的分裂。这里的“场”指的是电场，就是由配位体产生的电场。所谓能级分裂，指的是本来能量相等的几个轨道变得能量不等了，产生了能量阶梯。如图 1-35，d 亚层本来有 5 个轨道，这 5 个轨道的能量都是相等的，但是在外电场的影响下，某几个 d 轨道的能量又可能变得比原先低些，另外几个 d 轨道的能量又会变得比原先高些，由于这种能级的分裂和差异的出现，d 电子在填入轨道的时候就有了顺序和偏向（仍按能量最低原理、泡利不相容原理和洪德

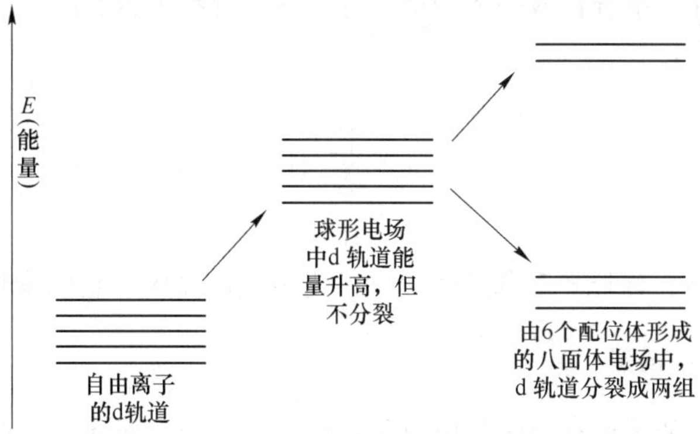

图 1-35 络合物中心离子 d 轨道能级分裂示意图

定则填入）。如果分裂后能级差异很小，那么在低能级轨道没有填满之前，就可能有一部分未配对的电子进入稍高的能级，从而使分子具有顺磁性。所以晶体场理论除了能解释络合物的某些一般特性以外，还能解释络合物的磁性。后来，这个理论又成功地解释了 $[Ti(H_2O)_6]^{3+}$ 离子的光谱特性，这就更引起化学界的重视。

晶体场理论认为中心离子和它周围的配位体的相互作用是纯粹的静电力作用，因而完全没有共价的性质。但是实验证明，中心离子的轨道和配位体轨道是有一些重叠的，就是说具有一定的共价成分。1952 年，英国化学家欧格耳（1927—1998）把静电场理论和分子轨道理论结合起来，把 d 轨道能级分裂的原因看成是静电力作用和生成共价键分子轨道的综合结果，这一理论就是配位场理论。

配位场理论的要点是：

第一，中心离子的 d 轨道在配位场的影响下，可以分裂成能量不同的两组（或者两组以上）轨道。不同构型的络合物，分裂的形式不同，分裂的大小也不同，分裂后最高能量轨道和最低能量轨道之间的能量差（常用 Δ 表示，Δ 读作“德耳塔”）也不同。这个能量差叫作分离能。

第二，分离能的大小主要取决于中心离子的电荷、半径和配位体的性质。中心离子的电荷越高，分离能值就越大；中心离子的半径越大，分离能值也越大（因为这时候 d 轨道离核比较远，容易在外电场作用下改变能量）；对于相同的中心离子，分离能值随配位体场的强弱而变化。

第三，根据分裂后 d 轨道的相对能量，可以计算过渡金属离子（络合物的中心离子大多是过渡金属离子）d 轨道的总能量。由于分裂后总能量有所降低，使得它给络合物带来额外的稳定化能，叫作晶体场的稳定化能。

中心离子在配位体的电场作用下，产生了晶体场稳定化能，这就造成了中心离子和周围配位体间的附加成键效应，就是络离子里化学键的特点。

配位场理论很好地解释了络离子形成的原因，对于络离子的空间构型、络离子的可见光谱的特性等也作出了比较满意的、合理的解释，它是目前络合物化学最成功的一个理论，也是量子化学中分子轨道理论取得的一次重大成果。我们前面介绍了络合物或络离子里的配位键。配位键其实是一种特殊的共价键，只不过 2 个原子形成配位键的共有电子对是孤电子对，也就是由其中 1 个原子所单独提供的。

配位键不仅存在于络合物或络离子里，有的非络合物里也有配键，如有机化合物氧化叔胺，它的结构式为：

```
     R
     |
R—N—O
     |
     R
```

这里 R 表示烷基，氮原子和氧原子之间的键就是配位键，也叫配价键。

1.2.4 别具一格的金属键

自然界里大部分的无机化合物是由离子键组成的。非金属质和大部分有机化合物是由共价键组成的。在自然界里，还有许多种金属元素。金属单质是由这种金属的许多个原子结合而成的，这些原子又是怎样结合在一起的呢？在常温下，除了汞是液体外，其余的金属都是晶状固体。它们大都是坚硬而有延展性的，熔点和沸点很高。看来，促使金属原子结合的力量一定很大，这是一种什么力呢？

金属原子的价电子都很少（一般是 1~3 个），这样少的价电子是不足以使金属原子间形成正规的共价键或者离子键的。于是，人们设想金属原子可能挤得特别紧，以便使少量价电子形成的电子云尽可能多地相互重叠，形成一种特殊的“少电子多中心”的化学键。人们把它叫作金属键。

为了探讨金属原子是怎样结合的，或者说它们之间的化学键是什么性质的，让我们先简单看一看金属晶体的结构。

人们早就发现，晶体和非晶体里原子排列情况不同。晶体内部原子按一定规则排列在一定的位置上，非晶体内部的原子是任意挤在一起的。这就造成晶体有一定的几何外形。我们前面提到过食盐的晶体是正立方体，因为它是离子化合物，所以它不是由原子而是由离子组成的，钠离子和氯离子一个隔一个占据着立方体的各个顶点。这样的一个一个小立方体叫作晶胞，许多晶胞组合在一起，就形成所谓晶格或空间格架。原子或离子所处的那些晶格里的点叫作晶格结点。晶体形状不但有立方体，还有别的，比如明矾是八面体，金刚石是正四面体。

在晶体里，每一个原子或离子的周围总和许多其他原子或离子相邻接触。这种相邻接触的其他原子或离子个数，叫作这个原子的配位数。请注意，这个配位数和络离子里的配位数不是一回事，不过络离子里的配位数这个名词开始就是从晶体化学里借用过来的，因为同是指和一个原子（或离子）相邻接触的其他原子或离子个数。

研究证明，金属里最常见的晶格有三种；配位数是 8 的体心立方晶格，配位数是 12 的面心立方紧堆晶格，配位数是 12 的六方紧堆晶格，如图 1-36 所示。

所谓体心立方晶格，就是除立方体的 8 个角顶各有 1 个原子外，在立方体的正中心也有 1 个原子。所谓面心立方晶格，就是除立方体的 8 个角顶各有 1 个原子外，在 6 个面的中心（对角线交点）也各有 1 个原子。所谓六方晶格，就是成一个六棱柱，除在 12 个角顶各有 1 个原子外，在上下底面中心也各有 1 个原子。上面图 1-37（a）~（c）就是这 3 种晶格的示意图。实际上，由于金属里的原子都是紧密堆积的，所以图 1-37 虽然也是示意图，但看去更接近实际。

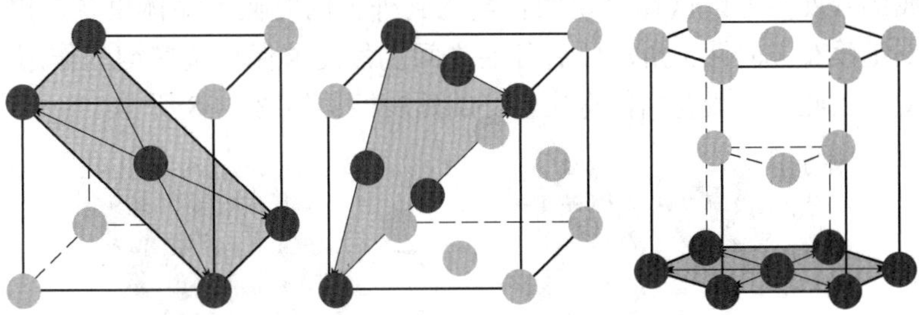

(a) (b) (c)

图 1-36 三种晶格示意图

（a）体心立方晶格中；（b）面心立方晶格；（c）六方（底心）晶格

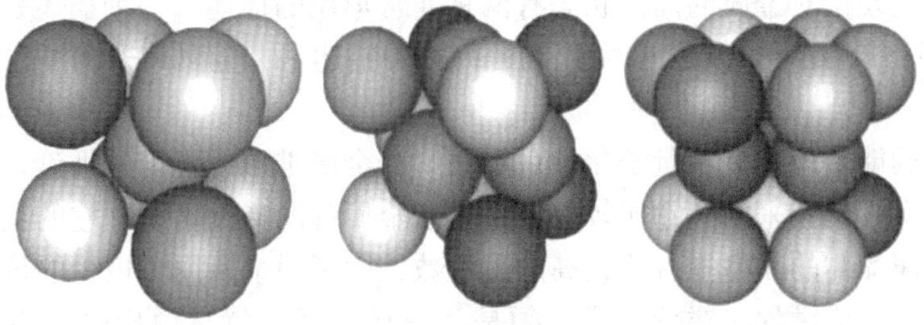

(a) (b) (c)

图 1-37 常见的三种金属晶体结构

（a）钾、钠等的体心立方晶格；（b）铜、铝等的面心立方紧堆晶格；（c）镁、钴等的六方紧堆晶格

钾、钠等碱金属都是配位数是 8 的体心立方晶体，而它们的原子最外层都只有 1 个价电子。

我们在上面提出，设想金属原子形成一种特殊的“少电子多中心”的化学键，可是一个碱金属原子只有一个价电子，它怎么能够和 8 个相邻原子结合起来呢？对于这个问题，目前有两种理论：一个叫作“改性共价键理论”，另一个叫作“能带理论”。两种理论各有千秋，都能解释金属的各种性质。

改性共价键理论最大的优点是简单明白。这个理论认为，在固态或者液态金属中，价电子可以自由地从一个原子跑向另一个原子，它们可以同时为很多原子所共有，并且通过这些流动着的价电子把很多原子“黏合”起来，形成特殊的金属键。因为金属键是由多个原子共有一些自由电子，不是标准的共价键，所以叫作改性共价键。金属键是没有方向性的。

这个理论是这样解释金属的一些通性的：自由电子可以吸收可见光，然后再把各种波长的光大部分反射出来，所以金属一般都有银白色光泽，对辐射能有良好的反射性。自由电子在外电场作用下，容易作定向流动而形成电流，这就是金属具有优良导电性的原因。同时，金属晶体里的原子和暂时丢掉电子的原子（这就成了离子）总是在做热运动（振动），这种热运动会阻碍电子的定向流动，这就是金属产生电阻的原因。金属受热的时候，金属的原子和离子的热运动都会加剧，因此，电阻随着温度的升高而增大。

当金属某一部分受热使这部分的原子、离子的振动加剧的时候，自由电子还能把这种热运动的能量传递给邻近的原子和离子，使热运动逐渐扩展开来，并且很快使整个金属的温度均匀化，这就是金属导热的原因。

至于金属的延展性可以这样来说明：当受到外力的时候，晶体里各层电子都发生滑动，因为金属键没有方向性，滑动以后各层之间仍然能够保持金属键的作用，不会断裂，仅仅发生形变。因此，一般金属都有比较好的延展性，如图 1-38 所示。

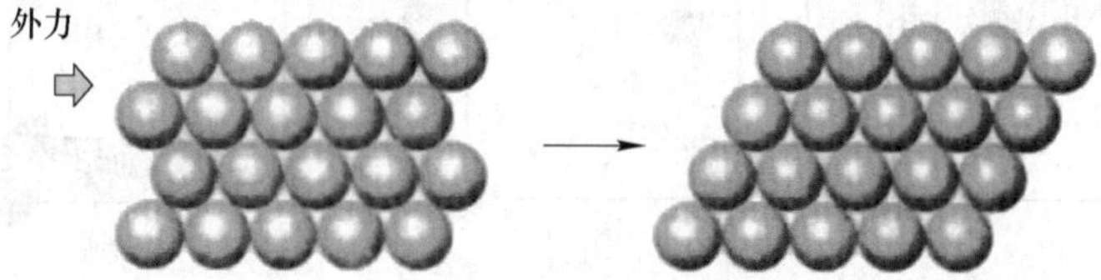

图 1-38　金属延展示意图

改性共价键理论对金属的内部状态有两种非常形象的描述。一种描述是，在金属原子（或离子）之间有“电子气”在自由流动；另一种描述是，金属离子沉浸在自由电子的海洋里。

金属晶体的能带理论是用量子化学观点去解释金属键形成机理的理论。它是在分子轨道理论的基础上发展起来的。它比较好地揭露了金属键的特殊本质，它的主要特点是：

第一，金属晶体的晶格里有比较高的配位数，为了使金属原子极少的价电子适应高配位数结构的需要，成键的时候价电子必须是“离域”的，就是说价电子不从属于任何一个原子。

第二，金属晶格里原子很密集，它们的原子轨道能组成许多分子轨道。相邻的分子轨道之间的能量差很小，以致可以认为各个能级之间的能量基本上是连续的。这些彼此挨得很近的能级线画出来很像一条带子，人们形象地把它叫作能带，如图 1-39 所示。

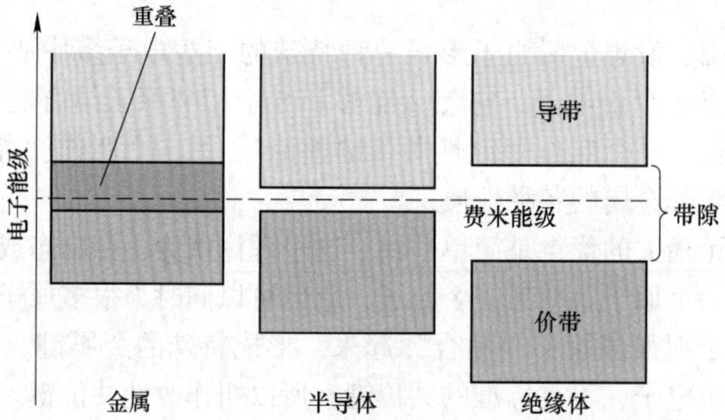

图 1-39　金属、半导体和绝缘体的能带示意图

第三，已经填满电子的原子轨道能量比较低，它们组成的分子轨道能量也比较低，并且这样的能带总是占满了电子，叫作满带。未填满电子的原子轨道形成的分子轨道能量比较高，这样的能带电子也没有占满，叫作导带。满带和导带之间有一个禁区（就是能量间隔区），低能带（满带）里的电子要越过它跑到高能带（导带）去（这也叫跃迁），必须由外界供给高于禁区宽度的能量。

第四，由于每个分子轨道上只能容纳两个电子，所以在电场力的作用下，电子只能往那些没有被占满或全空的能级跃迁，却不能进入满带。因此，晶体的导电能力跟能带结构、跟能带里的电子占满程度有关系，如果能带已经全被占满，就不可能产生电流（就是不导电)，这就是绝缘体。一种物质，只有当它的能带部分地被电子填充，或者有空能带并且能带的间隔很小、能和相邻的（有电子的）能带发生重叠的时候，才是导体。金属一般都具有这种结构特征，所以都是导体。

例如，金属钠的电子排布式是 $1s^22s^22p^63s^1$，它的 2s 和 2p 轨道形成的能带是满的，但是 3s 能形成一个半满的能带，因此金属钠是导体。又如，金属的电子排布式是 $1s^22s^3$，它的价电子（2s）应该形成占满电子的能带，似乎不应该是导体。但是这个占满电子的能带和全空的 2p 能带能量很接近，两个能带可以发生重叠，2s 能带里的电子可以跃迁入 2p 空能带里去，因此锂也能导电。

能带理论是这样解释金属的各种性质的：

第一，金属可以导电，是因为在外电场作用下，导带里的电子可以向能量比较高的能级跃迁，并且沿着外电场的方向在晶格里运动而产生电流。

第二，能带里的电子可以吸收光能而跃迁到高能级，也能跃迁回来把吸收的能再发射出去，因此金属具有光泽，并且能反射辐射能。

第三，因为电子具有易流动性，可以很好地输送热能，使金属成为热的优良导体。

第四，在给金属施加强大压力或者冲击力的时候，因为金属里的电子是离域的，一个地方的金属键被破坏，另一个地方又立即重新建成金属键，所以机械加工不会破坏金属结构，只能改变金属的外形，这就是金属具有延展性和可塑性的原因。

1.2.5　分子间的缔合键——氢键

除了前面讲过的离子键、共价键和金属键以外，还有一种特殊的键，这种键存在于某些化合物的分子之间。例如，在 H_2O 分子之间、HF 分子之间、NH_3 分子之间都存在这样一种特殊的键，形成 $(H_2O)_2$、$(HF)_2$、$(NH_3)_2$ 这样一些所谓缔合分子。这种键是由于氢原子的存在而形成的。这种分子间因为氢原子而引起的键，就叫作氢键。

氢键是怎样形成的呢？

1927 年，英国化学家西奇维克根据光谱学和晶体结构研究的结果提出，氢键是由于氢原子可以同时和两个原子形成共价键产生的。1928 年，鲍林根据量子力学的价键理论，提出氢只有一个 1s 轨道，不能形成 2 个共价键，驳斥了西奇维克的观点。以后，他在分析大量实验结果的基础上，提出了新的氢键形成的理论。他认为，氢键的形成主要是由于静电力的作用。我们前面讲过电负性这个概念。这个概念就是鲍林在 1932 年提出来的。所谓电负性就是表示成键原子吸引共有电子对能力大小的一个量。

所谓氢键，其实是指某些化合物里的氢原子可以同时和 2 个电负性很大而原子半径比较小的其他原子（氧、氟、氮就是这样的原子）相结合的一种现象。如果我们用 X、Y 代表这两个原子，氢键就可以用 X—H···Y 来表示，这里虚线就代表氢键。

鲍林认为，在 X—H···Y 中，X—H 基本上是共价键，不过因为 X 的电负性很大，X—H 键之间的共有电子对基本上偏向 X 原子，使氧原子几乎成了一个“裸露”的质子，因为它没有内层电子，它的半径又特别小，就可以通过静电力把另一个电负性大的原子 Y 吸引到很近的距离，这就形成了氢键。

根据鲍林的理论，氢键形成需要以下条件：

第一，有一个电负性很大的原子（X—H···Y 中的 X）和氢原子形成共价键，这个共价键具有很强的极性。

第二，另外有一个电负性很大并且具有孤电子对的原子（X—H···Y 中的 Y），像氧原子、氟原子、氮原子都具有这样的条件，所以 H_2O 分子之间、HF 分子之间和 NH_3 分子之间都能形成氢键。

氢键的强弱和 X、Y 的电负性有关。X 和 Y 的电负性越大，氢键就越强。还和 Y 原子的半径有关，Y 的半径越小，越能充分接近 X—H 分子，使氢键越强（如果 X，Y 是同种原子也不例外）。氟原子电负性最大，原子半径也很小，所以 F—H···F 是最强的氢键。O—H···O 弱一些，N—H···N 更弱一些。

氢键也具有饱和性。一个氢原子只能形成一个共价键和一个氢键，也就是说 X—H 分子里那个氢原子只能允许一个电负性大的原子接近它。这个性质可以这样理解：X 和 Y（或者 X 和 X）两个原子都比氢原子大得多，它们一头一个把小小的氢原子夹在中间以后，第三个原子如果想再靠近氢原子，必然要受到 X 和 Y 两个原子的电子云的排斥，怎么也挤不进去。

氢键还有方向性。因为 X—H···Y 中 3 个原子处在一条直线上的时候，相互作用最强烈，结合最稳定。此外，Y 原子一般含有孤电子对，在可能范围内，氢键的方向要和 Y 原子的孤电子对的对称轴方向一致。这里要注意一点，虽然 Y 原子有孤电子对存在，但是它不是配位键，因为这里的氢原子没有空轨道。

分子间产生氢键对物质的性质有什么影响呢？假如水里没有氢键，地球上的水就会全部变成气体，江河湖海也就统统不再存在了。你可能不会相信吧？请看下面的事实：

化学上有一条被无数实验证实了的规律——组成和结构相似的物质，随着分子量的增大，熔点和沸点都会逐渐升高。表 1-3 分别列出一些氢化物的沸点。

表 1-3 一些氢化物的沸点

碳族	氮族	氧族	卤族
CH_4 −160℃	NH_3 −33℃	H_2O 100℃	HF 20℃
SiH_4 −112℃	PH_3 −88℃	H_2S −61℃	HCl −85℃
GeH_4 −88℃	AsH_2 −55℃	H_2Se −41℃	HBr −67℃
SnH_4 −52℃	SbH_2 −18℃	H_2Te −2℃	HI −36℃

从表 1-3 可以看出，碳族元素的氢化物完全符合上面这条规律，它们的沸点确实是随着分子量的增大而上升，SnH_4 是这一系列中分子量最大的，沸点也最高。但是氮族元素氢化物中的 NH_3、氧族元素氢化物中的 H_2O 和卤族元素氢化物中的 HF 沸点却反常地偏高，这是为什么呢？

这就是因为 N、O、F 的电负性都比 C 原子的电负性大，原子半径又比 C 原子略小，这两点正好有利于它们在氢化物里形成氢键。碳族元素的氢化物里没有氢键，因此遵守正常的规律，而 NH_3、H_2O、HF 里都因为有氢键，它们都形成了缔合分子，所以有沸点反常增高的现象。从氧族元素氢化物的沸点曲线看，H_2O 的正常沸点应该在−70℃以下，而实际上水的沸点是 100℃。

试想想，假如没有氢键，那么在−70℃水就全部汽化了，江河湖海不是早就干涸了吗？氢键可以使一些分子彼此联合起来，形成缔合分子。如图1-40在HF和H_2O中都存在缔合分子$(HF)_n$和$(H_2O)_n$（n是一个不定的正整数）。分子间形成氢键缔合后，会大大增强分子间的作用力，这就必然导致熔点和沸点的升高。因为要使液态的HF、H_2O沸腾，必须多给出一部分能量首先拆开氢键，把缔合分子变成单个的分子。

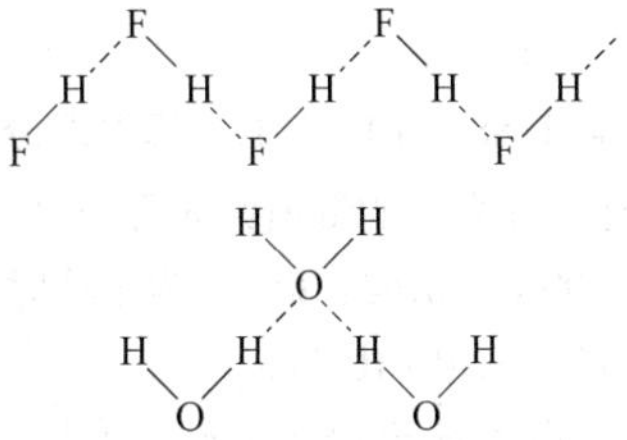

图1-40 HF、H_2O形成缔合分子示意图

冰的密度比水小，能浮在水面，这也和氢键有关。在液态水里，H_2O分子之间的氢键缔合的数目一般是二三个，形成$(H_2O)_2$、$(H_2O)_3$，能比较紧密地排列起来，因此密度比较大。而在冰的结构里，全部H_2O分子以氢键缔合成巨大的分子$(H_2O)_n$，其中每个H_2O分子处在四面体的中心，以氢键和它周围的4个H_2O分子联结着，这样的结构就不可能是紧密的，因此密度比较小。要是冰的密度不比水小，那一到冬天，冰将从水底结起，水里的鱼类就都将冻在冰里了。

另外，在不同分子之间，如水分子和酒精分子之间、水分子和氨分子之间，也能形成氢键。氢键对物质的其他性质也有影响。不过，缔合毕竟不是化合，缔合只是分子间一种松散的联结，所以只影响物理性质而不影响化学性质。而且破坏氢键比破坏一般共价键容易得多。所以，氢属于分子间的作用力，严格说来不属于化学键。

习 题

1-1 氦原子的动能是$(3/2)kT$，求$T = 1K$时，氦原子的德布罗意波长。[答：126nm]

1-2 利用玻尔-索末菲量子化条件求：

（1）一维谐振子的能量。[答：$n\hbar\omega$，$n = 0, 1, 2, \cdots$，说明：普朗克假设振子的最低能量为0，故这里的n从0开始取值]

（2）在均匀磁场中运动的电子轨道的可能半径，已知外磁场$B = 10T$，玻尔磁子（这是由基本常数e，$\hbar$，μ构成的，具有磁矩量纲的最简式子）。$M_B = e\hbar/2\mu = 9.27\times10^{-24}J\cdot T^{-1}$。试计算动能的量子化间隔$\Delta E$，并与4K和100K的热运动能量比较。[答：$r_n = \sqrt{\frac{nt}{eB}}$，$\Delta E = M_B B$，$\Delta E/E_k = 4.35T^{-1}$，$T = 4K$时，$\Delta E/E_k = 1.1$，$T = 100K$时，$\Delta E/E_k = 0.04$]。

1-3 两个光子在一定条件下可转化为正负电子对，如果两个光子的能量相等，问，要实现这种转化，光子的波长最大是多少？[答：$\lambda \leqslant 0.24nm$]

1-4 用电子束进行单线衍射实验，使电子从静止开始经50V电压加速后作为入射电子，缝宽为5.0nm，求衍射中央极大的半角宽度。[答：0.0347rad]

1-5 由$d\rho(v)/dv = 0$求得使$\rho(\nu)$取极大值的频率$\nu = \nu_m$，由$d\rho(\lambda)/d\lambda = 0$可求得使$\rho(\lambda)$取极大值的波长$\lambda = \lambda_m$，试验证入$\lambda_m v_m \neq c$。并说明其原因。

1-6 由普朗克公式导出玻耳兹曼严定律T^4。[提示：求解中会遇到积分]$\int_0^\infty \frac{x^3}{e^x - 1}dx$可以将$(e^x - 1)^{-1}$

展成级数，逐项积分，对每一项分步积分三次，而 $\sum_{n=1}^{\infty} 1/n^4 = \pi^4/90$ [答：$u = \sigma T^4$，$\sigma = \pi^2 k^4/15\hbar^3 c^3 = 7.52 \times 10^{-16}\mathrm{J \cdot m^{-3} \cdot K^{-4}}$]

1-7 由普朗克公式推导维思位移定律 $\lambda_m T = b$，并求出常数 b，精确到四位有效数字。[提示：普朗克公式用 $\rho(\lambda)$ 与 λ 的关系式，求解中会遇到如下超越方程：$5e^x - xe^x = 5$ 验证 $x = 4.965$ 是它的近似解]

1-8 设 $\lambda_1 = 1.00$Å 的 X 射线和 $4\lambda_1 = 1.88 \times 10^{-2}$Å 的 γ K 射线分别被自由电子散射，在与入射方向成 90°的方向观察到散射光子，求这两种光子能量损失的百分比。[答：2.4%，57%]

1-9 热中子的动能为 $(3/2)kT$，$T = 300\mathrm{K}$，试问：以 eV 为单位时，热中子的动能有多大？它的德布罗意波长是多少？[答：3.88×10^{-2}eV；1.45×10^{-10}m]

1-10 试证明在玻尔的氢原子模型中，电子轨道磁矩与轨道角动量之比对每个轨道都具有相同的值。[答：$M/L = e/2\mu$]

1-11 绕固定轴转动的刚性物体，转动惯量为 I，试用玻尔-索末菲量子化条件证明其能量可能值为 $E_n = \hbar^2 n^2/2I$，$n = 0, 1, 2, \cdots$，注意 n 从 0 开始取值而不是从 1 开始取值，与电子在原子中的情况不同。

1-12 粒子在半壁无穷高势阱

$$U(x) = \begin{cases} \infty, & x \leqslant 0 \\ 0, & 0 < x < a \\ U_0, & x \geqslant a,\ U_0 > 0 \end{cases}$$

中运动，求粒子的能级和定态波函数（提示：在求得能级所满足的方程后，用作图法解方程，不必真正求出能级的解析表达式），讨论可能形成束缚态的条件（答：$U_0 a^2 > \dfrac{\pi^2\hbar^2}{8\mu}$）。

1-13 分子间的范德瓦尔斯势可粗略地表示为

$$U(x) = \begin{cases} \infty, & x \leqslant 0 \\ U_0 > 0, & 0 < x < a \\ -U_0(U_1 > 0), & a \leqslant x \leqslant b \\ 0, & x > b \end{cases}$$

求束缚态的能级所满足的方程。

[答：$\mathrm{th} k_0 a = \left(k_0/k + \dfrac{k_0}{k_1}\tan k_1 d\right) \Big/ \left(\dfrac{k_1}{k}\tan k_1 d - 1\right)$，式中 $d = b - a$ 为阱宽，$k = \sqrt{2\mu E/\hbar}$，$k_0 = \sqrt{2\mu(E + U_0)/\hbar}$，$k_1 = \sqrt{2\mu(U_1 - E)/\hbar}$]

1-14 求线性谐振子处于第一激发态时概率最大的位置。

1-15 设势函数为

$$U(x) = \begin{cases} U_0 > 0, & x \leqslant 0 \\ 0, & x > 0 \end{cases}$$

粒子从左方入射（x 轴正向向右），入射粒子的能量 $E > U_0$，求反射系数和透射系数。

[答：$R = \left(\dfrac{k - k_0}{k + k_0}\right)^2$，$D = \dfrac{4k_0 k}{(k + k_0)^2}$，$k_0{}^2 = 2\mu(E + U_0)/\hbar^2$，$k^2 = 2\mu E/\hbar^2$]

1-16 势因数为

$$U(x) = \begin{cases} 0, & x < 0 \\ U_0, & 0 \leqslant x < d \\ 2U_0, & x \geqslant d \end{cases}$$

粒子从左方入射，$E > 2U_0$，求反射系数和透射系数，以 $E = 3U_0$ 为例讨论共振透射条件。

［答：$E = 3U_0$ 时，$D = 16\sqrt{3}/(15 + 8\sqrt{3} + \cos\sqrt{\mu U_0}d/\hbar)$ ］

1-17　线性谐振子 $t=0$ 时到处于状态 $\psi(x) = \left(\frac{\alpha}{\sqrt{\pi}}\right)^{\frac{1}{2}} e^{-\frac{a^2}{2}(x-a)^2}$，$\alpha = \sqrt{\frac{\mu\omega}{\hbar}}$。

（1）证明此状态是归一化的；［提示：利用高斯积分公式］

（2）令 $\xi = ax$，$\xi_0 = aa$，则所给波函数可改写为

$$\psi(\xi) = \left(\frac{\sqrt{\pi}}{\alpha}\right)^{1/2} e^{-(\xi-\xi_0)^2/2}$$

证明它可以展开为

$$\psi(\xi) = \left(\frac{\sqrt{\pi}}{\alpha}\right)^{1/2} e^{-\xi_0{}^2/4}\sum_{n=0}^{\infty} N_m \xi_0 \psi_n(\xi)$$

式中，$N_m = [a/\sqrt{\pi}n!\ 2^n]^{-1/2}$ 为 ψ_n 归一化常数［提示：利用生成函数式（1-86）］。

1-18　粒子在势阱

$$U(x) = \begin{cases} 0, & x \leqslant 0 \\ \frac{1}{2}\omega^2 x^2, & x > 0 \end{cases}$$

中运动，求能级和定态波函数。［提示：利用谐振子的结果，注意本题中在 $x=0$ 处波函数必须为零］

1-19　二维耦合谐振子的哈密顿算符为

$$\hat{H} = -\frac{\hbar^2}{2\mu}\left(\frac{\partial^2}{\partial x^2} + \frac{\partial^2}{\partial y^2}\right) + \frac{1}{2}\mu\omega^2(x^2 + y^2) + \lambda xy$$

式中，λ 为常数，$|\lambda| < \mu\omega^2$，求能级。［提示：作坐标变换 $X = \frac{1}{\sqrt{2}}(x+y)$，$Y = \frac{1}{\sqrt{2}}(x-y)$，然后对定态薛定谔方程分离变量，再利用线性谐振子的结果。］

1-20　粒子被束缚于一维势场 $U(x)$ 中，$U(x)$ 无奇点；证明属于不同能级的定态波函数是正交的，即若 $\hat{H}\psi_m(x) = E_m\psi_m(x)$，$\hat{H}\psi_n(x) = E_n\psi_n(x)$，$E_m \neq E_n$ 则

$$\int_{-\infty}^{\infty} \psi_m^*(x)\psi_n(x)\mathrm{d}x = 0$$

1-21　直接求解定态薛定谔方程，求 δ 势阱（见式（1-67））的能级和定态波函数。［提示：$\psi'(x)y(t)$ 在 $x = 0$ 点不连续］

2 第一性原理计算在材料研究中的应用

第一性原理计算在材料研究中的应用 PPT

材料所表现出的宏观特性都由其内部的微观结构决定，材料在物理化学等方面的许多基本性质，都与其电子结构密切相关。因此，定量、准确地计算材料的电子结构在解释实验现象、预测材料物理化学性质、探索化学变化规律、指导材料设计等方面都具有非常重要的意义，也是一个富有挑战性的前沿课题。

在纳米尺度材料的计算机模拟计算中，根据理论基础以及计算精确程度的不同，主要分为两类算法：第一类为半经验或经验计算方法；第二类为从头算法（*ab initio* calculation）或第一性原理计算法（first-principle calculation）。

半经验或经验计算方法是指在总结归纳实验结果的基础上建立起相应的理论模型、计算公式与参数，然后推广应用到研究其他现象和性质的理论方法。从头算法或第一性原理计算法则是指仅需采用 5 个基本物理参数，即电子的静止质量 m_0、电子电量 e、普朗克常数 h、光速 c 和玻耳兹曼常数 k_B，而不需要其他任何经验或拟合的可调参数，就可以应用量子力学原理计算出体系的总能量、电子结构等的理论方法。在计算过程中，只需知道构成体系的各个元素与所需要模拟的环境（如几何结构），因此有着半经验方法不可比拟的优势。

第一性原理计算是凝聚态物理的重要发展成果，也在凝聚态物理的发展中起到了至关重要的推动作用。基于密度泛函理论，并假设我们已经知道了准确的能量泛函之后，我们能够准确地计算材料的各种基态性质，例如基态能、晶格常数、磁化强度等。相较于其他理论计算方法，第一性原理计算的优点在于其较少地依赖随着体系、环境变化的人为设定的经验参数，从而尽可能地排除人为的影响，为实验以及理论模型提供一些较为可靠的参考。随着科学技术的发展，"理论模型预言→材料计算预测→实验测量验证"这一流程已经成为材料领域新的研究范式。其中，第一性原理计算在发现新材料和加深对材料微观特征理解等方面发挥了关键性作用，使理论预言和实验验证之间可以直接对接。

但是，材料中电子和原子核的数目达到 $10^{29}/m^3$ 的数量级，再加上如此多的粒子之间难以描述的相互作用，使得需要求解的薛定谔方程不但数目众多，而且形式复杂，即使利用最发达的计算机也无法求解，因此必须采用一些近似和简化：通过绝热近似将原子核的运动与电子的运动分开；通过哈特利-福克（Hartree-Fock）自洽场方法将多电子问题简化为单电子问题，以及这一问题的更严格、更精确的描述——密度泛函理论。

2.1 密度泛函理论

20 世纪初，量子力学首先在原子物理领域取得巨大成功。量子力学一方面是研究更微小的原子核和基本粒子，另一方面是研究分子和固体等大量粒子的系统。虽然薛定谔方程原则上给出了材料中电子的运动方程，但在实际应用中，直接利用薛定谔方程求解实际材料电子的波函数是非常困难的。薛定谔方程在单个氢原子系统中可以获得解析解，利用数值计算方法求解多电子孤立原子的波函数也是可行的，但直接利用薛定谔方程求解实际材料电子的波函数是非常困难的，仅限于一些小分子体系。

在一个固体材料中，原子数是阿伏伽德罗常量的量级，根本不可能用薛定谔方程直接求解。1928 年，布洛赫研究发现对于严格周期系统，不同原胞之间的波函数满足一定的关系，即布洛赫定理。利用该定理，对于严格周期系统（如理想的单晶），只需要研究一个原胞中的原子和电子即可。

实际上，即使是一个原胞也是十分复杂的，多粒子哈密顿包含多种相互作用，如式（2-1）所示：

$$\hat{H} = -\frac{\hbar^2}{2}\sum_i \frac{\nabla_{\boldsymbol{R}_i}^2}{M_i} - \frac{\hbar^2}{2}\sum_i \frac{\nabla_{\boldsymbol{r}_i}^2}{m_i} - \frac{1}{4\pi\varepsilon_0}\sum_{i,j}\frac{e^2 Z_i}{|\boldsymbol{R}_i - \boldsymbol{r}_j|} + \frac{1}{8\pi\varepsilon_0}\sum_{i\neq j}\frac{e^2}{|\boldsymbol{r}_i - \boldsymbol{r}_j|} + \frac{1}{8\pi\varepsilon_0}\sum_{i\neq j}\frac{e^2 Z_i Z_j}{|\boldsymbol{R}_i - \boldsymbol{R}_j|} \tag{2-1}$$

上述方程右边的第一项是原子核的动能项，第二项是电子的动能项，第三项是电子与原子核之间的相互作用项，第四项是电子与电子之间的相互作用项，第五项是原子核与原子核之间的相互作用项，其中电子与电子之间的相互作用项最为复杂。上述哈密顿过于复杂，通常需要采用以下的近似：价电子近似和绝热近似以及单电子近似。

对于大部分固体材料而言，原子中满壳层的内层电子与原子核之间的库仑力非常强，被紧紧地束缚在原子核附近。因此，满壳层的内层电子对固体性质的影响几乎可以忽略，而非满壳层的价电子很活泼，当原子相互靠近形成固体时，价电子云的分布会发生巨大的改变，而内层电子的分布基本不变，也就是说固体材料的性质基本由原子的价电子决定。所以在求解薛定谔方程时，可以近似地认为原子是由价电子和离子实（原子核和它束缚的内层电子）组成的，也就是所谓的价电子近似。

进行了价电子近似后，求解过程依旧十分复杂，考虑到原子核的质量远大于电子的质量，所以原子核的运动比电子缓慢得多，相比于高速运动的价电子，原子核可以近似地认为是静止的。当原子核有微小运动时，周围的电子总能够迅速地调整运动状态而达到平衡。因此，可以把整个系统的运动分成两部分：原子核部分和电子部分。当考虑电子运动时，可以认为原子核是静止的，原子核只是作为一个正电的背景而存在，相当于一个外加的势场。电子的运动可以使用量子力学薛定谔方程来求解，而原子核的运动则可以使用牛顿方程来求解，两者可以分开处理。这就是所谓的 Born-Oppenheimer 近似，是由 Born 和 Oppenheimer 于 1927 年首先提出的，也称绝热近似（adiabatic approximation）。从电子能带来看，常温下原子核运动的能量比电子的能量小 2 个数量级左右，原子核的运动不会造成电子波函数从一个态激发到另外一个态。例如，对于绝缘体或者半导体，电子能隙通常在电子伏特数量级，而常温下原子振动的能量一般为几毫电子伏特或者最多几十毫电子伏特的数量级，原子核的运动不会造成电子从基态跃迁到激发态。当然对于金属而言，原则上绝热近似是不成立的，因为金属没有能隙，任何非零温度下完全可以使电子发生跃迁。但是，由于电子的费米温度远远高于室温，所以室温下电子的激发只出现在费米面附近非常小的范围内，它对材料大部分性质的影响也是很小的。因此绝热近似对于大部分材料都是一个很好的近似，但对于特别轻的元素，如氢原子，则可能会带来较大的误差。因此在研究含有氢原子的体系（如水分子）时，有时要把原子核和电子同时用量子力学处理。

在绝热近似下，上述多粒子哈密顿可简化成如下的形式

$$\hat{H} = \hat{T} + \hat{V}_{ee} + \hat{V}_{ext} = -\frac{\hbar^2}{2}\sum_i \frac{\nabla_{r_i}^2}{m_i} + \frac{1}{8\pi\varepsilon_0}\sum_{i\neq j}\frac{e^2}{|\boldsymbol{r}_i - \boldsymbol{r}_j|} - \frac{1}{4\pi\varepsilon_0}\sum_{i,j}\frac{e^2 Z_i}{|\boldsymbol{R}_i - \boldsymbol{r}_j|} \tag{2-2}$$

此时，原子核的动能项已经没有了，而原子核之间的相互作用成为一个常数，可以直接去掉。哈密顿只剩下电子动能项、电子与电子相互作用项、电子与原子核的相互作用项，而且最后一项中原子核不动，可以看成外场项。

这里，电子与电子相互作用项处理起来仍然十分困难，这是因为任何一个电子的状态都会受到其他所有电子的影响，它们相互耦合，并不能单独处理。因此，固体电子结构计算的一个核心问题是要把多电子问题转换成单电子问题，一般称为单电子近似。主要的单电子近似方法有近自由电子气近似、Hartree 近似和 Hartree-Fock 近似等。

因为薛定谔方程本身就是一个关于电子波函数的方程，所以有一个很自然的想法就是以波函数为出发点建立方程，这种方法称为波函数方法，接下来将以 Hartree 方程和 Hartree-Fock 方法为例对波函数方法进行简述。

事实上，相对密度泛函理论，波函数方法计算量太大，通常在量子化学领域运用较多，用于处理一些小分子体系，而很少在材料领域应用。但因为密度泛函理论和 Hartree-Fock 方法有许多相似之处，所以了解 Hartree-Fock 方法有助于理解密度泛函理论。

2.1.1 Hartree 方程

量子力学刚创立时，总以波函数作为最根本的物理量，即通过薛定方程直接求解系统的波函数，这被称为波函数方法。Hartree 在 1928 年假设多粒子波函数可直接写成单粒子波函数的乘积，这很显然是不对的，因为它不满足电子波函数的反对称性，但仍然可以得到一些有用的结果。

采用原子单位制，可以将多粒子哈密顿（即式（2-2））写成下式：

$$\begin{aligned}\hat{H} &= \hat{T} + \hat{V}_{ext} + \hat{V}_{ee} \\ &= -\frac{1}{2}\sum_i^N \nabla_{r_i}^2 - \sum_i^N \sum_j^{N_{ion}} \frac{Z_j}{|\boldsymbol{R}_j - \boldsymbol{r}_i|} + \frac{1}{2}\sum_i^N \sum_{j\neq i}^{N_{ion}} \frac{1}{|\boldsymbol{r}_i - \boldsymbol{r}_j|}\end{aligned} \tag{2-3}$$

式中，N 为电子数；N_{ion} 为离子数；$\hat{V}_{ext}$ 为电子和离子相互作用项；$\hat{V}_{ee}$ 为电子-电子相互作用项，这是最复杂的多体项。

如果可以写出多粒子波函数 $|\Psi\rangle$，就可以得到能量期望值：

$$E = \langle \Psi | \hat{H} | \Psi \rangle \tag{2-4}$$

Hartree 把多粒子波函数直接写成单粒子波函数的乘积：

$$\Psi_H(\boldsymbol{r}) = \prod_{i=1}^N \psi_i(\boldsymbol{r}_i) \tag{2-5}$$

另外，先把多粒子方程（式（2-3））改写成如下形式：

$$\hat{H} = \sum_{i}^{N} \hat{h}_1(\boldsymbol{r}_i) + \frac{1}{2}\sum_{i}^{N}\sum_{j \neq i}^{N} \hat{v}_2(\boldsymbol{r}_i, \boldsymbol{r}_j)$$

式中，$\hat{h}_1(\boldsymbol{r}_i)$ 代表单电子算符，它包含式（2-3）的前两项，因为它们都只涉及一个电子 i：

$$\hat{h}_1(\boldsymbol{r}_i) = -\frac{1}{2}\nabla_{\boldsymbol{r}_i}^2 + v_{\text{ext}}(\boldsymbol{r}_i)$$

其中，

$$v_{\text{ext}}(\boldsymbol{r}_i) = -\sum_{j}^{N_{\text{ion}}} \frac{Z_j}{|\boldsymbol{R}_j - \boldsymbol{r}_i|}$$

表示第 i 个电子受到所有离子的作用。

而 $\hat{v}_2(\boldsymbol{r}_i, \boldsymbol{r}_j)$ 是双电子算符，它其实就是式（2-3）中的第三项，即电子-电子相互作用项，它涉及两个电子 i，j：

$$\hat{v}_2(\boldsymbol{r}_i, \boldsymbol{r}_j) = \frac{1}{|\boldsymbol{r}_i - \boldsymbol{r}_j|}$$

把 Hartree 波函数式（2-3）代入式（2-2）得到系统的能量，它可以分为两部分，第一部分是单电子项 E_1：

$$\begin{aligned} E_1 &= \left\langle \Psi_H(\boldsymbol{r}) \left| \sum_{i}^{N} \hat{h}_1(\boldsymbol{r}_i) \right| \Psi_H(\boldsymbol{r}) \right\rangle \\ &= \left\langle \psi_1(\boldsymbol{r}_1)\cdots\psi_N(\boldsymbol{r}_N) \left| \sum_{i}^{N} \hat{h}_1(\boldsymbol{r}_i) \right| \psi_1(\boldsymbol{r}_1)\cdots\psi_N(\boldsymbol{r}_N) \right\rangle \\ &= \sum_{i}^{N} \langle \psi_1(\boldsymbol{r}_1)\cdots\psi_N(\boldsymbol{r}_N) | \hat{h}_1(\boldsymbol{r}_i) | \psi_1(\boldsymbol{r}_1)\cdots\psi_N(\boldsymbol{r}_N) \rangle \end{aligned}$$

在上式中，对于某一个特定的 $\hat{h}_1(\boldsymbol{r}_i)$，只会作用到第 i 个电子的波函数上，而其他电子的波函数是归一的：$\langle \psi_j(\boldsymbol{r}_j) | \psi_j(\boldsymbol{r}_j) \rangle = 1$，所以

$$E_1 = \sum_{i}^{N} \langle \psi_i(\boldsymbol{r}_i) | \hat{h}_1(\boldsymbol{r}_i) | \psi_i(\boldsymbol{r}_i) \rangle = \sum_{i}^{N} \langle \psi_i | \hat{h}_1 | \psi_i \rangle \tag{2-6}$$

类似地，对于双电子算符，会涉及两个电子的波函数：

$$\begin{aligned} E_2 &= \left\langle \Psi_H(\boldsymbol{r}) \left| \frac{1}{2}\sum_{i}^{N}\sum_{j \neq i}^{N} \hat{v}_2(\boldsymbol{r}_i, \boldsymbol{r}_j) \right| \Psi_{\text{H}}(\boldsymbol{r}) \right\rangle \\ &= \left\langle \psi_1(\boldsymbol{r}_1)\cdots\psi_N(\boldsymbol{r}_N) \left| \frac{1}{2}\sum_{i}^{N}\sum_{j \neq i}^{N} \hat{v}_2(\boldsymbol{r}_i, \boldsymbol{r}_j) \right| \psi_1(\boldsymbol{r}_1)\cdots\psi_N(\boldsymbol{r}_N) \right\rangle \\ &= \frac{1}{2}\sum_{i}^{N}\sum_{j \neq i}^{N} \langle \psi_1(\boldsymbol{r}_1)\cdots\psi_N(\boldsymbol{r}_N) | \hat{v}_2(\boldsymbol{r}_i, \boldsymbol{r}_j) | \psi_1(\boldsymbol{r}_1)\cdots\psi_N(\boldsymbol{r}_N) \rangle \\ &= \frac{1}{2}\sum_{i}^{N}\sum_{j \neq i}^{N} \langle \psi_i(\boldsymbol{r}_i)\psi_j(\boldsymbol{r}_j) | \hat{v}_2(\boldsymbol{r}_i, \boldsymbol{r}_j) | \psi_j(\boldsymbol{r}_j)\psi_i(\boldsymbol{r}_i) \rangle \\ &= \frac{1}{2}\sum_{i}^{N}\sum_{j \neq i}^{N} \langle \psi_i\psi_j | \hat{v}_2 | \psi_j\psi_i \rangle \end{aligned} \tag{2-7}$$

上式也可以写成

$$E_2 = \sum_i^N \sum_{j\neq i}^N \iint \frac{\rho_i(i)\rho_j(j)}{|\boldsymbol{r}_i - \boldsymbol{r}_j|} \mathrm{d}\boldsymbol{r}_i \mathrm{d}\boldsymbol{r}_j$$

式中，$\rho_i(\boldsymbol{r}_i) = |\psi_i(\boldsymbol{r}_i)|^2$ 就是单个电子的密度。所以这一项（式（2-7））就是经典的库仑相互作用。

把二者的能量加起来（式（2-6）加式（2-7））就是 Hartree 波函数下系统的能量：

$$E_{\mathrm{H}} = \sum_i^N \langle \psi_i | \hat{h}_1 | \psi_i \rangle + \frac{1}{2} \sum_i^N \sum_{j\neq i}^N \langle \psi_i \psi_j | \hat{v}_2 | \psi_j \psi_i \rangle \tag{2-8}$$

对上述能量进行变分（针对 ψ_i^*），同时考虑限制条件（即波函数归一化）引入拉格朗日乘子 ε_i：

$$\delta\left[\sum_i^N \langle \psi_i | \hat{h}_1 | \psi_i \rangle + \frac{1}{2} \sum_i^N \sum_{j\neq i}^N \langle \psi_i \psi_j | \hat{v}_2 | \psi_j \psi_i \rangle - \sum_i^N \varepsilon_i (\langle \psi_i | \psi_i \rangle - 1) \right] = 0$$

最后得到 Hartree 方程：

$$\left[-\frac{1}{2}\nabla^2 + V_{\mathrm{ext}} + \sum_{j\neq i}^N \int \frac{|\psi_j(\boldsymbol{r}_j)|^2}{|\boldsymbol{r}_j - \boldsymbol{r}_i|} \mathrm{d}\boldsymbol{r}_j \right] \psi_i(\boldsymbol{r}_i) = E_i \psi(\boldsymbol{r}_i) \tag{2-9}$$

上述方程为哈密顿中的第三项经典静电势，表示第 i 个电子感受到其他所有电子的库仑相互作用，也称为 Hartree 项。这个方程只针对第 i 个电子，所以是一个单电子方程。

2.1.2 Hartree-Fock 方法

Hartree 假设的多粒子波函数（式（2-5））直接写成单电子波函数的乘积，很显然不满足反对称性。后来，Slater 发现行列式形式的波函数自然地满足这种反对称性：

$$\psi_{\mathrm{HF}}(\boldsymbol{x}_1, \boldsymbol{x}_2, \cdots, \boldsymbol{x}_N) = \frac{1}{\sqrt{N!}} \begin{vmatrix} \psi_1(\boldsymbol{x}_1) & \psi_2(\boldsymbol{x}_2) & \cdots & \psi_N(\boldsymbol{x}_2) \\ \psi_1(\boldsymbol{x}_2) & \psi_2(\boldsymbol{x}_2) & \cdots & \psi_N(\boldsymbol{x}_2) \\ \vdots & \vdots & & \vdots \\ \psi_1(\boldsymbol{x}_N) & \psi_2(\boldsymbol{x}_N) & \cdots & \psi_N(\boldsymbol{x}_N) \end{vmatrix}$$

其中 $\psi_N(\boldsymbol{x}_N)$ 表示第 N 个单电子的波函数，$\boldsymbol{x}_N$ 表示空间和自旋两部分的坐标 $\boldsymbol{x}_N = (\boldsymbol{r}_j, \sigma_j)$。因为交换行列式的任意两列，行列式整体会多一个负号，即自然满足了波函数的反对称性。

根据行列式的莱布尼茨（Leibniz）公式，上述波函数可以写成 $N!$ 个多项式相加：

$$\psi_{\mathrm{HF}}(\boldsymbol{x}_1, \boldsymbol{x}_2, \cdots, \boldsymbol{x}_N) = \frac{1}{\sqrt{N!}} \sum_i^{N!} (-1)^{P(i)} \psi_{i_1}(\boldsymbol{x}_1) \psi_{i_2}(\boldsymbol{x}_2) \cdots \psi_{i_N}(\boldsymbol{x}_N) \tag{2-10}$$

这里每一个多项式就是 N 个单电子波函数的乘积，但是其乘积的顺序不同，可以用 $(i_1, i_2, \cdots, i_N)$ 表示第 i 个多项式中波函数的乘积顺序。前面 Hartree 波函数只是其中一种最基本的情况，即电子乘积的顺序是 $(1, 2, \cdots, N)$。而所有可能的电子乘积顺序其实就是集合 $(1, 2, \cdots, N)$ 所有元素的全排列，一共有 $N!$ 种可能性。上述求和公式中，多项式前会有一个系数：+1 或者-1，取决于整数 $P(i)$ 的奇偶性。$P(i)$ 表示一个序列 $(i_1, i_2, \cdots, i_N)$，通过对调相邻元素恢复到 $(1, 2, \cdots, N)$ 所需的步数。例如，交换第 1 个电子和第 2 个电子，因为只交换一次，即 $P = 1$，此时波函数前的系数为-1。但如果交换两次，如第 1 个电子和第 2 个电子交换，然后第 1 个电子和第 3 个电子再交换，即 $P=2$，则波函数前的系数为+1。

把上述满足反对称性的多粒子波函数式（2-10）代入式（2-4），便可求出系统的总能量。类似于前面对 Hartree 方程的推导，此时仍然有单电子和双电子两个部分。

首先考虑单电子的哈密顿：

$$
\begin{aligned}
E_1 &= \langle \Psi_{\mathrm{HF}} \left| \sum_n^N \hat{h}_1(\boldsymbol{x}_n) \right| \Psi_{\mathrm{HF}} \rangle \\
&= \frac{1}{N!} \sum_n^N \sum_i^{N!} \sum_j^{N!} (-1)^{P(i)} (-1)^{P(j)} \times \\
&\quad \langle \psi_{j_1}(\boldsymbol{x}_1)\psi_{j_2}(\boldsymbol{x}_2)\cdots\psi_{j_N}(\boldsymbol{x}_N) \mid \hat{h}_1(\boldsymbol{x}_n) \mid \psi_{i_1}(\boldsymbol{x}_1)\psi_{i_2}(\boldsymbol{x}_2)\cdots\psi_{i_N}(\boldsymbol{x}_N) \rangle \\
&= \frac{1}{N!} \sum_n^N \sum_i^{N!} \sum_j^{N!} (-1)^{P(i)} (-1)^{P(j)} \langle \psi_{j_1}(\boldsymbol{x}_1) \mid \psi_{i_1}(\boldsymbol{x}_1) \rangle \cdots \langle \psi_{j_{n-1}}(\boldsymbol{x}_{n-1}) \mid \psi_{i_{n-1}}(\boldsymbol{x}_{n-1}) \rangle \times \\
&\quad \langle \psi_{j_n}(\boldsymbol{x}_n) \mid \hat{h}_1(\boldsymbol{x}_n) \mid \psi_{i_n}(\boldsymbol{x}_n) \rangle \times \langle \psi_{j_{n+1}}(\boldsymbol{x}_{n+1}) \mid \psi_{i_{n+1}}(\boldsymbol{x}_{n+1}) \rangle \cdots \langle \psi_{j_N}(\boldsymbol{x}_N) \mid \psi_{i_N}(\boldsymbol{x}_N) \rangle
\end{aligned}
\tag{2-11}
$$

式（2-11）中，对于任意一个单电子算符 $\hat{h}_1(\boldsymbol{x}_n)$，都有 $N! \times N!$ 项的求和，但 $\hat{h}_1(\boldsymbol{x}_n)$ 只会作用到单粒子 n 上，而其他所有指标的波函数满足正交归一，$\langle \psi_j(\boldsymbol{x}) \mid \psi_i(\boldsymbol{x}) \rangle = \delta_{ij}$。因此式（2-11）可以写成

$$
\begin{aligned}
E_1 = \frac{1}{N!} \sum_n^N \sum_i^{N!} \sum_j^{N!} (-1)^{P(i)} (-1)^{P(j)} \delta_{j_1,\, i_1} \cdots \delta_{j_{n-1},\, i_{n-1}} \times \\
\langle \psi_{j_n}(\boldsymbol{x}_n) \mid \hat{h}_1(\boldsymbol{x}_n) \mid \psi_{i_n}(\boldsymbol{x}_n) \rangle \delta_{j_{n+1},\, i_{n+1}} \cdots \delta_{j_N,\, i_N}
\end{aligned}
$$

这里，根据克罗内克 δ 函数的性质，要求所有的 i 和 j 指标都相等（除了 i_n 可以不等于 j_n），即必须要求 $i_k = j_k (k \neq n)$。但因为每个电子指标有且只有出现一次，所以上述要求实际上表明 i_n 也一定等于 j_n。同时，$i_k = j_k$ 也意味着 $P(i) = P(j)$，即 $(-1)^{P(i)}(-1)^{P(j)} = 1$。由此，上式可以进一步简化：

$$
E_1 = \frac{1}{N!} \sum_n^N \sum_i^{N!} \langle \psi_{i_n}(\boldsymbol{x}_n) \mid \hat{h}_1(\boldsymbol{x}_n) \mid \psi_{i_n}(\boldsymbol{x}_n) \rangle
$$

第一个求和符号是对所有单电子的求和［来自 $\sum_n^N \hat{h}_1(\boldsymbol{x}_n)$］，第二个求和是对 N 个电子全排列的求和，有 $N!$ 种可能性。对于特定的 $\hat{h}_1(\boldsymbol{x}_n)$ 以及特定的 i_n，一共有 $(N-1)!$ 项求和。例如，对于 $\hat{h}_1(\boldsymbol{x}_n)$，上述求和公式中出现的可能项无非就是 $\langle \psi_1(\boldsymbol{x}_1) \mid \hat{h}_1(\boldsymbol{x}_1) \mid \psi_1(\boldsymbol{x}_1) \rangle, \langle \psi_2(\boldsymbol{x}_1) \mid \hat{h}_1(\boldsymbol{x}_1) \mid \psi_2(\boldsymbol{x}_1) \rangle$，…，$\langle \psi_N(\boldsymbol{x}_1) \mid \hat{h}_1(\boldsymbol{x}_1) \mid \psi_N(\boldsymbol{x}_1) \rangle$ 共有 N 种可能性。但求和有 $N!$ 项，所以对于任意一项：$\langle \psi_i(\boldsymbol{x}_1) \mid \hat{h}_1(\boldsymbol{x}_1) \mid \psi_i(\boldsymbol{x}_1)$，有 $N!/N = (N-1)!$ 项是完全一样的。换个角度理解，对于 N 个整数，如果已经确定其中某一个位置的数字，那么剩下 $N-1$ 个数字的全排列数只有 $(N-1)!$ 种。因此，上式可以写成：

$$
E_1 = \frac{(N-1)!}{N!} \sum_n^N \sum_{i_n}^{N!} \langle \psi_{i_n}(\boldsymbol{x}_n) \mid \hat{h}_1(\boldsymbol{x}_n) \mid \psi_{i_n}(\boldsymbol{x}_n) \rangle
$$

这里对于每一个 i_n，对 $\boldsymbol{x}_n$ 的积分都是一样的，所以

$$E_1 = \frac{(N-1)!}{N!}\sum_{i_n}^{N} N\langle \psi_{i_n}(\boldsymbol{x}) | \hat{h}_1(\boldsymbol{x}) | \psi_{i_n}(\boldsymbol{x}) \rangle = \sum_{i}^{N} \langle \psi_i | \hat{h}_1 | \psi_i \rangle \tag{2-12}$$

很显然，这一项的能量和 Hartree 波函数下的能量（式（2-6））是完全一样的。

对于双电子算符，情况是类似的，区别在于双电子哈密顿涉及两个电子 $\boldsymbol{x}_n$、$\boldsymbol{x}_m$，所以积分中要涉及两个电子的波函数（不失一般性，假设 $n<m$）：

$$E_2 = \langle \Psi_{HF} | \frac{1}{2}\sum_{n}^{N}\sum_{m\neq n}^{N} \hat{v}_2(\boldsymbol{x}_n, \boldsymbol{x}_m) | \Psi_{\mathrm{HF}} \rangle = \frac{1}{N!}\frac{1}{2}\sum_{n}^{N}\sum_{m\neq n}^{N}\sum_{i}^{N!}\sum_{j}^{N!}(-1)^{P(i)}(-1)^{P(j)} \times$$
$$\delta_{j_1, i_1}\cdots\delta_{j_{n-1}, i_{n-1}}\delta_{j_{n+1}, i_{n+1}}\cdots\delta_{j_{m-1}, i_{m-1}}\delta_{j_{m+1}, i_{m+1}}\cdots\delta_{j_N, i_N} \times$$
$$\langle \psi_{j_n}(\boldsymbol{x}_n)\psi_{j_m}(\boldsymbol{x}_m) | \hat{v}_2(\boldsymbol{x}_n, \boldsymbol{x}_m) | \psi_{i_n}(\boldsymbol{x}_n)\psi_{i_m}(\boldsymbol{x}_m) \rangle \tag{2-13}$$

对于 δ 函数，j_n、i_n、j_m、i_m 四个数之间只存在以下两种可能性（很显然，$i_n \neq i_m$，$j_n \neq j_m$）：

（1） $j_n = i_n$ 且 $j_m = i_m$；

（2） $j_n = i_m$ 且 $j_m = i_n$。

对于第一种情况，即求和项形式为 $\langle \psi_{i_n}(\boldsymbol{x}_n)\psi_{i_m}(\boldsymbol{x}_m) | \hat{v}_2(\boldsymbol{x}_n, \boldsymbol{x}_m) | \psi_{i_n}(\boldsymbol{x}_n)\psi_{i_m}(\boldsymbol{x}_m) \rangle$，这其实和 Hartree 近似中的双电子项（式（2-7））是一样的。而第二种情况可以看成是在第一种情况中把两个电子交换了一下，所以波函数前会多一个负号。在 Hartree 近似中没有这个第二项。把这两项加起来，得

$$E_2 = \frac{1}{N!}\frac{1}{2}\sum_{n}^{N}\sum_{m\neq n}^{N}\sum_{i}^{N!}[\langle \psi_{i_n}(\boldsymbol{x}_n)\psi_{i_m}(\boldsymbol{x}_m) | \hat{v}_2(\boldsymbol{x}_n, \boldsymbol{x}_m) | \psi_{i_n}(\boldsymbol{x}_n)\psi_{i_m}(\boldsymbol{x}_m) \rangle -$$
$$\langle \psi_{i_m}(\boldsymbol{x}_n)\psi_{i_n}(\boldsymbol{x}_m) | \hat{v}_2(\boldsymbol{x}_n, \boldsymbol{x}_m) | \psi_{i_n}(\boldsymbol{x}_n)\psi_{i_m}(\boldsymbol{x}_m) \rangle] \tag{2-14}$$

此时对于特定的 i_n、i_m、i，相当于对于 N 个整数，已经确定其中某两个位置的数字，那么剩下 $N-2$ 个数字的全排列可能性就是 $(N-2)!$。所以

$$E_2 = \frac{(N-2)!}{N!}\frac{1}{2}\sum_{n}^{N}\sum_{m\neq n}^{N}\sum_{i_n\neq i_m}^{N}[\langle \psi_{i_n}(\boldsymbol{x}_n)\psi_{i_m}(\boldsymbol{x}_m) | \hat{v}_2(\boldsymbol{x}_n, \boldsymbol{x}_m) | \psi_{i_n}(\boldsymbol{x}_n)\psi_{i_m}(\boldsymbol{x}_m) \rangle -$$
$$\langle \psi_{i_m}(\boldsymbol{x}_n)\psi_{i_n}(\boldsymbol{x}_m) | \hat{v}_2(\boldsymbol{x}_n, \boldsymbol{x}_m) | \psi_{i_n}(\boldsymbol{x}_n)\psi_{i_m}(\boldsymbol{x}_m) \rangle] \tag{2-15}$$

第二个对 n、m 的求和符号中，要求 $m \neq n$，所以一共可能的组合是 $N(N-1)$。令 $i_n \to i$，$i_m \to j$，式（2-15）可以写成

$$E_2 = \frac{1}{2}\sum_{i\neq j}^{N}[\langle \psi_i(\boldsymbol{x}_i)\psi_j(\boldsymbol{x}_j) | \hat{v}_2(\boldsymbol{x}_i, \boldsymbol{x}_j) | \psi_i(\boldsymbol{x}_i)\psi_j(\boldsymbol{x}_j) \rangle -$$
$$\langle \psi_j(\boldsymbol{x}_i)\psi_i(\boldsymbol{x}_j) | \hat{v}_2(\boldsymbol{x}_i, \boldsymbol{x}_j) | \psi_i(\boldsymbol{x}_i)\psi_j(\boldsymbol{x}_j) \rangle] \tag{2-16}$$

$$E_2 = \frac{1}{2}\sum_{i, j}^{N}[\langle \psi_i\psi_j | \hat{v}_2 | \psi_i\psi_j \rangle - \langle \psi_j\psi_i | \hat{v}_2 | \psi_i\psi_j \rangle]$$

这里求和指标 $i=j$ 是允许的，这是因为当 $i=j$ 时上式求和中的两项正好抵消，并不影响最后的结果。

最后，可以得到 Slater 行列式形式的多粒子波函数的总能量：

$$E_{\mathrm{HF}} = \sum_{i}^{N} \langle \psi_i \mid \hat{h}_1 \mid \psi_i \rangle + \frac{1}{2}\sum_{i,j}^{N} [\langle \psi_i\psi_j \mid \hat{v}_2 \mid \psi_i\psi_j \rangle - \langle \psi_j\psi_i \mid \hat{v}_2 \mid \psi_i\psi_j \rangle]$$

同样，对该能量进行变分，同时需要考虑单粒子波函数的正交归一条件：$\langle \psi_i\psi_j \rangle = \delta_{ij}$，引入拉格朗日算子 λ_{ij}：

$$\delta[E_{\mathrm{HF}} - \sum_{i,j} \lambda_{ij}(\langle \psi_i \mid \psi_j \rangle - \delta_{ij})] = 0$$

就可以得到著名的 Hartree-Fock 方程：

$$\left[-\frac{1}{2}\nabla^2 + V_{\mathrm{ext}} + \sum_{j}^{N}\int \frac{|\psi_j(\boldsymbol{r}_j)|^2}{|\boldsymbol{r}_j - \boldsymbol{r}_i|}\mathrm{d}\boldsymbol{r}_j\right]\psi_i(\boldsymbol{r}_i) - \sum_{j}^{N}\int \frac{\psi_j^*(\boldsymbol{r}_j)\psi_i(\boldsymbol{r}_j)}{|\boldsymbol{r}_j - \boldsymbol{r}_i|}\mathrm{d}\boldsymbol{r}_j\psi_j(\boldsymbol{r}_i) = \sum_{j}\lambda_{ij}\psi_j(\boldsymbol{r}_i) \tag{2-17}$$

在等式的右边，总可以做一个变换，使得 λ 对角化：$\lambda_{ki} = \delta_{ki}\varepsilon_k$，由此 Hartree-Fock 方程可以写成

$$\left[-\frac{1}{2}\nabla^2 + V_{\mathrm{ext}} + \sum_{j}^{N}\int \frac{|\psi_j(\boldsymbol{r}')|^2}{|\boldsymbol{r}' - \boldsymbol{r}|}\mathrm{d}\boldsymbol{r}'\right]\psi_i(\boldsymbol{r}) - \sum_{j}^{N}\int \frac{\psi_j^*(\boldsymbol{r}')\psi_i(\boldsymbol{r}')}{|\boldsymbol{r}' - \boldsymbol{r}|}\mathrm{d}\boldsymbol{r}'\psi_j(\boldsymbol{r}) = \varepsilon_i\psi_k(\boldsymbol{r}) \tag{2-18}$$

Hartree-Fock 方程比 Hartree 方程（即式（2-9））多了一项，即式（2-18）等式左边的最后一项，这一项也被称为交换相互作用项（exchange interaction）或者交换项。交换项来自电子波函数的反对称性，是一个完全量子的行为，在经典物理中没有对应项。正是因为 Hartree-Fock 方法中的波函数考虑了反对称性，所以才出现了这一项。此时 Hartree-Fock 方程和 Hartree 方程不同，不再是一个单电子的方程。

Hartree-Fock 方法考虑了波函数的反对称性，但这种反对称性只存在于自旋平行的情况下。Hartree-Fock 方法还有一部分能量并没有考虑到。一方面，单个 Slater 行列式形式的波函数依然不能完全描述多体波函数，这会造成一部分的能量差。另一方面，Hartree-Fock 方法中的电子库仑相互作用，考虑的是一个电子与其他所有电子的平均作用，而实际上电子是运动的，任何一个电子的运动都会影响其他电子的分布，所以这种动态的库仑相互作用在 Hartree-Fock 方法中也是没有考虑的。通常，Hartree-Fock 方法可以考虑约 99%的总能量，在量子化学中，把 Hartree-Fock 方法的能量和真正的能量之间的差别称为关联能（correlation energy）。为了提高计算精度，人们发展了一些 post-Hartree-Fock 方法。例如，把多个 Slater 行列式进行线性组合来得到多体波函数，称为组态相互作用（CI，Configuration Interaction）方法；还有在 Hartree-Fock 基础上通过微扰方法来考虑电子关联，即 Molloer-Plesset 微扰理论；等等。这些 post-Hartree-Fock 方法虽然精度高，但计算量太大，通常都是按照 M^5 甚至更高的次数增加（其中 M 是基组的数目）。所以实际上这些方法通常在量子化学领域运用较多，用于处理一些小分子体系，而很少在材料领域应用。而本部分的主要内容是密度泛函理论，这个理论的特点是在计算精度和计算速度上取得了比较好的平衡，在可接受的误差范围内，可以用来研究许多实际的材料。但因为密度泛函理论和 Hartree-Fock 方法有许多相似之处，所以了解 Hartree-Fock 方法有助于理解密度泛函理论。

2.1.3 密度泛函理论基础

Hartree 方程和 Hartree-Fock 方程都是以波函数为出发点，这些方法称为波函数方法。

这个想法是很自然的，因为薛定谔方程本身就是一个关于电子波函数的方程。但是对于多电子系统，波函数本身是非常复杂的。1927 年，Thomas 和 Fermi 另辟蹊径，他们首先提出在均匀电子气中电子的动能可以写成电子密度的泛函：

$$T_{\mathrm{TF}}[\rho] = \frac{3}{10}(3\pi^2)^{2/3}\int \rho^{5/3}(\boldsymbol{r})\,\mathrm{d}\boldsymbol{r}$$

而电子的其他项也都可以写成电子密度的函数，如狄拉克提出交换能也可写成电荷密度的泛函：

$$E_x[\rho] = -\frac{3}{4}\left(\frac{3}{\pi}\right)^{\frac{1}{3}}\int \rho(\boldsymbol{r})^{\frac{4}{3}}\mathrm{d}\boldsymbol{r} \tag{2-19}$$

以上近似称为 Thomas-Fermi-Dirac 理论。而维格纳给出了关联能的形式：

$$E_{\mathrm{c}}[\rho] = -0.056\int \frac{\rho(\boldsymbol{r})^{\frac{4}{3}}}{0.079 + \rho(\boldsymbol{r})^{\frac{1}{3}}}\mathrm{d}\boldsymbol{r} \tag{2-20}$$

所以最后电子的总能量可以写成电子密度的泛函。

相对于波函数，使用电子密度的好处是明显的，因为电子密度只是三维空间的函数，而不像波函数是一个高维函数。但 Thomas-Fermi-Dirac 理论只是针对电子气系统，在实际材料中的应用效果很差。特别是它甚至不能得到成键态，最主要的原因是该理论对电子动能项的近似过于粗糙。它把电子动能项直接写成局域密度的函数，而动能项是含有梯度项的（动量算符）。但是，这个理论给出了另外一个方向，即用电子密度表示系统的能量，而这也是现代密度泛函理论的思路。

Thomas-Fermi-Dirac 理论是不含有轨道的，完全使用了电子密度，而现代密度泛函虽然也写成电子密度的函数，但它却含有轨道，电子密度通过波函数来构造。这是现代密度泛函理论优于传统的 Thomas-Fermi-Dirac 理论的原因。

2.1.4　Hohenberg-Kohn 定理

电子密度是波函数模的平方，所以很显然电子密度包含了比波函数更少的信息，缺少了波函数的相位信息。那么电子密度是否可以完全决定能量呢？回答是肯定的，这是由 P. Hohenberg 和 W. Kohn 在 1964 年首先证明的，称为 Hohenberg-Kohn 定理，该定理分为两个部分：

定理 1　哈密顿的外势场 V_{ext} 是电子密度的唯一泛函，即电子密度可以唯一确定外势场。

定理 2　能量可以写成电子密度的泛函：$E[\rho]$，而且该泛函的最小值就是系统的基态能量。

对该定理两个部分的证明：

定理 1 证明　使用反证法，假设有两个不同的外势场 $\hat{V}_{\mathrm{ext}}$、$\hat{V}'_{\mathrm{ext}}$，它们具有相同的基态电子密度 ρ，对应的哈密顿分别为式（2-3）：

$$\hat{H} = \hat{T} + \hat{V}_{\mathrm{ext}} + \hat{V}_{\mathrm{ee}}$$

$$\hat{H}' = \hat{T} + \hat{V}'_{\mathrm{ext}} + \hat{V}_{\mathrm{ee}}$$

哈密顿 $\hat{H}$ 对应的波函数和电子能量分别为 $E_0 = \langle \Psi | \hat{H} | \Psi \rangle$，哈密顿 $\hat{H}'$ 的波函数和电子能量分别为 Ψ' 和 $E'_0 = \langle \Psi' | \hat{H}' | \Psi' \rangle$，因为两个哈密顿是不同的，所以这两个基态波函数是不同的（$\Psi \neq \Psi'$）。根据变分原理，得

$$E_0 = \langle \Psi | \hat{H} | \Psi \rangle < \langle \Psi' | \hat{H} | \Psi' \rangle = \langle \Psi' | \hat{H}' | \Psi' \rangle + \langle \Psi' | \hat{H} - \hat{H}' | \Psi' \rangle$$
$$= E'_0 + \int \rho(\boldsymbol{r}) [\hat{V}_{\text{ext}} - \hat{V}'_{\text{ext}}] \mathrm{d}\boldsymbol{r}$$

这里，外势对应的能量写成了电子密度的泛函：$\int \rho(\boldsymbol{r}) \hat{V}_{\text{ext}} \mathrm{d}\boldsymbol{r}$，类似地，还可以得

$$E'_0 = \langle \Psi' | \hat{H}' | \Psi' \rangle < \langle \Psi | \hat{H}' | \Psi \rangle = \langle \Psi | \hat{H} | \Psi \rangle + \langle \Psi | \hat{H}' - \hat{H} | \Psi \rangle$$
$$= E_0 - \int \rho(\boldsymbol{r}) [\hat{V}_{\text{ext}} - \hat{V}'_{\text{ext}}] \mathrm{d}\boldsymbol{r}$$

把上述两个不等式相加，得

$$E_0 + E'_0 < E'_0 + E_0$$

这显然是不可能的。因此，不存在两个不同的外势场（$\hat{V}_{\text{ext}} \neq \hat{V}'_{\text{ext}}$）具有相同的基态电子密度。当然，这两个外势场可以相差一个常数，但是哈密顿中的常数项是不重要的。

Hohenberg-Kohn 定理 1 直接的推论是：电子密度唯一确定势能 $\hat{V}_{\text{ext}}$，所以整个多粒子哈密顿量也就确定了。通过求解多粒子薛定谔方程就可以确定基态波函数。

定理 2 证明 系统能量可以写成电子密度的泛函：

$$E[\rho] = \langle \Psi | \hat{T} + \hat{V}_{\text{ext}} + \hat{V}_{\text{ee}} | \Psi \rangle = \langle \Psi | \hat{T} + \hat{V}_{\text{ee}} | \Psi + \langle \Psi | \hat{V}_{\text{ext}} | \Psi \rangle$$

可以定义

$$F[\rho] = \langle \Psi | \hat{T} + \hat{V}_{\text{ee}} | \Psi \rangle$$

为一个通用的泛函，它只包含电子的信息只依赖于电子密度，不依赖于外势，不包含任何原子或者晶体结构的信息。如果知道了这个泛函 $F[\rho]$ 的表达式，那么就可用于任意的材料系统。此时总能量可以写成 ρ 的泛函：

$$E[\rho] = F[\rho] + \int \rho(\boldsymbol{r}) \hat{V}_{\text{ext}} \mathrm{d}\boldsymbol{r}$$

假设 ρ 是基态的电子密度，对应的能量为基态能量 $E_0 = \langle \Psi | \hat{H} | \Psi \rangle$，那么对于任意一个其他的电子密度 $\rho' \neq \rho$（也需要满足 $\rho' \geqslant 0$ 和 $\int \rho'(\boldsymbol{r}) \mathrm{d}\boldsymbol{r} = N$），必然有一个不同的波函数 $\Psi' \neq \Psi$，假设它的能量是 E'，则

$$E_0 = \langle \Psi | \hat{H} | \Psi \rangle < \langle \Psi' | \hat{H} | \Psi' \rangle = E'$$

所以通过将 $E[\rho]$ 对电子密度做变分，就可以得到基态能量，而此时的电子密度就是基态电子密度。

以上证明对非简并和简并的基态均成立。Hohenberg-Kohn 定理证明了电子密度可以完全确定系统的基态能量，这也成为密度泛函理论的理论基础。

2.1.5 Kohn-Sham 方程

Hohenberg-Kohn 定理证明系统的能量可以写成电子密度的泛函，但并没有给出具体可

解的方程。为此，回到一开始的多粒子哈密顿式，与 Hartree 或 Hartree-Fock 方法不同，这里不直接写出多体波函数的具体形式，而是把整个哈密顿中的每一项都写成电子密度的函数，因为 Hohenberg-Kohn 定理证明电子密度和波函数其实具有相同的地位，都可以唯一确定系统的基态能量，最后写出具体的方程，即 Kohn-Sham 方程。

对于具有 N 个电子的系统，多粒子波函数写成 $\Psi(\boldsymbol{r}_1, \boldsymbol{r}_2, \cdots, \boldsymbol{r}_N)$，而单粒子（one-body）电子密度 $\rho(\boldsymbol{r})$ 为（这里直接省略了自旋的指标）：

$$\rho(\boldsymbol{r}) = N\int\cdots\int |\Psi(\boldsymbol{r}_1, \boldsymbol{r}_2, \cdots, \boldsymbol{r}_N)|^2 \mathrm{d}\boldsymbol{r}_2\cdots\mathrm{d}\boldsymbol{r}_N$$

这里的电子密度 $\rho(\boldsymbol{r})$ 表示在空间 $\mathrm{d}\boldsymbol{r}$ 内找到任意一个电子的概率。

严格来说 $\rho(\boldsymbol{r})$ 是概率密度，但通常也称为电子密度。因为电子是不可区分的粒子，所以找到任意一个电子的概率都是一样的，直接乘以 N。我们还可以定义双粒子（two-body）电子密度 $\rho^{(2)}$，它表示在某一个位置找到一个电子，同时在另一个位置找到另一个电子的概率：

$$\rho^{(2)}(\boldsymbol{r}, \boldsymbol{r}') = N(N-1)\int\cdots\int |\Psi(\boldsymbol{x}_1, \boldsymbol{x}_2, \cdots, \boldsymbol{x}_N)|^2 \mathrm{d}\boldsymbol{r}_3\cdots\mathrm{d}\boldsymbol{r}_N$$

通常可以定义一个电子对关联函数 g，把单粒子和双粒子电子密度联系起来：

$$\rho^{(2)}(\boldsymbol{r}, \boldsymbol{r}') = \rho(\boldsymbol{r})\rho(\boldsymbol{r}')g(\boldsymbol{r}, \boldsymbol{r}')$$

现分别考虑多粒子哈密顿式（2-1）中的三项，首先考虑多粒子哈密顿中的外场项：

$$V_{\mathrm{ext}} = \sum_i^N \sum_j^{N_{\mathrm{ion}}} \frac{Z_j}{|\boldsymbol{R}_j - \boldsymbol{r}_i|}$$

其能量为

$$\begin{aligned}
&\langle \Psi | V_{\mathrm{ext}} | \Psi \rangle \\
&= -\sum_i^N \sum_j^{N_{\mathrm{ion}}} \int \Psi^*(\boldsymbol{x}_1, \boldsymbol{x}_2, \cdots, \boldsymbol{x}_N) \frac{Z_j}{|\boldsymbol{R}_j - \boldsymbol{r}_i|} \Psi(\boldsymbol{x}_1, \boldsymbol{x}_2, \cdots, \boldsymbol{x}_N) \mathrm{d}\boldsymbol{r}_1\mathrm{d}\boldsymbol{r}_2\cdots\mathrm{d}\boldsymbol{r}_N \\
&= -\sum_i^N \sum_j^{N_{\mathrm{ion}}} \int \frac{Z_j}{|\boldsymbol{R}_j - \boldsymbol{r}_i|} |\Psi(\boldsymbol{x}_1, \boldsymbol{x}_2, \cdots, \boldsymbol{x}_N)|^2 \mathrm{d}\boldsymbol{r}_1\mathrm{d}\boldsymbol{r}_2\cdots\mathrm{d}\boldsymbol{r}_N \\
&= -\sum_j^{N_{\mathrm{ion}}} \Big[\int \frac{Z_j}{|\boldsymbol{R}_j - \boldsymbol{r}_i|} |\Psi(\boldsymbol{x}_1, \boldsymbol{x}_2, \cdots, \boldsymbol{x}_N)|^2 \mathrm{d}\boldsymbol{r}_1\mathrm{d}\boldsymbol{r}_2\cdots\mathrm{d}\boldsymbol{r}_N + \\
&\quad \int \frac{Z_j}{|\boldsymbol{R}_j - \boldsymbol{r}_i|} |\Psi(\boldsymbol{x}_1, \boldsymbol{x}_2, \cdots, \boldsymbol{x}_N)|^2 \mathrm{d}\boldsymbol{r}_1\mathrm{d}\boldsymbol{r}_2\cdots\mathrm{d}\boldsymbol{r}_N + \cdots\Big] \\
&= -\sum_j^{N_{\mathrm{ion}}} \Big[\int \frac{Z_j}{|\boldsymbol{R}_j - \boldsymbol{r}_i|} \mathrm{d}\boldsymbol{r}_1 \int |(\boldsymbol{x}_1, \boldsymbol{x}_2, \cdots, \boldsymbol{x}_N)|^2 \mathrm{d}\boldsymbol{r}_2\mathrm{d}\boldsymbol{r}_3\cdots\mathrm{d}\boldsymbol{r}_N + \\
&\quad \int \frac{Z_j}{|\boldsymbol{R}_j - \boldsymbol{r}_i|} \mathrm{d}\boldsymbol{r}_2 \int |\Psi(\boldsymbol{x}_1, \boldsymbol{x}_2, \cdots, \boldsymbol{x}_N)|^2 \mathrm{d}\boldsymbol{r}_1\mathrm{d}\boldsymbol{r}_3\cdots\mathrm{d}\boldsymbol{r}_N + \cdots\Big] \\
&= -\frac{1}{N}\sum_j^{N_{\mathrm{ion}}} \left[\int \frac{Z_j}{|\boldsymbol{R}_j - \boldsymbol{r}_i|}\rho(\boldsymbol{r}_1)\mathrm{d}\boldsymbol{r}_1 + \int \frac{Z_j}{|\boldsymbol{R}_j - \boldsymbol{r}_i|}\rho(\boldsymbol{r}_2)\mathrm{d}\boldsymbol{r}_2 + \cdots\right]
\end{aligned}$$

$$= -\sum_{j}^{N_{\text{ion}}}\int\frac{Z_j}{|\boldsymbol{R}_j-\boldsymbol{r}_i|}\rho(\boldsymbol{r})\mathrm{d}\boldsymbol{r}$$

$$= -\int\sum_{j}^{N_{\text{ion}}}\frac{Z_j}{|\boldsymbol{R}_j-\boldsymbol{r}_i|}\rho(\boldsymbol{r})\mathrm{d}\boldsymbol{r}$$

$$= \int v_{\text{ext}}(\boldsymbol{r})\rho(\boldsymbol{r})\mathrm{d}\boldsymbol{r} \tag{2-21}$$

上述推导用到了单粒子电子密度的定义。所以，外场项可以写成电子密度的泛函。

外场项是一个单粒子项，而电子-电子相互作用项涉及两个电子，所以它需要写成双粒子电子密度的泛函：

$$\langle\Psi|V_{\text{ee}}|\Psi\rangle = \frac{1}{2}\iint\frac{\rho^{(2)}(\boldsymbol{r},\ \boldsymbol{r}')}{|\boldsymbol{r}-\boldsymbol{r}'|}\mathrm{d}\boldsymbol{r}\mathrm{d}\boldsymbol{r}'$$

这里的双粒子电子密度 $\rho^{(2)}(\boldsymbol{r},\ \boldsymbol{r}')$ 表示一个电子在 $\boldsymbol{r}$ 处，而另外一个电子在 $\boldsymbol{r}'$ 处的概率，它包含了多电子的信息。如果能严格得到双粒子电子密度函数，就可以严格求解多粒子系统。但实际上只能采用一些近似方法，如果考虑两个电子完全没有关联，那么双粒子电子密度简单地等于两个单粒子密度函数的乘积：$\rho^{(2)}(\boldsymbol{r},\ \boldsymbol{r}') = \rho(\boldsymbol{r})\rho(\boldsymbol{r}')$ ，这其实就是 Hartree 项。实际上电子是有关联的，所以需要额外增加一个对 Hartree 能的修正项 Δ_{ee} ，整个电子-电子相互作用项可以写成：

$$\langle\Psi|V_{ee}|\Psi\rangle = \frac{1}{2}\iint\frac{\rho(\boldsymbol{r})\rho(\boldsymbol{r}')}{|\boldsymbol{r}-\boldsymbol{r}'|}\mathrm{d}\boldsymbol{r}\mathrm{d}\boldsymbol{r}' + \Delta_{\text{ee}}$$

上式右边第一项就是 Hartree 能，而第二项是对前者的修正项。

下面考虑电子的动能项：

$$T = -\frac{1}{2}\int\Psi^*(\boldsymbol{x}_1,\ \boldsymbol{x}_2,\ \cdots,\ \boldsymbol{x}_N)\ \nabla^2\Psi^*(\boldsymbol{x}_1,\ \boldsymbol{x}_2,\ \cdots,\ \boldsymbol{x}_N)\mathrm{d}\boldsymbol{r}_1\cdots\mathrm{d}\boldsymbol{r}_N$$

这里，动能算符中有求导项，而对多粒子波函数的导数是未知的，所以这里的动能项不能写成电子密度的泛函。Kohn 和 Sham 建议，既然多粒子波函数的动能项是未知的，那就考虑一个假象的没有相互作用的多粒子系统，它的电子密度可以简单写成单粒子轨道的求和：

$$\rho(\boldsymbol{r}) = \sum_{i}^{N}|\psi_i(\boldsymbol{r})|^2$$

这里，$\psi_i(\boldsymbol{r})$ 就是假设的无相互作用的单粒子轨道，也称为 Kohn-Sham 轨道。这个假设也是密度泛函理论的关键之处。这些 Kohn-Sham 轨道构成一个无相互作用的参考系统，并期望这个无相互作用多粒子系统和有相互作用的多粒子系统具有相同的基态电子密度。如果存在这样一个无相互作用系统，那么其动能项就可以很方便地写成单个粒子动能之和。当然，这个无相互作用系统的动能和真实的多粒子系统的动能是不一样的，为此，也必须加一个修正项：

$$T = -\frac{1}{2}\sum_{i}^{N}\iint\psi_i^*(\boldsymbol{r})\boldsymbol{V}^2\psi_i(\boldsymbol{r})\mathrm{d}\boldsymbol{r} + \Delta T$$

其中上式右边第一项就是无相互作用系统的动能项，而第二项是对前者的修正项。

最后，把上述三项合并起来，得到基态总能量：

$$E = -\frac{1}{2}\sum_{i}^{N}\int\psi_i^*(\boldsymbol{r})\ \nabla^2\psi_i(\boldsymbol{r})\mathrm{d}\boldsymbol{r} + \int v_{\mathrm{ext}}(\boldsymbol{r})\rho(\boldsymbol{r})\mathrm{d}\boldsymbol{r} + \frac{1}{2}\iint\frac{\rho(\boldsymbol{r})\rho(\boldsymbol{r}')}{|\boldsymbol{r}-\boldsymbol{r}'|}\mathrm{d}\boldsymbol{r}\boldsymbol{r}' + \Delta_{\mathrm{ee}} + \Delta T$$

上式右边第一项是假想的一个无相互作用系统的动能项：第二项是外场项：第三项是经典的库仑作用项，即 Hartree 项；第四项是对 Hartree 项的修正项；第五项是对无相互作用系统动能的修正项。这里前三项都有明确的表达式，而最后两个修正项的具体形式是未知的，但这两项是至关重要的。如果知道了它们的准确表达式，则整个能量的表达式是严格的，不存在任何近似（除绝热近似之外）。但在实际计算中，这两项的表达式都是未知的，不妨直接把它们合并起来称为交换关联能（exchange-correlation energy）：

$$E_{\mathrm{xc}} = \Delta_{\mathrm{ee}} + \Delta T$$

此时，基态能量表达式为

$$E = -\frac{1}{2}\sum_{i}^{N}\int\psi_i^*(\boldsymbol{r})\ \nabla^2\psi_i(\boldsymbol{r})\mathrm{d}\boldsymbol{r} + \int v_{\mathrm{ext}}(\boldsymbol{r})\rho(\boldsymbol{r})\mathrm{d}\boldsymbol{r} + \frac{1}{2}\iint\frac{\rho(\boldsymbol{r})\rho(\boldsymbol{r}')}{|\boldsymbol{r}-\boldsymbol{r}'|}\mathrm{d}\boldsymbol{r}\mathrm{d}\boldsymbol{r}' + E_{\mathrm{xc}} \tag{2-22}$$

交换关联能包含有相互作用多粒子系统和无相互作用多粒子系统之间的能量差，既包括电子的交换项，也包括关联项。这个交换关联能的严格表达式是未知的，但可以把它写成电子密度的泛函，最简单的一种方法就是认为交换关联能只是依赖局域的电子密度，可以写成电子密度的泛函：$E_{\mathrm{xc}}[\rho] = \int\epsilon_{\mathrm{xc}}(\rho)\rho(\boldsymbol{r})\mathrm{d}\boldsymbol{r}$，这就是局域密度近似（LDA，Local Density Approximation）。这个方案虽然看似简单，但实际使用效果不错，目前依然广泛用于实际材料的计算中。

基于上面能量的表达式（2-22），对 $\psi_i^*(\boldsymbol{r})$ 进行变分，同时利用单粒子波函数的正交归一条件：$\langle\psi_i|\psi_j\rangle = \delta_{ij}$，引入拉格朗日算子 λ_{ki}。类似前面推导 Hartree-Fock 方程一样，总是可以把 λ 对角化（$\lambda_{ki} = \delta_{ki}\varepsilon_k$），最后得到方程：

$$-\frac{1}{2}\nabla^2\psi_i(\boldsymbol{r}) + \left[V_{\mathrm{ext}}(\boldsymbol{r}) + \int\mathrm{d}\boldsymbol{r}'\frac{\rho(\boldsymbol{r}')}{|\boldsymbol{r}-\boldsymbol{r}'|} + \mu_{\mathrm{xc}}[\rho]\right]\psi_i(\boldsymbol{r}) = \varepsilon_i\psi(\boldsymbol{r}) \tag{2-23}$$

这就是著名的 Kohn-Sham 方程，其中

$$\mu_{\mathrm{xc}}[\rho] = \frac{\delta E_{\mathrm{xc}}[\rho]}{\delta\rho}$$

为交换关联势（exchange-correlation potential）。把方程式（2-23）中的所有势能项写成一个有效势能 $\hat{V}_{\mathrm{eff}}$，可以得到一个更为简洁的形式：

$$[\hat{T} + \hat{V}_{\mathrm{eff}}]\psi_i(\boldsymbol{r}) = \varepsilon_i\psi(\boldsymbol{r})$$

Kohn-Sham 方程使密度泛函理论成为一种切实可行的计算方法，随着近几十年计算机技术的飞速发展，利用数值计算求解 Kohn-Sham 方程已经成为非常常规的任务。现在，密度泛函理论在凝聚态物理、材料科学、化学甚至生物等领域都有了非常广泛的应用。

Kohn-Sham 方程有许多含义：Kohn-Sham 方程的核心思想是把有相互作用的多粒子系统转换成一个无相互作用的单粒子系统，而把电子间的相互作用归结到未知的交换关联势中。因此，Kohn-Sham 方程的形式与 Hartree 方程类似，都是单粒子方程。但是 Kohn-Sham 方程比 Hartree 方程多考虑了交换关联势，而常规的交换关联势（如采用局域密度近似）计算速度很快，所以两者具有类似的计算量。但是，Kohn-Sham 方程与 Hartree-Fock 方程相比，计算量要小很多，因为 Hartree-Fock 方程中包含非局域的交换能。另外，Kohn-Sham 方程除了绝热近似之外是严格的，当然遗憾的是交换关联势的形式是未知的，必须进一步引入近似，但原则上可以通过寻求更好的交换关联势来充分考虑多电子的关联效应，提高计算精度，而且交换关联势的形式不依赖于具体材料，具有一定的普适性。

Kohn-Sham 方程通常要通过自洽求解，因为要求解 Kohn-Sham 方程，必须先得到哈密顿量。哈密顿量是电子密度的泛函，电子密度是从波函数得到的，而波函数又需要利用哈密顿量求解。因此只能通过自洽求解的方式来求解 Kohn-Sham 方程。首先可以随机构造一个电子密度，然后通过构造有效势能 V_{eff}，再求解 Kohn-Sham 方程得到波函数。而波函数又可以构造一个新的电子密度，通常这个电子密度和初始猜测的电子密度是不同的，此时需要用这个新的电子密度（一般需要和老的电子密度进行混合）重新构造势能函数，再次求解 Kohn-Sham 方程获得新的波函数。由此通过多次的迭代，直到最后收敛，并计算所需的各种物理量（如能量、力等）。这里所谓的收敛可以有多种判断条件，最简单的是通过总能量来判断，如果最后两次迭代能量差小于一个预设的小量，则表示计算已经收敛。也可以通过迭代过程中电子密度、力，甚至波函数的差异来判断是否收敛。

当然，在具体求解过程中，还会涉及很多细节。例如，为了求解 Kohn-Sham 方程，也必须先选定基组，才能够得到本征方程。另外，在 Kohn-Sham 方程中交换关联势的形式还是未知的，在计算中也必须选取一个具体的形式才可以。关于更深入的密度泛函理论可以参考相关综述论文和书籍。下面对基组、赝势、交换关联势等做简要的介绍。

2.1.6 基函数

2.1.6.1 平面波基组

在求解 Kohn-Sham 方程过程中，首先需要确定基组。其中平面波基形式简单，是比较常用的一种基组。

平面波基组下的本征方程如下。

考虑一个一般的哈密顿：

$$\hat{H}\psi_i(\boldsymbol{r}) = \left[-\frac{\hbar^2}{2m_{\text{e}}}\nabla^2 + V(\boldsymbol{r})\right]\psi_i(\boldsymbol{r}) = E_i\psi_i(\boldsymbol{r}) \tag{2-24}$$

波函数用平面波展开：

$$\psi_i(\boldsymbol{r}) = \frac{1}{\sqrt{\Omega}}\sum_{\boldsymbol{q}} c_{i,\,\boldsymbol{q}}\mathrm{e}^{i\boldsymbol{q}\cdot\boldsymbol{r}} = \sum_{\boldsymbol{q}} c_{i,\,\boldsymbol{q}}\,|\boldsymbol{q}\rangle \tag{2-25}$$

很显然，平面波 $|\boldsymbol{q}\rangle = \frac{1}{\sqrt{\Omega}}\mathrm{e}^{i\boldsymbol{q}\cdot\boldsymbol{r}}$ 本身是正交的（Ω 是元胞的体积）：

$$\langle \boldsymbol{q}' \mid \boldsymbol{q} \rangle = \frac{1}{\sqrt{\Omega}} \int_V \mathrm{e}^{-\mathrm{i}(\boldsymbol{q}'-\boldsymbol{q}) \cdot \boldsymbol{r}} \mathrm{d}\boldsymbol{r} = \delta_{\boldsymbol{q}', \boldsymbol{q}} \tag{2-26}$$

把波函数的展开式（2-25）代入式（2-24），得

$$\sum_{\boldsymbol{q}} \left[-\frac{\hbar^2}{2m_\mathrm{e}} \nabla^2 + V(\boldsymbol{r}) \right] \mid \boldsymbol{q} \rangle c_{i,\boldsymbol{q}} = E_i \sum_{\boldsymbol{q}} \mid \boldsymbol{q} \rangle c_{i,\boldsymbol{q}}$$

两边同时左乘 $\langle \boldsymbol{q}' \mid$：

$$\sum_{\boldsymbol{q}} \left\langle \boldsymbol{q}' \mid \left[-\frac{\hbar^2}{2m_\mathrm{e}} \nabla^2 + V(\boldsymbol{r}) \right] \mid \boldsymbol{q} \right\rangle c_{i,\boldsymbol{q}} = E_i \sum_{\boldsymbol{q}} \langle \boldsymbol{q}' \mid \boldsymbol{q} \rangle c_{i,\boldsymbol{q}} = E_i c_{i,\boldsymbol{q}'} \tag{2-27}$$

这里利用了平面波的正交性。其实这个方程就是前面的本征方程，只不过平面波是正交的，所以这里交叠矩阵就是一个单位矩阵。

下面计算哈密顿矩阵元，它显然有两项，其中第一项是动能项，容易计算：

$$\left\langle \boldsymbol{q}' \mid -\frac{\hbar^2}{2m_\mathrm{e}} \nabla^2 \mid \boldsymbol{q} \right\rangle = \frac{\hbar^2}{2m_\mathrm{e}} |\boldsymbol{q}|^2 \delta_{\boldsymbol{q}',\boldsymbol{q}} \tag{2-28}$$

第二项是势能项：

$$\langle \boldsymbol{q}' \mid V(\boldsymbol{r}) \mid \boldsymbol{q} \rangle \tag{2-29}$$

这里，势能函数是正格矢的周期函数 $V(\boldsymbol{r}) = V(\boldsymbol{r} + \boldsymbol{R}_l)$，用傅里叶级数展开：

$$\mathrm{V}(\boldsymbol{r}) = \sum_{\boldsymbol{K}_h} V(\boldsymbol{K}_h) \mathrm{e}^{\mathrm{i}\boldsymbol{K}_h \cdot \boldsymbol{r}} \tag{2-30}$$

其中展开系数：

$$V(\boldsymbol{K}_h) = \frac{1}{\Omega} \int_\Omega V(\boldsymbol{r}) \mathrm{e}^{-\mathrm{i}\boldsymbol{K}_h \cdot \boldsymbol{r}} \mathrm{d}\boldsymbol{r} \tag{2-31}$$

把势能函数的展开式（2-30）代入式（2-29），得

$$\langle \boldsymbol{q}' \mid V(\boldsymbol{r}) \mid \boldsymbol{q} \rangle = \sum_{\boldsymbol{K}_h} V(\boldsymbol{K}_h) \int_\Omega \mathrm{e}^{-\mathrm{i}(\boldsymbol{q}'-\boldsymbol{q}-\boldsymbol{K}_h) \cdot \boldsymbol{r}} \mathrm{d}\boldsymbol{r} = \sum_{\boldsymbol{K}_h} V(\boldsymbol{K}_h) \delta_{\boldsymbol{q}'-\boldsymbol{q}, \boldsymbol{K}_h} \tag{2-32}$$

即只有当 $\boldsymbol{q}' - \boldsymbol{q} = \boldsymbol{K}_h$ 时，上述矩阵元才不等于 0。

特别注意，当 $\boldsymbol{q}' = \boldsymbol{q}$，即 $\boldsymbol{K}_h = 0$ 时，$V(0)$ 其实代表了势能的平均值，式（2-31）变成

$$V(0) = \frac{1}{\Omega} \int_\Omega V(\boldsymbol{r}) \mathrm{d}\boldsymbol{r} = \overline{V}$$

这是一个常数，而一个常数在哈密顿的对角项上是不重要的。为简单起见，可以假设 $\overline{V} = 0$。最后，重新定义波矢：$\boldsymbol{q} = \boldsymbol{k} + \boldsymbol{K}_m$，$\boldsymbol{q}' = \boldsymbol{k} + \boldsymbol{K}_{m'}$，显然 $\boldsymbol{K}_h = \boldsymbol{K}_{m'} - \boldsymbol{K}_m$，在此定义下，动量矩阵元式（2-28）可写成

$$\left\langle \boldsymbol{q}' \mid -\frac{\hbar^2}{2m_\mathrm{e}} \nabla^2 \mid \boldsymbol{q} \right\rangle = \frac{\hbar^2}{2m_\mathrm{e}} \mid \boldsymbol{k} + \boldsymbol{K}_m \mid^2 \delta_{m', m}$$

势能矩阵元式（2-32）分别写成

$$\langle \boldsymbol{q}' \mid V(\boldsymbol{r}) \mid \boldsymbol{q} \rangle = V(\boldsymbol{K}_{m'} - \boldsymbol{K}_m)$$

即整个哈密顿矩阵元为

$$H_{m'm}(\boldsymbol{k}) = \frac{\hbar^2}{2m_\mathrm{e}} \mid \boldsymbol{k} + \boldsymbol{K}_m \mid^2 \delta_{m'm} + V(\boldsymbol{K}_{m'} - \boldsymbol{K}_m)$$

最后，得到本征方程（即式（2-27））：

$$\sum_m H_{m'm}(\boldsymbol{k})c_{i,m} = E_i c_{i,m'}$$

上述方程也可以写成

$$\frac{\hbar^2}{2m_e}\mid \boldsymbol{k}+\boldsymbol{K}_{m'}\mid^2 c_{i,m'} + \sum_m V(\boldsymbol{K}_{m'}-\boldsymbol{K}_m)c_{i,m} = E_i c_{i,m'}$$

这其实是一个关于 $c_{i,m}$ 的线性方程组，通过求解其系数行列式，便可求出能量本征值。

为清楚起见，也可以写出整个哈密顿矩阵的具体形式：

$$\boldsymbol{H} = \begin{bmatrix} \frac{\hbar^2}{2m}\mid \boldsymbol{k}+\boldsymbol{K}_1\mid^2 V(\boldsymbol{K}_1-\boldsymbol{K}_2)\, V(\boldsymbol{K}_1-\boldsymbol{K}_3)\cdots \\ V(\boldsymbol{K}_2-\boldsymbol{K}_1)\frac{\hbar^2}{2m}\mid \boldsymbol{k}+\boldsymbol{K}_2\mid^2 V(\boldsymbol{K}_2-\boldsymbol{K}_3)\cdots \\ V(\boldsymbol{K}_3-\boldsymbol{K}_1)V(\boldsymbol{K}_3-\boldsymbol{K}_2)\frac{\hbar^2}{2m}\mid \boldsymbol{k}+\boldsymbol{K}_3\mid^2\cdots \\ \vdots \end{bmatrix}$$

通过求解系数行列式便可求出能量本征值：

$$\det\begin{vmatrix} \frac{\hbar^2}{2m}\mid \boldsymbol{k}+\boldsymbol{K}_1\mid^2 - E V(\boldsymbol{K}_1-\boldsymbol{K}_2)V(\boldsymbol{K}_1-\boldsymbol{K}_3)\cdots \\ V(\boldsymbol{K}_2-\boldsymbol{K}_1)\frac{\hbar^2}{2m}\mid \boldsymbol{k}+\boldsymbol{K}_2\mid^2 - E V(\boldsymbol{K}_2-\boldsymbol{K}_3)\cdots \\ V(\boldsymbol{K}_3-\boldsymbol{K}_1)\, V(\boldsymbol{K}_3-\boldsymbol{K}_2)\frac{\hbar^2}{2m}\mid \boldsymbol{k}+\boldsymbol{K}_3\mid^2 - E\cdots \\ \end{vmatrix} = 0$$

如果考虑到具体的 Kohn-Sham 哈密顿量，则势能部分会包括很多项，如外场项、交换关联项等，因此需要针对每一项分别在平面波下做傅里叶展开，得到每一项对应的 $V(\boldsymbol{k})$ 的解析表达式。这里只是简单展示平面波计算的大致数学过程，所以并没有写出 $V(\boldsymbol{k})$ 的具体表达式。如果需要编写密度泛函程序，则必须明确每一个解析表达式。

原则上，只有无穷多个平面波才可以构成一套完备的基组，换言之，上述哈密顿矩阵的维度是无穷大，这显然是不可求解的。因此，实际计算中只能取有限多个平面波，如 N 个。此时哈密顿矩阵是一个 $N \times N$ 的矩阵，求解可得到 N 个能量本征值。同时上述方程针对的是某一个波矢 $\boldsymbol{k}$，对于不同的 $\boldsymbol{k}$ 点，会得到类似的本征方程，即每个 $\boldsymbol{k}$ 点都会有 N 个本征值。通过改变 $\boldsymbol{k}$ 点，就可以获得材料的电子结构 $E_n(\boldsymbol{k})$。

最后，因为 $\boldsymbol{q} = \boldsymbol{k} + \boldsymbol{K}_m$，所以一开始定义的平面波展开公式也可以直接写成

$$\psi_{i,\boldsymbol{k}}(\boldsymbol{r}) = \frac{1}{\sqrt{\Omega}}\sum_{\boldsymbol{K}_m} c_{i,\boldsymbol{k}+\boldsymbol{K}_m} \mathrm{e}^{\mathrm{i}(\boldsymbol{k}+\boldsymbol{K}_m)\cdot\boldsymbol{r}} \tag{2-33}$$

A 平面波截断能

在具体计算中，如果平面波个数 N 取得太少，则计算精度不够；如果取得太多，则会大大增加计算量，浪费计算资源。因此，在计算中必须小心选取平面波个数，以保证获

得可靠的结果。在实际的程序中，并不是直接指定需要多少个平面波来展开波函数，而是通过设定平面波截断能（plane wave cutoff energy）E_{cut}来控制平面波个数。在平面波展开式（2-33）中，凡是能量小于E_{cut}的平面波都会被采用：

$$\frac{\hbar^2}{2m_e} \mid \boldsymbol{k} + \boldsymbol{K}_m \mid^2 < E_{cut}$$

而更高能量的平面波会被舍去。

对于Γ点($\boldsymbol{k}=0$)，可以考虑一个二维倒易点阵，以任意一点作为原点，选取一个最大的倒格矢 $K_{cut}=\sqrt{2m_e E_{cut}}/\hbar$，以$K_{cut}$为半径做一个圆（在三维系统中，以$K_{cut}$为半径做一个球），凡是在该圆（球）之内的倒格矢都是需要的，而在该圆（球）之外的倒格矢都是被舍去的。对于非Γ点($\boldsymbol{k}\neq 0$)，在相同的截断能下，平面波的个数会略有不同，但差别不会很大。

B 使用平面波基组的困难

在平面波基组的计算中必须对平面波截断，即在倒易空间中存在一个最大的K_{cut}（对应的能量为E_{cut}），变换到实空间，则对应波函数存在一个最小的波长$\lambda_m=2\pi/K_{cut}$，也就是说用平面波展开的晶体波函数的波长不可能小于λ_m。换言之，如果实际材料的波函数的波长比λ_m更短，则不可以用截断能为E_{cut}的平面波去展开。

事实上，在靠近原子核附近，由于库仑势是按照$-1/r$发散的，所以该区域波函数的能量非常高（即波长很短）。因此，直接使用平面波去展开实际材料的真实波函数是不可行的，为了解决这个问题，通常有两种方法：第一种方法是构造一个赝势去替代真实的$-1/r$形式的势能，保证赝势在原子核附近不发散，从而使得晶体波函数变得比较平滑(称为赝波函数)，在此基础上再用平面波展开，可大大减少平面波的个数。这就是当今许多密度泛函程序中使用的赝势平面波方法。第二种方法是改造平面波，如使用混合基组等。

C 平面波基组的优缺点

平面波基组有许多优点：(1) 平面波形式简单，方便计算哈密顿矩阵元。许多物理量（如力、应力）的表达式也比较简单。(2) 平面波下矩阵元的表达式其实就是傅里叶变换，所以许多物理量可以通过高效的快速傅里叶变换（FFT）在实空间和倒空间之间转换。(3) 平面波不依赖于原子的位置，方便对材料中的原子进行结构优化。(4) 平面波的个数可方便地通过截断能来调节。当然，平面波基组也有一些缺点：(1) 平面波不适合展开原子核附近的波函数。一般情况下只能采用赝势来替代真实的相互作用势。但此时芯电子完全被舍去，而且价电子的波函数也不再是真实波函数，而是赝波函数。但是，最新的PAW（Projector Augmented Wave）方法是对赝势方法的改进，PAW方法形式上与赝势相似，可以用纯平面波展开，但PAW方法能够获得真实的波函数。(2) 平面波是非局域的，所以哈密顿矩阵元一般是稠密矩阵，难以实现线性标度（order-N）算法，难以计算原子数很多的材料。(3) 平面波方法一定要求是周期性边界条件，对于低维系统（如分子、纳米线等)，只能通过增加真空层的超元胞方法来模拟，大大增加了计算量。目前很多常用的密度泛函程序都采用平面波基组，如VASP、Quantum ESP-RESSO（原名PWscf)、CASTEP、Abinit等。

2.1.6.2 数值原子轨道基组

平面波基组虽然形式简单，但对于原子数较多的系统，平面波基组计算效率较低。此时，采用局域的数值原子轨道基组，可以大幅提高计算速度。一个元胞中的原子轨道可以写成径向函数 u 和球谐函数 Y_l^m 的乘积：

$$\phi_\mu(\boldsymbol{r}) = u_{Il\zeta}(\boldsymbol{r})\ Y_l^m(\hat{r})$$

式中，$\mu=I$，l，m；ζ 为轨道的指标；I 为元胞中原子的指标；l 为轨道角动量量子数；m 为磁量子数；ζ 为 l 轨道的数目。

这里原子轨道可以通过求解径向薛定谔方程获得。系统的电子波函数可以表示原子轨道的线性组合：

$$\psi_n^{\boldsymbol{k}}(\boldsymbol{r}) = \frac{1}{\sqrt{N_\mathrm{c}}}\sum_{\boldsymbol{R}}^{N_\mathrm{c}} \mathrm{e}^{\mathrm{i}\boldsymbol{k}\cdot\boldsymbol{R}} \sum_{\mu} c_{n\mu}^{\boldsymbol{k}}\ \phi_\mu(\boldsymbol{r} - \tau_I - \boldsymbol{R}) \tag{2-34}$$

式中，n 为能带指标；N_c 为元胞数；$\boldsymbol{k}$ 为电子的波矢；$\boldsymbol{R}$ 为晶格的平移矢量；$\phi_\mu(\boldsymbol{r} - \tau_I - \boldsymbol{R})$ 为元胞 $\boldsymbol{R}$ 中的原子轨道 μ。

将该波函数代入 Kohn-Sham 方程，可以得到和前面类似的本征方程，只是这里的哈密顿矩阵元和交叠矩阵元分别是

$$H_{\mu,\nu} = \langle \phi_\mu \mid H \mid \phi_\nu \rangle,\ S_{\mu,\nu} = \langle \phi_\mu \mid \phi_\nu \rangle$$

波函数为

$$C = (c_{n1},\ c_{n2},\ \cdots\ )^\mathrm{T}$$

这种方法其实就是前面紧束缚近似中的原子轨道线性组合方法，式（2-34）和紧束缚近似中是一样的。主要区别在于，紧束缚近似中哈密顿矩阵元和交叠矩阵元中的积分结果往往直接使用经验参数，而这里需要通过数值方法计算这些积分。另外，在紧束缚近似中，轨道的数目往往就是实际材料中原子真实轨道的数目，很多时候还可以舍去很多不感兴趣的轨道。例如，对于石墨烯，因为费米能级附近只有碳的 p_z 电子，所以在紧束缚计算中每个碳只取一个轨道即可。但是在密度泛函中，为了提高求解 Kohn-Sham 方程的精度，往往需要较多的基函数。此时原子真实轨道的数目是不够的，一般需要采用所谓多数值基（multiple ζ basis）的方法增加基组。例如，每个碳原子考虑 4 个轨道 2s，$2\mathrm{p}_x$，$2\mathrm{p}_y$，$2\mathrm{p}_z$（不考虑 1s 电子），为了增加基组数目，可以把每个真实轨道扩充到 2 个数值轨道，称为双数值基（double ζ Basis，DZ），也可以扩充到 3 个数值轨道，称为三数值基（triple ζ basis，TZ），等等。如果数值轨道的数目和真实轨道的数目一样多，则称为最小基组，也称单数值基（single ζ basis，SZ），通常最小基组的精度是不够的，但计算速度很快，可以给出些半定量的结果。除此以外，数值原子轨道还可以额外增加极化轨道（polarization orbital）和扩散轨道（diffuse orbital）。

数值原子轨道的优点是：（1）基组数目少，计算速度快；（2）原子轨道在空间是局域的，由此得到的哈密顿矩阵和交叠矩阵都是稀疏矩阵，可以实现线性标度算法（即计算时间和系统的大小呈线性关系），用于大规模系统的计算；（3）适合处理真空层。原子轨道也有一些缺点：（1）基组数目增加不方便，可以通过多数值基方法增加基组数目，但不如平面波方便和系统化；（2）基组依赖于原子位置，在结构优化或者分子动力学过程中会发生移动；（3）数值原子轨道基组需要事先用专门的程序产生；（4）数值轨道基

组有时会出现过完备（over completeness）的情况。除了数值原子轨道，在量子化学领域，人们往往更多使用解析形式的轨道，如 Gaussian 和 Slater 型轨道。但是在材料计算领域，人们往往更多地使用数值原子轨道。目前国内外开发了多款基于数值原子轨道基组的程序，如 OpenMX、SIESTA、ABACUS 等。

2.1.6.3 缀加波方法

A Muffin-tin 球

晶体中靠近原子核区域的电子波函数振荡剧烈，非常接近自由原子的情况，可以用原子轨道展开。但远离原子核区域的电子，电子波函数变化比较平缓，适合用平面波展开。所以可以把晶体元胞在空间上划分为两部分。以每个原子的原子核为中心，半径为 R 作球，称为 Muffin-tin 球。Muffin-tin 球内的区域称为球区。不同 Muffin-tin 球之间的区域称为间隙区（interstitial region）。不同原子的 Muffin-tin 球半径可以不同，只要保证半径足够大，可以包括所有的芯电子，但通常也要求不同 Muffin-tin 球之间不相交。在球区和间隙区，电子波函数便可用不同的基组分别展开。

势能函数也可以在两个区域分别展开：

$$V(\boldsymbol{r}) = \begin{cases} \sum_{lm} V_{lm}(\boldsymbol{r})\, Y_l^m(\hat{\boldsymbol{r}})\, r < R \\ \sum_{\boldsymbol{K}} V_{\boldsymbol{K}} \varepsilon^{\mathrm{i}\boldsymbol{K}\cdot\boldsymbol{r}},\ r \geqslant R \end{cases} \tag{2-35}$$

式中，R 为 Muffin-tin 球半径。

在 Muffin-tin 球内部，势能函数用球谐函数展开，而在间隙区仍然用平面波展开。在早期的计算中，往往只保留 $L=0$ 和 $K=0$ 的项，对势能函数做了很大的近似。但现代的计算中一般都可以取到足够多的项，所以也被称为“全势”（full-potential）方法。同时，Muffin-tin 球内的电子波函数可以用原子轨道展开，而不像赝势方法那样只能得到赝波函数，芯电子能级也可以通过求解类自由原子的薛定谔方程得到，所以这也被称为“全电子”（all-electron）方法。

B 缀加平面波

所谓的缀加平面波（augmented plane wave，APW）方法最早由 Slater 提出，在 APW 方法中，基组的选取也分为球内和间隙区：

$$\phi_{\boldsymbol{K}}^{\boldsymbol{k}}(\boldsymbol{r},\ E) = \begin{cases} \sum_{lm} A_{lm}^{\alpha,\ \boldsymbol{k}+\boldsymbol{K}} u_l^{\alpha}(r',\ E)\ Y_l^m(\hat{r}'),\ r < R \\ \frac{1}{\sqrt{V}} \mathrm{e}^{\mathrm{i}(\boldsymbol{k}+\boldsymbol{K})\cdot\boldsymbol{r}},\ r \geqslant R \end{cases} \tag{2-36}$$

在 Muffin-tin 球内部，基函数使用原子轨道展开，其中 α 是原子指标，$u_l^{\alpha}(r',\ E)$ 是孤立原子径向薛定谔方程在能量为 E 时的解（实际的孤立原子的径向波函数在无穷远处应该趋近于 0，利用这个边界条件便可得到孤立原子的能级 E_n。但这里 E 并不是孤立原子中的电子能级，而是晶体中电子的能级），坐标 $\boldsymbol{r}'$ 代表以该原子为原点的局域坐标系下的矢量 $\boldsymbol{r}' = \boldsymbol{r} - \boldsymbol{r}_{\alpha}$。其中 r' 表示矢量 $\boldsymbol{r}'$ 的长度，$\hat{r}'$ 表示矢量 $\boldsymbol{r}'$ 的方向。Y_l^m 为球谐函数，$A_{lm}^{\alpha,\ \boldsymbol{k}+\boldsymbol{K}}$ 为待定的组合系数。为了确定这个系数，可以利用基函数的连续性条件，即要求 Muffin-tin 球内部的原子轨道和间隙区的平面波在 Muffin-tin 球表面数值上连续。为此可以将平面波用球谐函数展开：

$$\frac{1}{\sqrt{V}}e^{i(\boldsymbol{k}+\boldsymbol{K})\cdot\boldsymbol{r}} = \frac{4\pi}{\sqrt{V}}e^{i(\boldsymbol{k}+\boldsymbol{K})\cdot\boldsymbol{r}_\alpha}\sum_{lm} i^l j_l(|\boldsymbol{k}+\boldsymbol{K}||\boldsymbol{r}|)\, Y_l^{m*}(\widehat{\boldsymbol{k}+\boldsymbol{K}})\, Y^m(\boldsymbol{r}) \tag{2-37}$$

式中，$j_l(x)$ 是贝塞尔（Bessel）函数。

由此得到展开系数：

$$A_{lm}^{\alpha,\ \boldsymbol{k}+\boldsymbol{K}} = \frac{4\pi i^l e^{i(\boldsymbol{k}+\boldsymbol{K})\cdot\boldsymbol{r}_\alpha}}{\sqrt{V}\, u_l^\alpha(R_\alpha,\ E)} j_l(|\boldsymbol{k}+\boldsymbol{K}||\boldsymbol{R}_\alpha|)\, Y_l^{m*}(\widehat{\boldsymbol{k}+\boldsymbol{K}}) \tag{2-38}$$

在确定基组后，晶体波函数便可在此基础上展开：

$$\Psi_{\boldsymbol{K}}^{\boldsymbol{k}}(\boldsymbol{r}) = \sum_{\boldsymbol{K}} c_{\boldsymbol{K}}^{\boldsymbol{k}}\, \phi_{\boldsymbol{K}}^{\boldsymbol{k}}(\boldsymbol{r},\ E)$$

通过求解本征方程就可以确定能量本征值。

但 APW 方法一个不便之处在于基函数中含有能量参数 E，这个能量在求解本征方程前是未知的。在实际的计算中，需要采用自洽循环的方法来求解，而这个自洽过程是嵌套在常规的密度泛函自洽循环中的，所以整个 APW 计算需要两重自洽循环，从而速度非常慢。

C 线性缀加平面波

为了克服 APW 方法中基组依赖于 E 的问题，O. K. Andersen 提出了线性化方法，即线性缀加平面波（linearized augmented plane wave，LAPW）方法，该方法将径向函数 $u_l^\alpha(r,\ E)$ 在某一个合适的能量 E_0 处进行泰勒展开：

$$\begin{aligned} u_l^\alpha(r',\ E) &= \mu_l^\alpha(r',\ E_0) + (E_0 - E)\frac{\partial u_l^\alpha(r',\ E)}{\partial E} + O(E_0 - E)^2 \\ &= u_l^\alpha(r',\ E_0) + (E_0 - E)\,\dot{u}_l^\alpha(r',\ E_0) + O(E_0 - E)^2 \end{aligned} \tag{2-39}$$

式中，$\dot{u}$ 表示 u 对能量的导数；E_0 是一个常数。

上述泰勒展开只保留到一阶项，此时计算得到 E_0 处的径向波函数后，便可通过线性化条件得到其他能量处的值。但很显然 E 和 E_0 不能相差太大，否则会带来较大的误差。

将式（2-39）的前两项代入 APW 的基函数中，便可得到 LAPW 的基组：

$$\phi_{\boldsymbol{K}}^{\boldsymbol{K}}(\boldsymbol{r}) = \begin{cases} \sum_{lm}(A_{lm}^{\alpha,\ \boldsymbol{k}+\boldsymbol{K}} u_l^\alpha(r',\ E_0) + B_{lm}^{\alpha,\ \boldsymbol{k}+\boldsymbol{K}}\dot{u}_l^\alpha(r',\ E_0))\, Y_l^\alpha(\hat{r}'),\ r < R \\ \frac{1}{\sqrt{V}}e^{i(\boldsymbol{k}+\boldsymbol{K})\cdot\boldsymbol{r}},\ r \geqslant R \end{cases} \tag{2-40}$$

利用 Muffin-tin 球面上基函数连续和导数连续条件，可确定两个系数 $A_{lm}^{\alpha,\ \boldsymbol{k}+\boldsymbol{K}}$ 和 $B_{lm}^{\alpha,\ \boldsymbol{k}+\boldsymbol{K}}$。在实际计算中，能量 E_0 往往选择在能带中心，以便最大限度地减少线化的误差。很显然，对于不同的原子（不同的 α）和不同的轨道（不同的 l），需要选择不同的能带中心，所以实际上 E_0 应该写成 $E_l^\alpha E$。把 E_l^α 代入基组中才得到真正的 LAPW 基函数：

$$\phi_{\boldsymbol{K}}^{\boldsymbol{k}}(\boldsymbol{r}) = \begin{cases} \sum_{lm}(A_{lm}^{\alpha,\boldsymbol{k}+\boldsymbol{K}} u_l^\alpha(r',\ E_l^\alpha) + B_{lm}^{\alpha,\ \boldsymbol{k}+\boldsymbol{K}}\dot{u}_l^\alpha(r',\ E_l^\alpha))\, Y_l^m(\hat{r}'),\ r < R \\ \frac{1}{\sqrt{V}}e^{i(\boldsymbol{k}+\boldsymbol{R}),\ \boldsymbol{r}},\ r \geqslant R \end{cases} \tag{2-41}$$

D LAPW +LO

晶体中的电子可以分为芯电子和价电子两种，芯电子能量远离费米能，波函数全部限制在 Muffin-tin 球内，也不参与化学键；而价电子可以延伸到 Muffin-tin 球外，参与化学反应。但是有时会出现“半芯态”的情况，即不同主量子数，但相同轨道的电子都靠近费米能，如 bcc 铁的 4p 电子靠近费米能，是价电子。但是其 3p 电子也比较靠近费米能，不能当作芯电子，这被称为半芯态。这种情况对 E_l^{α} 的选取造成一定的困难。为此，人们又在 LAPW 的基函数基础上增加了局域轨道（LO，Local Orbital）基函数，这样便可以分别对 3p 和 4p 电子指定不同的能量中心。局域基组定义在特定的原子（α）和轨道（lm）上，且只局限在 Muffin-tin 球内，所以称为局域轨道。局域轨道的形式如下：

$$\phi_{\alpha,\ \mathrm{LO}}^{lm}(\boldsymbol{r}')$$
$$=\begin{cases}[A_{lm}^{\alpha,\mathrm{LO}}\,u_l^{\alpha}(r',\ E_{1,\ l}^{\alpha})+B_{lm}^{\alpha,\mathrm{LO}}\,\dot{u}_l^{\alpha}(r',\ E_{1,l}^{\alpha})+C_{lm}^{\alpha,\mathrm{LO}}\,u_l^{\alpha}(r',\ E_{2,l}^{\alpha})]\,Y_l^{\alpha}(\hat{r}'),\ r<R\\0,\ r\geqslant R\end{cases}$$

这里 $E_{1,l}^{\alpha}$ 和 $E_{2,l}^{\alpha}$ 分别可以对应两个相同 l 轨道的能带中心。局域轨道不与平面波连接，所以不依赖于 $\boldsymbol{k}$ 或者 $\boldsymbol{K}$。局域轨道基函数的 3 个系数 $A_{lm}^{\alpha,\mathrm{LO}}$、$B_{lm}^{\alpha,\mathrm{LO}}$、$C_{lm}^{\alpha,\mathrm{LO}}$ 可以由局域轨道的归一化条件,以及它们在 Muffin-tin 球面上数值和导数都为零这些条件确定。

E APW + lo

Sjostedt 等证明 LAPW 方法并不是解决 APW 基组能量依赖问题的最有效方法，事实上可直接对 APW 基组增加另外一种局域轨道（local orbital），这被称为 APW + lo 方法。该方法中，APW 基函数固定在某一个特定的能量 $E_{1,l}^{\alpha}$ 上：

$$\phi_{\boldsymbol{K}}^{\boldsymbol{k}}(\boldsymbol{r})=\begin{cases}\sum\limits_{lm}A_{lm}^{\alpha,\boldsymbol{k}+\boldsymbol{K}}\,u_l^{\alpha}(r',\ E_{1,l}^{\alpha})\,Y_l^m(\hat{r}'),\ r<R\\\dfrac{1}{\sqrt{V}}\mathrm{e}^{\mathrm{i}(\boldsymbol{k}+\boldsymbol{R})\cdot\boldsymbol{r}},\ r\geqslant R\end{cases}\tag{2-42}$$

同时增加额外一个局域轨道：

$$\phi_{\alpha,l\alpha}^{lm}(\boldsymbol{r})=\begin{cases}[A_{lm}^{\alpha,\mathrm{lo}}\,u_l^{\alpha}(r',\ E_{1,l}^{\alpha})+B_{lm}^{\alpha,\mathrm{lo}}\,\dot{u}_l^{\alpha}(r',\ E_{1,l}^{\alpha})]\,Y_l^m(\hat{r}'),\ r<R\\0,\ r\geqslant R\end{cases}$$

这里的局域轨道形式上不同于 LAPW+LO 中的局域轨道，相同之处是都定义在 Muffin-tin 球内，其中系数 $A_{lm}^{\alpha,\mathrm{lo}}$、$B_{lm}^{\alpha,\mathrm{lo}}$ 可以由归一化条件和局域轨道在 Muffin-tin 球面上数值为零这两个条件确定。

测试计算表明，在相同的精度下，APW+lo 方法可以获得与 LAPW 方法一样的计算结果，但是通常可以大大减小基组的数目（最多减少 50%左右），从而大大缩短计算时间(最多可以缩短一个能量级)。

F APW + lo + LO

在使用 APW + lo 基组时，也会遇到半芯态的问题，类似 LAPW 方法，这里也可以通过增加局域基组（Local Orbitals）的方法来解决。但是 APW + lo 的局域基组和 LAPW+LO 的局域基组形式略有不同：

$$\phi_{\alpha,\mathrm{LO}}^{lm}(\boldsymbol{r}')=\begin{cases}[A_{lm}^{\alpha,\mathrm{LO}}\,u_l^{\alpha}(r',\ E_{1,l}^{\alpha})+C_{lm}^{\alpha,\mathrm{LO}}\,u_l^{\alpha}(r',\ E_{2,l}^{\alpha})]\,Y_l^m(\hat{r}'),\ r<R\\0,\ r\geqslant R\end{cases}$$

这里并没有 u_l^α 的导数项。系数 $A_{lm}^{\alpha,\mathrm{LO}}$ 和 $C_{lm}^{\alpha,\mathrm{LO}}$ 仍然可以通过归一化条件以及波函数在 Muffin-tin 球面数值为零这些条件确定。

缀加波方法，特别是（L）APW + lo 方法是目前能带计算方法中最为有效和精确的方法之一。该方法不使用赝势或者数值原子轨道基组，所以原则上更少依赖经验参数，具有更好的通用性。缀加波方法是全电子和全势的，可以获得真实的波函数和芯电子的能级，这在一些计算领域显得特别重要，如高压计算或者 X 射线吸收谱等。另外，（L）APW + lo 方法公式推导和程序编写都较为复杂，虽然基组数目比平面波少很多，但计算速度往往并不快，在处理真空层时效率也较低。著名的密度泛函理论程序 WIEN2k 就是使用了（L）APW + lo 方法。

2.1.7 赝势文件

2.1.7.1 正交化平面波

赝势（pseudopotential）方法是密度泛函理论计算中常用的方法。所谓赝势，顾名思义，是一种“假”的有效势，用来替代真实的原子核与电子相互作用势（$-1/r$ 的形式）。在前面介绍平面波基组时可以看到，真实电子波函数在原子核附近具有较大的振荡，必须用非常多的平面波才可以展开，所需平面波的数目远远超出了目前超级计算机的能力范围。而赝势方法的思想是用一个不发散的有效势替代真实势能，形成一个变化比较平缓的赝波函数，再用较少数量的平面波展开来求解能量本征值。

赝势的思想源于正交化平面波（OPW，Orthogonalized Plane-Wave）方法。事实上，原子内部的电子波函数可以分为芯态（core state）和价态（valence state）。其中芯态被认为基本不受外界环境的影响，不参与成键，在晶体中形成窄带，远离费米能，基本保持孤立原子时的性质。而价态则是原子的外层电子，在原子形成晶体时一般会参与化学键的形成，价态处于费米能附近，决定固体的主要物理化学性质。1940 年，C. Herring 为了克服平面波基组无法有效展开原子核附近波函数的问题，提出了正交化平面波方法。这种方法的核心思想是在平面波的基组上，额外增加一项芯电子的波函数。芯态电子写成原子轨道的布洛赫波的形式如下：

$$\psi_c(\boldsymbol{k},\ \boldsymbol{r}) = \frac{1}{\sqrt{N}} \sum_{\boldsymbol{R}_l} \mathrm{e}^{\mathrm{i}\boldsymbol{k}\cdot\boldsymbol{R}_l}\ \phi_c(\boldsymbol{r} - \boldsymbol{R}_l) \tag{2-43}$$

式中，$\phi_c(\boldsymbol{r} - \boldsymbol{R}_l)$ 是孤立原子芯电子的波函数。

假定上式是晶体哈密顿的本征函数，本征值为芯电子的能量 E_c：

$$\hat{H}|\psi_\mathrm{c}\rangle = (\hat{T} + \hat{V})|\psi_\mathrm{c}\rangle = E_\mathrm{c}|\psi_\mathrm{c}\rangle \tag{2-44}$$

晶体波函数同时用平面波和芯态波函数展开：

$$|\psi_k\rangle = \sum_{\boldsymbol{K}_h} c_{\boldsymbol{k}+\boldsymbol{K}_h}|\boldsymbol{k} + \boldsymbol{K}_h\rangle + \sum_c \beta_\mathrm{c}\ |\psi_\mathrm{c}\rangle \tag{2-45}$$

其中 $|\boldsymbol{k} + \boldsymbol{K}_h\rangle = \mathrm{e}^{\mathrm{i}(\boldsymbol{k}+\boldsymbol{K}_\mathrm{h})\cdot\boldsymbol{r}}$。

上式右边第二个求和是对所有芯态的求和。为了获得芯电子的展开系数 β_c，考虑正交化条件：

$$<\psi_\mathrm{c}\ |\psi_k> = 0$$

得

$$\beta_c = -\sum_{K_h} c_{k+K_h} \langle \psi_c \mid k + K_h \rangle$$

代入式（2-25）得晶体波函数

$$\begin{aligned} |\psi_k\rangle &= \sum_{K_k} c_{k+K_k} \left[|k + K_h\rangle - \sum_c |\psi_c\rangle\langle\psi_c|k + K_h\rangle \right] \\ &= \sum_{K_k} c_{k+K_k} \mid \mathrm{OPW}_{k+K_k}\rangle \end{aligned} \tag{2-46}$$

其中 $|\mathrm{OPW}\rangle$ 就是正交化后的平面波：

$$|\mathrm{OPW}_{k+K_h}\rangle = |k + K_h\rangle - \sum_c |\psi_c\rangle\langle\psi_c|k + K_h\rangle$$

正交化平面波是常规的平面波减去芯电子的波函数，因为芯电子波函数总是靠近原子核且剧烈振荡，所以正交化平面波在远离原子核处的行为接近常规的平面波，而在原子核附近则会有剧烈振荡，总体而言正交化平面波非常接近晶体中电子的真实波函数。因此原则上只需要少量的正交化平面波就可以展开晶体的波函数，而方便求解本征方程。

在20世纪60年代，OPW方法已经可以用于求解硅、锗等材料的能带结构。但从现在的角度来看，OPW方法不够精确，如假设芯电子波函数是晶体哈密顿的本征态，（式（2-44））为一个近似，将引起较大的误差，因此现在基本不用OPW方法。

2.1.7.2 赝势

1959年，J. C. Philips和L. Kleinman在OPW方法基础上提出了最早的赝势概念。把波函数展开式（2-46）代入单电子薛定谔方程：

$$\hat{H}|\psi_k\rangle = (\hat{T} + \hat{V})\,|\psi_k\rangle = E(k)\,|\psi_k\rangle \tag{2-47}$$

即

$$\begin{aligned} &\sum_{K_h} c_{k+K_h}(\hat{T} + \hat{V}) \left[|k + K_h\rangle - \sum_c |\psi_c\rangle\langle\psi_c \mid k + K_h\rangle \right] \\ &= E(k) \sum_{K_h} c_{k+K_h} \left[|k + K_h\rangle - \sum_c |\psi_c\rangle\langle\psi_c|k + K_h \right] \end{aligned}$$

利用式（2-44），得

$$\sum_{K_h} c_{k+K_h} \left[\hat{T} + \hat{V} + \sum_c (E(k) - E_c)\,|\psi_c\rangle\langle\psi_c| \right] \mid k + K_h\rangle = E(k) \sum_{K_h} c_{k+K_h} |k + K_h\rangle \tag{2-48}$$

在此定义一个新的势能 $\hat{U}$ 和一个新的波函数 $|\chi_k\rangle$：

$$\hat{U} = \hat{V} + \sum_c (E(k) - E_c) \mid \psi_c\rangle\langle\psi_c| \tag{2-49}$$

$$|\chi_k\rangle = \sum_{K_h} c_{k+K_h} |k + K_h\rangle$$

则式（2-48）可以写成

$$(\hat{T} + \hat{U})\,|\chi_k\rangle = E(k)\,|\chi_k\rangle \tag{2-50}$$

对比式（2-47）和式（2-50），可以发现它们具有相似的形式，其中式（2-47）是真实势能的薛定谔方程，可解出真实的波函数和本征值。而式（2-50）是在一个有效势能 $\hat{U}$ 下的薛定谔方程，相应的本征波函数为 $|\chi_k\rangle$。从有效势能 $\hat{U}$ 的定义（式（2-49））来看，它的第一项 $\hat{V}$ 是负的真实的吸引势能，而第二项来自正交化手续，因为 $E(k) > E_c$，

所以它是一个正的排斥势。两者相加，正好可以抵消势能函数 $\hat{V}$ 在原子核附近的发散，从而得到一个比较平坦的有效势能 $\hat{U}$，也被称为赝势。在赝势作用下得到的电子波函数 $|\chi_k\rangle$ 也称赝波函数，它比真实波函数更为平缓，所以适合用纯平面波基组展开。从式(2-47)和式（2-50）可以看到，虽然它们的哈密顿和波函数不同，但两者具有相同的本征值 $E(\boldsymbol{k})$。很多时候，材料计算关心的主要是电子能带结构，而不是波函数本身。因此通过赝势替代真实势能，可以大大减少平面波基组数目，从而方便计算电子能带结构。

赝势式（2-49）是从 OPW 出发得到的，这里的芯态波函数是孤立原子芯电子的布洛赫波的形式（式（2-44)），但实际上它不是晶体哈密顿的本征函数。实际上赝势的形式不是唯一的，完全可以从更一般的形式来讨论。仿造 OPW 的思路，可以更一般地构造每一种元素的赝势。例如，可以考虑晶体真实的芯态为 $|\phi_n\rangle$，对应的能量为 E_n，即满足 $\hat{H}|\phi_n\rangle = E_n|\phi_n\rangle$，期望找到一个平滑的赝波函数 $|\chi_k\rangle$ 替代真实的价电子波函数少)。用类似 OPW 的方法构造波函数：

$$|\psi\rangle = |\chi\rangle + \sum_n a_n|\phi_n\rangle \tag{2-51}$$

但与 OPW 不同，这里 ϕ_n 是真正的晶体芯态波函数。因为价电子和芯电子要正交，所以把式（2-51）与芯电子做内积：

$$0 = \langle\phi_m|\phi\rangle = \langle\varphi_m|\chi\rangle + \sum_n a_n\langle\phi_m|\phi_n\rangle = \langle\phi_m|\chi\rangle + a_m \tag{2-52}$$

即

$$a_n = -\langle\phi_n|\chi\rangle$$

把上式代入式（2-51）得

$$|\psi\rangle = |\chi\rangle - \sum_n \langle\phi_n|\chi|\phi_n\rangle \tag{2-53}$$

把该波函数代入薛定谔方程 $\hat{H}|\psi\rangle = E|\psi\rangle$，得

$$\hat{H}\Big(|\chi\rangle - \sum_n\langle\phi_n|\chi\rangle|\phi_n\rangle\Big) = E\Big(|\chi\rangle - \sum_n\langle\phi_n|\chi\rangle|\phi_n\rangle\Big)$$

$$(\hat{T}+\hat{V})|\chi\rangle - \sum_n E_n|\phi_n\rangle\langle\phi_n|\chi\rangle = E|\chi\rangle - \sum_n E|\phi_n\rangle\langle\phi_n|\chi\rangle$$

$$\hat{T}|\chi\rangle + \hat{V}|\chi\rangle + \sum_n(E-E_n)|\phi_n\rangle\langle\phi_n|\chi\rangle = E|\chi\rangle$$

$$(\hat{T}+\hat{V}^{\mathrm{PS}})|\chi\rangle = E|\chi\rangle \tag{2-54}$$

其中

$$\hat{V}^{\mathrm{PS}} = \hat{V} + \sum_n(E-E_n)|\phi_n\rangle\langle\phi_n|$$

就是赝势。

2.1.7.3 模守恒赝势和超软赝势

赝势方法的形式不是唯一的，早期的赝势一般都依赖于经验参数，通过实验结果来拟合一些参数。而现代的赝势则尽量不用经验参数，即所谓的从头算赝势。赝势是用来替代原子核和价电子之间的真实库仑势，所以需要针对每一个元素分别产生相应的赝势。赝势一方面要能够尽量产生平滑的赝波函数，从而降低平面波基组的数目；另一方面也需要考虑迁移性（transferability)，即当把赝势用于各种不同材料中时，都能得到合理的结果。

目前在密度泛函计算中常用的赝势有模守恒赝势（NCPP，Norm Conserving Pseudopotential）和超软赝势（USPP，Ultrasoft Pseudopotential）两种。

模守恒赝势最早由 D. R. Hamann 等在 1979 年提出，它要满足 4 个条件：（1）赝势哈密顿的能量本征值要和全电子薛定谔方程求解的能量本征值相同；（2）赝波函数没有节点；（3）在一定的截断半径（r_c）之外（$r>r_c$），赝波函数和全电子波函数完全相同；（4）在截断半径之内，赝波函数和全电子波函数的模的积分相等，即电荷数要守恒，这也就是模守恒条件，这样可以保证在截断半径之外的静电势不变。一般来说，还要求赝波函数和真实波函数对数的导数相等，但实际上模守恒条件直接可以保证它们的导数相等，所以不单独列出。

赝势如图 2-1 所示，相比于真实的势能和波函数（虚线），赝势不会发散（实线），在赝势下求解得到的波函数也更加平滑，没有节点。在截断半径之外，赝势、赝波函数与真实的势能和波函数都是严格一致的。

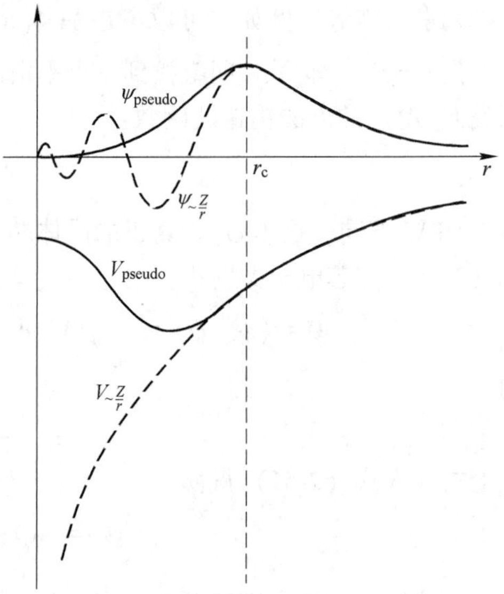

图 2-1　赝势的示意图

模守恒赝势由于有模守恒的限制，使得有些情况下赝波函数并不会太“平滑”。如图 2-1 所示，实线分别表示氧的 2p 轨道的全电子波函数和赝势波函数，因为氧的 2p 轨道本身就没有节点，但因为存在模守恒条件，所以模守恒赝势并不能有效平滑波函数。如果去掉模守恒条件，则有可能进一步软化真实的波函数，如图 2-1 虚线所示就是 Vanderbilt 在 1990 年提出的超软赝势（USPP）。当然由于去掉了模守恒条件，USPP 在形式上相对复杂一些，在计算电荷密度时需要进行补偿。目前模守恒赝势和超软赝势都在使用，对于平面波基组而言，使用超软赝势可以降低截断能，计算速度快。但是如果是数值原子轨道基组，则并不需要使用超软赝势，往往还可以使用模守恒赝势。

赝势的构造一般包括以下几个过程：（1）求解单个原子的薛定谔方程，得到全电子波函数；（2）确定哪些电子作为芯电子，哪些作为价电子；（3）构造一个赝波函数的数学形式，如可以采用一个多项式，使其满足一些条件，如本征值相同、截断半径外波函数相等、电荷相等、对数和能量导数相等；（4）反向代入原子薛定谔方程，获得赝势。

赝势的产生往往需要丰富的经验积累，产生的赝势一般需要严格的测试才能用于实际计算。一个好的赝势应该有较高的计算精度、较低的计算量和良好的可移植性。

2.1.7.4　PAW 方法

赝势平面波和缀加波方法是两大类电子结构计算的有效方法。1994 年，P. E. Blöchl 提出了另外一种方法，即投影缀加波（PAW，Projector Augmented Wave）方法。这种方法引入一个线性变换的算符 $\hat{T}$，把振荡剧烈的电子波函数变换到一个比较平缓的赝波函数上，直接采用纯平面波基组求解一个变换后的 Kohn-Sham 方程。考虑一个变换算符 $\hat{T}$，

可以把赝波函数 $|\widetilde{\psi}_n\rangle$ 变换到真实的全电子的 Kohn-Sham 单粒子波函数 $|\psi_n\rangle$：

$$|\psi_n\rangle = \hat{T}|\widetilde{\psi}_n\rangle \tag{2-55}$$

而变换后的 Kohn-Sham 方程为

$$\hat{T}^{\dagger}\hat{H}\hat{T}|\widetilde{\psi}_n\rangle = E_n \hat{T}^{\dagger}\hat{T}|\widetilde{\psi}_n\rangle$$

因为赝波函数比较平缓，所以上述 Kohn-Sham 方程的求解完全可以使用纯平面波基组，过程与赝势平面波方法类似。但是 PAW 方法的好处是一旦获得赝波函数，便可以通过式（2-55）得到真实的波函数。

与赝势方法类似，赝波函数和真实波函数在一定的截断半径（r_c）之外是完全一致的，所以变换算符 $\hat{T}$ 主要集中在原子核附近：

$$\hat{T} = 1 + \sum_a \hat{T}^a$$

式中，a 为原子指标；$\hat{T}^a$ 定义为 a 原子的半径 r_c 范围内，在 PAW 方法中称为缀加区域（augmentation region），其实就是 APW 方法中的 Muffin-tin 球内区域。$\hat{T}^a$ 的作用就是在球内把赝波函数变换到真实波函数。把投影算符代入式（2-55）得

$$\psi_n(\boldsymbol{r}) = \left(1 + \sum_a \hat{T}^a\right)\widetilde{\psi}_n(\boldsymbol{r}) \tag{2-56}$$

引入在缀加区域内的全电子分波函数（all-electron partial wave）$\phi_i^a(\boldsymbol{r})$ 和赝分波函数（pseudo partial wave）$\widetilde{\phi}_i^a(\boldsymbol{r})$。而 $\hat{T}^a$ 算符可以实现对它们的转换：

$$\phi_i^a(\boldsymbol{r}) = (1 + \hat{T}^a)\widetilde{\phi}_i^a(\boldsymbol{r})$$

即

$$\hat{T}^a\widetilde{\phi}_i^a(\boldsymbol{r}) = \phi_i^a(\boldsymbol{r}) - \widetilde{\phi}_i^a(\boldsymbol{r}) \tag{2-57}$$

赝分波函数 $\widetilde{\phi}_i^a(\boldsymbol{r})$ 在 r_c 之外必须与全电子分波函数完全一致，而在 r_c 之内要求变化平坦，且可以构成一组基函数。赝波函数可以写成赝分波函数的线性组合（在缀加区域内）：

$$\widetilde{\psi}_n(\boldsymbol{r}) = \sum_i C_{ni}^a \widetilde{\phi}_i^a(\boldsymbol{r}) \tag{2-58}$$

在此选择一个投影函数（projector function），它和赝分波函数正交，$\langle\hat{p}_i^a | \widetilde{\psi}_n\rangle = \delta_{ij}$，所以

$$C_{ni}^a = \langle\hat{p}_i^a | \widetilde{\psi}_n\rangle \tag{2-59}$$

根据式（2-56）~式（2-59），得

$$\begin{aligned}\psi_n(\boldsymbol{r}) &= \widetilde{\psi}_n(\boldsymbol{r}) + \sum_a \hat{T}^a \sum_i C_{ni}^a \widetilde{\phi}_i^a(\boldsymbol{r}) \\ &= \widetilde{\psi}_n(\boldsymbol{r}) + \sum_a \sum_i \hat{T}^a \widetilde{\phi}_i^a(\boldsymbol{r}) C_{ni}^a \\ &= \widetilde{\psi}_n(\boldsymbol{r}) + \sum_a \sum_i (\phi_i^a(\boldsymbol{r}) - \widetilde{\phi}_i^a(\boldsymbol{r}))\langle\hat{p}_i^a | \widetilde{\psi}_n\rangle\end{aligned} \tag{2-60}$$

这就是 PAW 方法中真实波函数和赝波函数之间的关系。一旦通过求解得到赝波函数山 $\widetilde{\psi}_n(\boldsymbol{r})$，再结合全电子分波函数 $\phi_i^a(\boldsymbol{r})$、赝分波函数 $\widetilde{\phi}_i^a(\boldsymbol{r})$ 以及投影函数 $\hat{p}_i^a$，就可以得到真实的波函数 $\psi_n(\boldsymbol{r})$。实际上由式（2-60）可知，式（2-55）中的投影算符 $\hat{T}$ 可以写成：

$$\hat{T} = 1 + \sum_i \left(|\phi_i^a(\boldsymbol{r})\rangle - |\widetilde{\phi}_i^a(\boldsymbol{r})\rangle \right) \langle \hat{p}_i^a |$$

为了更好地理解式（2-60）的含义，定义新的全电子波函数：

$$\psi_n^a(\boldsymbol{r}) = \sum_i \langle \hat{p}_i^a | \widetilde{\psi}_n \rangle \phi_i^a(\boldsymbol{r})$$

这里是对所有的全电子分波函数的求和，所以 $\psi_n^a(\boldsymbol{r})$ 可以看成是原子 a 的缀加区域内的全电子 Kohn-Sham 波函数，它具有剧烈的振荡。类似地也可以定义新的赝波函数：

$$\widetilde{\psi}_n^a(\boldsymbol{r}) = \sum_i \langle \hat{p}_i^a | \widetilde{\psi}_n \rangle \widetilde{\phi}_i^a(\boldsymbol{r})$$

这里是对缀加区域内的赝分波函数的求和。所以式（2-60）可以写成

$$\psi_n(\boldsymbol{r}) = \widetilde{\psi}_n(\boldsymbol{r}) + \sum_a \psi_{xn}^a(\boldsymbol{r}) - \sum_a \widetilde{\psi}_n^a(\boldsymbol{r})$$

这个公式表明实际的全电子 Kohn-Sham 波函数可以分成整体变换平缓的赝波函数，加上每个原子核附近缀加区域内的变化剧烈的全电子波函数，再减去每个原子核附近缀加区域内的变化平缓的赝波函数。

PAW 方法提出后已经在多个程序中实现，如 CP. PAW、Abinit 和 VASP 等。PAW 方法在形式上与赝势方法类似，所以 VASP 程序中可以同时支持超软赝势和 PAW 方法计算。一些对比计算表明大部分情况下两种方法的计算结果接近，但是在一些情况下，如计算磁性能量，PAW 方法比超软赝势具有更高的精度，基本与全电子计算（LAPW 方法）一致。

2.1.8　交换关联势

基于密度泛函理论的 Kohn-Sham 方程，其核心思想是把多粒子的相互作用归结到交换关联能 E_{xc} 这一项中。这里，交换能的概念原则上在 Hartree-Fock 方程中已有明确表达式，但是其中的积分比较复杂，计算量较大。而关联能的形式甚至是未知的，对于比较简单的均匀电子气，维格纳已经尝试写出了关联能关于电子密度的函数形式，见式（2-20），但并没有类似交换能那样更加准确的表达式。因此，实际上我们通常只考虑交换能和关联能两者的加和，把它们作为一项来统一处理。此时，自由电子气仍然是一个合理的出发点。

局域密度近似（LDA，Local Density Approximation）是最早提出用来处理交换关联势的一种方法，最早的思想在 Thomas-Fermi-Dirac 理论中已经体现。局域密度近似认为交换关联项只与局域的电荷密度有关，局域密度近似虽然简单，却取得了出人意料的成功，事实上对于大部分材料都可以得到合理的结果。

如果考虑到电荷分布的不均匀性，特别是在一些局域电子的系统中，需要引入电荷密度的梯度（即不均匀的程度），即广义梯度近似（GGA，Generalized Gradient Approximation）。交换关联能量泛函最简单且最早提出来的近似是局域密度近似，它假设

非均匀电子气的电子密度改变是缓慢的，在任何一个小体积元内的电子密度，可以近似看作均匀的无相互作用的电子气，所以交换关联能表示为

$$E_{xc}^{LDA} = \int \rho(\boldsymbol{r})\, \epsilon_{xc}[\rho(\boldsymbol{r})] \mathrm{d}\boldsymbol{r}$$

式中，$\epsilon_{xc}[\rho(\boldsymbol{r})]$ 是密度为 ρ 的均匀电子气的交换关联能密度。

由此相应的交换关联势写成

$$V_{xc}^{LDA}[\rho(\boldsymbol{r})] = \frac{\delta E_{xc}^{LDA}}{\delta\rho} = \epsilon_{xc}[\rho(\boldsymbol{r})] + \rho(\boldsymbol{r}) \frac{\delta \epsilon_{xc}[\rho(\boldsymbol{r})]}{\delta\rho}$$

如果知道 $\epsilon_{xc}[\rho(\boldsymbol{r})]$ 的具体形式，就可以得到交换关联能和交换关联势。目前最常用的方案是 Ceperley 和 Alder 等基于量子蒙特卡罗方法，通过精确的数值计算拟合得到的形式：

$$\epsilon_{xc}[\rho(\boldsymbol{r})] = \epsilon_x + \epsilon_c = -\frac{0.9164}{r_s} + \begin{cases} -\dfrac{0.2846}{(1 + 1.0529\sqrt{r_s} + 0.3334 r_s)}, & r_s \geqslant 1 \\ -0.096 + 0.0622 \ln r_s - 0.00232 r_s + 0.004 r_s \ln r_s, & r_s < 1 \end{cases} \tag{2-61}$$

其中，$r_s = \left(\dfrac{3}{4\pi\rho}\right)^{1/3} = 1.919 k_F$，且 $k_F = (3\pi^2\rho)^{1/3}$。一般我们称之为 CA 形式的 LDA，事实上还有其他人提出的形式，但最常用的就是 CA-LDA。

LDA 的出发点是认为电子密度改变比较缓慢，在典型的金属中的确是这样的。事实上，LDA 在很多实际系统（如具有共价键的半导体材料）中都可以得到合理的结果。但是，LDA 通常会高估结合能及低估键长和晶格常数，而对于绝缘体或者半导体，LDA 总是会严重低估它们的能隙（可以达到 50%左右）。

考虑到空间电子密度的不均匀性，一个自然的改进就是把这种不均匀性也加入交换关联势中，考虑其电子密度的梯度，这就是所谓的广义梯度近似。具有如下的形式：

$$E_{xc}^{GGA} = \int \rho(\boldsymbol{r})\, \epsilon_{xc}(\rho(\boldsymbol{r}), |\nabla\rho(\boldsymbol{r})|) \mathrm{d}\boldsymbol{r}$$

GGA 构造的形式更为多种多样，主要包括 PW91 和 PBE 等。总的来说，GGA 在有的方面比 LDA 有所改善，但 GGA 并不总是好于 LDA，如 GGA 通常会高估晶格常数，而且 GGA 同样也有严重低估能隙的问题。在 GGA 基础上发展起来的 meta-GGA 包含密度的高阶梯度，如 PKZB 泛函就在 GGA-PBE 基础上包含占据轨道的动能密度信息，而 TPSS 则是在 PKZB 泛函基础上提出的一种不依赖于经验参数的 meta-GGA 泛函。除了 LDA、GGA 之外，还有一类称为杂化泛函的交换关联势，它采用杂化的方法，将 Hartree-Fock 形式的交换泛函包含到密度泛函的交换关联项中：

$$E_{xc} = c_1 E_x^{HF} + c_2 E_{xc}^{DFT}$$

其中前一项就是 Hartree-Fock 形式的交换作用，后一项代表 LDA 或者 GGA 的交换泛函。例如，PBE0 杂化泛函包括 25%的严格交换能、75%的 PBE 交换能和全部的 PBE 关联能：

$$E_{xc}^{PBE0} = 0.25 E_x + 0.75 E_x^{PBE} + E_c^{PBE}$$

再例如 HSE 杂化泛函具有如下的形式：

$$E_{xc}^{HSE} = 0.25 E_x^{SR}(\mu) + 0.75 E_x^{PBE,SR}(\mu) + E_x^{PBE,LR}(\mu) + E_c^{PBE}$$

一般认为，至少在能量、能隙计算方面，杂化泛函可以得到比常规交换关联势更好的结果，但是杂化泛函计算量非常大。在一些高精度的计算中，特别是对一些能隙大小敏感的物理量的计算中，最好使用杂化泛函计算来验证计算结果。

总的来说，交换关联势仍然处于不断的发展中，到现在还有不少文章提出新的泛函形式。泛函的发展包含越来越多的信息，同时也变得越来越精确。例如在 2015 年，Sun、Ruzsinszky 和 Perdew 等提出了一种新的 meta-GGA 泛函：SCAN（Strongly Constrained and Appropriately Normed）泛函。该泛函在固体各种性质的计算中会比 LDA 和 GGA 有很大的改进，几乎达到了杂化泛函的程度，但计算量却远小于杂化泛函。

2.1.9 VASP 程序的基本功能和常见参数

VASP 是 Vienna Ab-initio Simulation Package 的缩写，VASP 目前主要由奥地利维也纳大学的 Georg Kresse 教授负责开发和维护。VASP 最早是基于 Mike Payne 编写的一个程序，与 CASTEP/CETEP 程序同源，但现在的 VASP 已经完全重写了所有的代码。1989 年 Jurger Hafner 从剑桥把程序带到维也纳，1991 年 VASP 基于此代码开始开发，1992 年增加 USPP 功能，1995 年正式确定 VASP 这个名字，并已经成为一个稳定的多功能第一性原理程序，1996—1998 年 MPI 并行功能完成，1997—1999 年 PAW 功能完成。

VASP 基于超软势和平面波基组，同时也是比较早支持 PAW 方法的第一性原理程序。VASP 程序功能强大、计算速度快、精度高、稳定性好、易于使用，所以它是目前所有第一性原理计算程序中使用最为广泛的程序，截至 2023 年 4 月，VASP 目前最新的版本是 VASP. 6. 4. 1。它的特色包括：

（1）采用 PAW 或者 USPP，基组较小，通常不超过 100 个平面波/原子。

（2）高效对角化方法，计算速度快，最大可以处理约 4000 个价电子。

（3）收敛性好，收敛速度快。

（4）提供元素周期表中几乎所有元素的势库和 PAW 库，而且这些库都经过仔细测试。

（5）支持多种计算平台。

（6）商业软件，但提供全部源代码。

（7）Fortran90 编写，MPI 并行，支持 k 点并行。

VASP 功能非常强大，主要包括：

（1）周期性边界条件处理三维晶体系统，利用超原胞方法可以处理原子、分子、纳米线、薄膜和表面等低维系统。

（2）交换关联势：LDA、GGA、meta-GGA。

（3）Hartree-Fock 和杂化泛函计算，包括 HSE06 和 PBEO 等。

（4）L(S) DA+U 计算。

（5）多种范德瓦尔斯相互作用修正。

（6）电子结构：态密度、能带、ELF、电荷密度、波函数以及轨道投影的电子结构。

（7）Born-Oppenheimer 分子动力学计算。

（8）结构优化：优化原胞角度、晶格常数和原子坐标。

（9）NEB 过渡态搜索。

（10）线性响应：静态介电常数、玻恩有效电荷、压电系数张量。

（11）光学性质：含频率的介电常数张量。

（12）GW 准粒子方法：Bethe-Salpeter 方程。

（13）晶格动力学性质：力常数和 F 点的声子频率。

（14）磁性：共线、非共线磁结构；磁结构限制计算。

（15）自旋轨道耦合。

（16）外加电场。

（17）贝里（Berry）相位方法计算电极化。

（18）MP2 计算。

（19）部分功能支持 GPU 计算。

（20）晶体结构和磁结构对称性分析。

VASP 并不是一个免费的程序，用户必须购买使用版权。但 VASP 提供全部的源代码，用户可以在此基础上作出修改，以实现自己所需的功能。另外，VASP 还提供一套包含几乎所有元素的高精度的超软势库和 PAW 势文件库，用户可以直接使用这些势文件且基本都能获得合理的结果。

VASP 一般都在 Linux 系统下安装，用户需要准备 Fortran 和 C 语言编译器、MPI 并行库和数学库，推荐使用 Intel 的 Fortran 和 C 语言编译器、IntelMPI 并行库和 MKL 数学库。

接下来简要介绍 VASP 程序的输入输出文件，更为详细和全面的解释可参考 VASP 使用手册。

VASP 程序基于密度泛函理论，与其他第一性原理程序相似，其主要的输入信息就是晶体结构。当然不同的程序设计思路不同，所需要的文件格式也会不同。一般来说，VASP 需要 4 个输入文件，它们都是文本文件，且这 4 个文件的文件名是固定的。

（1）INCAR：这个文件是 VASP 的核心输入文件，也是最为复杂的输入文件。它决定 VASP 需要算什么，以什么样的精度计算等关键信息。INCAR 文件包含大量的参数，但很多都有默认值。

（2）POSCAR：这个文件包含原胞和原子坐标信息，还可以有初始速度等信息。

（3）KPOINTS：这个文件包含倒易空间 $\boldsymbol{k}$ 点网格的坐标和权重。从版本 5.2.12 起，这个文件可以省略，但需要在 INCAR 文件中设置 KSPACING 和 KGAMMA 参数。KPOINTS 文件有多种格式，以适应不同的计算任务。

（4）POTCAR：这是超软赝势或者 PAW 势函数文件。VASP 提供了元素周期表中几乎所有元素的势文件。在计算含有多种元素的材料时，需要根据元素在 POSCAR 中出现的顺序，把多个原子的 POTCAR 文件拼接在一起，生成一个晶体对应的 POTCAR 文件。

接下来将介绍最重要的输入文件：INCAR，该文件的设置最为复杂，参数很多，这里只对其中一些重要的参数做简单介绍，完整的介绍见 VASP 手册。

虽然 INCAR 文件包含的参数众多，但绝大部分都有默认值，甚至一个空白的 INCAR 文件也能使 VASP 进行计算，但这样只能完成最简单的任务。一般建议在任何计算任务中均手动设置以下几个重要参数。

（1）SYSTEM：计算任务名称，用户自己指定，这个参数不影响任何计算结果。

（2）ENCUT：平面波截断能，决定平面波的个数，即基组的大小。这是一个非常重要的参数，决定了计算的精度。ENCUT 越大，计算精度越高，但计算量会越大。VASP 可以直接从 POTCAR 中得到每个元素默认的截断能，并取最大值作为整个计算 ENCUT 的默认值。但是仍然建议用户手动输入该数值。原则上最好测试截断能与所关心的物理量之间的关系，以确保结果可靠。如果计算量允许，建议设置 ENCUT 为默认值的 1.3 倍。特别是在做变原胞的结构优化时，必须提高 ENCUT 至默认值的 1.3 倍。

（3）EDIFF：控制自洽优化收敛的能量标准，即前后两次总能量差如果小于这个值，则认为自洽已经完成。默认值为 10^{-4}eV。

（4）ISMEAR 和 SIGMA：这两个参数决定在做布里渊区积分时，如何计算分布函数。ISMEAR 常用的选择为 0、1、2 和−5。其中 ISMEAR=0 表示使用 Gaussian 展宽，一般用于半导体或绝缘体，同时设置展宽大小 SIGMA 为一个较小的值，如 0.05eV。ISMEAR=1 或者 2 表示 Methfessel-Paxton 方法，一般用于金属体系，同时可设置一个较大的 SIGMA 值，如 0.2eV，保证 VASP 计算的熵（entropy）一项的值小于 1meV/atom。在半导体和绝缘体中避免使用 ISMEAR>0。ISMEAR=−5 表示四面体积分，一般适合于高精确的总能量和态密度计算。四面体积分不需要设置 SIGMA 值。但是四面体积分方法在 k 点特别少时（如只有 1 个或者 2 个），或者在一维体系中不适用，而且四面体积分在金属体系做结构优化时会有明显误差（计算金属材料的力时会有 5%~10%的误差）。综上，建议在金属中使用 ISMEAR=1 或者 2，SIGMA=0.2 左右；在半导体或者绝缘体中使用 ISMEAR=0，SIGMA=0.05 左右。计算态密度时使用 ISMEAR=−5，同时不设置 SIGMA。默认值为 ISMEAR=1 和 SIGMA=0.2。

（5）NBANDS：能带数目，通常不用设置，VASP 会根据原胞中的电子数和离子数决定总的能带数。但在有的计算中，如计算光学性质时，需要手动增加能带数。

（6）ISPIN：自旋极化计算开关。默认值为 ISPIN=1，即做非磁性计算；ISPIN=2，做自旋极化计算。如果做非共线磁结构计算（LNONCOLLINEAR=.TRUE.），则不需要设置 ISPIN 参数。

（7）MAGMOM：做磁性计算时的初始磁矩。在 ISPIN=2 时，每一个原子设置一个数值，中间用空格分开。如果是非共线磁结构（LNONCOLLINEAR=.TRUE.）计算，则每一个原子需要设置 3 个数值，表示一个矢量。VASP 计算中会自动优化磁矩的大小和方向。MAGMOM 参数只能用于没有提供初始电荷密度和波函数文件的初算（即从头算起），或者用于有非磁波函数和电荷密度文件时的续算。后者意思是，先做一个非磁计算，保留电荷密度和波函数，然后设置 ISPIN=2，ICHARG=1，MAGMOM=…参数开始磁性计算。从 VASP 4.4.4 版本开始，VASP 还会考虑磁结构的对称性。默认值为所有原子或者每个原子每个方向都具有 1μ_B 的磁矩。

（8）ISTART：决定 VASP 程序是否在开始时读入波函数，常用的设置有 0、1 和 2。其中 ISTART==0 代表从头开始计算，不读入波函数文件。ISTART=1 代表读入已有波函数，并继续计算，此时新计算的原胞大小和形状可以和已有波函数中的不同，截断能也可以不同；ISTART=2 也代表读入已有波函数，但截断能和原胞都不能改变。ISTART 有默认设置，如果 VASP 程序开始时没有找到波函数 WAVECAR，则 ISTART=0；否则为 1。因此通常不需要设置这个参数。

（9）ICHARG：决定 VASP 程序是否在开始时读入电荷密度，常用的设置有 0、1、2

和 11。其中 ICHARG=0 代表从初始的轨道计算电荷密度；ICHARG=1 代表读入已有电荷密度文件 CHGCAR，并开始新的自洽计算；ICHARG=2 代表直接使用原子电荷密度的叠加作为初始密度；ICHARG=11 代表读入已有电荷密度，并进行非自洽计算，通常用于电子能带和态密度计算，在此过程中电荷密度保持不变。在非自洽计算时，特别是在做 LDA+U 计算时，建议设置 LMAXMIX=4（对于 d 轨道元素）或者 6（对于 f 轨道元素）。

（10）NELM、NELMIN 和 NELMDL：NELM 为电子自洽的最大步数，默认值为 60。NELMIN 为电子自洽的最小步数，默认值为 2，在分子动力学或者结构优化时，可以考虑增大至 4~8。NELMDL 为非自洽的步数，主要用于从随机波函数开始自洽的情况，正值表示每一次电子自洽时都会延迟更新电荷密度，而负值表示只有第一次自洽时才做延迟，一般建议为负值。默认值为-5、-12 或者 0。

（11）EDIFFG：设定结构优化的精度。当 EDIFFG 为正值时，表示前后两次离子运动的总能量差小于 EDIFFG 时结构优化停止；而 EDIFFG 为负值时，表示当所有离子受力小于 EDIFFG 的绝对值时结构优化停止。默认值为 EDIFFG 的 10 倍，是正值，但建议总是使用力作为收敛条件，即建议设置 EDIFFG 为负值，如-0.02，单位为 eV/A。特别在做声子计算时，对原子平衡位置的受力非常敏感，建议结构优化时设置 EDIFFG 为-0.001eV/A，甚至更小。

（12）NSW：离子运动的最大步数，在做结构优化或者分子动力学中设置。默认值为 0，即离子不动。

（13）IBRION 和 NFREE：决定离子如何运动。IBRION=-1 表示离子不动；IBRION=0 表示第一性原理分子动力学模拟；IBRION=1 表示采用准牛顿法进行结构优化；IBRION=2 表不使用共轨梯度法进行结构优化；IBRION=3 表示阻尼分子动力学计算；IBRION=5 和 6 表示使用差分方法计算力常数和晶格振动频率（Gamma 点），其中 IBRION=5 不考虑晶体对称性，而是使所有原子沿着 3 个方向 x、y、z 都分别做小的位移，计算 $3N$ 次能量（VASP 4.5 以上版本支持）；而 IBRION=6 则考虑晶体对称性，只要移动不等价的原子和方向即可（VASP 5.1 以上版本支持）。当 IBRION=6 且 ISIF>3 时，VASP 还可以计算弹性常数，此时一般需要提高平面波截断能。额外设置 LEPSILON=.TRUE，或者 LCALCEPS=.TRUE，还可以计算玻恩有效电荷、压电常数和离子介电常数；IBRION=7 和 8 功能和 IBRION=5 和 6 类似，但采用密度泛函微扰理论计算力常数，同样 IBRION=7 不考虑晶体对称性，而 IBRION=8 考虑对称性。IBRION=5 或 6 时，NFREE 决定离子在每个方向上移动的次数，移动的距离由 POTIM 决定。如果 NFREE=1，则表示在 x、y 或者 z 方向上都只做一次小的位移；如果 NFREE=2，表示离子在 x、y 或者 z 方向上都做一次正的和一次负的小位移（即移动两次）；如果 NFREE=4，则表示在 x、y 或者 z 方向上都要做 4 次小的位移。

（14）POTIM：在分子动力学计算（IBRION=0）时，POTIM 为时间步长，单位为 fs（飞秒），此时没有默认值。结构优化计算（IBRION=1，2，3）时，POTIM 为力的缩放因子，默认值为 0.5。在 IBRION=5 或者 6 时，POTIM 决定离子移动的步长，单位为 A。

（15）ISIF：确定应力张量计算以及原子和原胞的优化情况。ISIF=0 表示不计算应力张量，因为应力张量计算比较耗时，所以在分子动力学模拟中默认不计算应力张量。在结构优化时，ISIF=1，只计算总的应力，此时只优化离子位置，不改变原胞的体积和形状。

ISIF=2~7 时，计算应力张量，其中 ISIF=2 表示只优化离子位置，不改变原胞的体积和形状；ISIF=3 表示同时优化离子位置、原胞形状和体积；ISIF=4 表示同时优化离子位置和原胞形状，但保持原胞体积不变；ISIF=5 表示不优化离子位置和原胞体积，只改变原胞形状；ISIF=6 表示不优化离子位置，但优化原胞形状和体积。在结构优化过程中比较常用的是 ISIF=2 或者 3。另外对于原胞体积变化的计算需要增加平面波截断能。

（16）LORBIT：决定输出 PROCAR、PROOUT 和 DOSCAR 文件的格式。不同的 LORBIT 表示输出不同的文件以及文件中包含的内容。详见 VASP 手册中的表格。

2.2 第一性原理计算在二维纳米材料中的应用实例

众所周知，二维材料兴起和发展的开端是石墨烯（graphene）的发现，该材料引起极为轰动的效应，各个领域的研究者纷纷将目光投向了这一新兴的二维材料，无数优秀的工作也因此而诞生。除了石墨烯之外，诸如六方氮化硼（h-BN）、过渡金属硫化物（TMDs）和黑磷（BP）等原子层晶体，它们也是类似于石墨烯结构的二维材料。在本章中，我们以石墨烯的研究情况为例进行介绍，因为石墨烯是二维材料研究的开端和前沿，几乎很多工作都是以这个材料为出发点，又或者受到了这个材料的启发而开展的。

接下来，我们将以石墨烯为例，介绍第一性原理计算在二维纳米材料中的应用，主要内容包括：（1）石墨烯的本征力学性质；（2）石墨烯的基本电子结构；（3）石墨烯中的磁性；（4）Material Studio 中石墨烯的建模；（5）Linux 系统操作基础；（6）利用 VASP 计算石墨烯能带、态密度。其中（1）~（3）是石墨烯的部分研究情况，（4）~（6）是上机实验。

2.2.1 石墨烯的本征力学性质

虽然石墨烯 C_6对称性的晶格使得其弹性力学性质应该是各向同性的，但是理论计算模拟的结果显示，石墨烯的断裂行为是各向异性的。

利用基于 AIREBO 原子势的分子动力学（MD）模拟计算石墨烯纳米带应力-应变曲线时发现，当沿 Z 字形（zigzag，简称为 ZZ）方向拉伸时，其断裂强度为 107GPa；而当沿扶手椅方向（armchair，简称为 AC）方向拉伸时，其断裂强度仅为 90GPa。对应地，在 ZZ 和 AC 方向上断裂应变分别为 0.13 和 0.20，而 ZZ 和 AC 方向最大的柯西（Cauchy）应力分别为 102GPa 和 129GPa。

各向异性的断裂行为，首先可以直观地从石墨烯在不同方向应力下的结构取向看出来。如图 2-2（a）所示，当应力沿着 AC 方向时，正好和 A 类键平行；而当应力沿着 ZZ 方向时，和应力方向最靠近的 B 类键与其成 30°角。当石墨烯发生断裂时，这些键将需要达到类似的键伸长长度。显然，应力沿着 AC 方向时，A 类键键长增加的幅度最快；而应力沿着 ZZ 方向时，A 类键与应力方向垂直，此时其键长变化最慢，如图 2-2（b）所示。同时，沿着 ZZ 方向拉伸时，其对应的角度变化比 AC 方向拉伸时显著增大，从而可以更大程度地缓解外加应力。这些结果都说明沿着 ZZ 方向石墨烯具有更大的断裂强度。当化学键基本沿着外加应力施加方向时，适用于均匀形变的柯西-玻恩（Cauchy-Born）守则可以用来定义键长增长率和断裂点时弹性形变的关系

$$\varepsilon_{bb}(\chi) = 2(\delta l/l)_{bb}\left[(1-\nu)+(1+\nu)\cos 2\chi\right]^{-1} \tag{2-62}$$

式中，ε_{bb} 为断裂应变；$(\delta l/l)_{bb}$ 为断裂点时独立键长增长率；ν 为泊松比；χ 为手性角，0°和 30°分别对应 AC 和 ZZ 两个方向。

利用式（2-62），可以得到断裂时 AC 和 ZZ 方向的应变比 $\varepsilon_{bb,AC}/\varepsilon_{bb,ZZ}$ 为 0.66，与 MD 模拟结果 0.68 非常接近。

在应力较小时，石墨烯纳米片也可以表现出手性依赖的力学性质，特别是弹性性质。

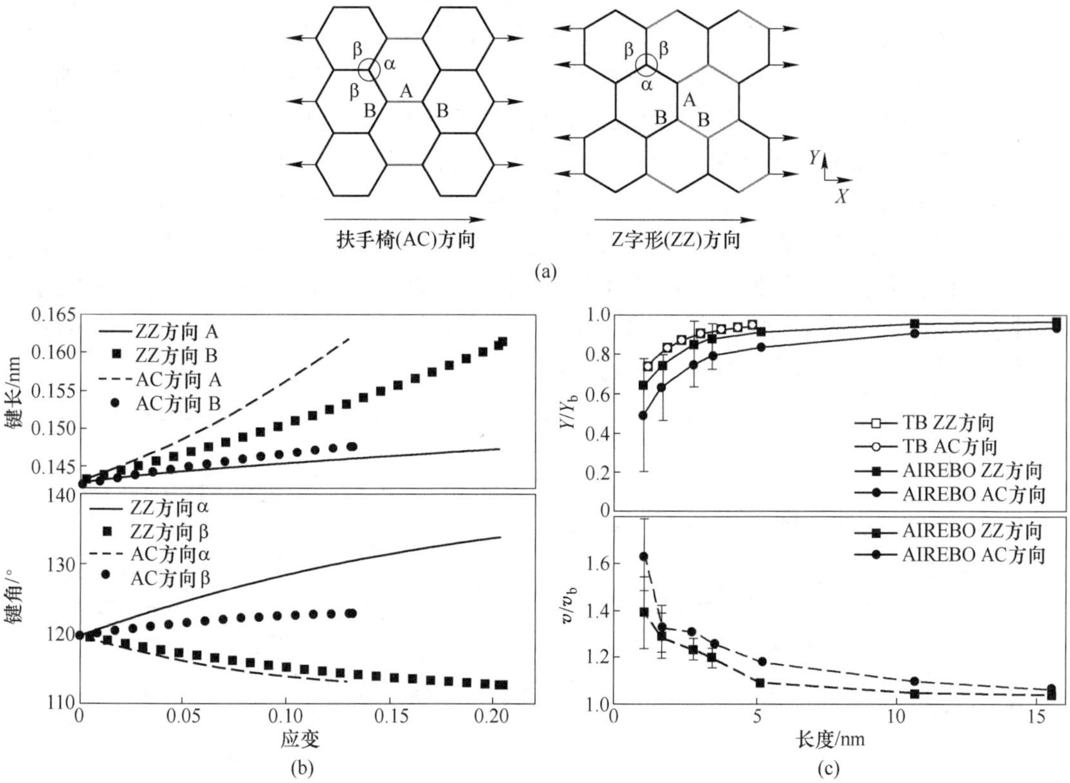

图 2-2 不同取向下的石墨烯纳米带在拉应力下的示意图（a）、不同应变下，键长和键角的变化关系（b）和归一化的杨氏模量和泊松比随着纳米带长度的变化关系（c）

图 2-2（c）所示为近正方形石墨烯纳米片沿 AC 和 ZZ 不同方向拉伸后得到的归一化杨氏模量和泊松比随着纳米片对角方向长度的变化关系。图中的空心数据点来自紧束缚（TB，Tight Binding）模拟结果。从这些结果中可以分析得到：（1）杨氏模量随着尺寸的增加逐渐增加，最后收敛于完美石墨烯的值（1.01TPa）；而泊松比则逐渐减小，最后收敛于完美石墨烯的值（0.21）。这些尺寸效应类似于一维碳纳米管的情况，但变化更加明显。（2）MD 模拟显示沿 ZZ 方向杨氏模量比沿 AC 方向更大，而泊松比沿 ZZ 方向更小。

更准确的第一性原理计算也得出了相同结论，通过利用结合应力-应变曲线和密度泛函微扰理论（DFPT）计算的声子谱，可以深入研究石墨烯的理想强度和声子不稳定性。一般而言，应力-应变曲线对应很大的计算体系，模拟的是波矢为（0，0）弹性波的不稳定情况，虽然可以得到断裂时对应的应变，但是在达到这一峰值应变之前，可能出现非零声子的不稳定性。例如，面心立方的 Al 在<110>、<100>和<111>等方向单轴压变下，有限波矢的声子不稳定性会在断裂峰值出现之前发生。同时，对声子不稳定时相应声子本征矢的分析对判定脆性还是塑性行为也具有重要的参考意义。

利用第一性原理得到的杨氏模量和泊松比分别为 1.05GPa 和 0.186，与上述的 AIREBO 势下的 MD 结果非常接近。沿 AC 和 ZZ 方向得到的断裂应变分别为 0.194 和 0.266，最大的柯西应变分别为 110GPa 和 121GPa。与 AIREBO 势相比，此时获得更高的强度可能与采用的局域密度近似有关。图 2-3（a）所示为当沿 AC 方向施加 0.18 的应变（小于断裂应变）时，所有的声子都是正值。此时，除了弯曲模式发生硬化外，大部分声子，特别是在沿 *M-X* 方向上的声子，发生显著的软化现象。当施加 0.194 的应变时，从声子能带中可以看到声子的不稳定性发生在 *Γ* 点，具有长波性质，如图 2-3（b）所示。当然，为了完全确定这样的不稳定性是弹性的，可以对整个布里渊区（Brillouin）的声子频率进行扫描，发现声子仅在 *Γ* 点附近变成负值，证实了这一结论。在这样的情况下，需要进一步分析不稳定模式的本征量，如果声子的极化位移 w 更倾向平行于波矢 k，则脆性的微裂缝容易出现；相反，如果声子的极化位移 w 更倾向垂直于波矢 k，则可能形成位错环等结构，促进塑性行为。对软膜对应的本征矢，如图 2-3（c）所示，分析发现此模式对应于纵波，易引起脆性形变。对沿 ZZ 方向施加应变进行类似的分析发现不稳定性也发生在 *Γ* 点，且声子极化位移 w 也平行于波矢。

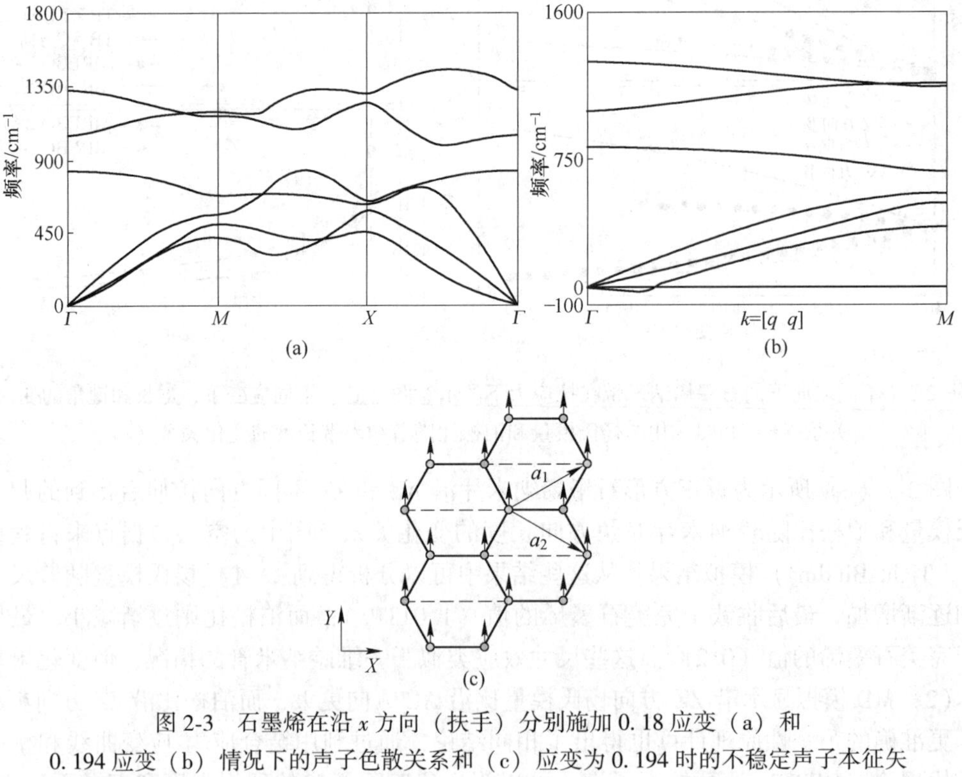

图 2-3 石墨烯在沿 x 方向（扶手）分别施加 0.18 应变（a）和 0.194 应变（b）情况下的声子色散关系和（c）应变为 0.194 时的不稳定声子本征矢

此外，石墨烯力学行为的另一个重要特点是，电子或者空穴掺杂可以进一步提高其力学断裂强度。如果将力学强度和化学键中的电子占据数直接关联，那么对分子体系而言，往成键轨道中添加电子或者从反键轨道中移除电子都将造成成键强度及断裂强度的显著增加。对三维体材料而言，由于化学键数目众多，在典型的掺杂浓度下这一效应将非常微弱；对二维体系而言，这一效应可以显著增强。掺杂对力学强度的影响可以直接通过计算一定掺杂条件下的声子能谱和应力-应变关系得到，对于二维石墨烯而言，电子和空穴掺杂对力学强度的增强分别为 13.4%和 16.8%[1-2]。

2.2.2 石墨烯的基本电子结构

石墨烯作为最早在实验中成功制备的二维单层材料，自其诞生之日便受到极为广泛的关注，其实验制备者曼彻斯特大学的 Geim 和 Novoselov 也因此获得 2010 年的诺贝尔物理学奖。在这样的背景下，其基本电子结构已经研究得十分透彻。石墨烯中的碳原子通过 1 个 s 轨道和 2 个 p 轨道之间的 sp^2 杂化在相互之间形成 S 键，而根据泡利原理，σ 键所对应的能带位于禁带的深处；相反的是未受影响的相邻碳原子 p 轨道之间形成 π 键和 π^* 键，其对应的能带跨越费米面，使石墨烯的能带结构中不存在带隙。

具体来说，在如图 2-4（a）所示的三维能带结构中，石墨烯的能带边缘（导带底和价带顶）在动量空间中的 6 个交点正好位于费米面上，并在这些点的邻域内形成锥状能带结构，于是这样的能带结构被称为狄拉克锥能带结构；而狄拉克锥的顶点则被称为狄拉克点。有趣的是，石墨烯能带结构中的狄拉克点正好位于第一布里渊区中 6 个 K 点和 K' 点所对应的位置，这意味着石墨烯的狄拉克锥能带性质在二维平面内具有较高的各向同性。在这些狄拉克点的邻域中，狄拉克锥在某一方向上的投影能带具有线性的色散特性，这一点在石墨烯能带结构中有着直观的体现，如图 2-4（b）所示。其中，导带底和价带顶在狄拉克沿 K-Γ 和 K-M 两个方向均具有线性的电子色散，通过拟合可以得到该线性电子色散的斜率。

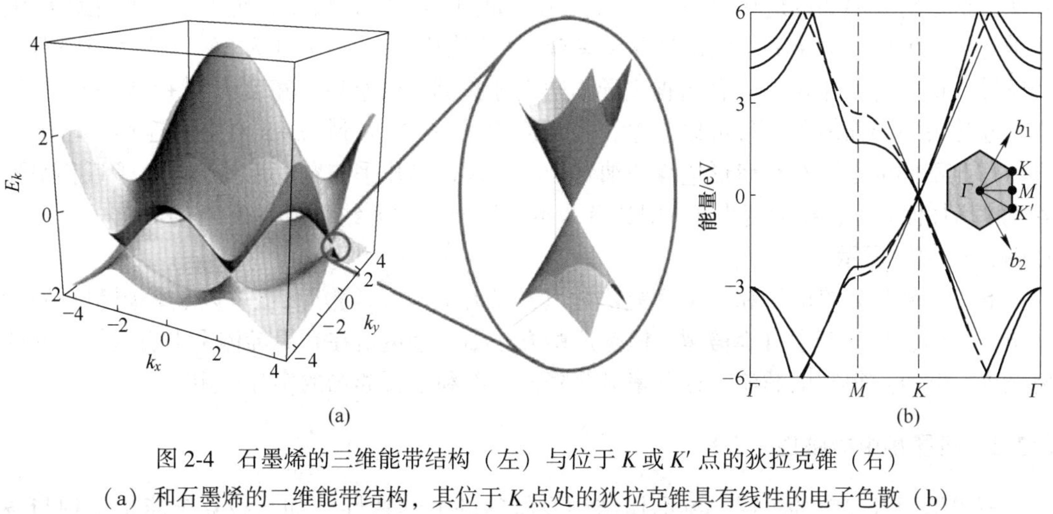

图 2-4 石墨烯的三维能带结构（左）与位于 K 或 K' 点的狄拉克锥（右）（a）和石墨烯的二维能带结构，其位于 K 点处的狄拉克锥具有线性的电子色散（b）

在电子能量为零的费米能级处，石墨烯的电子态密度也为零，同时考虑其能带结构中的狄拉克锥顶点也位于费米能级上，这些都表明石墨烯是一种二维半金属（semi-metal）材料。石墨烯中的电子能够在低温条件下被激发到导带，故在材料中形成可以自由运动的电子和空穴。石墨烯所具有的狄拉克锥能带结构和半金属性质使得其能够作为良好的高速电子器件材料。

虽然石墨烯具有极高的各向同性的载流子迁移率，但是石墨烯不是半导体，且在非低温的条件下存在较大的背景电流，这使得石墨烯在纳米半导体器件中的应用受到极大限制。基于石墨烯制作的场效应晶体管的开关比（on/off ratio）比较小，不能实现有效的关闭。为了解决这一问题，科学家通过理论计算和模拟预测了多种调制石墨基本电子结构的方法，以获得所需的电学性质并应用到实际中。石墨烯的电子结构可以通过纳米结构工程和施加应变等方法进行调制，达到实际应用的预期。

首先，将石墨烯制成纳米带是纳米结构工程中极具代表性的一种方法，它使得利用石墨烯的边缘效应（edge effect）来调控其电子结构成为可能。通过第一性原理计算发现，边缘氢化后的扶手形和锯齿形边缘的石墨烯纳米带均具有非零的直接带隙。在石墨烯纳米带结构中，由于纳米尺度的边缘效应不可忽略，使得在纳米带边缘处原子间成键特性发生较大改变。同时，边缘处的自旋自由度也使得锯齿形边缘的纳米带在费米面附近具有窄带边缘态，这意味着在边缘处极有可能出现磁性。具体来说，对于扶手形边缘的石墨烯纳米带而言，其边缘被氢化的碳原子之间的距离要比内部小，这使得边缘的 π 轨道间的跳跃积分函数变大，从而在纳米带的边缘处形成带隙。在两种边缘的石墨烯纳米带中，其带隙均随着纳米带宽度的增加而减小（纳米带的宽度一般由扶手或锯齿线的数目表示）。如图2-5（a）所示，扶手型纳米带的带隙随宽度呈现周期为3的振荡现象，在纳米带宽度先由 $3p$ 到 $3p+1$ 变化时带隙增大，而在宽度由 $3p+1$ 到 $3p+2$ 变化时带隙又减小，其中 p 为整数。而锯齿形边缘的石墨烯纳米带的能带结构如图2-5（b）所示，自旋向上和自旋向下通道在所有能带中存在简并而且具有同样大小的带隙，而且该带隙源自两个自旋通道分别占据的子晶格交换势间的差值。通过在石墨烯中制备纳米带结构还可以调控其中的载流子迁移率，这也对石墨烯的应用具有巨大的作用。如图2-5（c）所示，随着扶手型边缘的纳米带宽度的增加，电子和空穴的迁移率呈现交替周期振荡，在宽度为 $3k$（k 为大于等于3的整数）时，体系中电子迁移占据主导而空穴迁移率可以忽略；宽度为 $3k+1$ 与 $3k+2$ 时，空穴迁移占主导而电子迁移可以忽略，且宽度由 $3k+1$ 增大到 $3k+2$ 时空穴迁移率略微上升。与此不同的是，在锯齿形边缘的纳米带中空穴迁移几乎与宽度无关，而电子迁移率随着宽度增加而减少，在宽度为8（即具有8条锯齿线）时大约稳定在 $3.0\times10^3\text{cm}^2/(\text{V}\cdot\text{s})$，如图2-5（d）所示。

此外，施加外界电场和化学官能团化（或吸附原子）等方法也可以显著调制石墨烯的电子结构，使其产生自旋劈裂，但是这些方法不可避免地在石墨烯体系中引入了额外的复杂度，并且使得它的载流子迁移率显著降低，不利于石墨烯的实际应用[3-6]。

2.2.3 石墨烯中的磁性

石墨烯因其完美的单层二维晶体结构及特殊的电学特性（如狄拉克锥能带结构与各向同性的高载流子迁移率等）而广受关注，在其中实现磁性也引起巨大的研究兴趣，在石墨烯中引入磁性的主要方法有两种：利用边缘效应和引入缺陷，下文我们将主要介绍边缘效应。

在石墨烯中引入边缘效应最直接的方法就是利用纳米结构工程将其制成纳米带或者纳米薄片，使得自旋极化态局限在体系的边缘，从而实现引入自旋极化及磁性。

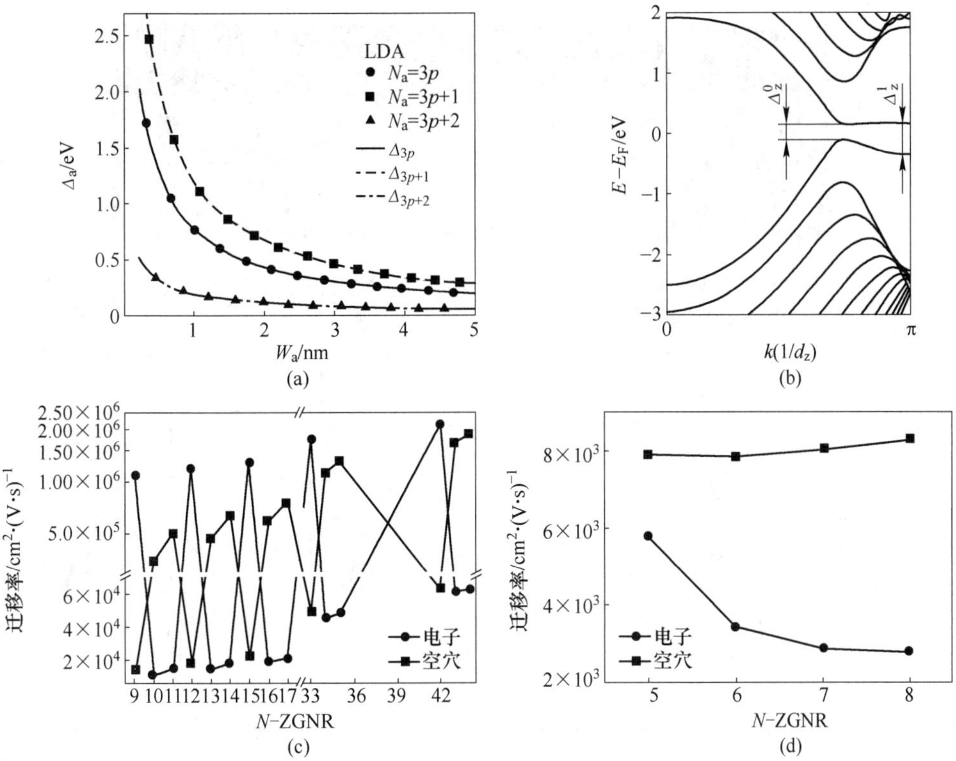

图 2-5　宽度为 N_a 的石墨烯扶手型纳米带的带隙随宽度的变化（a）、宽度为 12 的石墨烯锯齿型纳米带的能带结构，自旋向上和向下的态在所有能带中均简并，Δ_z^0 和 Δ_z^1 分别表示直接带隙和 $kd_z=\pi$ 处的能量劈裂（b）、石墨烯扶手型纳米带中载流子迁移率与纳米带宽度的关系（c）和石墨烯锯齿型纳米带中载流子迁移率与纳米带宽度的关系（d）

如图 2-6（a）所示，利用从头算赝势密度泛函方法（*ab initio* pseudopotential density functional method），计算了石墨烯纳米带的磁性，结果显示边缘氢化的锯齿（zigzag）形边缘石墨烯纳米带在平面均匀电场的作用下具备磁性且为半金属，可实现完全自旋极化的电流。当石墨烯的两个边缘均为锯齿形边缘时，其边缘处存在极度局域化的电子态。这些边缘态从边缘到纳米带中央具有指数衰减的特性，且沿边缘方向延伸。基态时，两个边缘的局域化边缘态具有相反的磁化方向（边缘的极化态的总能量比非极化态低 20meV/边缘原子，更稳定），磁矩为 0.43μ_B/边缘原子（μ_B 代表玻尔磁子，即 Bohr magneton），整个石墨烯纳米带结构的总自旋为零。由于这些边缘态位于纳米带能带结构中的费米面附近，如图 2-6（b）左图所示，所以外加的面内电场可有效移动这些边缘态，从而调控其磁性行为。当引入垂直于纳米带边缘的面内电场之后，自旋向下（蓝色）边缘态的导带底和价带顶之间的带隙减小，而自旋向上（红色）的带隙则变得更大，如图 2-6（b）中间的图所示，能带发生自旋劈裂，在体系中实现磁性；而当电场强度增大到 1V/nm 时，自旋向下边缘态的带隙关闭，能带结构为自旋向上态具有半导体带隙而自旋向下态为导体，从而实现半金属性，如图 2-6（b）右图所示。

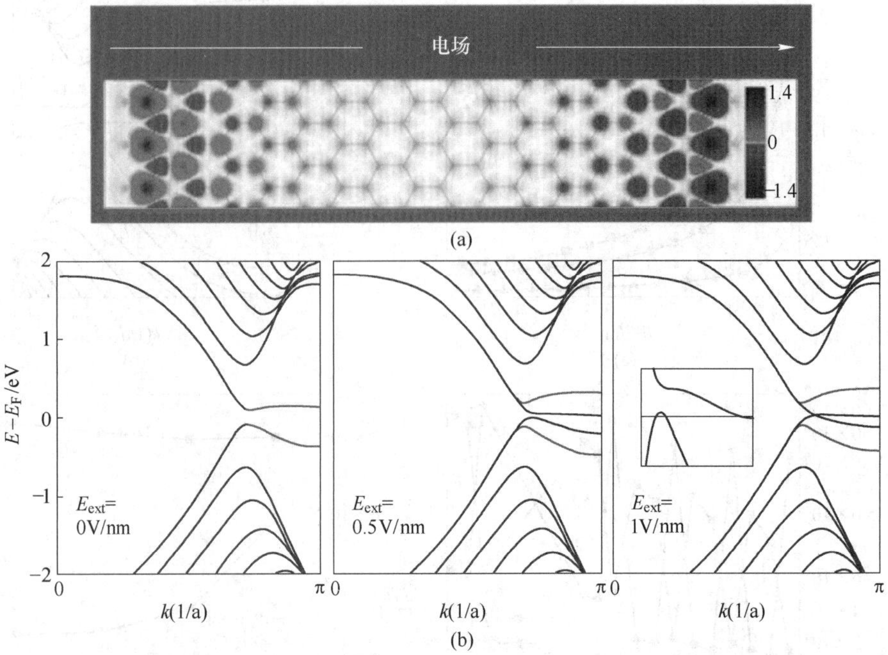

图 2-6 无外电场情况下石墨烯纳米带基态的自旋向上（红色）和自旋向下（蓝色）电荷密度差（自旋电荷密度）的空间分布（a）；宽度为 16 的锯齿形边缘纳米带在外电场强度分别为 0V/nm（左）、0.5V/nm（中）及 1V/nm（右）时的自旋极化能带结构，红线和蓝线分别代表自旋向上和向下的态，右图的插图表示在 $|E-E_F|<50$meV 和 $0.7\pi \leqslant k \leqslant \pi$ 范围内的能带结构（b）

扫二维码看彩图

电场在石墨烯锯齿型纳米带中引入磁性及半金属性的物理过程如下：在电场引入之前，石墨烯锯齿型纳米带的两个边缘（左右边缘分别由 L 和 R 表示）分别具有自旋向上态与自旋向下态，而在纳米带的中央（由 M 表示）几乎不具有自旋态，如图 2-7（b）所示。其中，纳米带左边缘的电子态密度显示自旋向上的电子态（由 α 表示）位于费米面之下，呈现被占据状态，而自旋向下的电子态（由 β 表示）未被占据是空态，如图 2-7（a）所示，于是左边缘表现自旋向上；而纳米带的右边缘恰恰相反，表现自旋向下。在施加由左至右的面内电场之后，如图 2-7（c）所示，左边缘的电子态在电势的作用下向下移动，使得原本未被占据的自旋向下态穿越费米面变得被部分占据；而在右边缘中自旋向下态上移也穿越了费米面，这就使得整个纳米带中的自旋向下态均越过费米面，实现对自旋向下电子的导通；在整个电场作用过程中，自旋向上的占据态与未占据态均远离费米面，使带隙增大。因此，在电场作用下石墨烯锯齿型纳米带的左右两个边缘均出现自旋向下的铁磁排列，如图2-7（d）所示。值得一提的是，电场引起石墨烯锯齿型纳米带中产生半金属性的特性与纳米带的尺寸密切相关。图 2-7（e）所示为不同宽度的纳米带体系的两个自旋态带隙随着电场强度变化。其中，自旋向下态带隙恰好关闭时的临界场强随着纳米带宽度的增加而减小，这是因为两个边缘之间的静电势的差值与体系的尺寸成正比，为了实现半金属性中自旋向下态带隙的关闭，体系尺寸越大则需要引入的电场强度也越小[7]。

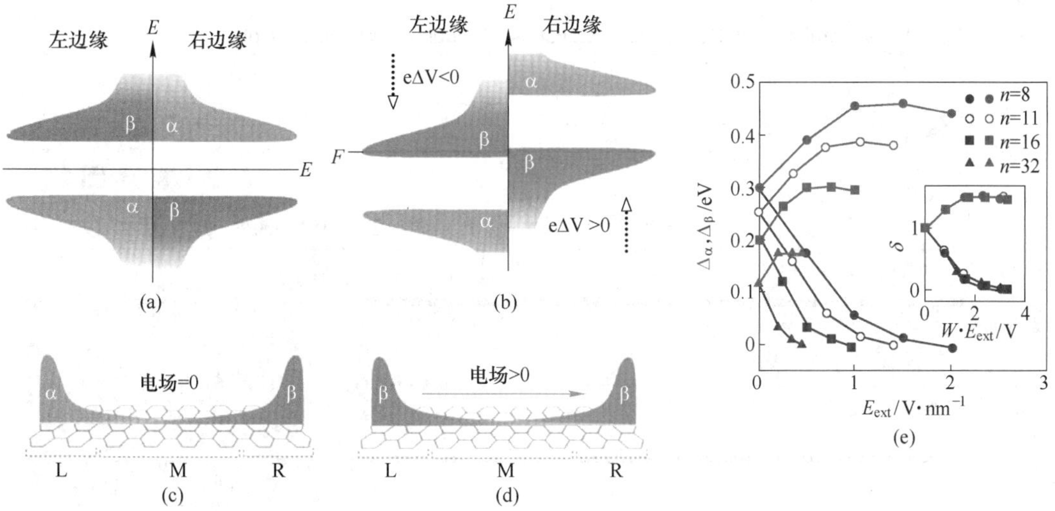

图 2-7 石墨烯锯齿形边缘纳米带在无外电场时的电子态密度示意图（a）和最高占据价态的自旋空间分布（b）；在施加外电场后的电子态密度示意图（c）和最高占据价态的自旋空间分布（d）；半金属性与石墨烯纳米带体系尺寸的关系（e），其中红色与蓝色分别表示自旋向上和向下带隙的大小随外加电场强度的变化，而实心圆、空心圆、方块及三角分别表示宽度为 8、11、16 及 32 的锯齿型纳米带

扫二维码看彩图

操作演示

2.2.4 石墨烯建模

比较常见的可视化的模拟建模软件有 Material Studio（MS）、Mat Cloud+和 VESTA 等。Material Studio 软件功能齐全，能够直观地搭建结构模型、调整晶体结构参数和显外观示，下面我们将在 Material Studio 软件中进行石墨烯的结构建模。

2.2.4.1 Material Studio 软件的简单介绍

启动 Materials Studio 时，首先会出现一个欢迎界面（Welcome to Materials Studio），必须创建一个新的项目或从对话框中载入一个已经存在的项目。我们可以在上述的欢迎界面对话框上选择创建一个新的项目，选择要存储文件的位置并且键入 graphene（石墨烯）作为文件名，然后点击 OK。

现在就开始了 Materials Studio 的学习，使用的项目叫作 graphene，此时的项目管理器如图 2-8 所示。

2.2.4.2 打开、浏览 3D 文档

Materials Studio 使用了各种不同的文档类型，包括 3D Atomistic、3D Mesoscale、text、chart、HTML、study table、grid、script 和 forcefield 文档等。在下文中，主要使用 3D Atomistic 文档类型。

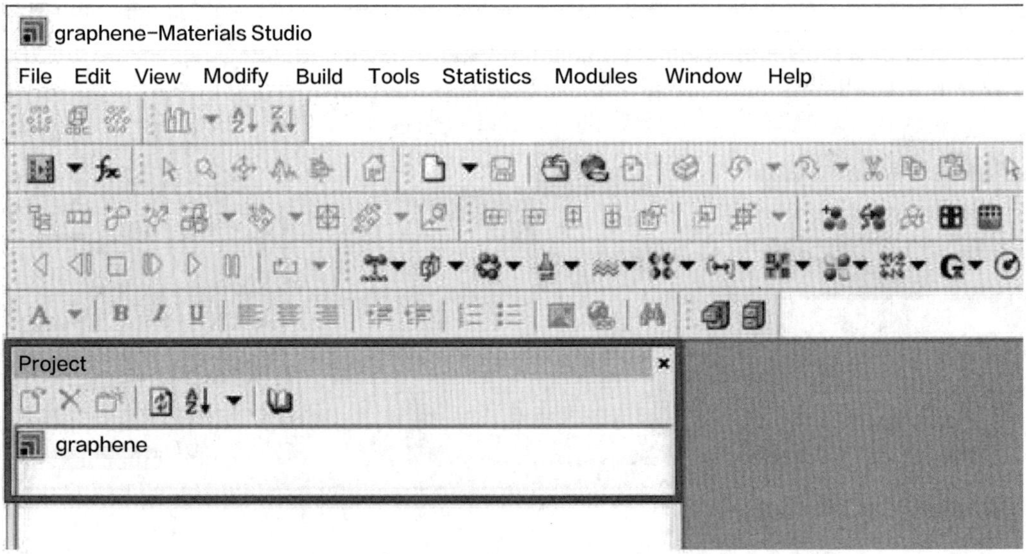

图 2-8 Materials Studio 中的项目管理器

2.2.4.3 导入石墨原胞

在菜单栏中选择 FileImport...，显示输入文档对话框，在对话框中依次点击以下文件夹 Structures→ceramics→graphite. msi，点击打开。导入石墨原胞的 3D 视图窗口。在 3D 视图中单击鼠标右键会显示出快捷菜单，在快捷菜单的命令中选择显示风格（Display style），在 Atom 选项卡中，试着点击 Display style 部分的每一个选项，依次使用 Line、Stick、Ball and stick、CPK 和 Polyhedron 显示风格，观察结构的变化。完成之后，回到 Ball and stick 显示风格，调整 Stick radius 和 Ball radius，最后的石墨原胞如图 2-9 所示，此时的石墨原胞是双层的，我们需要的石墨烯原胞是单层的。

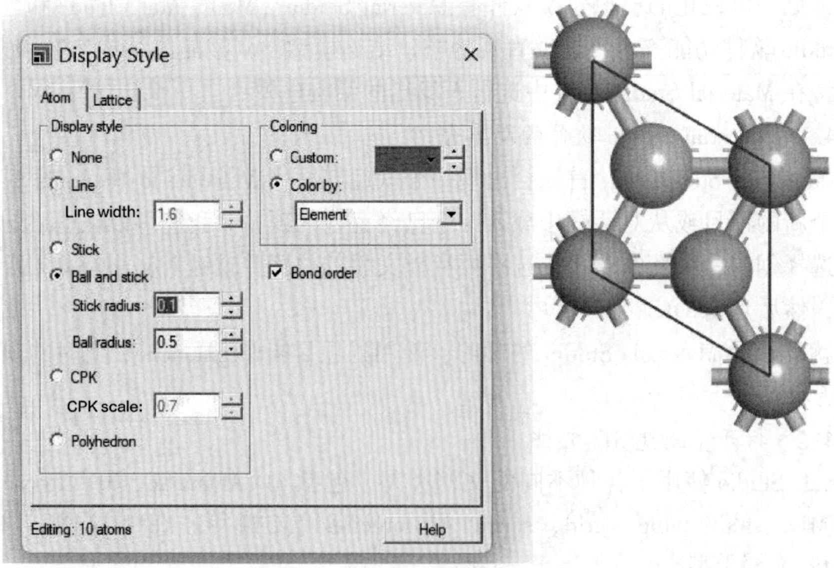

图 2-9 导入的石墨原胞示意图

2.2.4.4 从石墨中切出石墨烯（001）面

如图 2-10 所示，在菜单栏中选择 Build→Symmetry→Make P1，取消对称性。

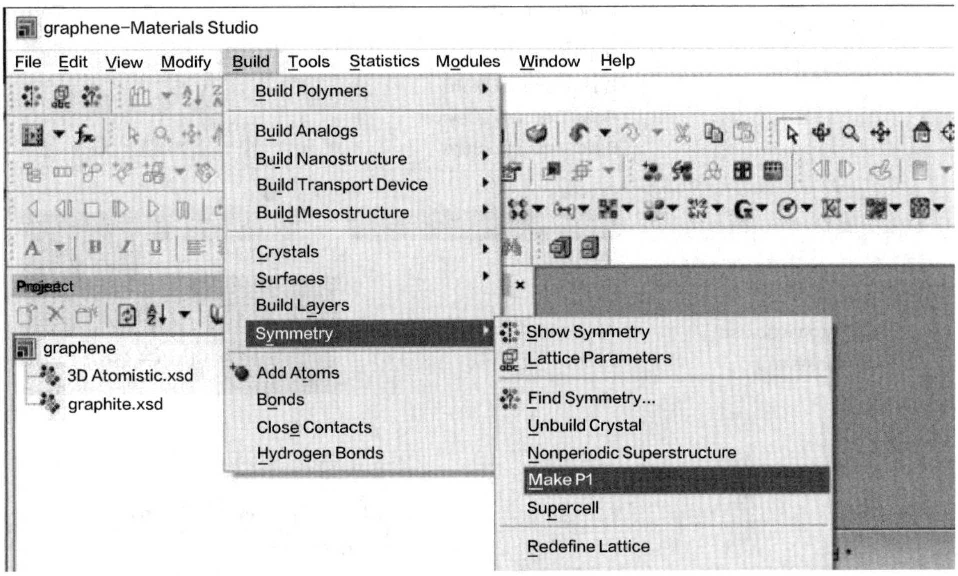

图 2-10 取消石墨原胞对称性的操作的路径

选择石墨原胞中的一层原子，鼠标右键，删除该原子层（删除上下层中的哪一层都可以）。获得一层原子层的石墨原胞后，我们就能切晶面了。切（001）晶面的路径为（见图 2-11）：Build→Surfa→Cecleave Surface，在 Surface Box 选项中，Cleave plane（h k l）中输入 001，我们需要的是一层石墨烯，选择 thickness 为 1，点击 Cleave，切出（001）晶面。此时，可以看到左边的 Project 项目列表中，多出了一个 graphite（0 0 1）. xsd 的项目，这就是我们切出的二维单层石墨结构；到此，石墨烯的单层已经切好。

2.2.4.5 建石墨烯原胞

VASP 能够计算的是周期性结构，需要我们在 Z 方向上建立真空层，形成三维晶体（Crystals）结构，若没有真空层则无法导出结构文件。

步骤如图 2-12 所示，Build→Crystals→Build vacuum slab...，Vacuum orientation 选择 C 方向指定真空层加在 Z 方向上。可以通过改变 Vacuum thickness 设置真空层的厚度 10Å、15Å 或者更大（1Å=0.1nm）。真空层的设置可以参照文献，对于石墨烯单层而言，建立 15Å 的真空层足够了。最后选择 Build 完成 slab 模型的建立，模型显示可能有不同，可以像上述步骤一样，鼠标右键进入 Display style，进入对话框以后点击 lattice，在 Display style 中选择不同的显示风格。

到这一步，石墨烯原胞我们已经建立好。不过一般情况下，我们会把原子层移动到原胞的中间位置，同时为了保证 vasp 能正确识别原胞对称性，加快计算，一般要我们找对称性。

2.2.4.6 移动原子层

如图 2-13 所示，鼠标右键，点击 Lattice Parameters 选择 Advanced 选项卡取消“Keep

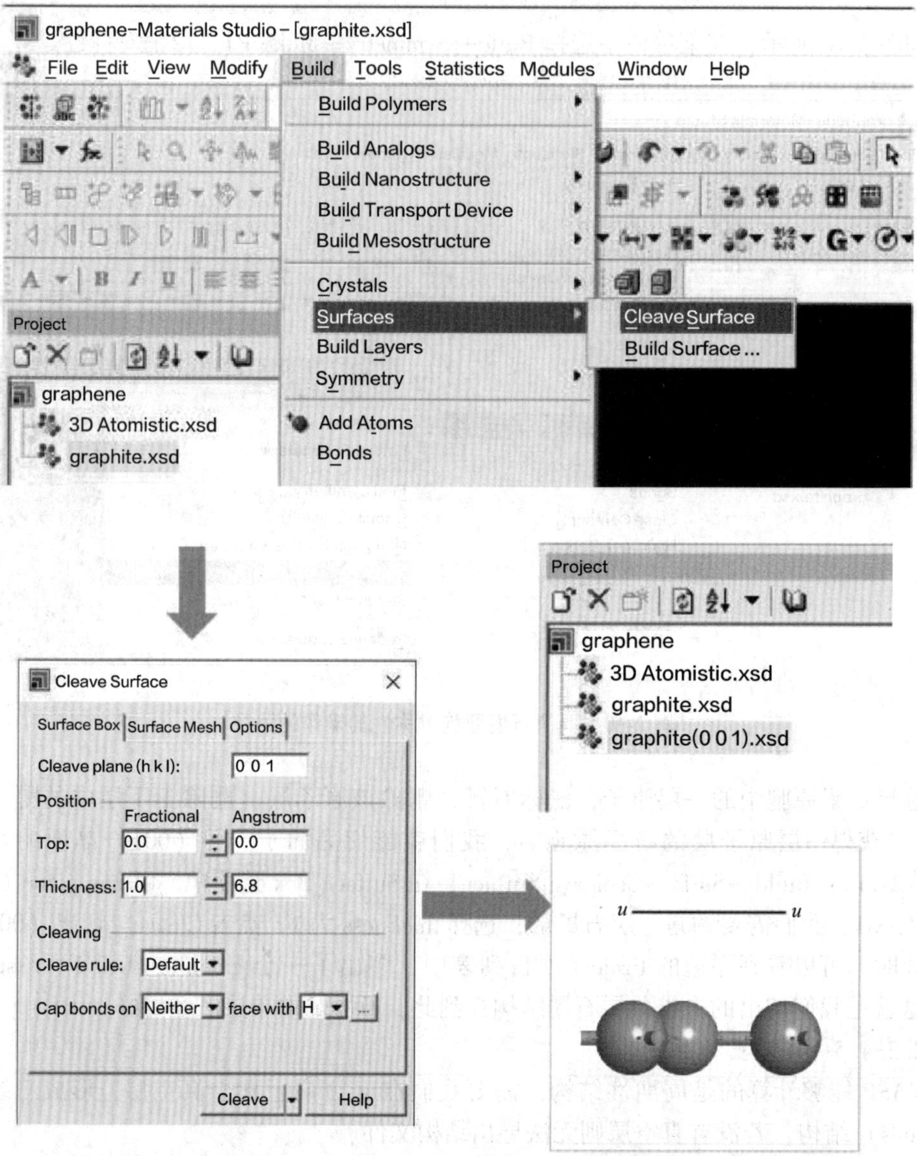

图 2-11 石墨原胞切出（001）晶面的路径

fractional coordinates fixed during changes to the lattice” 前面的√号，将 Cell Origin 归 0，使原子坐标从（0 0 0）开始。选中 C 原子层点击工具栏中的 Movement 按钮进入对话框，选择 Distance，改变该值为 7.5Å（即真空层的一半）（1Å = 0.1nm），点击向上移动的按钮，可以观察到原子层移动到原胞 *Z* 方向正中间。

如果新安装的 Material Studio 软件各个功能区或者工具栏没有显示，可以通过 View→Toolbars 或者 View→Explorers 找到对应的按键，如图 2-14 所示，点击显示。

2.2.4.7 找对称性

找回对称性的路径如图 2-15 所示，Build→Symmetry→Find Symmetry... 进入对话框中，点击 with tolerance 前的 Find Symmetry 按钮 Impose Symmetry。

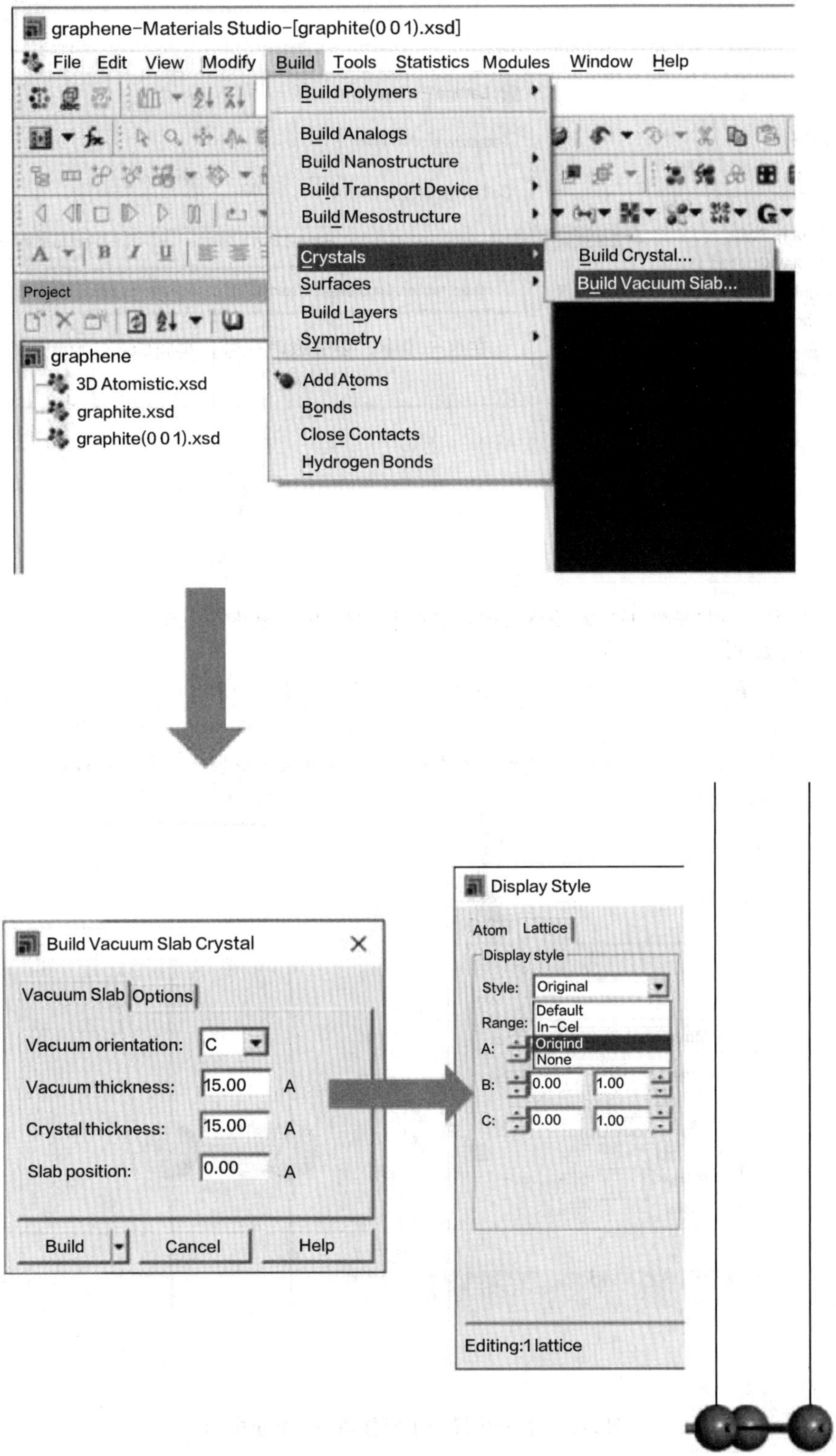

图 2-12　*Z* 方向上建立真空层的路径示意图

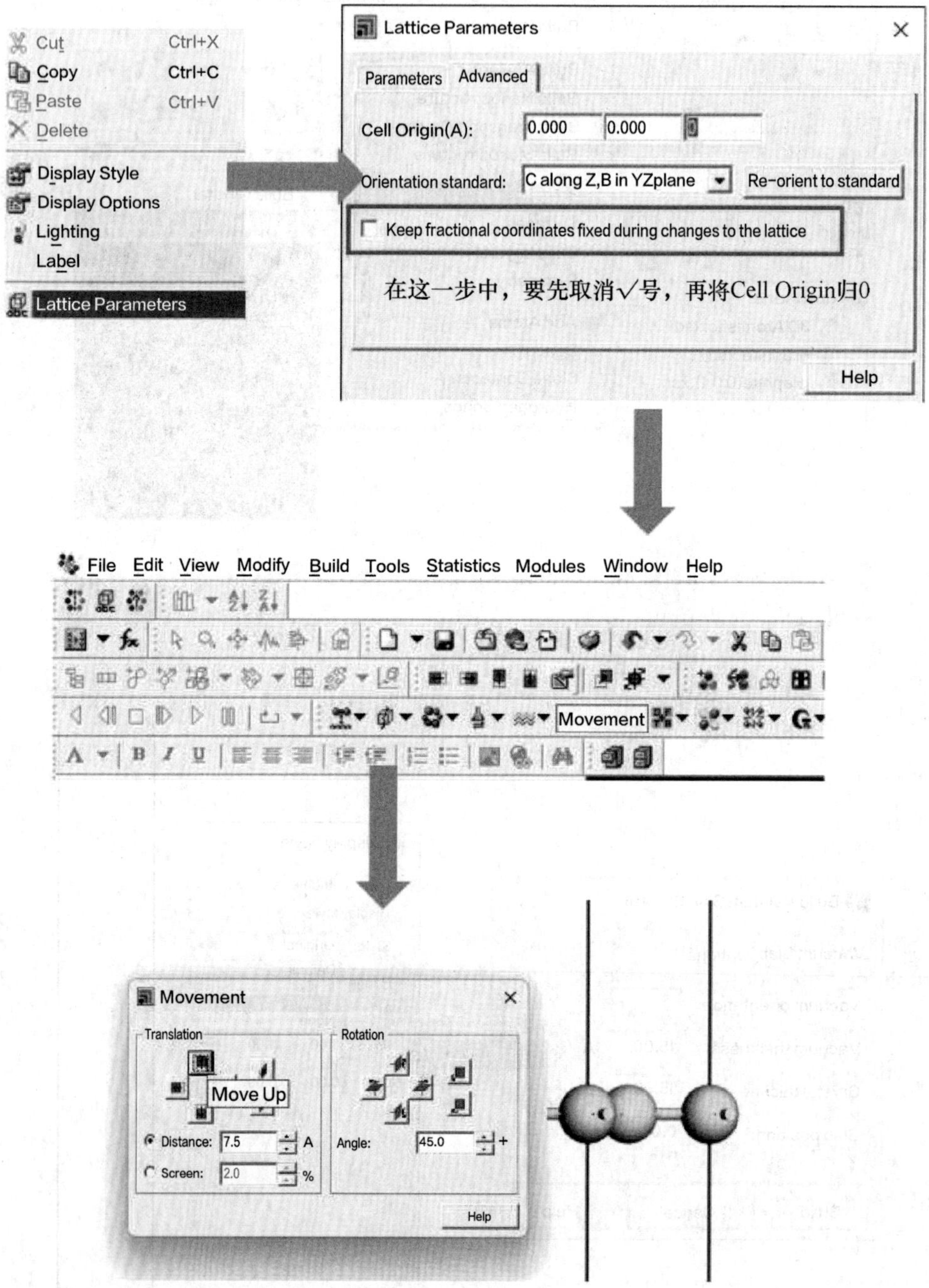

图 2-13　将石墨烯原子层移动到原胞正中间

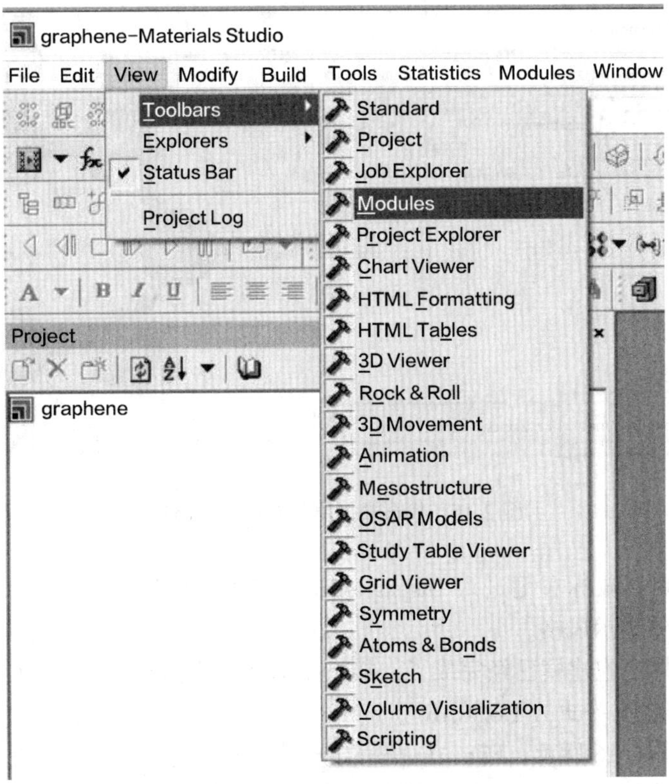

图 2-14　各个功能区或者工具栏对应图标

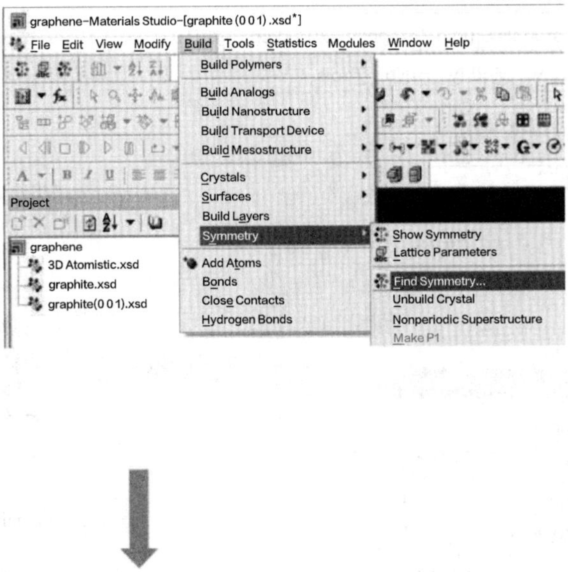

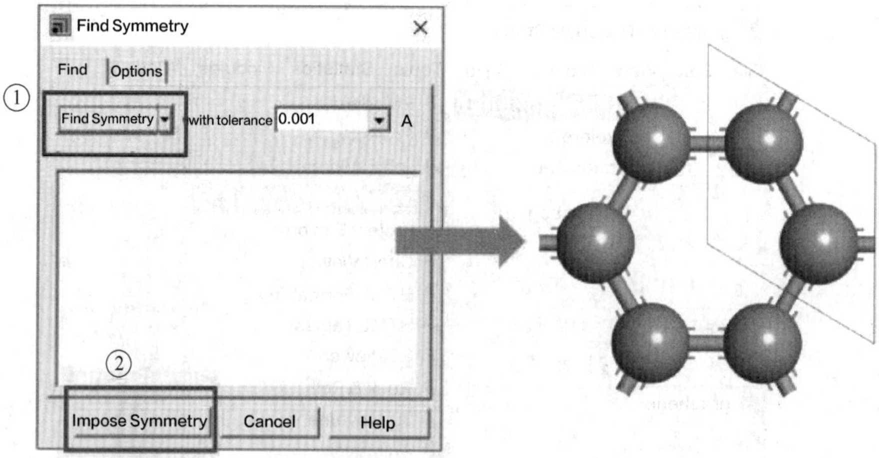

图 2-15 找石墨烯原胞对称性的路径

当然，同样可以鼠标右键进入 Display style，进入对话框以后点击 lattice，在 Display style 中选择不同的显示风格。

至此，石墨烯原胞建模已经完成了，接下来需要将模型导出为 POSCAR。

2.2.4.8 将模型导出为 POSCAR

导出流程如图 2-16 所示，File→Export 打开对话框，选择导出为 . cif 文件，用 VESTA 打开该 . cif 文件，File→Export→Date 打开对话框，选择导出为 . vasp 文件，坐标系选择笛卡尔坐标系，将 . vasp 文件重命名为 POSCAR 文件，将作为接下来计算的结构文件。

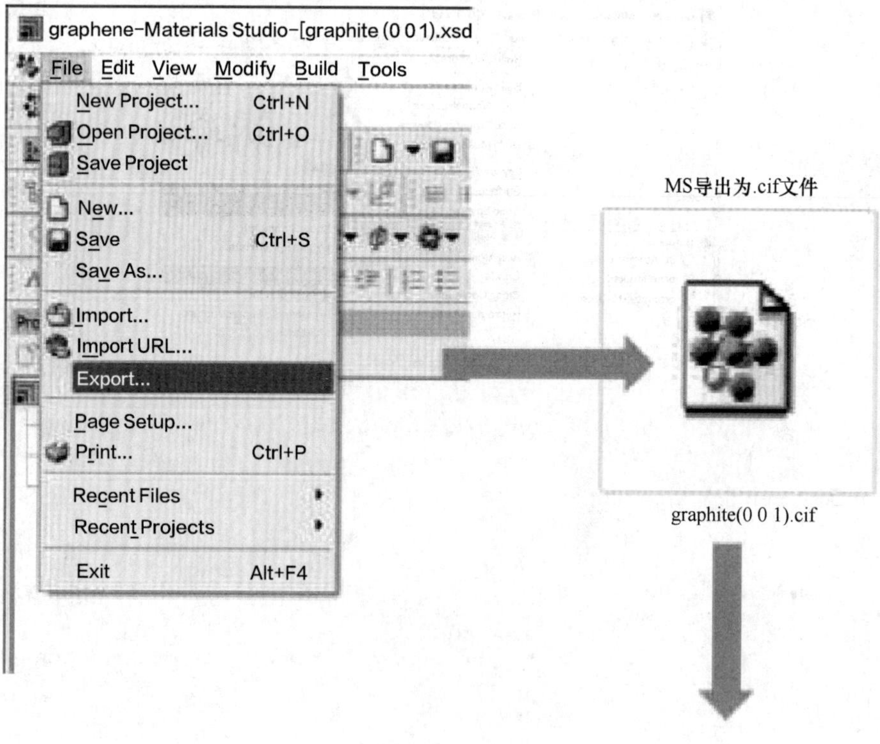

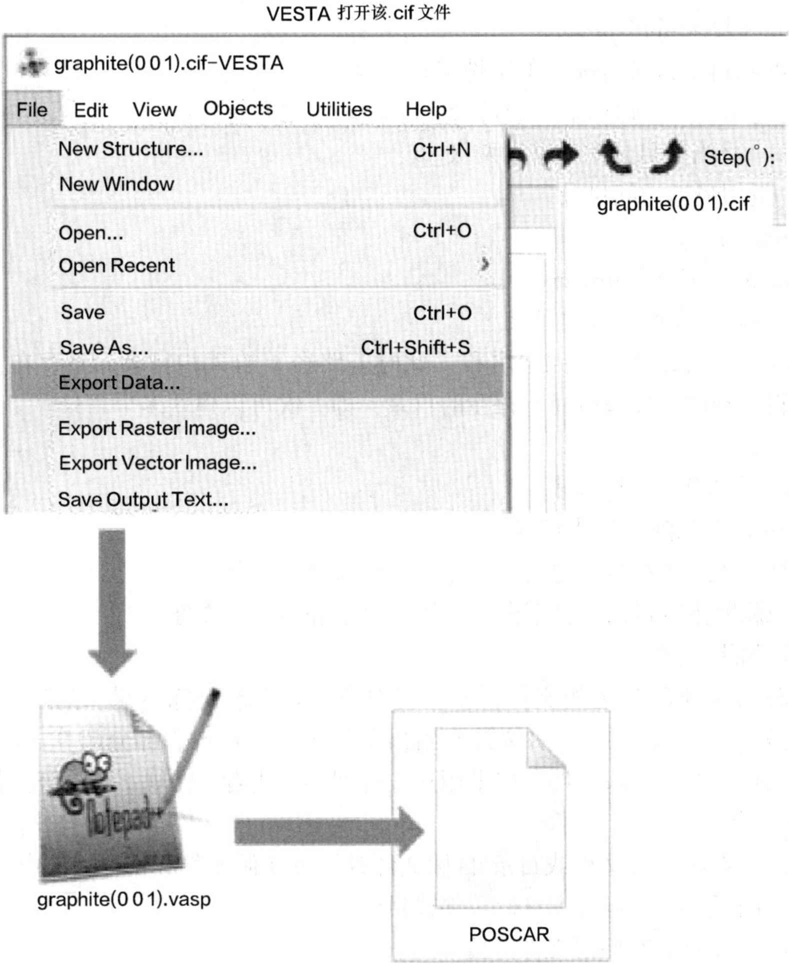

图 2-16 将 MS 中的模型，导出为 POSCAR 文件

该 POSCAR 文件将作为 VASP 计算的结构输入文件。VASP 计算软件包是运行在 Linux 系统上的，所以我们需要熟悉几个必要的 Linux 系统操作指令。

2.2.5 Linux 系统操作基础

虽然 Linux 系统的命令使用非常复杂，每个命令可能还有好多选项，但是，对于初学者而言，只需要学习最基本的几个命令即可。

(1) ls 察看文件指令。

格式：ls [选项] [目录或文件]。

功能：对于目录，列出该目录下的所有子目录与文件；对于文件，列出文件名以及其他信息。

常用选项：-a 列出目录下的所有文件，包括隐藏文件。

-l 列出文件的详细信息，ls -l 也可以写 ll。

(2) cd 命令。

格式：cd [目录名称]。

功能：进入到 [目录名称] 的文件夹。

常用选项：cd ..　返回上一级目录。(cd 和 .. 之间有空格)

cd ../..　将当前目录向上移动两级。

cd -　返回最近访问目录。

(3) mkdir 命令。

格式：mkdir [选项] dirname...。

功能：mkdir 命令用来创建目录。

常用选项：-p 可以是一个路径名称。此时若路径上的某些目录尚不存在，加上此选项后，系统将自动建立好那些尚不存在的目录，即一次可以建立多个目录。

(4) rm 命令。

格式：rm [选项] 文件列表。

功能：rm 命令删除文件或目录。

常用选项：-f 忽略不存在的文件，并且不给出提示信息。

-r 递归地删除指定目录及其下属的各级子目录和相应的文件。

-i 交互式删除文件。

说明：rm 命令删除指定的文件，默认情况下，它不能删除目录。如果文件不可写，则标准输入是 tty (终端设备)。如果没有给出选项-f 或者-force，部分超算 rm 命令册删除之前会提示用户是否删除该文件；如果用户没有回答 y 或者 Y，则不删除该文件。

(5) cp 命令。

格式：cp [选项] 源文件或目录 目标文件或目录 (源文件和目标文件中间有空格)。

功能：复制源文件或目录到目标文件或目录。

常用选项：-d 复制时保留文件链接。

-i-interactive 覆盖文件之前先询问用户。

-r 递归处理，将指定目录下的文件与子目录一并处理。若源文件或目录的形态，不属于目录或符号链接，则一律视为普通文件处理。

(6) mv 命令。

格式：mv [选项] 源文件或目录 目标文件或目录 (源文件和目标文件中间有空格)。

功能：mv 命令对文件或目录重新命名，或者将文件从一个目录移到另一个目录中。

常用选项：-i 若目标文件 (destination) 已经存在时，就会询问是否覆盖。

(7) cat 命令。

格式：cat [选项] [文件]。

功能：查看目标文件的内容。

常用选项：在制作赝势文件 POTCAR 时，就常常需要用到 cat 命令，例如，要将 Al 和 O 的赝势连接起来，可以输入命令：

```
cat Al-POTCAR O-POTCAR > POTCAR
```

就会在该路径下生成 Al 和 O 连接起来的赝势，VASP 计算时，POSCAR 中有几种元素就要将几种元素的赝势首尾连接起来，输出计算所需要的 POTCAR 文件。

（8）grep 命令。

格式：grep［选项］搜寻字符串文件。

功能：在文件中搜索字符串，将找到的行，在屏幕上打印出来。

常用选项：-i 忽略大小写的不同，所以大小写视为相同。

-n 顺便输出行号。

-v 反向选择，亦即显出没有 '搜寻字符串' 内容的那一行。

（9）tail 命令。

格式：tail［选项］［文件］。

功能：用于显示指定文件的末尾，不指定文件时，作为输入信息进行处理。常用查看日志文件。

说明：tail 命令从指定点开始将文件写到标注输出。使用 tail 命令的-f 选项可以方便地查阅正在改变的日志文件，tail-f filename 会把 filename 里最尾部的内容显示在屏幕上，并且不断刷新，使你看到最新的文件内容。

常用选项：-f 循环读取。

-n<行数>显示行数。

（10）rz 命令（一个第三方工具的命令）。

格式：rz。

功能：本地上传文件到服务器。

同理，也有从服务器下载文件到本地的命令 sz。

格式：sz［文件］。

功能：发送文件到本地。

2.2.6　VASP 计算石墨烯能带、态密度

一般而言，石墨烯的能带和电子态密度具体计算流程以及输入输出文件如图 2-17 所示。

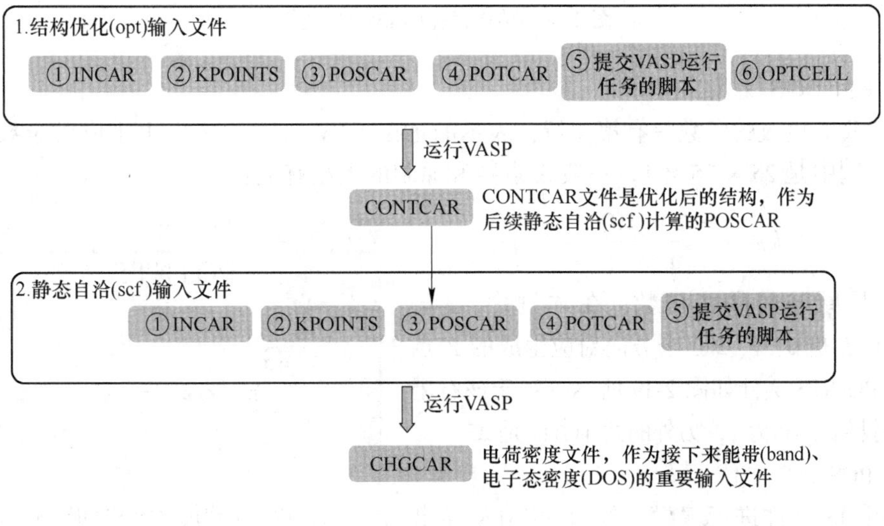

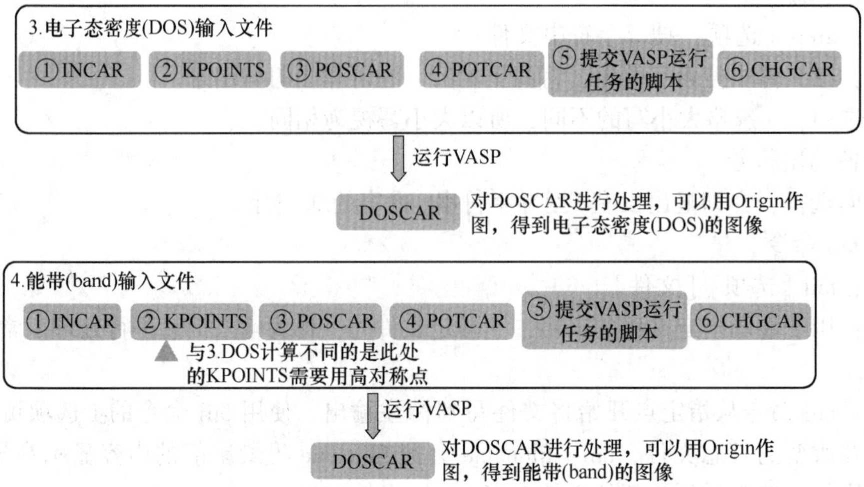

图 2-17 石墨烯的能带和电子态密度的计算流程

2.2.6.1 结构优化（opt）的输入输出文件

A INCAR 文件

结构优化的 INCAR 文件如图 2-18 所示。

```
SYSTEM = Graphene #体系名称

PREC = Accurate
LREAL = Auto
EDIFF = 1E-5        #截断能
EDIFFG = -0.02      #受力 一般默认-0.02
ISMEAR = 0
SIGMA = 0.05

ENCUT = 450     #ENCUT一般需要为POTCAR中ENMAX的1~1.3倍（多种元素时用最大的ENMAX ）
ISIF = 3        #3优化晶格，原子位置；2只优化原子位置，不优化晶格参数

IBRION = 2      #优化用2或者1 ，之后的scf,dos,band 用-1
NSW = 100       #优化的最大步数，之后的scf,dos,band 都用0

LCHARG = F      #输出电荷密度的开关，只有在scf时用 T（输出），其他时候用F（不输出）
```

图 2-18 结构优化的 INCAR 文件

B KPOINTS 文件

需要我们更改的参数只有第 4 行，表示的是在 x、y、z 三个方向上生成对应数目的 ***K*** 点，在本例中是 25 × 25 × 1。一般 ***K*** 点数和原胞的大小有关：

$$k = \frac{\pi \times 2 \times 10}{a}$$

式中，a 是原胞的晶格常数，在本例中，a = 2.459999；k 是 x、y、z 三个方向对应生成的 ***K*** 点数目。KPOINTS 文件如图 2-19 所示，对于该石墨烯原胞材料 z 方向为 1，另外的两个方向是 25。

```
1 K-POINTS
2 0
3 G
4 25 25 1
5 0 0 0
```

图 2-19 结构优化的 KPOINTS 文件

C POSCAR 文件

利用 MS 软件进行建模，经过 VESTA 导出

为 POSCAR 文件，如图 2-20 所示。该文件中第二行是一个缩放系数（Scale factor），在这个例子中是 1.0，如果写成 2.0，则后面的 3 行中的数字以及 *xyz* 坐标都要除以 2。第三到五行是格子在 3 个方向上的坐标信息。

```
POSCAR
 1 graphite\(0\0\1)
 2 1.0
 3        2.4600000381         0.0000000000         0.0000000000
 4       -1.2300000191         2.1304225263         0.0000000000
 5        0.0000000000         0.0000000000        15.0000000000
 6     C
 7     2
 8 Direct
 9      0.333333373         0.666666687         0.500000000
10      0.666666627         0.333333313         0.500000000
11
```

图 2-20　优化前的结构文件 POSCAR

D　POTCAR 文件

POTCAR 文件包含了计算中使用的每个原子的赝势，常见的 PBE 赝势分为几种：无后缀、-pv、-sv、-d 和数字后缀，即半芯态电子（semi-core）的 p、s 或者 d 电子当作价态处理。

对于石墨烯计算而言，POTCAR 文件只包含 C 原子。计算时用到的 C 原子 POTCAR 文件如图 2-21 所示。

```
POTCAR
  PAW_PBE C 08Apr2002
   4.00000000000000
parameters from PSCTR are:
   SHA256 =  253f7b50bb8d59471dbedb8285d89021f4a42ed1a2c5d38a03a736e69125dd95 C/P
   COPYR  = (c) Copyright 08Apr2002 Georg Kresse
   COPYR  = This file is part of the software VASP. Any use, copying, and all oth
   COPYR  = If you do not have a valid VASP license, you may not use, copy or dis
   VRHFIN =C: s2p2
   LEXCH  = PE
   EATOM  =   147.1560 eV,    10.8157 Ry

   TITEL  = PAW_PBE C 08Apr2002
```

图 2-21　计算时用到的 C 原子 POTCAR 文件

E　OPTCELL

在 INCAR 文件中，我们将 ISIF 设置为了 3，即对原子位置和晶格常数都进行优化，但是对于二维材料而言，我们 *Z* 方向的晶格常数一般不需要优化。所以在进行结构优化时，为了实现特定方向的晶格优化，需要加入 OPTCELL 文件，不对 *Z* 方向的真空层进行优化。二维材料的 OPTCELL 文件一般如图 2-22 所示。

```
OPTCELL
110
110
000
```

图 2-22　一般情况下，计算二维材料用到的 OPTCELL 文件

提交任务，待运算结束，在所有计算结果中我们需要的是 CONTCAR 文件，将其改名为 POSCAR，在接下来计算中作为新的结构输入文件。

2.2.6.2　静态自洽（scf）

静态自洽主要需要更改 INCAR 输入文件，打开输出电荷密度的开关，改变 IBRION

的参数以及 NSW 的参数。图 2-23 所示为调整到静态自洽的 INCAR 文件。

此外，一般在这一步需要增加 ***K*** 点，若是继续保持和结构优化一样的 25 × 25 × 1 的 ***K*** 点，会使电子结构计算有较大误差。在这一步，我们一般需要增加 ***K*** 点，在本例中，我们可以尝试将 ***K*** 点调整至 50 × 50 × 1，调整后的 KPOINTS 文件如图 2-24 所示。

```
SYSTEM = Graphene

PREC = Accurate
LREAL = Auto
EDIFF = 1E-5
EDIFFG = -0.02
ISMEAR = 0
SIGMA = 0.05

ENCUT = 450
ISIF = 3

IBRION = -1
NSW = 0

LCHARG = T
```

图 2-23 静态自洽的 INCAR 文件

```
K-POINTS
0
G
50 50 1
0 0 0
```

图 2-24 静态自洽，增加 ***K*** 点后的 KPOINTS 文件

提交任务，待运算结束后生成能带和态密度计算所需要的 CHGCAR 文件。

2.2.6.3 电子态密度（DOS）

在这一步同样需要更改 INCAR 文件中的参数，打开 ICHARG 开关，读取上一步 scf 计算获得的 CHGCAR 文件；设置 NEDOS、EMIN、EMAX 以及 LORBIT 参数，其中 NEDOS 为指定评估 DOS 的网格点数量，EMAX 和 EMIN 规定了 DOS 评估的能量范围的上下限，LORBIT 与适当的 RWIGS 一起确定是否输出 PROCAR 或 PROOUT 文件。

计算电子态密度所需的 INCAR 文件如图 2-25 所示。

```
SYSTEM = Graphene

PREC = Accurate
LREAL = Auto
EDIFF = 1E-5
EDIFFG = -0.02
ISMEAR = 0
SIGMA = 0.05

ENCUT = 450
ISIF = 3

IBRION = -1
NSW = 0

LCHARG = F

NEDOS = 9000
EMIN = -10.0
EMAX = 10.0
LORBIT=11
ICHARG = 11
```

图 2-25 计算电子态密度使用的 INCAR 文件

KPOINTS 文件保持和 scf 的一致，提交任务。

待运算结束可以获得相应的 DOSCAR，利用 vaspkit 软件的 11 命令能够处理得到 Total Density-of-States（TDOS）或者 Projected Density-of-States（PDOS），将处理后生成的 dos. dat 文件下载到 Windows 端，就能利用绘图软件 Origin 进行相应 DOS 的绘制。

2.2.6.4 能带（band）

在石墨烯相关的计算中，计算能带（band）和计算态密度（DOS）的 INCAR 文件可以是一致的。我们需要更改的是 KPOINTS 文件，在能带计算中，需要用到的 ***K*** 点是高对称点。高对称点的选取同样可以通过 vaspkit 软件实现，石墨烯等二维材料是 302 命令，将生成的 KPATH.in 文件改名为 KPOINTS，如图 2-26 所示，它将作为能带计算的 KPOINTS 文件。

```
K-Path Generated by VASPKIT.
   20
Line-Mode
Reciprocal
   0.0000000000    0.0000000000    0.0000000000     GAMMA
   0.5000000000    0.0000000000    0.0000000000     M

   0.5000000000    0.0000000000    0.0000000000     M
   0.3333333333    0.3333333333    0.0000000000     K

   0.3333333333    0.3333333333    0.0000000000     K
   0.0000000000    0.0000000000    0.0000000000     GAMMA
```

图 2-26　计算能带使用的高对称点 KPOINTS 文件

提交任务，待运算结束后输出 DOSCAR 文件，可以利用 vaspkit 的 211 命令对其进行后处理，获得 BAND. dat 文件，同样将数据下载到 Windows 端，利用绘图软件 Origin 进行能带图绘制。

石墨烯的标准能带结构和电子态密度可以在晶体库（如 materials project）中找到，标准能带结构和电子态密度如图 2-27（a）所示，可以与我们计算得到的图 2-27（b）进行比较。

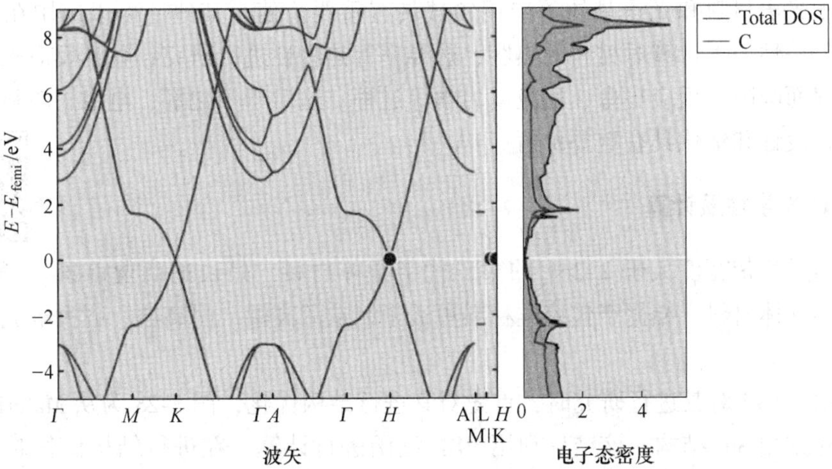

(a)

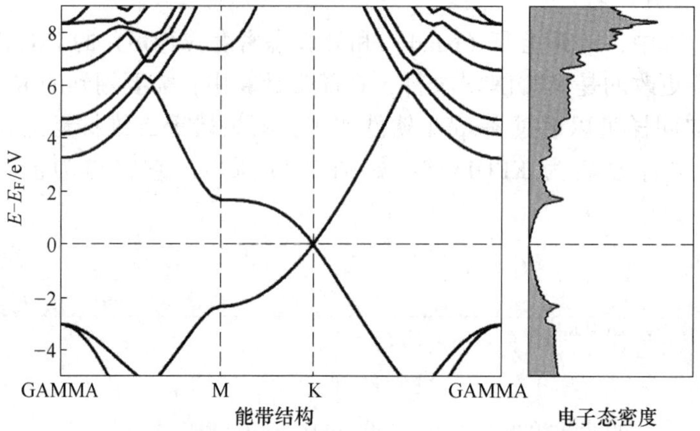

(b)

图 2-27 晶体库中的标准能带结构和电子态密度（a）和上述计算获得的能带结构和电子态密度（b）

扫二维码看彩图

2.3 第一性原理计算在三维材料中的应用实例

在三维材料计算中，第一性原理计算具有广泛的应用。以下是一些主要的应用领域：(1) 结构预测和晶体建模。第一性原理计算可以用于预测不同晶体结构的稳定性，从而找到最稳定的晶体结构。这对于新材料的发现和设计十分重要。(2) 电子性质计算。通过求解薛定谔方程，第一性原理计算可以预测材料的能带结构、态密度、费米能级等电子性质。这些性质对于理解和设计半导体、金属等材料的性能至关重要。(3) 磁性和磁电性质计算。第一性原理计算可以预测材料的磁矩、磁各向异性等磁性质，以及磁电耦合效应等磁电性质。这对于磁性材料和磁电材料的研究和应用具有重要意义。(4) 光学性质计算。通过计算材料的介电函数和光学吸收系数，第一性原理计算可以预测材料的光学性质。这对于光电材料和光子晶体等应用领域具有重要价值。其他还可以应用在热物性计算，使用第一性原理计算对材料的热容、热导率等热物性进行研究；化学反应和表面过程计算，如表面吸附、反应势垒、反应动力学等过程。这对于催化剂、电池、燃料电池等应用中的材料设计和优化具有重要价值。

2.3.1 SiC 光学性质计算

操作演示

碳化硅是禁带宽度大于 2.2eV 的第三代半导体材料，是目前商业前景最明朗的半导体材料。相比于传统硅材料更适于制造耐高温、耐高压、耐大电流的高频大功率器件。

在使用 VASP 对其进行研究时，首先对其进行结构优化，图 2-28 为从 Materials Studio 中导入的立方相 SiC 结构。该结果利用 PBE 泛函进行计算，在进行结构优化时与二维材料优化差别主要在于 INCAR 文件中使用 ISIF = 3，KPOINTS 文件 Z 方向不为 1 进行结构优化。计算所用 KPOINTS 文件如下：

Automatic generation
0
G
6 6 6
0 0 0

结构优化结束后进行静态自洽计算得到 CHGCAR 和 WAVECAR 文件用于后面的能带、态密度以及光吸收计算。

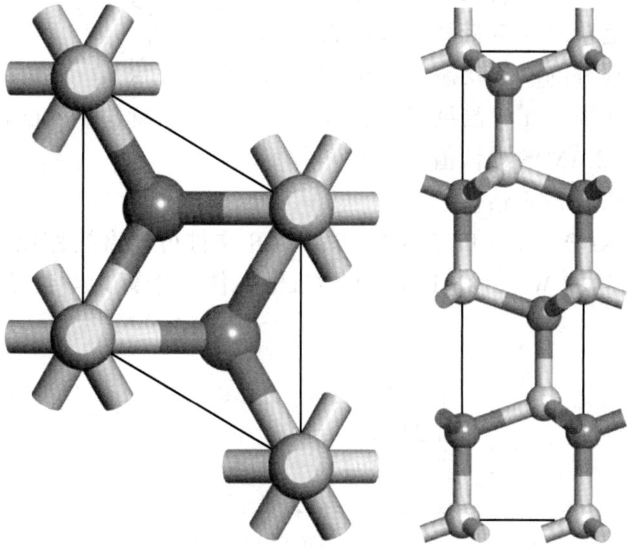

(a) (b)

图 2-28 SiC 晶体结构
(a) 顶视图；(b) 侧视图

2.3.1.1 能带计算

能带计算所需文件与二维材料能带计算所需文件相同，在能带计算中能带路径使用的是 vaspkit 自动生成的路径，在计算时可以根据自己需要进行路径选择。使用 vaspkit 生成时在计算步骤中与二维材料计算的差别在于使用 vaspkit 生成 KPATH.in 文件时三维材料使用的是 303 命令，vaspkit 处理得到计算能带 KPOINTS 文件命令如下。使用 303 命令可以得到计算体相材料的 KPOINTS 文件。

```
===================== K-Path Options ============================
301) 1D Structure
302) 2D Structure
303) Bulk Structure
304) K-Path for Wannier90 Code
305) K-Path for Phonopy Code
306) K-Path for CP2K Code
309) Visualize K-Path in First Brillouin Zone

0) Quit
9) Back
------------>>
```

对计算结束的能带使用 vaspkit 的 211 命令处理得到用于绘制能带的 BAND. dat 文件。绘制出的能带图如图 2-29 所示。

计算出的能带带隙低于实验上所测得的带隙，这是因为使用的 PBE 泛函，该计算方法会低估材料带隙。

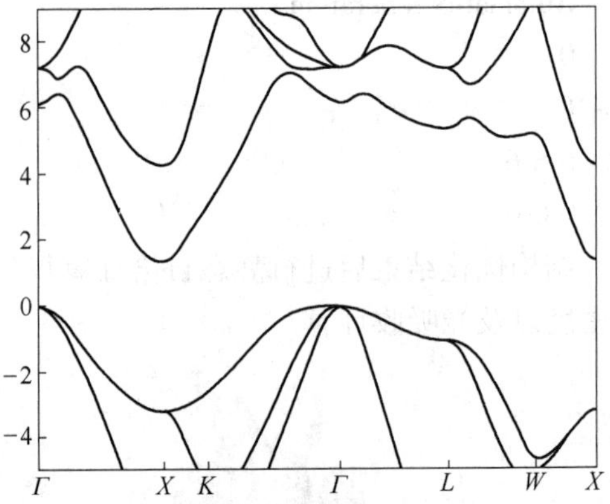

图 2-29 SiC 能带图

2.3.1.2 光学性质计算

对于光学性质的计算，也就是计算材料的介电函数，需要足够多的空带和致密的 ***K*** 点网格点，使其达到好的收敛状态，这样才能得到合理的光学性质。在自洽结束后，从 OUTCAR 文件读取 NBANDS 默认值，在计算光学性质时设为默认值 2~3 倍。

计算时需要的 KPOINTS、POSCAR、POTCAR 文件可以直接使用自洽时的文件，同时还要读取自洽产生的 WAVECAR 和 CHGCAR 文件。计算光学性质时的 INCAR 文件如下：

```
SYSTEM = SiC
ISTART = 1
ICHARG = 11
LREAL = .FALSE.
PREC = Accurate
ENCUT = 550
LWAVE = .FALSE.
LCHARG = .FALSE.
ISMEAR = 0
SIGMA = 0.01
ALGO = Normal
EDIFF = 1E-5
EDIFFG = -0.01
ISIF = 3
IBRION = -1
NSW = 0
NEDOS = 2000
NBANDS = 96
LOPTICS = .TRUE.
LPLANE = .TRUE.
```

计算结束后对计算结果进行处理，在 Linux 系统界面使用 ./optics. sh 命令运行 optics. sh 脚本，得到介电函数的实部和虚部 REAL. in 和 IMAG. in 两个文件。然后使用 vaspkit 处理得到光学性质。

输入 vaspkit 后弹出如下操作界面：

```
              \\\///
             /     \        Hey, you must know what you are doing.
           (| (o)(o) |)      Otherwise you might get wrong results.
o-----.OOOo--()--oOOO.------------------------------------------o
|        VASPKIT Standard Edition 1.4.0 (29 Sep. 2022)          |
|        Core Developer: Vei WANG (wangvei@icloud.com)          |
|    Main Contributors: Nan XU, Jin-Cheng LIU & Gang TANG        |
|  Online Tutorials Available on Website: https://vaspkit.com    |
o-----.oooO-----------------------------------------------------o
       (   )   Oooo.                          VASPKIT Made Simple
        \ (    (   )
         \_)    ) /
               (_/
===================== Structural Utilities ======================
1)  VASP Input-Files Generator     2)  Mechanical Properties
3)  K-Path for Band-Structure      4)  Structure Editor
5)  Catalysis-ElectroChem Kit      6)  Symmetry Analysis
7)  Materials Databases            8)  Advanced Structure Models
===================== Electronic Utilities ======================
11) Density-of-States              21) Band-Structure
23) 3D Band-Structure              25) Hybrid-DFT Band-Structure
26) Fermi-Surface                  28) Band-Structure Unfolding
31) Charge-Density Analysis        42) Potential Analysis
51) Wave-Function Analysis         62) Magnetic Properties
65) Spin-Texture                   68) Transport Properties
======================== Misc Utilities =========================
71) Optical Properties             72) Molecular-Dynamics Kit
74) User Interface                 78) VASP2other Interface
91) Semiconductor Kit              92) 2D-Material Kit
0)  Quit
------------>>
```

处理光学性质输入命令行：71）Optical Options 得到下列选项：

```
 ------------>>
71
 ====================== Optical Options ========================
 710) Linear Optical Spectrums for Two-Dimensional Semiconductors
 711) Linear Optical Spectrums for Bulk Semiconductors
 713) Transition Dipole Moment from WAVECAR file
 714) Dipole Moment Elements from WAVEDER file
 716) Total Joint Density of States
 717) Partial Joint Density of States
 719) Spectroscopic Limited Maximum Efficiency

 0)   Quit
 9)   Back
 ------------>>
```

选择 711）对数据进行处理然后选择输出数据单位，在此选择的单位是 1）eV。

```
==================== Energy Unit ================================
Which Energy Unit do You Want to Adopt?
1) eV
2) nm
3) THz
4) cm^-1
------------>>
```

处理结束之后可以得到以下文件：光吸收系数（ABSORPTION. dat）、折射系数（REFRACTIVE. dat）、反射系数（REFLECTIVITY. dat）、能量损失谱（ENERGY_ LOSS_ SPECTRUM. dat）和消光系数（EXTINCTION. dat）。

· EXTINCTION. dat
· ENERGY_ LOSS_ SPECTRUM. dat
· REFLECTIVITY. dat
· REFRACTIVE. dat
· ABSORPTION. dat

可以根据自己所需性质进行作图，SiC 光吸收系数和反射系数作图结果如图 2-30、图 2-31 所示。

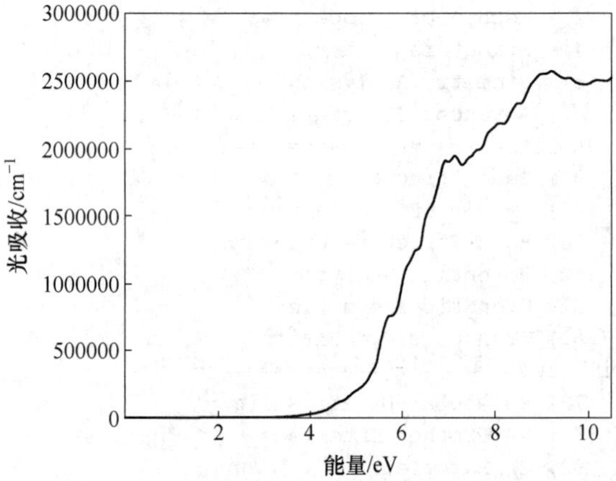

图 2-30　SiC 光吸收系数

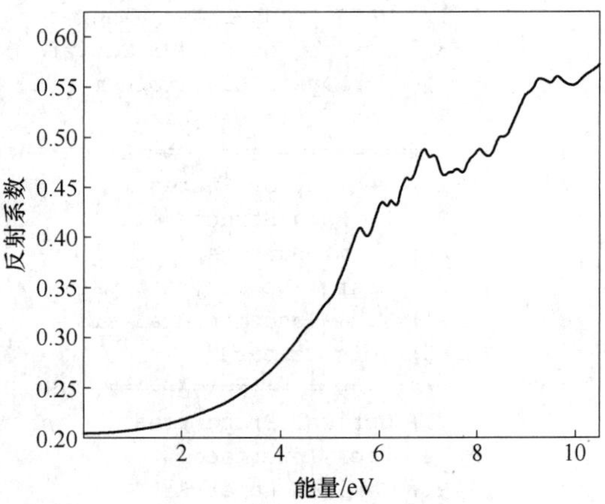

图 2-31　SiC 反射系数

2.3.2　磁性计算

使用 VASP 进行磁性材料进行计算时，与非磁性材料计算相比，简单的磁性材料计算只需要在 INCAR 文件中加入 ISPIN 参数并通过 MAGMOM 来设置原子的初始磁矩，其他 KPOINTS、POSCAR、POTCAR 文件与非磁性计算时相同。而更复杂的磁性性质计算如 non-collinear 磁性、spin orbit 相互作用和 spin spiral 磁性，需要再增加其他关键词进行计算。

顺磁，意味进行 non-spin polarized 的计算，也就是 ISPIN = 1。

铁磁，意味进行 spin-polarized 的计算，ISPIN = 2，而且每个磁性原子的初始磁矩设置为一样的值，也就是磁性原子的 MAGMOM 设置为一样的值。对非磁性原子也可以设置成一样的非零值（与磁性原子的一样）或零，最后收敛的结果，非磁性原子的 local 磁矩很小，快接近 0，很小的情况，很可能意味着真的是非磁性原子也会被极化而出现很小的 local 磁矩。

反铁磁，也意味着要进行 spin-polarized 的计算，ISPIN = 2，这时需采用反铁磁的磁胞来进行计算，意味着此时计算所采用的晶胞不再是铁磁计算时的最小原胞。比如对铁晶体的铁磁状态，可以采用 bcc 的原胞来计算，但是在进行反铁磁的 Fe 计算时需要采用 sc 的结构来计算，计算的晶胞中包括 2 个原子，需设置一个原子的 MAGMOM 为正的，另一个原子的 MAGMOM 设置为负，但是两个原子的绝对值一样。因此在进行反铁磁的计算时，应该确定好反铁磁的磁胞，以及磁序，要判断哪种磁序和磁胞是最可能的反铁磁状态，只能先做好各种可能的排列组合，然后分别计算这些可能组合的情况，最后比较它们的总能，总能最低的就是可能的磁序。同样也可以与它们同铁磁或顺磁的总能进行比较，了解到该材料究竟是铁磁的、还是顺磁或反铁磁的。

亚铁磁，也意味要进行 spin-polarized 的计算，ISPIN=2，与反铁磁的计算类似，不同的是原子正负磁矩的绝对值不一样大。非共线的磁性，则需采用专门的 non-collinear 来进行计算，除了要设置 ISPIN，MAGMOM 还需要指定每个原子在 x，y，z 方向上的大小。这种情况会复杂一些。

我们可以通过 MAGMOM 指定体系中原子的初始磁矩，对于复杂体系来说，合理的初始值可以加快计算速度并保持计算结果的正确性，对于一些简单磁性体系，可以不用设置 MAGMOM 这个参数。在进行磁性计算时 MAGMOM 参数的简单设置如下，以 NiO 为例介绍 MAGMOM 参数的设置（见图 2-32）。

在 VASP 官网，对于 ISPIN=2，默认 MAGMOM=原子数*1.0。

```
NiO
1.0
        4.1683998108        0.0000000000        0.0000000000
        0.0000000000        4.1683998108        0.0000000000
        0.0000000000        0.0000000000        4.1683998108
   Ni     O
    4     4
Direct
     0.000000000         0.000000000         0.000000000
     0.000000000         0.500000000         0.500000000
     0.500000000         0.000000000         0.500000000
     0.500000000         0.500000000         0.000000000
     0.500000000         0.500000000         0.500000000
     0.500000000         0.000000000         0.000000000
     0.000000000         0.500000000         0.000000000
     0.000000000         0.000000000         0.500000000
```

图 2-32　NiO 的 POSCAR 文件

根据 NiO 的 POSCAR 文件对 MAGMOM 进行设置，考虑铁磁态时，可以设置 MAGMOM = 4*3 4*0（Ni 初始磁矩设置为 3，O 元素为 0）；考虑反铁磁态时，可以设置为 MAGMMOM = 3 -3 3 -3 0 0 0 0 或者 MAGMOM = 3 3 -3 -3 0 0 0 0。在设置 MAGMOM 时，可以将初始磁矩设置为已知磁矩的 1.2 或 1.5 倍，未知磁矩情况下，可以根据原子所处化学环境，从成键情况推测未成对电子数目，用未成对电子数目*1.5 作为磁矩。注意 MAGMOM 设置中*前后没有空格，输入空格会使计算结果报错。

而更复杂的磁性性质计算如 noncollinear 磁性、spin orbit 相互作用和 spin spiral 磁性，需要再增加其他关键词进行计算。下面给出确定一个结构磁基态的确定计算。

具有八面体（MF_6）结构的氟化物已知能够形成具有三维晶体结构的许多化合物如钙钛矿、烧绿石，并表现出一些新奇的磁性质和电子性质。在此以 $CsFe_2F_6$ 为例介绍第一性原理计算在磁性材料计算中的应用[8]，如图 2-33 所示。

在 $CsFe_2F_6$ 中，对铁磁结构 AFM-1 自旋极化进行几何优化。在此配置下，沿着 b 轴的

Fe^{3+}和Fe^{3+}离子之间的磁性相互作用是反铁磁，伴随着沿 a 轴Fe^{2+}和Fe^{2+}离子之间的反铁磁耦合，Fe^{3+}和Fe^{2+}离子之间的相互作用受到抑制。对结构优化得到的晶格参数与实验吻合，证明该计算结构可靠，故使用该模型进行计算。

为明确其磁基态和电子态，对铁磁和4种反铁磁几种不同磁性构型进行研究，如图2-34所示。在AFM-1反铁磁结构中，同价态的铁离子之间的相互作用是反铁磁，不同价态的铁离子之间的相互作用受到抑制，比其他磁性构型都具有更低的能量，以AFM-1结构作为磁基态。

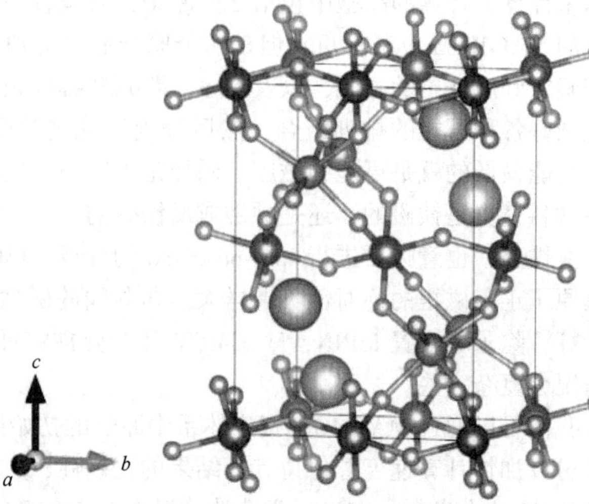

图2-33 $CsFe_2F_6$的晶体结构（其中最大的球代表Cs，中号球代表Fe^{2+}/Fe^{3+}，最小的球代表F原子）

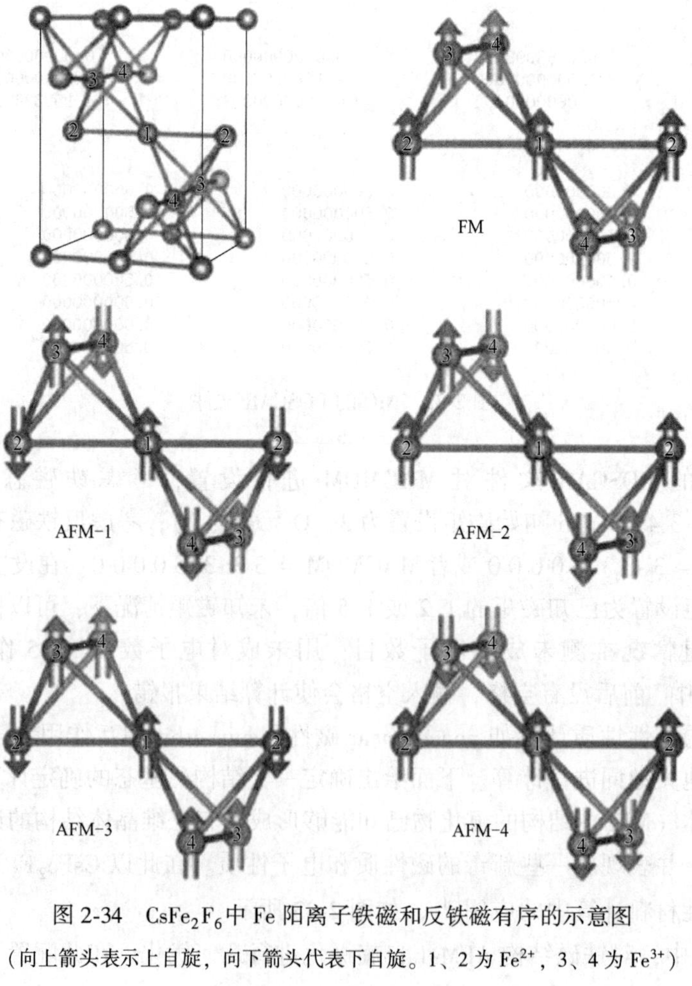

图2-34 $CsFe_2F_6$中Fe阳离子铁磁和反铁磁有序的示意图

（向上箭头表示上自旋，向下箭头代表下自旋。1、2为Fe^{2+}，3、4为Fe^{3+}）

通过对不同磁性结构总能计算的差值能够得到铁阳离子间交换常数 J，从而知道离子间的耦合作用，$J>0$ 表示铁磁耦合，$J<0$ 表示反铁磁耦合。最后得到的结果中显示 Fe^{3+}-Fe^{3+}之间与 Fe^{2+}-Fe^{2+}之间均为反铁磁耦合，最近邻不同价态铁离子 $Fe^{2+}Fe^{3+}$间交换常数也为负值，呈反铁磁耦合，与同价态铁间耦合常数相当，会出现磁受挫现象，是高温转变温度下实现反铁磁有序的障碍，可以应用于实际生产指导。

确定了 $CsFe_2F_6$的磁基态和磁受挫后对其电子结构基本性质进行讨论。

为了阐明 $CsFe_2F_6$中各 Fe 离子的价态和电荷歧化，使用 GGA+U（U=4.0eV）方法计算出磁基态（AFM-1）的总态密度和分波态密度，如图 2-35 所示。

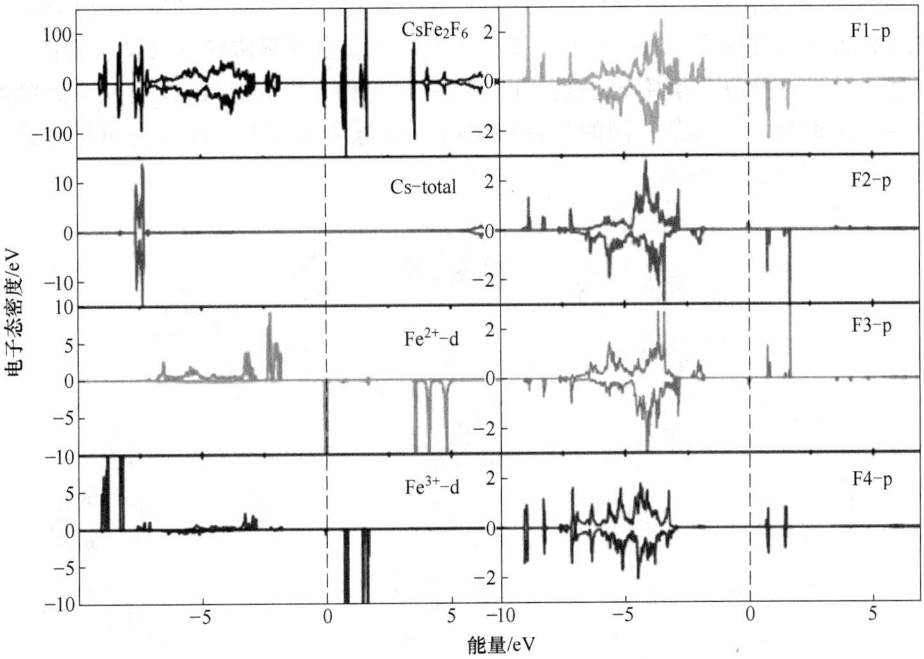

图 2-35　由 GGA+U 方法计算 CsF_2F_6磁基态的总态密度和 Cs、Fe 的 3d 态和 F 的 2p 态的态密度
（自旋向上显示为正值，自旋向下显示为负值，垂直的虚线表示费米能级位置）

发现在 $CsFe_2F_6$的导带和价带中 Cs 阳离子占据很小，表明 Cs 在体系中表现为强的离子性。价带主要由氟的 p 电子和铁的 d 电子占据，而导带则由铁的 d 轨道构成。如上所述，Fe 阳离子分裂成 2 个不等价的八面体位点，Fe^{3+}位置位于瘦长的 FeF_6八面体中，而 Fe^{2+}位置位于沿 a 轴稍微压缩的 FeF_6八面体中。从态密度图 2-35 中可以看出，它们显示不同的拓扑结构，表示不同的电荷状态。对于压缩八面体所包围的 Fe 阳离子，3d 轨道在自旋向上通道被完全占据，费米能级以下的向下自旋通道被部分占据。因此，电子配置非常接近 3d，价态为 2+，磁矩为 3.76μB。对于细长 FF_6八面体中的其他 Fe 阳离子，自旋向上通道被完全占据，下自旋通道是完全空的。这与 $3d^5$电子结构的高自旋态一致，价态为 3+，磁矩为 4.35μB。通过理论计算得到的磁基态以及铁离子间的相互作用都能很好地与实验数据吻合，通过磁交换耦合常数的检验揭露了磁受挫现象，使用理论方法能够结合实验探寻物质内在机理。

2.3.3 锐钛矿表面 H_2O 分解

金属氧化物表面存在大量的晶格氧，在催化 H_2O 分解的同时，不可避免地会导致晶格氧参与到反应中，可能成为产物 O_2 的氧源之一。若是表面晶格氧参与反应，并作为氧源生成 O_2，那么会导致表面形成氧空位，氧空位作为反应活性位点可能会对光热协同催化 H_2O 分解反应起到一定的作用。同时，表面氧空位的形成与否也表明 H_2O 分解可能存在不同的反应路径，H_2O 解离生成的 H^+ 和 OH^- 会游离于液体中，继而在各自电极处发生析氢反应和析氧反应，此处所研究的光热协同催化 H_2O 分解是气-固反应过程，较高的反应温度使得 H_2O 在反应体系中处于气相状态，因此，不存在游离于表面的 H^+ 或 OH^-，这是与电化学相关理论计算之间最明显且重要的不同之处。在光热协同催化反应过程中，H_2O 解离生成的 $^*H$ 和 $^*OH$ 会吸附于表面，直到在一定条件下生成 H_2 和 O_2 并从表面脱附成为最终产物。因此建立了两条不同的金属氧化物表面光热协同催化 H_2O 分解反应路径来对其进行计算，如图 2-36 所示。

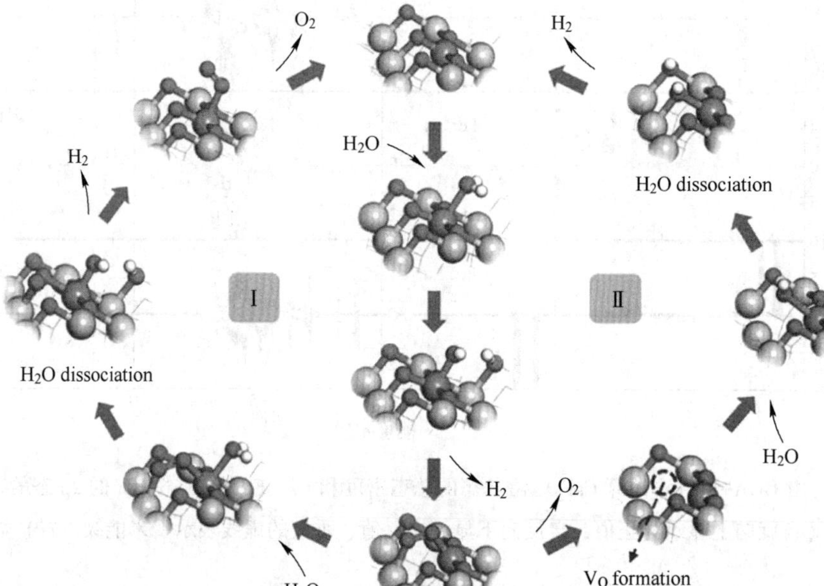

图 2-36 表面 H_2O 分解过程中可能存在的两条不同反应路径

构建锐钛矿 TiO_2(101) 表面模型，如图 2-37 所示。构建的锐钛矿 TiO_2(101) 表面模型包含 3 层 Ti-O-Ti 结构，共计 36 个 Ti 原子和 72 个 O 原子，记为 $aTiO_2$。图 2-37 (b) 中二配位 O3 位点最容易形成氧空位，故而以移除 O3 的表面来代表含有氧空位的锐钛矿 TiO_2(101) 表面模型，记为 $aTiO_2$-Vo。对于 Fe 掺杂的锐钛矿 TiO_2(101) 表面，将与 O3 相连的 M4 位点处 Ti 替换为 Fe，记为 Fe-$aTiO_2$，在此基础上移除 O3 来代表含有氧空位的 Fe 掺杂锐钛矿 TiO_2(101) 表面，记为 Fe-$aTiO_2$-Vo。同理，构建 Cu 掺杂的锐钛矿 TiO_2(101)表面以及含有氧空位的 Cu 掺杂锐钛矿 TiO_2(101) 表面，分别记为 Cu-$aTiO_2$ 和 Cu-$aTiO_2$-Vo。

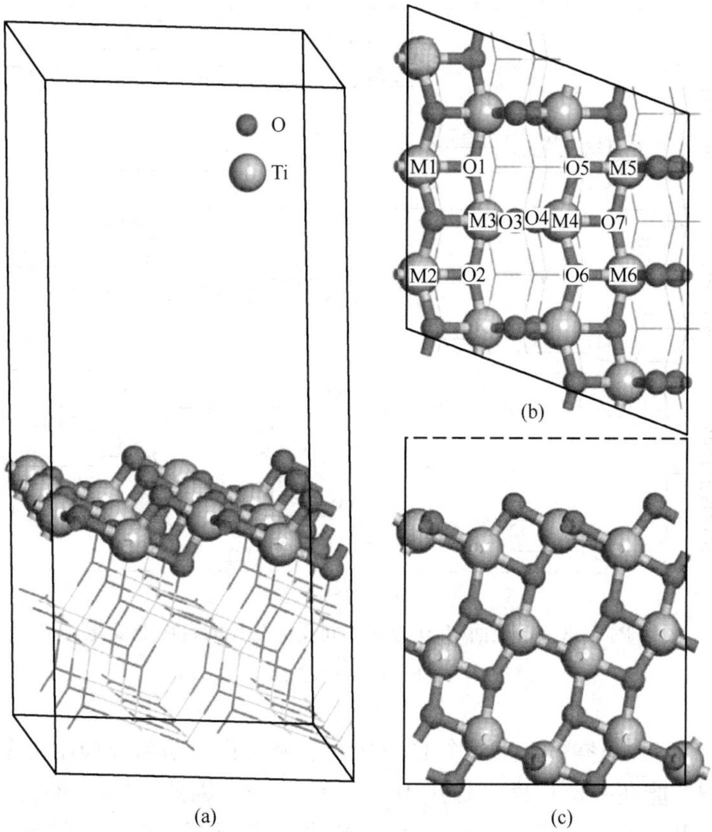

图 2-37 锐钛矿 TiO_2(101) 表面模型

在 $aTiO_2$，$Fe\text{-}aTiO_2$和 $Cu\text{-}aTiO_2$三种表面上 H_2O 分解的两条不同反应路径的自由能变化如图 2-38 所示，可能出现的中间结构如图 2-39～图 2-41 所示。在 $aTiO_2$表面上，整个 H_2O 分解过程中反应能垒最高（+2.67eV）的是第一个 H_2O 的析氢反应，成为决速步骤。过高的反应能垒表明此反应很难自发进行，导致大量 H_2O 解离吸附于表面并占据反应活性位点，极大地阻碍了 H_2O 分解反应的持续进行。对于 Path Ⅱ，氧空位上的 H_2O 吸附、解离以及析氢反应的能垒均为负值，反应可以自发进行，这表明表面氧空位对 H_2O 分解反应极为有利。但是，TiO_2表面上 H_2O 分解过程中形成的 O_2结构相对较为稳定，氧空位形成反应的反应能垒为+2.33eV，表面上的氧空位难以形成。因此，氧空位形成成为 Path Ⅱ中第二个 H_2O 分解的限速步骤。而对于 Path Ⅰ，第二个 H_2O 分解的限速步骤同样是析氢反应，反应能垒为+1.24eV，远低于 Path Ⅱ的限速步骤。因此，$aTiO_2$表面 H_2O 分解反应更倾向于 Path Ⅰ。

在 $F\text{-}aTiO_2$表面上，整个 H_2O 分解过程的决速步骤同样是第一个 H_2O 的析氢反应，反应能垒为+2.21eV，低于 $aTiO_2$表面。这表明 $aTiO_2$表面上 Fe 掺杂有利于提升表面催化 H_2O分解的反应活性。对于 Path Ⅰ，第二个 H_2O 分解的限制反应速度的步骤是析氢反应，反应能垒为+1.00eV，远低于决定反应速度步骤析氢反应。对于 Path Ⅱ，Fe 掺杂位点附近氧空位形成的反应能垒为+0.19eV，大大低于 $aTiO_2$表面，这表明 $Fe\text{-}aTiO_2$表面上氧空位

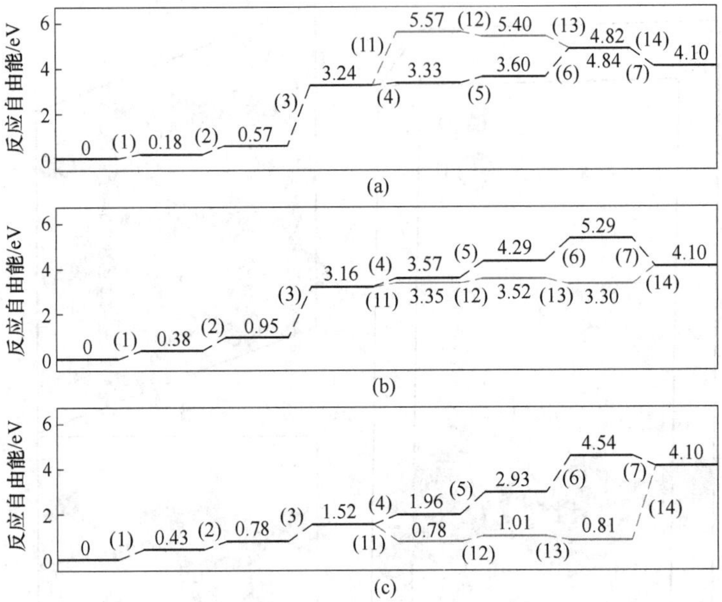

图 2-38 各表面 H_2O 分解不同反应路径的自由能变化

(a) $aTiO_2$；(b) Fe-$aTiO_2$；(c) Cu-$aTiO_2$

相对容易形成。而且，氧空位上第二个 H_2O 吸附、解离以及析氢反应的能垒均低于 Path Ⅰ，这表明表面氧空位能在一定程度上促进 H_2O 分解反应。因此，Fe-$aTiO_2$表面 H_2O 分解反应更倾向于 Path Ⅱ。综上所述，$aTiO_2$表面上 Fe 掺杂降低了决速步骤的反应能垒，促进了 H_2O 分解反应的持续进行。同时，Fe 掺杂有利于表面形成氧空位，而氧空位能有效促进 H_2O 吸附、解离以及析氢反应的进行。

在 Cu-$aTiO_2$表面上，第一个 H_2O 的析氢反应（3）的反应能垒仅为+0. 74eV，远低于 $aTiO_2$和 Fe-$aTiO_2$表面，整个 H_2O 分解过程的决速步骤是第二个 H_2O 的析氢反应，分别是 Path Ⅰ的反应（6）和 Path Ⅱ的反应（14）。对于 Path Ⅰ，决速步骤析氢反应（6）的反应能垒为+1. 61eV，远低于 $aTiO_2$和 Fe-$aTiO_2$表面的决速步骤，这表明 H_2O 分解反应在 Cu-$aTiO_2$表面上相对更为容易进行。对于 Path Ⅱ，Cu 掺杂位点附近形成的 O_2^{2-}结构极不稳定，氧空位形成的反应能垒为-0. 74eV，表面极易自发形成氧空位。对比图 2-39～图 2-41 也可以看到，Cu-$aTiO_2$表面形成的 O_2结构与表面距离相对较远。这可能是由于在模型构建时，只是简单地将 Ti 替换为 Cu，而这种做法实际上是将高价的 Ti^{4+}替换为了低价的 Cu^{2+}，为了保持局域电荷的平衡，掺杂位点附近的晶格氧更倾向于形成氧空位。但是极易形成的氧空位并不利于析氢反应，反应（14）的反应能垒为+3. 29eV，远高于 Path Ⅰ，甚至高于 $aTiO_2$ 和 Fe-$aTiO_2$ 表面，这导致 H_2O 分解反应极难依此路径进行。因此，Cu-$aTiO_2$表面 H_2O 分解反应更倾向于 Path Ⅰ。综上所述，相较于 $aTiO_2$和 Fe-$aTiO_2$表面，Cu 掺杂大大降低了决速步骤的反应能垒，有效促进 H_2O 分解反应持续进行。

由以上计算结果可得，析氢反应具有最高的反应能垒，是整个 H_2O 分解过程中的决速步骤。对比于未掺杂的 $aTiO_2$表面，Fe/Cu 掺杂对 H_2O 的吸附和解离影响不大，但会显著降低析氢反应能垒，促进决速步骤的发生，有利于 H_2O 分解反应的持续进行。相较而

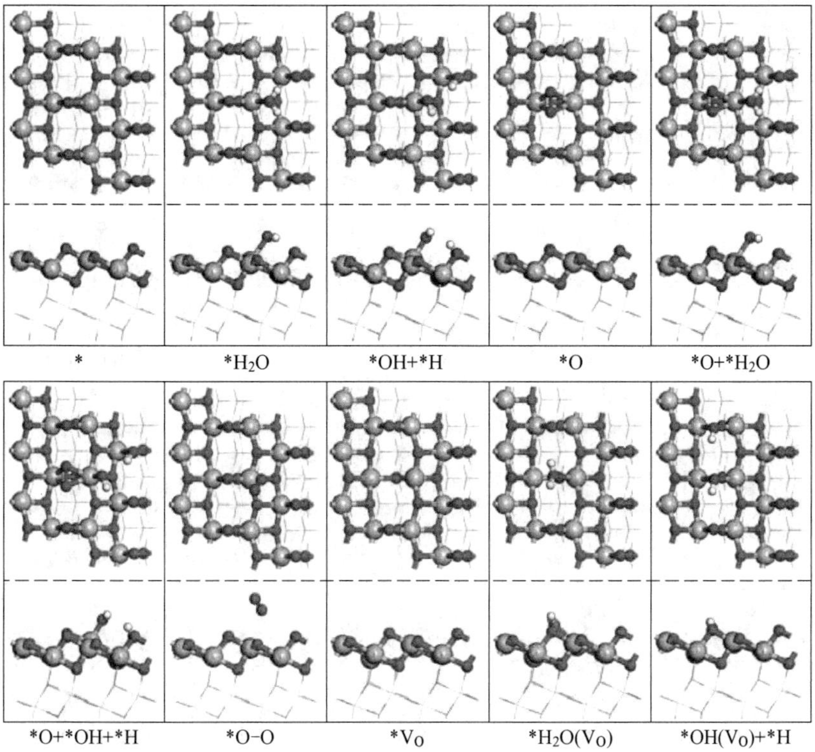

图 2-39　$aTiO_2$表面 H_2O 分解过程中可能出现的中间结构

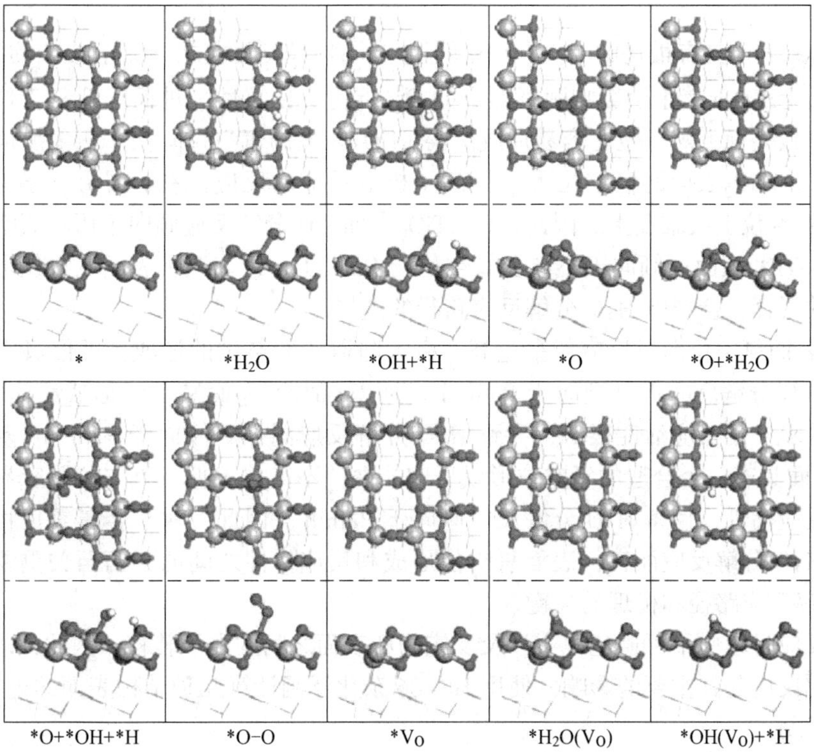

图 2-40　Fe-$aTiO_2$表面 H_2O 分解过程中可能出现的中间结构

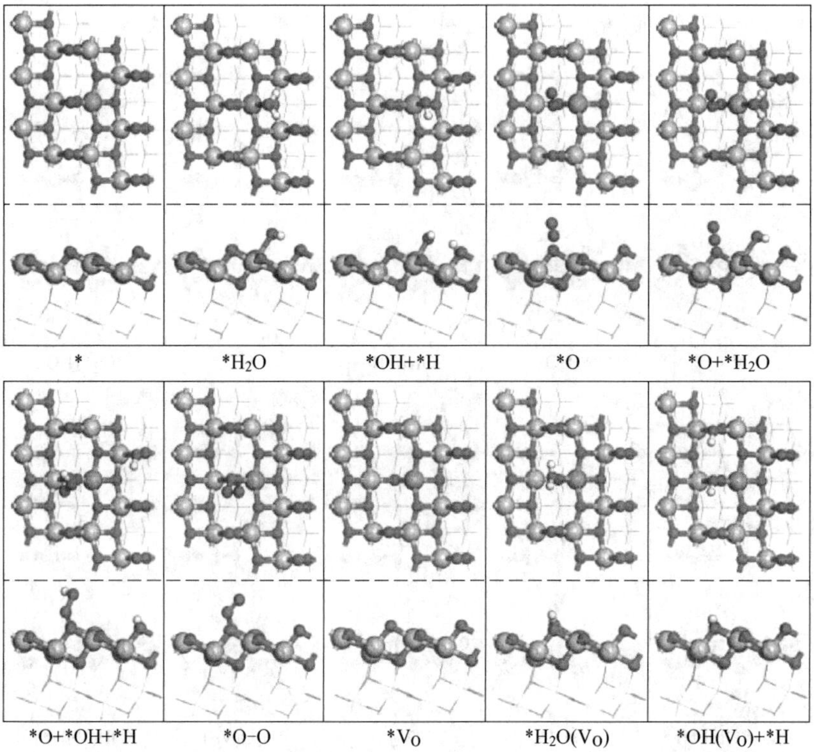

图 2-41 Cu-aTiO$_2$表面分解 H_2O 分解过程中可能出现的中间结构

言，Cu-aTiO$_2$表面具有最佳的 H_2O 分解活性，Fe-aTiO$_2$表面次之，而未掺杂的 aTiO$_2$表面最差。表面上 F/Cu 掺杂会影响附近形成的 O_2^{2-}结构的稳定性，进而降低氧空位形成的反应能垒，导致表面上氧空位更容易形成。Fe-aTiO$_2$表面的氧空位降低了析氢反应的反应能垒，但是 Cu-aTiO$_2$表面的氧空位大大提高了析氢反应的反应能垒，导致析氢反应在 Cu-aTiO$_2$表面氧空位上极难发生。因此，Fe-aTiO$_2$表面 HO 分解反应倾向于历经氧空位的 Path Ⅱ，而 Cu-aTiO$_2$表面更倾向于不涉及氧空位的 Path Ⅰ。这表明，表面氧空位形成和反应活性之间的平衡，会影响 H_2O 分解反应路径的选择。

aTiO$_2$表面氧空位形成反应能垒过高，极大阻碍了氧空位的形成，即便氧空位反应活性较高，H_2O 分解反应仍更倾向于 Path Ⅰ。而 Cu-aTiO$_2$表面氧空位形成反应能垒过低，极易形成的氧空位反应活性很低，导致 H_2O 分解反应同样更倾向于 Path Ⅰ。相较之下，Fe-aTiO$_2$表面具有一个合适的氧空位形成反应能垒，不高也不低，氧空位既容易形成也具有较高的反应活性，使得 H_2O 分解反应倾向于 Path Ⅱ。因此，对于金属氧化物表面光热协同催化 H_2O 分解反应而言，表面氧空位形成和反应活性之间的平衡至关重要，也是探究 H_2O 分解反应路径和机理的关键。

催化反应过程中不可避免地会涉及反应物和表面之间的电子转移，因此，表面电子结构会对催化反应起到重要的影响。使用 HSE06 杂化泛函计算几种结构表面的电子态密度，如图 2-42 所示。

aTiO$_2$表面上 Fe/Cu 掺杂略微增加了禁带宽度，但会在禁带中引入杂质能级，Fe-

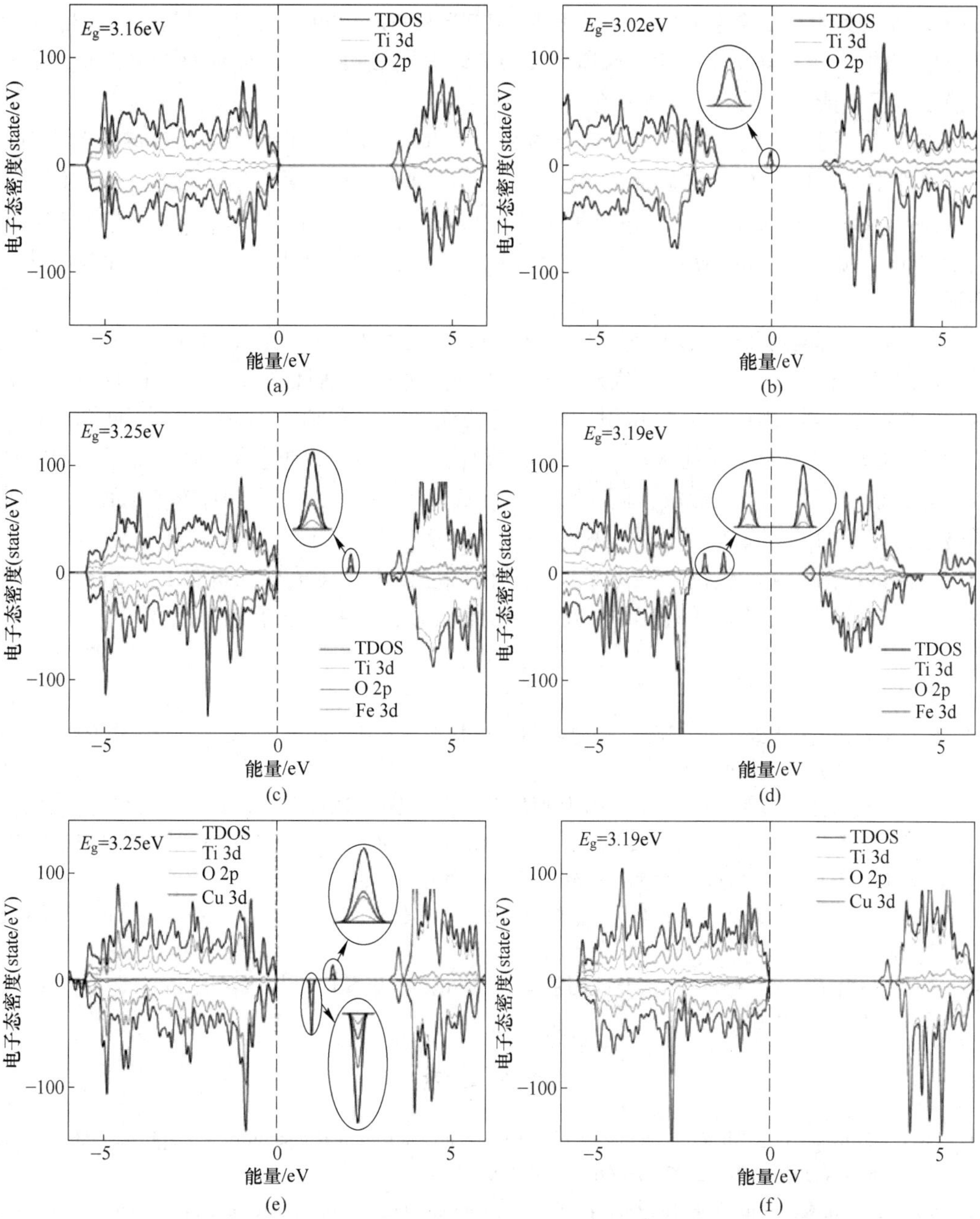

图 2-42 各表面的总态密度和投影态密度（费米能级设置在 0eV 处，作为参照能级）
（a）$aTiO_2$；（b）$aTiO_2$-Vo；（c）Fe-$aTiO_2$；（d）Fe-$aTiO_2$-Vo；（e）Cu-$aTiO_2$；（f）Cu-$aTiO_2$-Vo

$aTiO_2$表面的杂质能级主要由 Fe 3d 和 O 2p 轨道组成，Cu-$aTiO_2$表面的杂质能级主要由 Cu 3d 和 O 2p 轨道组成。同时，费米能级的位置没有改变，依旧位于价带顶部。禁带中杂质能级的出现，有利于光照条件下电子的激发，促进电子空穴对的分离，能在一定程度上提升催化剂材料的可见光响应性能。此外，价带顶附近 O 2p 轨道上的电子能够容易地转移到 Fe/Cu3d 轨道上，导致 Fe/Cu 位点成为 H_2O 分解的反应活性中心。值得注意的是，Cu-aTiO_2表面的禁带有 2 个杂质能级，这表明相较于 Fe/Cu 位点更有利于电子的积累，可能具有更高的 H_2O 分解反应活性。这和上文中计算得到 Cu-aTiO_2表面 H_2O 分解反应过程中决速步骤反应能垒最低的结论相一致。

aTiO_2表面上 Fe/Cu 掺杂会引入杂质能级，有助于光生电子的激发和转移，形成新的反应活性中心，提升 H_2O 分解反应活性。Fe-aTiO_2-Vo 表面的氧空位会引入更多的缺陷能级，而 Cu-aTiO_2-Vo 表面的氧空位导致杂质能级消失，这表明，Fe-aTiO_2表面的氧空位有利于 H_2O 分解，而 Cu-TiO_2表面的氧空位会极大地阻碍析氢反应，与上文计算结果相一致。

基于电子态密度计算发现，aTiO_2表面上 Fe/Cu 掺杂引入了杂质能级，有助于光生电子的激发和转移，促进了电子空穴对分离，形成新的反应活性中心，提升 H_2O 分解反应活性。Fe-aTiO_2-Vo 表面的氧空位引入更多的缺陷能级，有利于 H_2O 分解；而 Cu-aTiO_2-Vo 表面的氧空位导致杂质能级消失，极大地阻碍了析氢反应的进行。aTiO_2表面上 Fe/Cu 掺杂有利于表面氧空位的形成，同时形成新的反应活性中心，强化 H_2O 与表面之间的电子转移，促进 H_2O 的有效活化，有利于 H_2O 分解反应的进行。

理论计算的意义不仅仅是从分子尺度的微观层面来探索光热协同催化反应路径和机理，更重要的是，要能指导现实中宏观实验的合理设计，并得到有效验证[9]。

习　题

2-1 多粒子哈密顿量如式（2-1）所示，在进行计算时常常需要对其进行近似处理，请简单介绍近似过程中的电子近似和绝热近似。

2-2 VASP 软件包是目前第一性原理计算中使用最为广泛的程序，请简述 VASP 软件包的特色和功能。

2-3 进行结构优化（opt）时，常需要我们设置 INCAR 文件中的 ENCUT、ISIF、IBRION、NSW、EDIFF 以及 EDIFFG 等常见参数，请结合 VASP 手册，简单介绍上述各参数的含义。

2-4 石墨烯是二维材料兴起和发展的开端，请对其进行结构优化（opt），计算晶格参数，并与实验观测值比较。

2-5 在上一工作石墨烯正确进行结构优化的基础上，尝试计算石墨烯的电子结构，如能带结构（band）和电子态密度（DOS）。

参 考 文 献

[1] Liu F, Ming P, Li J. Ab initiocalculation of ideal strength and phonon instability of graphene under tension [J]. Physical Review B, 2007, 76 (6): 064120.

[2] Zhao H, Min K, Aluru N R. Size and chirality dependent elastic properties of graphene nanoribbons under uniaxial tension [J]. Nano Lett, 2009, 9 (8): 3012-3015.

[3] Castro Neto A H, Guinea F, Peres N M R, et al. The electronic properties of graphene [J]. Reviews of Modern Physics, 2009, 81 (1): 109-162.

[4] Wang J, Deng S, Liu, Z, et al. The rare two-dimensional materials with Dirac cones [J]. National Science Review, 2015, 2 (1): 22-39.

[5] Long M Q, Ling T, Dong W, et al. Theoretical predictions of size-dependent carrier mobility and polarity in graphene [J]. J. Am. Chem. Soc., 2009, 131 (49): 17728-17729.

[6] Son Y W, Cohen M L, Louie S G. Energy gaps in graphene nanoribbons [J]. Phys Rev Lett, 2006, 97

(21): 216803.

[7] Son Y W, Cohen M L, Louie S G. Half-Metallic graphene nanoribbons [J]. Nature, 2006, 444: 347-349.

[8] Liu S, Xu Y, Cui Y, et al. Charge ordering and magnetic frustration in CsFe (2) F (6) [J]. J Phys Condens Matter, 2017, 29 (31): 315501.

[9] Li Z, Zhang X, Zhang L, et al. Pathway alteration of water splitting via oxygen vacancy formation on anatase titanium dioxide in photothermal catalysis [J]. The Journal of Physical Chemistry C, 2020, 124 (48): 26214-26221.

3 分子动力学在材料研究中的应用

分子动力学在材料研究中的应用PPT

3.1 分子动力学介绍

3.1.1 分子动力学模拟的概念

分子模拟（molecular modeling 或 molecular simulation）是一类通过计算机模拟来研究分子或分子体系结构与性质的重要研究方法，包括分子力学（MM，Molecular Mechanics）、蒙特卡洛（MC，Monte Carlo）模拟、分子动力学（MD，Molecular Dynamics）模拟等[1]。这些方法均以分子或分子体系的经典力学模型为基础，或通过优化单个分子总能量的方法得到分子的稳定构型（MM）；或通过反复采样分子体系位形空间并计算其总能量的方法，得到体系的最可几构型与热力学平衡性质（MC）；或通过数值求解分子体系经典力学运动方程的方法得到体系的相轨迹，并统计体系的结构特征与性质（MD）。目前，得益于分子模拟理论、方法及计算机技术的发展，分子模拟已经成为继实验与理论手段之后，从分子水平了解和认识世界的第三种手段[2]。

最早的 MD 模拟在 1957 年就已实现。当时，Alder 和 Wainwright 通过计算机模拟的方法，研究了 32~500 个刚性小球分子系统的运动。模拟开始时，这些小球分子被置于有序分布的格点上，具有大小相同的速度，但速度方向随机分布。除相互间的完全弹性碰撞外，刚性小球分子之间没有任何相互作用，小球分子在碰撞间隙做匀速直线运动。在经过一段时间的模拟，系统中的刚性小球分子速度达到 Maxwell-Boltzmann 分布后，他们分别根据位力定理和径向分布函数计算了系统的压力，发现两种方法得到的结果一致。1959 年，他们提出可以把 MD 模拟方法推广到更复杂的具有方阱势的分子体系，模拟研究分子体系的结构和性质。1964 年，Rahman 模拟研究了具有 Lennard-Jones 势函数的 864 个 Ar 原子体系，得到了与状态方程有关的性质、径向分布函数、速度自相关函数、均方位移等。此后，分子模拟工作者广泛模拟研究了具有不同势函数参数的 Lennard-Jones 模型分子体系，得到了体系的结构及其各种热力学性质，探讨了 Lennard-Jones 势函数参数对体系结构与性质的影响，建立了 Lennard-Jones 势函数参数与模型分子体系结构及性质之间的关系。

3.1.2 MD 模拟的应用与意义

MD 模拟是一种研究分子体系结构与性质的重要方法，已被广泛用于化学化工、生物医药、材料科学与工程、物理等学科领域。MD 模拟最直接的研究结果是分子体系的结构特征，包括溶液中的配位结构，生物和合成高分子的构型与形貌，生物和合成高分子与溶剂分子或其他小分子配体之间的相互作用，分子在固体表面的吸附与分布，分子在重力场、电磁场等外场中的取向与分布等。

除了分子体系的结构特征，MD 模拟方法还可以研究分子体系的各种热力学性质，包括体系的动能、势能、焓、吉布斯自由能和亥姆霍兹自由能、热容等。通过 MD 模拟，还可以得到与体系的状态方程有关的密度、压强、体积、温度等之间的关系。根据体系的能量和自由能，还可以直接或间接地研究体系的相变与相平衡性质等。

此外，利用 MD 模拟可以研究分子体系的速度自相关函数、速度互相关函数、均方位移等性质，并由此计算体系的自扩散系数、互扩散系数、黏度系数等各种迁移性质。利用非平衡 MD 模拟，还可以研究各种热力学流与热力学力之间的关系，得到 Onsager 意义上的唯象系数。

最后，利用反应性分子力场 MD 模拟或 AIMD 模拟，还能得到化学键的断裂和生成等与化学反应有关的性质。

3.1.3 MD 模拟的发展趋势

总的来说，MD 模拟的发展趋势是以更高的效率、模拟更大的体系、实现更长的演化时间、取得更精确的模拟结果为目的。为了实现这些目标，必须从计算技术、MD 模拟算法、分子模型等多方面进行广泛而深入的研究。

3.1.3.1 计算技术的发展方向

在经历了约半个世纪的指数式提高，计算机核心部件 CPU 的主频在 21 世纪初超过 3GHz 后出现了停滞现象，过去那种按 Moore 定律快速提高的趋势消失了。但是，CPU 的制造技术并没有达到发展极限，出现了双核、四核、八核甚至十六核等多核 CPU。因此，Moore 定律继续有效，只是发展模式从不断提高 CPU 的主频，转化为提高单片 CPU 上集成的核芯数量。与 CPU 主频被不断提高的时代相比，这种新趋势对算法的开发和软件设计提出了新的挑战[3]。

在 CPU 主频被不断提高的时代，一个因速度缓慢而性能不佳的计算程序，只要等待新一代具有更高主频的 CPU 的出现，就会有更出色的表现。现在，同样因速度缓慢而表现不佳的计算程序，在新一代主频几乎不变但具有更多核芯的 CPU 上，其表现不一定会得到改善。事实上，为了改进计算程序的运算速度，必须改进程序的算法，提高其并行运算速度。不过，提高计算程序的并行运算速度，不是简单的工作，而是复杂的工程，必须发展适合并行运算的算法。

衡量一个算法并行运算效果的指标是加速比（speedup）。当利用多个核芯进行并行运算时，一般只有算法的一部分能被并行加速，其他部分则不能被并行加速。即当用 N_p 个核芯进行并行运算时，运算时间一般不会缩短到单个核芯串行运算时间的 $1/N_p$。因此，并行运算的加速比，就是利用单个核芯进行串行运算所消耗的计算时间与利用多个核芯进行并行计算所消耗的计算时间之比。

GPU 早已被广泛应用于传统的 CPU 计算机中，作为图形处理器用于提高图形处理速度。因此，GPU 计算系统是 MD 模拟者容易得到或可以以低廉的价格得到的一种计算资源。GPU 计算系统的缺点是难以与传统 CPU 计算相互兼容，不能直接移植面向 CPU 设计的 MD 模拟程序。GPU 计算系统的更大缺点是不能直接使用 MD 模拟软件编写者熟悉的 FORTRAN 等程序设计语言。GPU 计算系统通常使用一种与简化版 C 语言相似的编程语言，称为 CUDA（Compute Unified Device Architecture）。因此，即使使用 C 语言编写的 MD

程序，移植到 GPU 计算系统上运行时仍需要大量的改写和调试工作。与 CPU 计算不同，GPU 计算擅长浮点运算，但不擅长逻辑运算密集的算法。因此，为了得到更好的效果，必须把 CPU 计算和 GPU 计算结合起来，利用 CPU 进行作业调度等逻辑运算，利用 GPU 进行浮点运算。

3.1.3.2　分子模型的发展方向

虽然提高计算设备的运算速度及其并行程度是提高 MD 模拟效率的基础，但是，通过改进 MD 模拟算法、简化分子模型，也可以达到任何计算设备的改进均无法达到的效果。

MD 模拟中消耗计算时间最多、最难并行处理的部分是分子间相互作用力的计算，包括 van der Waals 相互作用、静电相互作用、多体相互作用等[4]。虽然通过引入截断近似和适当的列表算法可以降低原子间相互作用力的计算量，提高计算效率，但是，当模拟体系包含的原子数进一步增大，达到百万数量级甚至更多时，任何列表算法的额外消耗均迅速增大，必须根据模拟体系所包含的原子数进行优化。在全原子力场模型下，如果利用完整约束方法限制化学键的振动，限制分子内运动的自由度，可以在保证相同计算精度的前提之下延长 MD 模拟积分步长，提高模拟效率。如果引入联合原子模型，隐含与碳原子成键的氢原子，不但可以简化分子模型，还可以提高积分步长，大大提高模拟效率。目前，具有最高简化程度、最小自由度的分子模型是粗粒度模型。

为了模拟分子体系在如此大的时空跨度内的结构与性质，目前广泛采用在不同的空间和时间尺度用不同的模型模拟的方法。在原子尺度，一般采用量子力学模型，利用量子化学计算或 AIMD 模拟方法研究能级、能带、化学键的生成与断裂等性质；在分子尺度，广泛采用 MD 模拟方法，研究分子构型与排列顺序、体系的热力学与动力学性质等；在更大的宏观尺度，普遍采用连续介质模型结合有限元方法，研究应力、温度、浓度、速度等物理场与形变、热流、扩散流、动量流等的关系（表 3-1）。

表 3-1　各种物理体系的特征时空尺度与模拟方法

	量子力学模型	经典力学模型	粗粒度模型	耗散粒子模型	连续介质模型
物理模型	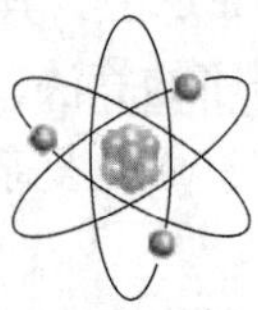	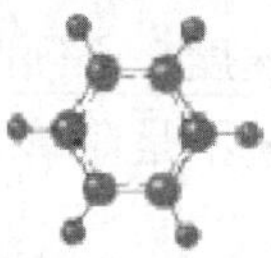	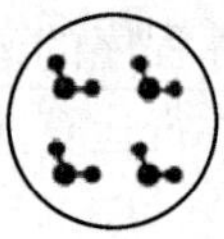	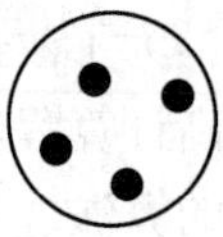	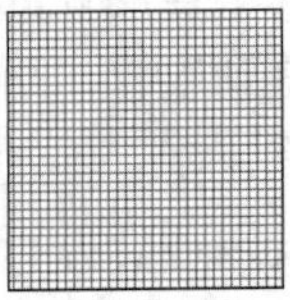
空间尺度/m	10^{-10}	10^{-9}	10^{-8}	10^{-7}	10^{-6}
时间尺度/s	10^{-15}	10^{-9}	10^{-7}	10^{-5}	10^{-3}
研究对象	原子、分子	分子体系	分散体系	纳米体系	宏观物质
理论方法	量子力学	牛顿力学	牛顿力学	随机力学	连续介质力学
状态变量	波函数	位置和动量	位置和动量	位置和动量	物理场和响应
数学方法	量子化学	MD 模拟	CGMD 模拟	DPD 模拟	有限元方法

3.1.3.3　多尺度与介观体系的 MD 模拟

对不同尺度分别采用不同模型的模拟方法，并不适用所有的研究体系及其物理化学过程。例如涡流现象，分别从连续流体力学或分子模拟角度都难以解决问题，必须采用多尺度模拟方法。在生物医药领域，药物分子发生药效的过程，涉及药物分子的溶解与运输、药物分子与蛋白质受体的相互作用、蛋白质分子的构型变化等多个时间尺度，必须利用量子化学计算、AIMD 模拟、MD 模拟、粗粒度 MD 模拟等方法进行研究。

在材料科学领域，虽然 MD 模拟是研究原子、分子在近距离运动中形成微晶等结构的有效手段，但是利用 MD 模拟方法难以研究微晶排列等介观结构及其变化。全原子 MD 模拟是研究单个原子运动和行为的有力手段，但材料的制备过程和服役行为与大量原子的集体运动密切相关，这是 MD 模拟难以实现的目标。材料的断裂过程，涉及化学键的断裂、原子和晶界的移动、裂纹的生成和扩散等过程，不但需要利用量子化学计算、MD 模拟、连续介质力学模拟等在多个不同尺度进行模拟，还需要研究不同尺度之间的相互耦合。事实上，与材料性质密切相关的是其介观结构，而介观结构的形成时间短者在毫秒以上，长者可达数小时甚至数天，特别是与材料的服役行为有关的过程更可长达数年到数十年。利用模拟方法研究如此长的时空跨度内原子的运动及其对晶界结构的影响，晶粒的生成、生长、消失，晶界的形成，不但需要功能更强大的计算系统，更需要模拟方法、算法、理论的发展，才能适应材料科学与工程的需要[5]。因此，必须在需要时保持原子尺度的模拟精度，在不需要原子尺度的精度时以更宏观的介观或连续介质模型近似模拟对象。利用 MD 模拟研究发生在原子层面的现象，用连续介质模型研究宏观层面的现象，并用粗粒度模型把分子力场模型和连续介质模型有机地结合起来，这样的模拟，不但是对体系模型和模拟算法的考验，也是对模拟理论的考验，是 MD 模拟发展的重要研究方向。

3.2 分子的物理模型

模型（model）是人类对客观事物和过程的简化和抽象，是对复杂多样的客观事物和过程的近似。广义上说，模型就是用于表示客观事物或过程的概念、公式、方程等。一般地，模型可分为物理模型（physical model）和概念模型（conceptual model）两种类型[6]。

3.2.1 分子的物理模型在化学中的作用

与数学、物理学等学科广泛使用概念模型不同，化学学科广泛使用物理模型，较少使用概念模型。为了说明物理模型在化学中的作用，首先检查如何用物理模型描述氢气与氧气作用生成水的反应

$$2H_2 + O_2 \longrightarrow 2H_2O \tag{3-1}$$

在原子、分子模型（atomic models and molecular models）被广泛认可、采纳以前，化学家会根据上述反应中所消耗的氢气和氧气的质量以及生成的水的质量，得出 1 份氢气与 8 份氧气反应生成 9 份水；或者，水由 1 份氢气和 8 份氧气组成。类似地，过氧化氢这种也是仅由氢、氧两种元素组成的分子，由 1 份氢气和 16 份氧气组成。在原子、分子模型被广泛采纳后，化学家得出 1 个水分子由 1 个氧原子和 2 个氢原子组成，而 1 个过氧化氢分子则由 2 个氧原子和 2 个氢原子组成。另外，化学反应中反应物和生成物之间的质量关系可以用简单的算术运算得到，无须精确的实验测定。事实上，由于反应（3-1）的反应物都是气体，产物水在沸点温度 100℃ 以上也是气体，用体积表示反应物和产物的定量关系更接近现代原子论、分子论的描述。在反应（3-1）中，2 体积氢气与 1 体积氧气反应生成 2 体积水（在相同温度和压力下）。

从这个简单的化学反应可以发现，如果刻意回避原子、分子模型，即使描述水的化学组成以及氢气与氧气反应生成水这样的简单化学反应也非常复杂。对蛋白质、核酸这样复杂的生物分子及其发生的化学反应，刻意回避原子、分子模型的描述显然是无法实现的。事实上，正是由于多种分子模型的建立和广泛采纳，为人们认识分子的性质及其分子间的化学反应提供了巨大的便利，促进了化学学科的迅速发展。

物理模型是人类对自然界客观事物或过程的简化、抽象和近似，是对客观事物或过程的某个、某些侧面的反映。模型可以是不全面的、不完善的甚至是不完全正确的。但是，任何模型只要能反映事物的某些属性，有助于人们认识事物，就是有用的模型。因此，模型的价值不仅在于其正确性、完善性，更在于其实用性。相反，目前看来正确的、完善的模型，随着人们对事物认识的不断深入，也可能被发现是不完善的甚至是错误的，但这并不影响人们对该模型的继续使用。

物理模型并不深奥，在人们日常生活中随处可见。例如，儿时玩过的洋娃娃、玩具汽车多是物理模型的实例。通过洋娃娃这个最简单的人体模型，幼小的我们更加深入地认识了人体的基本结构与功能。中学生理课上，通过更复杂的人体模型认识了人体的器官与功能等。类似地，通过玩具汽车这个简单的汽车模型，人们认识了汽车的基本结构与功能。市场上更复杂、高档的电动玩具汽车等，可以帮助人们更加深入地了解汽车的内部结构与功能，是更复杂的物理模型。

化学研究的是微小的分子，不但肉眼无法观察，即使电子显微镜也难以直接观察。只有借助最先进的扫描隧道显微镜，才能直接观察最简单的分子。因此，分子的物理模型，更是学习和研究化学不可缺少的工具。

在化学教学和研究中，最常用的是球棍模型（ball and stick models）。球棍模型反映了分子最基本的属性：原子大体上球形对称，化学键把成键原子连接起来形成分子，原子在分子中的排列次序及其相对位置固定。为了从不同侧面了解分子的性质或强调分子的不同特性，化学中还常常用到其他类型的分子模型。例如，比例模型（space-filling models 或 CPK molecular models）可以比较精确地反映分子内不同原子及原子间距离的相对尺寸。近年来，随着个人计算机图形功能的增强和化学图形软件的日益普及，像带状模型（ribbon models）、管状模型（tube models）、荆棘条模型（licorice models）、线状模型（wireframe models）等分子模型得到了广泛的应用，增进了人们对分子结构的认识，促进了化学、生物化学、材料科学等的发展。

随着化学研究的进一步深入，上述各种由不同形状的几何体表示的分子的几何模型（geometrical models）已经越来越难满足实际工作的需要。因此，出现了比几何模型更深入的物理模型。例如，为了理解或解释分子的红外光谱，必须在分子几何模型的基础上，引入化学键伸缩和键角弯曲的谐振子模型或其他振动模型。为了理解或预测大分子的构型与性质，特别是复杂的生物分子的构型与功能，必须在化学键伸缩和键角弯曲振动模型的基础上进一步引入化学键的转动、分子内和分子间的非键或弱键相互作用等模型。在分子几何模型的基础上，引入分子内和分子间相互作用及其能量的概念后，就得到了分子的力学模型或分子力场模型（molecular force field models）。

但分子力场模型，仍然不能解释分子的许多性质，仍需要发展。例如，分子力场模型虽可以解释分子的振动光谱，但无法解释分子的紫外-可见光谱、X 射线光电子能谱（Xray photoelectron spectroscopy）等[7]。这时，就需要引入比分子力场模型更进一步的量子力学模型（quantum mechanical models）。分子的量子力学模型，是建立在薛定谔（Schrodinger）方程或密度泛函理论基础上的一个电子模型，研究电子在组成分子全部原子核所形成的电场中的运动及其规律，是目前人们所知的最深入的分子模型。但是，求解分子的量子力学模型非常困难，目前只有在处理孤立的不太大的分子或者具有周期性边界条件的晶体等体系时才能得到比较精确的结果，在处理大分子或处在溶液中的分子等时，难以得到理想的结果。

从上述分析可以知道，虽然化学与数学和物理学相比较少使用概念模型和数学公式，但在化学中广泛应用各种类型的分子模型。这些分子模型是典型的物理模型，它们的建立和应用在化学研究中起着极其重要的作用。对于化学或相关专业人员，除了需要学习并掌握各种实验方法和技能外，不可忽视对分子模型的学习，应尝试用分子模型解释观察到的实验现象；此外，还要善于总结实验现象，从实验现象中抽提规律，建立合理的分子模型。

3.2.2 原子、分子的几何模型

3.2.2.1 原子、分子的几何模型的发展历史

不管是在日常生活中，还是在生产活动和科学实践过程中，人们接触、感受和认识最深的是有形物质。在这一过程中，人们逐渐认识到物质的各种性质，如物质可以不断地被机械分割而不改变性质；物质总是处于气、液、固三种状态之一，并在一定温度和压力下可以在三态之间相互转化；物质均有质量并占有一定的空间，固体和液体物质还有固定的密度，有的物质还有铁磁性；物质之间还可以发生化学反应等。那么，物质究竟是什么？不同物质为什么表现出不同的性质？不同性质的物质之间有何联系？物质是否无限可分？如果物质不能无限可分，能够保持物质性质的最小单元是什么？如果沿着物质不能无限可分这一思辨追问下去，必定得出任何物质均由原子、分子组成的概念。

事实上，古希腊古典时代的思想家已经提出了原子的概念。例如，我国古代思想家墨子提出物质不能无限可分的观点，并假设组成物质的最小单元是一种称为“端”的微粒。与墨子处在同一时代的古希腊哲学家德漠克利特（Democritus），也持物质不能无限可分的观点，认为构成物质的最小单元是原子。稍后的惠子也提出了类似的观点，认为物质是由被称为“小一”的微粒组成。古罗马诗人卢克莱修（Lucretius）还提出了气味的分子模型：人们的味觉器官上分布着许多不同形状的小孔，一种形状的小孔可以感知一种气味，不同形状的小孔可以感知不同的气味；同时，气味由气味粒子组成，相同气味的粒子形状相同，不同气味的粒子形状不同，当气味粒子刚好与某种味觉小孔匹配时，就感知了相应的气味。

近代化学建立后，化学家对物质的性质有了更加深入的认识，为今天的科学原子论和分子论的建立奠定了坚实的基础。在科学原子论、分子论的建立过程中，最重要的科学家包括以下几位。

A　John Dalton（1766—1844）

1800年前后，英国化学家道尔顿（Dalton）开始从证实科学的角度思考原子的概念，提出原子是具有固定体积和质量的球体，同种原子具有完全相同的体积和质量，不同原子

具有不同的体积和质量。这个假设无疑是正确的，抓住了原子的两个最本质的属性。他在1803年皇家学会的讲座中提出了如下基本思想：

（1）All matter is composed of atoms（这个假论已经存在2000多年）。

（2）Atoms are indestructible and unchangeable（这个假设建立在质量守恒定律之上）。

（3）Elements are characterized by the mass of their atoms（现代物理学中该假设被修正为“Elements are characterized by the nuclear charge of theiratoms”）。

（4）When elements react，their atoms combine in simple ，whole-number ratios（这与化学定比定律一致）。

（5）When elements react，their atoms sometimes combine in more than one simple whole-number ratio（这条假设说明水和双氧水等由相同元素组成不同分子的现象）。

Dalton的原子假设可以说明许多实验现象，特别是化学定比定律。但是，他错误地假设两种元素间最简单的分子必须是按1∶1配比的双原子分子，这引起了许多错误的推论。按照这样的假设，水的分子式应为HO而不是H_2O，氨的分子式应为NH而不是NH_3，由此得到氧和氮的相对原子质量分别为8和5，而不是16和14，无法解释许多实验数据。Dalton模型的另一个缺陷是给出的相对原子质量的数值不够精确。例如，他给出的氧元素相对原子质量为7，而不是更精确的8。尽管Dalton的原子模型存在缺陷，但该模型无疑是在正确的方向迈出重要的第一步。所以，Dalton被公认为科学原子论的创始人。

B Amedeo Avogadro（1776—1856）

阿伏伽德罗（Avogadro）是著名的意大利科学家，从中学时代起就已经熟知的Avogadro常量就是以他的名字命名，以表彰他在化学、物理学中的杰出贡献。

Avogadro在研究气体时提出了著名的Avogadro定律：在相同温度和压力下，相同体积的不同气体的质量与该种气体的相对分子质量成正比。根据Avogadro定律[8]，可以通过测定一定体积的气体质量，确定该种气体的相对分子质量。

Avogadro的最大贡献是明确地提出气体由分子构成，而分子又由原子构成的观念，是正确区分原子与分子的基础。Avogadro当时虽然并未像今天那样使用原子和分子这两个词，但他认为存在3种不同类型的分子，其中的基本分子（elementary molecule）就是今天所说的原子（atom）。

虽然Avogadro的假设在今天看来完全正确，但在当时并没有引起科学界的广泛注意和立即接受。即使科学原子论的创立者Dalton也不认为Avogadro有关原子和分子的假设是正确的。直到后来，热拉尔（Charles F. Gerhardt）和奥古斯特·洛朗（Auguste Laurent）在有机化学领域的研究才证明Avogadro关于相同体积的气体中包含相同数量的气体分子这一假设的正确性。不幸的是，无机化学领域的研究似乎表明Avogadro定律不适用于无机化学。直到1860年前后，坎尼扎罗（Stanislo Cannizzaro）才发现由于有的气体分子在一定温度下的分解才造成了与Avogadro定律的偏离，证明Avogadro定律也适用于无机化学。但是，这已经是Avogadro去世4年以后的事了。

C Josef Loschmidt（1821—1895）

1861年，奥地利科学家洛斯密德（Loschmidt）在维也纳的一所中学教书时，设想了300多种分子的结构模型。Loschmidt的分子结构模型建立在几何推理之上，虽然可以解释这些物质的许多化学性质，但不被当时的著名化学家认可。例如克库勒（August Kekule）认为，由于原则上无法推测分子的实际形状，Loschmidt 的分子结构模型只是一种想象，不是科学假设。但是，后来的科学发展证明 Loschmidt 的分子结构模型是正确的，是现代分子模型的先驱。

由于没有得到化学界的认可，失望的 Loschmidt 后来转向物理学研究。例如，他根据气体动力学理论推算出 N_2分子的直径约为 1nm，与现代公认的实验值处于同一数量级。他还计算了每立方毫米空气中的分子数，该数值被 Boltzmann 称为 Loschmidt 常量。今天，虽然不再使用 Loschmidt 常量，但却将 22.4dm^3气体中所包含的分子数称为 Avogadro 常量。

D　Jacobus Hendricus vant′ Hoff（1852—1911）

Loschmidt 将分子模型画在纸上，代表实际分子在平面上的投影。1874 年，范特霍夫（vant′ Hoff）利用纸张制作了许多分子的三维模型，并把这些分子模型寄送给当时的几位著名化学家，得到了他们中的大多数人的认可。在 vant′ Hoff 制作的分子模型中，碳原子的 4 个化学键被安排成正四面体构型，已被现代科学实验和量子化学理论计算所证实。vant′ Hoff 的分子模型可以解释许多有机分子的化学性质，已经被广泛应用于现代化学教学和研究，成为现代化学不可缺少的一部分。

此外，vant′ Hoff 还在有机化学的许多领域作出重要贡献，因此获得了 1905 年的首届诺贝尔化学奖。

3.2.2.2　分子的几何模型的实验验证

在冯·劳厄（von Laue）发明单晶 X 射线衍射技术和布拉格（Bragg）父子发明粉末 X 射线衍射技术以前，分子几何模型完全是一种实验推论和假设。只有在发明 X 射线衍射技术以后，才能通过实验测量未知分子的结构，并证明分子几何模型的正确性。目前，X 射线衍射方法仍然是测定从简单的无机物晶体结构到复杂的蛋白质晶体结构的最重要方法之一。正因为 X 射线衍射技术在晶体结构测定中的重要价值，Laue 和 Bragg 父子分别获得 1914 年和 1915 年的诺贝尔物理学奖。

除 X 射线衍射方法外，NMR 方法也是测定分子结构的重要手段，在有机化学、生物化学等领域有着广泛的应用。例如，利用^{1}H NMR 方法可以测定有机分子中各个氢原子所处的化学环境，推断有机分子的结构。利用 2D NMR 方法可以测定分子中原子核之间耦合的强弱，确定原子核之间的距离或相对位置。因此，NMR 方法已经成为有机分子结构解析最重要的工具，是现代有机化学最重要的结构分析方法。

此外，利用 3D NMR 方法提供的大量实验数据，以及现代计算机的强大数据处理能力，可以直接测定蛋白质、核酸等复杂生物分子在溶液状态的结构。由于 3D NMR 方法不需要制备蛋白质、核酸等复杂生物分子的晶体就能测定结构，因此比单晶 X 射线衍射方法具有巨大的优越性[9]。另外，利用 3D NMR 方法可以直接测定蛋白质、核酸等生物分子处在具有生物活性的溶液状态的结构，而不是处在不具有生物活性的结晶状态的结构，这是单晶 X 射线衍射所无法实现的。目前，3D NMR 方法和单晶 X 射线衍射方法已经成为测定蛋白质、核酸等生物分子结构的两种最重要方法。

综上所述，分子几何模型虽是对实验现象的总结、近似和抽象，但已经被现代科学实验所证实，是正确的物理模型。

3.2.3 分子的经典力学模型

利用已知的事物、现象、观念、学说、理论等解释和说明未知的事物和现象，是一种重要的思维方法。人们在利用直观的几何模型解释和说明分子的结构与性质方面取得的巨大成功，正说明了这种科学思维方法的巨大价值。分子的几何模型，不但可以帮助人们了解分子的总体形状、分子中各原子的相对位置，还可以定性地解释分子的性质及其变化规律。但是，仅利用分子的几何模型，仍然无法帮助人们定量地预测分子的结构和性质。因此，必须发展新的分子模型。

在新的分子模型中，人们在分子几何模型的基础上引入了分子内和分子间相互作用的概念，使分子模型与分子的能量联系起来，可以比较分子处在不同构型时的相对稳定性，通过优化分子的能量预报分子的结构与性质。这种引入了分子内和分子间相互作用等内容的分子模型，就是分子的经典力学模型。本节的其余部分，将简要介绍分子经典力学模型的发展思路、特点及其限制。

3.2.3.1 *共价键的伸缩运动*

用红外光谱研究分子时，发现相同结构的分子具有相同的光谱，相似结构的分子具有相似的光谱，不同结构的分子具有不同的光谱。例如，具有相同 C—H 共价键的不同烷烃分子，在 $2800cm^{-1}$附近均具有强烈的吸收。利用具有固定共价键长度的分子几何模型，无法说明分子的红外光谱。因此，引入具有可伸缩键长（bond stretching）的谐振子模型，把共价键近似成连接 2 个原子（小球）的弹簧。下面以 HCl 分子为例，说明共价键的谐振子模型。

设 H 原子和 Cl 原子的相对原子质量分别为 m_H 和 m_{Cl}，两个原子通过力常数为 k_s 的无质量弹簧相连，则 H 原子和 Cl 原子可以在平衡距离（平衡键长）附近发生振动，对应的振动频率为

$$\nu = \frac{1}{2\pi}\sqrt{k_s/\mu_{HCl}} \tag{3-2}$$

式中，μ_{HCl} 为 HCl 分子的折合质量（reduced mass），即

$$\mu_{HCl} = \frac{m_H m_{Cl}}{m_H + m_{Cl}} \tag{3-3}$$

代入 HCl 分子的振动频率 8.66×10^{13}Hz 及 H 原子和 Cl 原子的相对原子质量，可以得到连接 H 原子和 Cl 原子的弹簧的力常数 k_s 为 480N/m。

根据谐振子模型，连接 H 原子和 Cl 原子的弹簧的弹性势能为

$$u_s(l) = \frac{1}{2}k_s(l - l_0)^2 \tag{3-4}$$

式中，l_0 为 H 原子和 Cl 原子间的参考键长；l 为 H 原子和 Cl 原子之间的瞬间实际键长。

但是，完全符合胡克（Hooke）定律的理想弹簧并不存在，理想的谐振子也不存在。同样，HCl 分子中 H 原子和 Cl 原子之间的共价键的伸缩振动也不是理想的谐振子。如果用理想的谐振子模型作为 H 原子和 Cl 原子之间的共价键伸缩振动的一级近似，用三次及以上次幂的泰勒（Taylor）展开式近似表示共价键伸缩振动所具有的非谐性，则 H 原子和 Cl 原子之间共价键的伸缩势函数可以近似为

$$u_s(l)=\frac{1}{2}k_s(l-l_0)^2(1+k'_s(l-l_0)+k''_s(l-l_0)^2+k'''_s(l-l_0)^3+\cdots) \quad (3\text{-}5)$$

式中，所有的非平方高次方项被统称为非谐项。

在物理化学中学到，当原子间距离偏离参考键长 10 时，共价键势函数具有 Morse 势函数的形式，即

$$u_{\mathrm{Mouse}}(l)=D_e((1-\exp(-\beta(l-l_0)))^2-1) \quad (3\text{-}6)$$

式中，D_e 为键的离解能；β 为一个表示势阱在参考位置平坦程度的参数，可由光谱数据得到，通常取 $\beta=2\pi\nu\sqrt{\mu_{\mathrm{HCl}}/2D_e}$； ν 为键的伸缩振动频率。

利用谐振子模型，键的伸缩振动的频率与力常数 k_s 相关联，$2\pi\nu=\sqrt{k_s/\mu_{\mathrm{HCl}}}$ 或 $\beta=\sqrt{k_s/2D_e}$。虽然参考键长 l_0 也常被误称为平衡键长，但两者并不完全一致。参考键长（reference bond length）是指其他化学键的力常数均为零时，该化学键处在最低势能位置的键长；相反，平衡键长（equilibrium bond length）是分子总势能处于最低值时的化学键长度。

虽然 Morse 势函数比较精确地反映了键的离解、振动频率等重要特征，但是 Morse 势函数是一个指数函数，计算量远大于幂函数[10]。同时，一般分子在常温下都比较稳定，不存在键的断裂情况。特别地，在温度不太高的条件下，成键原子只在平衡位置附近振动，原子间距离变化不大，不需要考虑键的断裂问题。在平衡位置附近，Morse 势函数可以比较精确地用谐振子势函数近似。

为了便于对比这两种势函数，令它们具有共同的参考键长 $l_0=1.5$，相等的势阱深度 $D_e=1$，力常数 $k_s=1$，并在参考键长附近具有相等的平坦程度 $\beta=\sqrt{0.5}$。图 3-1 所示为这样的 Morse 势函数和谐振子势函数，从中可以发现，这两种势函数在参考点附近非常相似。但总的来说，谐振子势函数不允许键的断裂，只有当键长在参考键长附近位置振动时才符合实际情况；相反，Morse 势函数允许键的断裂，在很广的范围内都能较好地描述共价键的伸缩势能。

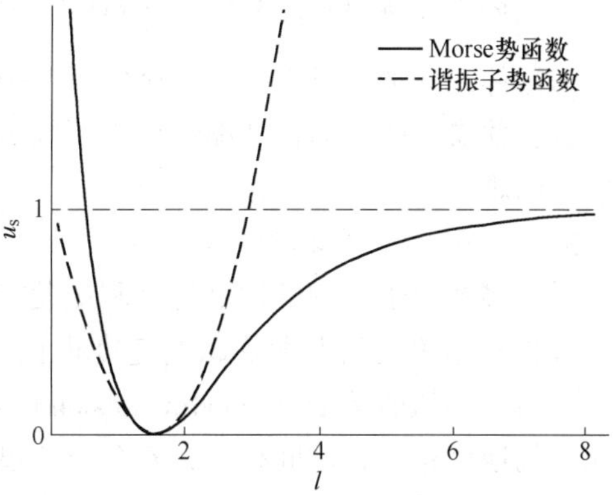

图 3-1　Morse 势函数与谐振子势函数的比较

（Morse 势函数已向上平移了 D_e）

复杂的多原子分子，特别是复杂的有机分子，拥有大量的不同种类的化学键，要精确地确定每个化学键的力常数是一项艰巨而繁杂的工作。大量研究发现，同一种类型的化学键，在不同的分子中的参考键长和力常数的变化并不明显。因此，可以给某一种类型的化学键赋予统一的参考键长和力常数，以大大减少建立分子力学模型所需的势函数参数，降低工作量。

参考键长和力常数除与成键原子的种类有关外，还与成键原子的电子结构有关。例如，sp^3杂化的 C 原子与 sp^2杂化的 C 原子间的共价键与两个都是 sp 杂化的 C 原子之间的共价键的参考键长和力常数不同。目前，在几乎所有分子力场中，都根据成键原子的电子

结构及其与成键原子直接相键连的原子种类，确定参考键长和力常数。

3.2.3.2 键角的弯曲运动

HCl 是一个简单的双原子分子，只有 H 原子和 Cl 原子之间共价键伸缩振动这样一种分子内振动模式。复杂的多原子分子将有更多的分子内振动模式。例如，由 1 个 O 原子和 2 个 H 原子组成的 H_2O 分子，有 3 种分子内振动模式，分别对应 H—O 键的对称伸缩振动、H—O 键的不对称伸缩振动、H—O—H 键角的弯曲振动（bond angle bending）。一般地，一个由 N 个原子组成的复杂分子，共有 $3N$-6 个内部振动模式（如果是线形分子，则有 $3N$-5 个内部振动模式）。

由 N 个原子组成的分子，最少只有 N-1 个化学键，远少于分子内部振动模式的数量。因此，除共价键的伸缩振动外，分子中必定还有其他振动模式[11]。

当键角偏离参考值时，分子能量发生变化。这种运动引起的分子势能的变化，常用二次函数表示，

$$u_b(\theta) = \frac{1}{2} k_b (\theta - \theta_0)^2 \tag{3-7}$$

这是一个与谐振子势函数相似的简单势函数，只有 2 个参数，θ_0 是参考键角，k_b 是力常数。参考键角与平衡键角的关系同参考键长与平衡键长的关系类似。谐振子形式的势函数虽不能描述键角变化的全部特征，但可以比较精确地描述参考位置附近能量的变化。更精确的势函数可以在此基础上增加立方项等高次幂项，

$$u_b(\theta) = \frac{1}{2} k_b (\theta - \theta_0)^2 [1 + k'_b(\theta - \theta_0) + k''_s (\theta - \theta_0)^2 + k'''_b (\theta - \theta_0)^3 + \cdots] \tag{3-8}$$

与键伸缩的情况类似，为了确定复杂分子的键角弯曲势函数，必须对各种不同的键角进行分类并参数化。与键伸缩势函数不同的是，键角的种类比键长更多，参数化过程更复杂、更困难。

3.2.3.3 二面角扭曲运动

对大多数分子，键的伸缩运动和键角的弯曲运动是两种具有很高频率的运动模式；因此，键长和键角达到平衡状态的速度很快，时间很短，对分子构型变化的影响较小。相反，二面角的扭曲运动（dihedral torsion）是具有很低频率的运动，因此，二面角达到平衡状态的速度很慢，时间很长，对分子构型具有决定作用。蛋白质和 DNA 等复杂的生物分子，二面角的扭曲决定了分子构型，也决定了分子的生物活性。

与键的伸缩势能和键角的弯曲势能相比，二面角的扭曲势能相对较弱，能量范围在 1~10kcal/mol（1kcal=4.1868kJ），与分子的热运动能处在相同范围。因此，二面角的扭曲运动，是受分子的热运动严重影响的一种运动模式。同时，二面角扭曲引起的分子运动范围巨大，容易受周围分子和原子的位阻限制，需要很长时间才能达到平衡。有时，在模拟时间内分子根本无法达到平衡。所以，与键伸缩势能和键角弯曲势能相比，二面角扭曲势能对体系总能量的贡献虽然最小，但重要性却最大。

如果说键的伸缩势能是一种两个直接相键连的原子间的相互作用，即 1—2 相互作用，则键角的弯曲势能是两个不直接键连的原子间的相互作用，即 1—3 相互作用。1—3 相互作用的特点是相互作用的两个原子之间隔着一个原子，是一种没有直接相互键连的原子之间的相互作用。相应地，二面角的扭曲相互作用，中间隔着两个原子，是一

种 1—4 相互作用。1—2 和 1—3 相互作用比分子内非键相互作用强百倍，掩盖了 1—2 和 1—3 原子间的非键相互作用。相反，1—4 相互作用与非键相互作用处在相同强度范围，计算时必须异常小心。有的 MD 模拟程序完全排除 1—4 非键相互作用；有的程序完全不排除 1—4 非键相互作用；有的程序部分排除 1—4 非键相互作用；还有的程序用一个开关参数控制是否排除 1—4 非键相互作用，或控制所排除的 1—4 非键相互作用的比例。

二面角扭曲势能常用下列公式近似

$$u_t(\omega) = \frac{1}{2} V_{t,n}[1 + \cos(n\omega - \delta_n)] \tag{3-9}$$

式中，ω 为 1—2—3—4 四个原子间的二面角；$V_{t,n}$ 为扭曲势能的位垒高度；δ_n 为相因子，n 是与二面角的旋转对称性相关的旋转多重度。

1—2—3—4 四个原子间的二面角是指 1—2—3 三个原子形成的平面与 2—3—4 三个原子形成的平面间形成的二面角。二面角 1—2—3—4 的确定（图 3-2）：用球棍模型表示 1—2—3—4 四个原子，先把原子 1 放在纸平面的上面，对应时钟读数 12 时的位置；再把原子 2 放在原子 1 的下方，对应时钟的中心位置；然后，旋转分子使原子 3 处在原子 2 的前面，相互重叠，或 2—3 之间的连线在纸平面上的投影与 1—2 之间的连线成 0°或 180°角；这时，原子 4 将位于时钟的 0~12 时的某个位置，用角度表示的这个位置就是对应的二面角 1—2—3—4。由二面角的定义可以知道，只要在 1—2—3—4 四个原子中有任意 3 个原子共线，二面角 1—2—3—4 就不能构成二面角，这在模拟时必须注意。

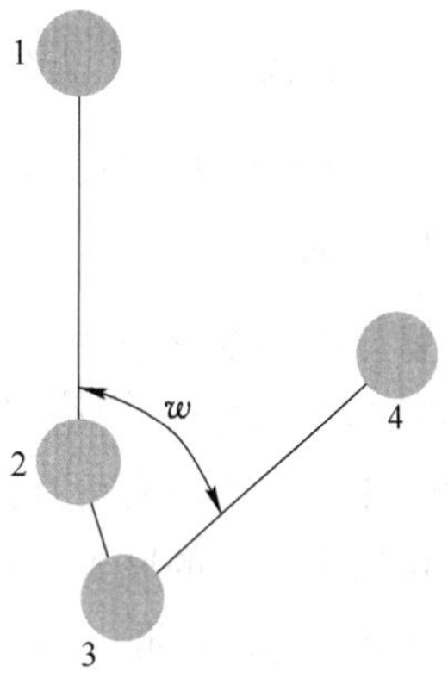

图 3-2　二面角 1—2—3—4 的定义

与键伸缩和键角弯曲势函数相比，二面角扭曲势函数更加复杂，具有更多的待定参数。以六氟乙烷分子为例，从任意一个氟原子开始，经过 2 个碳原子，再到另一个碳原子上的任意 1 个氟原子，都构成一个二面角。因此，六氟乙烷分子共有 9 个能量相同的二面角。由于六氟乙烷分子具有旋转对称性，其二面角扭曲势只需一个余弦函数项就能很好地近似（图 3-3）。但是，不具有旋转对称性的二面角，不能用一个余弦函数项恰当近似。例如，十氟丁烷分子中二面角 Ci—C2—Cs—C 没有旋转对称性，只用一个余弦函数项拟合其扭曲运动势函数，将严重偏离实际情况。这时，常用包含多个余弦函数项的 Fourier 展开式近似二面角扭曲势函数，

$$u_t(\omega) = \frac{1}{2} V_{t,1}(1 + \cos\omega) + \frac{1}{2} V_{t,2}(1 + \cos2\omega) + \frac{1}{2} V_{t,3}(1 + \cos3\omega) + \cdots \tag{3-10}$$

除用 Fourier 展开式表示二面角扭曲势函数外，还常用余弦函数的多项式展开二面角扭曲势函数：

$$u_t(\omega) = C_{t,0} + C_{t,1}\cos\omega + C_{t,2}\cos^2\omega + C_{t,3}\cos^3\omega + \cdots \tag{3-11}$$

在研究氟代化合物时，发现利用 Gaussian 函数展开二面角扭曲势函数物理意义明确，效果良好（图 3-4）。

$$u_t(\omega) = 4.2031\exp\left(-\frac{\omega^2}{811}\right) + 1.4141\exp\left[-\frac{(\omega - 62)^2}{811}\right] \tag{3-12}$$

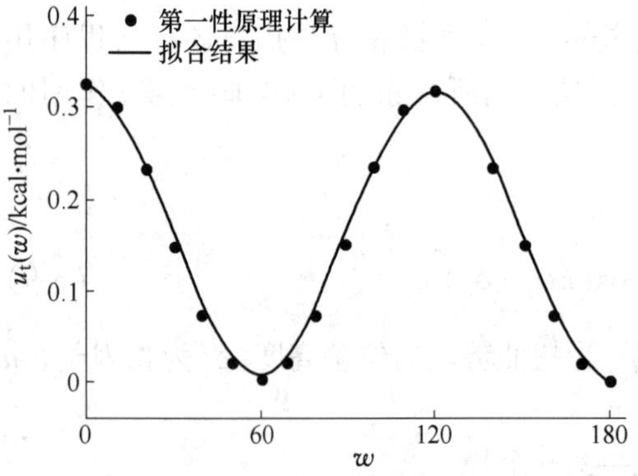

图 3-3 六氟乙烷分子中二面角 F—C—C—F 的扭曲势函数 $u_t(\omega) = \frac{1}{2} \times 0.3245(1 + \cos 3\omega)$

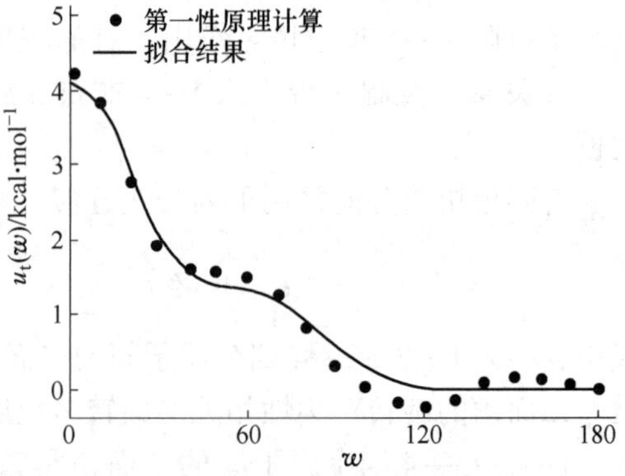

图 3-4 十氟丁烷分子中二面角 C_1—C_2—C_3—C_4 的扭曲势函数

要计算一个分子中二面角的数量，可采用如下方法：第一，找出可以旋转的化学键（即绕该化学键旋转时分子构型发生变化），记录成键的 2 个原子 2 和 3。第二，分别记录与原子 2 和 3 成键的所有其他原子。如果有 n 个不包括原子 3 的原子与原子 2 成键，有 n_3 个不包括原子 2 的原子与原子 3 成键，通过简单的排列组合，就可计算出原子 2 和 3 间共形成 $n_2 \times n_3$ 个二面角。第三，把所有化学键形成的二面角相加，就可得到分子所包含的二面角的总数。例如，乙烷分子中只有一个可以旋转的键 C—C 键（旋转 C—H 并不改变分子的构型），每个 C 原子各与 3 个氢原子成键。因此，乙烷分子共形成 3×3 = 9 个完全相同的 H—C—C—H 二面角。又如，苯分子中共有 6 个 C—C 键可以形成二面角，其中每个碳原子上分别键连 1 个 C 原子和 1 个 H 原子。通过简单的排列组合，可以计算得到苯分子中共形成 6 个 C—C—C—C 二面角、12 个 H—C—C—C 二面角、6 个 H—C—C—H 二面角。

3.2.3.4 离面弯曲运动

对于像苯环、羰基、酰胺等具有 sp^2 杂化碳原子的分子，必须保持其平面构型[12]。目前，常用离面弯曲运动（out-of-plane bending）、赝扭曲运动和翻转运动等方法描述这样的结构对平面构型的偏离。同时，利用离面弯曲势能、赝扭曲势能、翻转势能描述离面运动引起的能量变化。如图 3-5 所示，1—2—3—4 四个原子形成以原子 2 为中心的平面结构，当原子 1 离开 2—3—4 三个原子形成的平面，使得 2—1 键与 2—3—4 平面形成一个离面弯曲角 X_{2-1} 时引起分子能量的升高，这就是 2—1 键的离面弯曲势能。这样的离面弯曲势能总共有三项，分别与离开平面的一个键对应，

$$u_0 = \frac{1}{2}(k_{0,\,2-1}\chi_{2-1}^2 + k_{0,\,2-3}\chi_{2-3}^2 + k_{0,\,2-4}\chi_{2-4}^2) \tag{3-13}$$

3.2.3.5 翻转运动

sp^2 杂化平面结构的离面运动，也可以用翻转运动描述。如果以 1—3—4 三个原子形

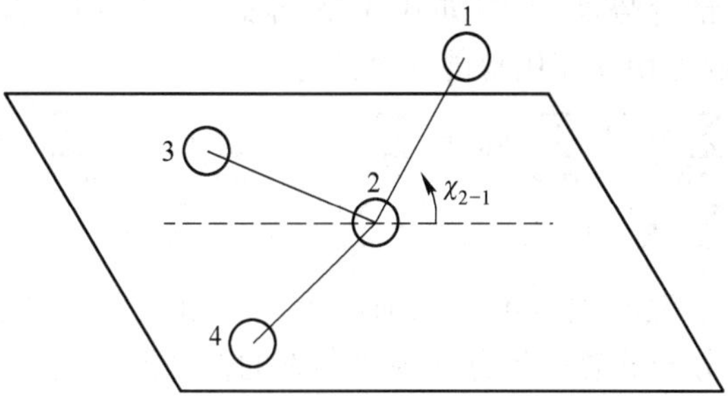

图 3-5 离面弯曲运动与离面弯曲角

成的平面作为参考，这种结构偏离平面时，可以表达成原子 2 在平面附近的上下运动，即翻转运动（inversion）。翻转运动可以这样理解：把原子 2 看成是一把雨伞的伞顶，1—3—4 三个原子为伞角，在大风中 1—3—4 三个原子组成的伞角不断地被吹动翻转的过程就是翻转运动（图 3-6）。翻转运动的势能可以表示为

$$u_{\mathrm{inv}} = k_{\mathrm{inv}} h^2 \tag{3-14}$$

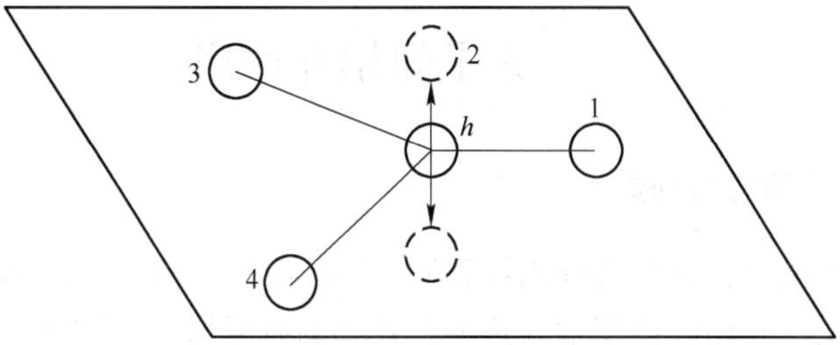

图 3-6 翻转运动

3.2.3.6 分子内的非键相互作用

复杂分子，特别是长链分子，不但存在成键作用，还存在分子内非键相互作用[13]。相距超过 3 个化学键的 2 个原子间，如 1—5 原子间，分子内非键作用不可缺少。在聚合物等大分子中，由于二面角的旋转，相距许多个化学键的 2 个原子有时在空间上非常靠近。如果这 2 个原子间没有分子内非键排斥作用，就有相互重叠的可能，会引起分子模拟过程的失败。

分子内非键相互作用主要包括库仑相互作用和 van der Waals 相互作用两种类型。有时，也把分子内氢键作为分子内非键相互作用。

3.2.3.7 分子总势能的经典力场展开

对复杂分子，分子内的相互作用不但包括成键相互作用，也包括分子内非键相互作用。在经典力学中，一个由 n 个质点组成的力学体系，可以通过一种被称为简正分析的数学方法将各质点的振动运动投影到简正坐标上，确定体系的简正振动模式。但是，化学家偏好简单的物理模型，排斥复杂的数学推导。因此，化学家把分子内部振动简单地划分为化学键的伸缩振动、键角的弯曲振动、二面角扭曲运动等少数几种运动模式。相应地，分子内的成键相互作用势能也被简单地分解为与分子内部振动对应的各种不同形式的势能。其中包括键的伸缩势能、键角的弯曲势能、二面角扭曲势能、离面弯曲势能、赝扭曲势

能、翻转势能以及交叉耦合势能等[14]如式 3-15 所示。非键相互作用则被分解为 van der Waals 相互作用势能和静电相互作用势能两个部分。

$$u = \sum_{\text{bonds}} u_s + \sum_{\text{angles}} u_b + \sum_{\text{torsions}} u_t + \sum_{\text{oops}} u_o + \sum_{\text{impropers}} u_i + \sum_{\text{inv}} u_{\text{inv}} + \sum_{\text{cross}} u_{\text{cross}} + \sum_{\text{vdW}} u_{\text{vdW}} + \sum_{\text{el}} u_{\text{el}} \tag{3-15}$$

在量子力学中，化学键的键能不与任何一个算符对应，不可能通过求解 Schrodinger 方程直接得到。如果把分子的总能量分解为化学键的伸缩能、键角弯曲能、二面角扭曲能以及 van der Waals 相互作用能、静电相互作用能等，会有很大的随意性。例如，1—4 原子间的二面角扭曲能与 1—4 原子间的 van der Waals 相互作用能和静电相互作用势能具有很大的互补性，任何形式的势能分解都具有很大的随意性。同时，van der Waals 相互作用和静电相互作用也具有互补性。

目前广泛使用的力场，不管势函数的形式还是势函数参数的数值，各不相同。但用这些不同的力场模拟分子体系，模拟结果往往是出奇的一致。这并不是模拟结果与势函数形式及其参数之间的相关性不显著的结果，而是不同种类的势函数之间的互补性所致。

3.3 分子间相互作用

3.3.1 分子间相互作用与势函数

在我们周围的环境中，存在各种固体物质。固体物质具有一定的体积和形状，又难以压缩。加热固体物质，它们的体积常因热膨胀效应而有所增大；继续加热至固体物质熔点温度，就会熔化成为液体物质。如果继续加热液体物质，最后就会气化成气体。液体物质气化时，物质的体积将发生上百倍的膨胀。

物质由分子组成。如果把物质的上述性质与经典力学联系起来，就会得出分子间相互作用的概念。一方面，分子必须具有一个难以压缩的实心体，分子的实心体间具有强烈的排斥作用，所以，固体具有一定体积，又难以压缩；另一方面，由于分子的热运动，只有排斥作用的分子不可能凝结成液体或固体，因此，分子间必须存在相互吸引作用。He、Ne、H_2等难以液化的气体，分子间的相互吸引作用微弱，只有在极低温度下才能超过热运动能，液化温度很低；相反，W、Fe、Cr、C、Si 等单质，以及 SiO_2、BN、Al_2O_3等巨分子物质，分子或原子间的相互吸引作用强烈，只有在很高温度下才被热运动能所克服，液化和汽化温度很高。不失一般性，这里以单原子分子为例说明分子间相互作用及其性质。球形对称的单原子分子间的相互作用力，只与原子核间的距离 r 相关，可以以函数 $f(r)$ 表示（图 3-7）。

在图 3-7 中，当 2 个分子间相距无穷远时，分子间没有相互作用，作用力为零；当它们相互靠近时，分子间产生相互吸引作用，作用力为负值。随着两个分子的不断靠近，分子间相互吸引作用不断增大。当两个分子间的距离达到 $r=r_m$ 时，吸引力达到最大值（负值）；两个分子继续靠近，分子间的相互吸引力开始迅速减小；最后，在 $r=r_0$ 这个距离，吸引力消失。这时，如果两个分子继续靠近，它们之间将相互排斥，作用力转化为正值。分子间的排斥力随分子间距离的减小而迅速增大。

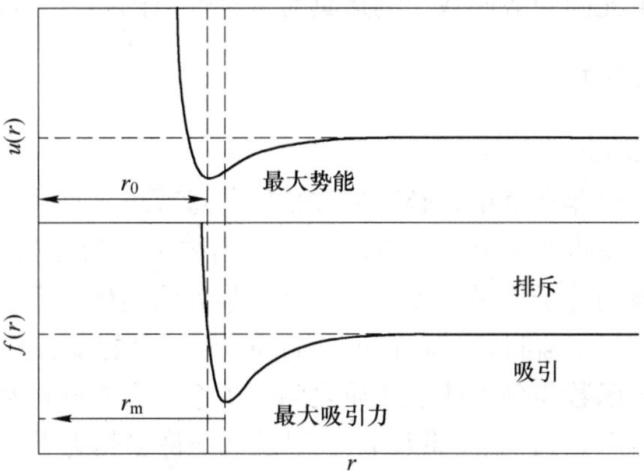

图 3-7 分子间相互作用力函数 $f(r)$ 和势函数 $u(r)$

换一个角度，也可以用分子间相互作用势函数表示分子间相互作用（图 3-7）。势函数 $u(r)$ 与分子间相互作用力函数 $f(r)$ 间的关系是

$$f_1(r_{12}) = -u(r_{12}) = -\frac{du(r_{12})}{dr_{12}}\frac{r_{12}}{r_{12}} = f(r)\frac{r_{12}}{r_{12}} \tag{3-16}$$

$$f_{(r)} = -\frac{du(r)}{dr} \tag{3-17}$$

两个分子间的位置关系及其作用力正负的定义如图 3-8 所示。分子间的相互作用力函数 $f(r)$ 和势函数 $u(r)$ 一一对应，有关的特征参数密切相关。例如，分子间相互作用力为零的距离对应势函数最小的距离，分子间吸引力最大的位置对应于势函数梯度最大的位置等。

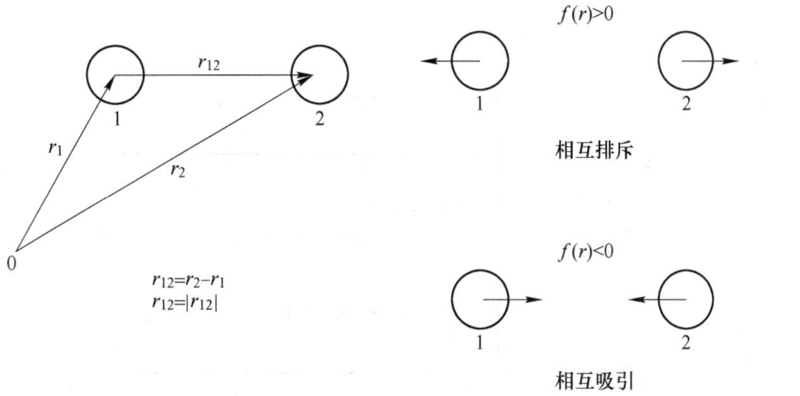

图 3-8 两个分子间的位置关系及其作用力正负的定义

势函数决定了物质的性质，是物质世界多样性的根源。相对于小分子体系的势函数，大分子体系的势函数更加复杂多样。可以认为，正是由于复杂多样的分子间的相互作用势函数，决定了胶体、高分子、生物分子以及超分子体系等复杂多样的性质[15]。如果把这些复杂分子体系的结构单元作为整体，研究它们间的势函数，可以加深对这些复杂分子体系性质的认识。当前，超分子体系已成为现代化学研究的重要领域，通过设计超分子单

元，可以控制超分子单元间的势函数，制造具有神奇性质的超分子体系。

3.3.2 分子间特殊势函数

3.3.2.1 硬球势函数

实际分子间的势函数非常复杂，必须通过精确测量或理论计算才能确定。同时，势函数与物质性质之间的关系也非常复杂，难以根据势函数用理论方法计算分子体系的性质。只有具有最简单势函数的分子体系，才能用统计力学方法精确计算体系的性质。因此，人们设计了包括硬球势（hard sphere potential functions）在内的多种具有最简单势函数的假想分子体系，以研究势函数与分子体系性质之间的关系。具有硬球势的分子体系，可以由统计力学方法精确求得一系列 virial 系数 B_n，以及其他许多热力学性质的解析解。如果把 MD 模拟得到的具有硬球势的假想分子体系的性质，与统计力学方法计算得到的相应的精确理论结果对比，可以验证 MD 模拟方法的可靠性，为改进 MD 模拟方法提供依据。事实上，MD 模拟得到的实际分子体系的性质，受分子模型可靠性和 MD 模拟方法可靠性的双重影响。只有通过可精确求解的简单模型分子体系，才能区分这两种不同的影响，验证 MD 模拟方法的可靠性。有关 MD 模拟方法、统计力学理论方法、实验方法之间的关系，可以参考 Allen 和 Tildesley 的专著 *Computer Simulation of Liquids*。

硬球势是一种最简单的势函数，它把分子近似成直径为 σ，相互间没有吸引力的刚性硬球（图 3-9）。

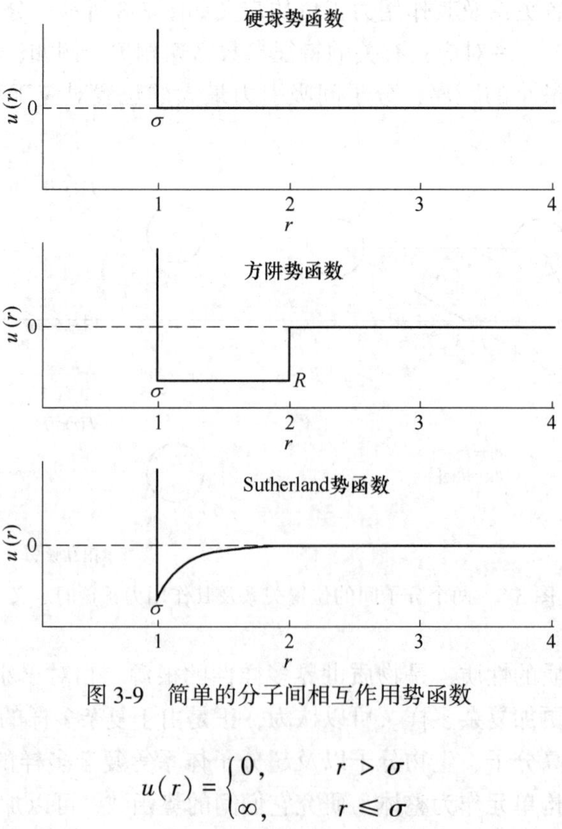

图 3-9 简单的分子间相互作用势函数

$$u(r)=\begin{cases}0, & r>\sigma\\ \infty, & r\leqslant\sigma\end{cases} \tag{3-18}$$

当两个分子质心间距离大于 σ 时，分子间相互作用力为零。当两个分子相互靠近至

质心间距离等于 σ 时，分子间发生完全弹性碰撞而相互远离，不能继续靠近。硬球势虽然简单，却抓住了分子具有一个不可压缩的核心这一本质特征。因此，硬球势可以很好地反映 van der Waals 气体的主要特征。

3.3.2.2　方阱势函数

硬球势完全没有吸引作用，硬球体系不可能相互吸引而凝结成液体或固体[16]。为了正确反映分子的可凝结性，必须引入吸引作用。最简单的具有吸引作用的势函数是方阱势（图 3-9）。

$$u(r)=\begin{cases}0, & r>R\\ -E_0, & \sigma<r\leqslant R\\ \infty, & r\leqslant\sigma\end{cases}\tag{3-19}$$

方阱势与硬球势的不同之处在于方阱势在不可压缩的刚性硬球外面，增加了一个势阱，势阱的厚度为 $R-\sigma$，深度为 E_0。

方阱势是不连续的，当两个分子质心间的距离大于 R 时，没有相互作用；当它们相互靠近到达距离 R 时，相互间突然受到一个巨大的吸引力，使体系的势能降低到 $-E_0$；当两个分子继续靠近，质心距离小于 R 但仍大于 σ 时，吸引力又突然消失，势能不随 r 的变化而变化；最后，当质心间距离减小到 σ 时，两个分子发生弹性碰撞，不能继续靠近。

3.3.2.3　Sutherland 势函数

由于方阱势的吸引力不连续，导致分子体系的速度等性质存在不连续的跳动，可能引起虚假的物理现象。为了避免分子体系性质的这种假象，Sutherland 引入了具有连续吸引力的势函数（图 3-9）。

$$u(r)=\begin{cases}-E_0\left(\dfrac{\sigma}{r}\right)^2, & r>\sigma\\ \infty, & r\leqslant\sigma\end{cases}\tag{3-20}$$

虽然 Sutherland 势函数的吸引力是连续的，但其排斥力仍然不连续。在 MD 模拟中，需要计算势函数的一阶导数（即分子间的相互作用力）；在分子结构优化中，需要计算势函数的二阶导数。如果分子体系的势函数具有不连续的一阶或二阶导数，将造成 MD 模拟过程和结构优化过程的不稳定[17]。因此，虽然硬球势、方阱势和 Sutherland 势等非常简单，但只用在方法的验证和理论计算等特殊场合，很少用于实际体系的 MD 模拟。

3.3.3　分子间相互作用的起源

由现代物理学可知，宇宙中存在 4 种相互作用：万有引力、电磁相互作用、弱相互作用和强相互作用[18-21]。其中，万有引力极弱，对物质的性质没有可观察的影响，可以忽略不计。弱相互作用和强相互作用的作用距离很小，只存在于原子核尺度之内，研究分子间相互作用时也可以忽略不计。因此，分子间的相互作用必须是某种形式的电磁相互作用。

在本节中，将介绍各种静电相互作用，以及由直接的静电相互作用引起的诱导作用和色散作用等。由于这些作用不存在分子间电子转移，被总称为物理相互作用。分子间除物理相互作用外，有时还存在电子转移引起的弱化学作用。弱化学作用主要有氢键作用和缔合作用两类。分子间氢键相互作用将在 3.3.4 节讨论。

3.3.3.1　库仑势

即使中性分子，其组成原子也不会总呈电中性，经常存在一定的残余电荷。由于原子残余电荷的普遍存在，分子间才存在普遍的库仑相互作用（Coulombic potential）。同时，对于离子溶液、离子液体、熔融盐等体系，库仑相互作用更是体系中离子间相互作用的基本要素，不可缺少。真空中，两个分别带有残余电荷 q_i 和 q_j 的原子间的库仑势和库仑力分别为

$$u_{\mathrm{Coul}}(r_{ij}) = \frac{1}{4\pi\varepsilon_0}\frac{q_i q_j}{r_{ij}} \tag{3-21}$$

$$f(r_{ij}) = \frac{1}{4\pi\varepsilon_0}\frac{q_i q_j}{r_{ij}} \tag{3-22}$$

库仑势与距离的一次方成反比，是一种长程相互作用，不能使用计算近程相互作用时常用的截断近似。在 MD 模拟具有周期性边界条件的体系时，不但需要计算模拟元胞内的任意两个带残余电荷的原子间的相互作用，还必须计算跨越模拟元胞的两个带残余电荷的原子间的相互作用。常用计算方法有 Ewald 求和算法和反应场（reaction field）算法等。

3.3.3.2　点电荷与偶极子的相互作用势

极性分子的正电荷中心与负电荷中心不相重合，形成一个偶极子（electric dipole）。度量偶极子的物理量是偶极矩，用 $\boldsymbol{\mu}$ 表示。两个分别位于 $\boldsymbol{r}_1$ 和 $\boldsymbol{r}_2$，$\boldsymbol{r}_{12}=\boldsymbol{r}_2-\boldsymbol{r}_1$，带相反电荷 $-q$ 和 q 的点电荷形成的偶极子的偶极矩为

$$\boldsymbol{\mu} = q\boldsymbol{r}_2 - q\boldsymbol{r}_1 = q\boldsymbol{r}_{12} \tag{3-23}$$

式中，偶极矩 $\boldsymbol{\mu}$ 是一个由负电荷中心指向正电荷中心的矢量。

值得注意的是，化学中常用一个带正号的箭头表示偶极矩，正号表示正电荷端，箭头指向负电荷端，与矢量 $\boldsymbol{\mu}$ 的方向刚好相反（图 3-10）。偶极矩的绝对值表示其大小 $\boldsymbol{\mu} = |\boldsymbol{\mu}| = q\boldsymbol{r}_{12}$。偶极矩的单位为 Debye，简称 D。1Debye 表示两个相距 0.1nm，分别带 1e.s.u. 和 −1e.s.u. 的点电荷形成的偶极子的偶极矩。Debye 不是一个 SI 单位，偶极矩的 SI 单位是 C·m，1D= 3.33564 ×10^{-30}C·m。对多原子分子，如果各原子的残余电荷为 q_i，坐标位置矢量为 r_i，则偶极矩的定义为

$$\boldsymbol{\mu} = \sum_{i=1}^{N} q_i \boldsymbol{r}_i \tag{3-24}$$

求和遍及所有原子。一个点电荷 q 与偶极矩 $\boldsymbol{\mu}$ 之间的相互作用势能为

$$u(\boldsymbol{r}) = \frac{1}{4\pi\varepsilon_0}\frac{q\boldsymbol{\mu}\cdot\boldsymbol{r}}{\boldsymbol{r}^3} = \frac{1}{4\pi\varepsilon_0}\frac{q\boldsymbol{\mu}\cos\theta}{\boldsymbol{r}^2} \tag{3-25}$$

式中，θ 为偶极矩矢量与偶极矩的电荷中心到点电荷之间连线的夹角；$\boldsymbol{r}$ 为偶极矩的电荷中心到点电荷的距离矢量。

同时，上述公式的适用条件是点电荷与偶极子中心的距离远大于偶极子的尺寸。由此可知，点电荷与偶极矩之间的相互作用能，不仅取决于两者之间的距离和偶极矩的大小，还与偶极矩的空间取向有关[22]。当对不同的空间取向取热力学平均后可以得到

$$\langle u(\boldsymbol{r})\rangle = -\frac{1}{3k_B T}\frac{1}{(4\lambda\varepsilon_0)^2}\frac{q^2\boldsymbol{\mu}^2}{\boldsymbol{r}^4} \tag{3-26}$$

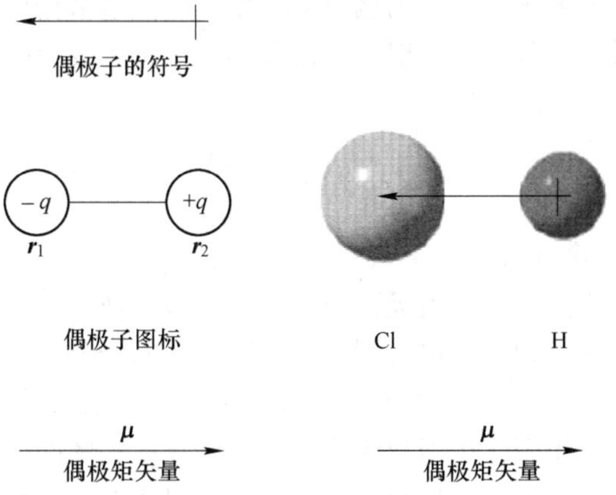

图 3-10 偶极子与偶极矩

3.3.3.3 偶极子与偶极子间的相互作用势能

两个相距很远，分别位于 $\boldsymbol{r}_1$ 和 $\boldsymbol{r}_2$ 的偶极子 $\boldsymbol{\mu}_1$ 与 $\boldsymbol{\mu}_2$ 之间的相互作用势能可以用下式表示：

$$u(\boldsymbol{r}_1,\ \boldsymbol{r}_2)=\frac{1}{4\pi\varepsilon_0}\frac{\boldsymbol{\mu}_1\cdot\boldsymbol{\mu}_2-3(\boldsymbol{n}\cdot\boldsymbol{u}_1)(\boldsymbol{n}\cdot\boldsymbol{u}_2)}{|\boldsymbol{r}_2-\boldsymbol{r}_1|^3} \tag{3-27}$$

式中，$\boldsymbol{n}$ 为 $|\boldsymbol{r}_2-\boldsymbol{r}_1|$ 方向上的单位矢量，且假定 $\boldsymbol{r}_1\neq\boldsymbol{r}_2$。

用标量表示，上式可以写成

$$u(r_{12})=-\frac{1}{4\pi\varepsilon_0}\frac{2\cos\theta_1\cos\theta_2-\sin\theta_1\sin\theta_2\cos(\phi_1-\phi_2)}{r_{12}^3} \tag{3-28}$$

式中，$r_{12}=|\boldsymbol{r}_2-\boldsymbol{r}_1|$，$\mu_1=|\boldsymbol{\mu}_1|$，$\mu_2=|\boldsymbol{\mu}_2|$；$\theta_1$ 和 θ_2 分别为偶极子 μ_1 和 μ_2 与 r_{12} 的夹角或倾角（inclination angle）；ϕ_1 和 ϕ_2 分别为偶极子 μ_1 和 μ_2 在 X-Y 平面上投影的方位角（azimuth angle）。

同样，对偶极子与偶极子之间的相互作用势的不同空间取向也取热力学平均，得到

$$\langle u(r_{12})\rangle=-\frac{2}{3k_BT}\frac{1}{(4\lambda\varepsilon_0)^2}\frac{\mu_1^2\mu_2^2}{r_{12}^6} \tag{3-29}$$

3.3.3.4 色散作用

根据泡利（Pauli）不相容原理，电子已全部充满壳层的 He、Ne、Ar 等稀有气体分子，由于电子云呈球形对称，分子间只存在排斥作用，没有任何吸引作用。因此，这些分子不可能凝结为液体。但实际上，即使在 He、Ne、Ar 等电子云呈球形分布的稀有气体分子之间，也存在吸引作用，可以凝结为液体。这种存在于电子云呈球形对称分布的中性稀有气体分子之间的吸引作用，是一种色散作用。事实上，色散作用存在于包括离子-离子、离子-分子、分子-分子等一切分子或离子之间，与电荷、极性等无关[23]。

一般认为，即使是非极性中性分子，在任一瞬间，分子中电子云的分布是不对称的，不与原子核的正电荷中心重合，形成瞬间偶极矩。瞬间偶极矩随时间不断变化，统计平均为零[24-29]。因此，实验测量得到的分子的偶极矩仍然为零。但当该瞬间偶极矩靠近其他原子或分子时，仍可以诱导邻近原子或分子产生诱导偶极矩。反过来，诱导产生的偶极矩

又可以诱导原来的原子或分子产生新的诱导偶极矩，形成色散作用。色散作用是一种相互吸引作用，可以使体系能量降低。一般地，极化体积分别为 α_1' 和 α_2' 的两个分子或离子间色散能可以写成

$$u(r_{12}) = -A\frac{\alpha_1'\alpha_2'}{r_{12}^6} \tag{3-30}$$

3.3.3.5 分子间排斥作用

上面讨论的分子间相互作用均为吸引作用，并且势能随分子间距离的减小而降低。但是，这些关系并不适合分子相互靠得特别近的情况。当两个分子相互靠近，达到或接近电子云相互重叠的距离时，分子间的排斥作用将显著增加，引起体系势能的迅速升高。此外，原子核间的静电排斥作用，也引起体系的势能升高。完整的分子间相互作用函数必须同时考虑排斥作用的贡献。理论分析表明，排斥作用对体系势函数的贡献与分子间的距离呈指数关系

$$u(r) = A\exp(-\beta r) \tag{3-31}$$

为了计算方便和效率，常把排斥能表示为幂函数的形式

$$u(r) = \frac{A}{r^n} \tag{3-32}$$

式中，A 为常数；n 在 8~16 变化。

同时，排斥作用是一种近程力相互作用，随分子间距离的增大而迅速衰减。

3.3.4 氢键相互作用

氢键（hydrogen bonding）是一种典型的分子间弱键的相互作用，一般发生在形式为 D—H⋯A 的结构之中[30]。其中，D 为氢键的给体（donor），A 为氢键的受体（acceptor），氢键给体 D 和受体 A 均为 N、O、F 等体积小、电负性高的原子。有时，Cl^- 等负离子也可作为氢键受体参加氢键作用。氢键受体 A 必须具有孤对电子，可以向 H 原子转移电子。描述氢键作用的最简单的势函数是 Lennard-Jones12-10 势函数，

$$u(r) = \frac{A}{r^{12}} - \frac{B}{r^{10}} \tag{3-33}$$

更复杂的势函数中常引入对氢键的键角 D—H⋯A 依赖关系，可以描述氢键给体、受体、氢原子等偏离参考位置时体系能量的变化。例如 YETI 势函数，

$$u(r) = \left(\frac{A}{r_{\text{H-A}}^{12}} - \frac{C}{r_{\text{H-A}}^{10}}\right)\cos^2\theta_{\text{D—H}\cdots\text{A}}\cos^4\theta_{\text{H-D-LP}} \tag{3-34}$$

式中，$\theta_{\text{H-D-LP}}$ 为 H 原子、氢键给体 D、氢键受体 A 的孤对电子 LP 间的夹角。

3.3.5 常用分子间相互作用势函数

3.3.5.1 Lennard-Jones 势函数

Lennard-Jones 势函数（Lennard-Jones potential）常被写成两种不同形式，第一种形式是

$$u_{\text{LJ}}(r_{ij}) = \frac{A_{ij}}{r_{ij}^{12}} - \frac{B_{ij}}{r_{ij}^6} \tag{3-35}$$

相应的作用力函数是

$$\boldsymbol{F}_i(r_{ij}) = \left(12\frac{A_{ij}}{r_{ij}^{13}} - 6\frac{B_{ij}}{r_{ij}^{7}}\right)\frac{\boldsymbol{r}_{ij}}{r_{ij}} \tag{3-36}$$

第二种形式是

$$u_{\mathrm{LJ}}(r_{ij}) = 4\varepsilon_{ij}[(\sigma_{ij}/r_{ij})^{12} - (\sigma_{ij}/r_{ij})^{6}] \tag{3-37}$$

$$\boldsymbol{F}_i(r_{ij}) = 24\varepsilon_{ij}\left[2(\sigma_{ij}/r_{ij})^{12} - (\sigma_{ij}/r_{ij})^{6}\frac{\boldsymbol{r}_{ij}}{r_{ij}^{2}}\right] \tag{3-38}$$

这两种形式的 Lennard-Jones 势函数参数之间的关系为 $A = 4 \times \varepsilon\sigma^{12}$，$B = 4 \times \varepsilon\sigma^{6}$，$\sigma = (A/B)^{1/6}$，$\varepsilon = B^2/4A$。

如果知道同种原子间的 Lennard-Jones 势函数的参数，就可以利用混合规则（mixing rule）估算两种不同原子之间的势函数参数。常用几何平均混合规则估算 A_{ij} 和 B_{ij}

$$A_{ij} = \sqrt{A_{ii}A_{jj}} \tag{3-39}$$

$$B_{ij} = \sqrt{B_{ii}B_{jj}} \tag{3-40}$$

第二种形式的 Lennard-Jones 势函数的参数，常用 Lorentz-Berthelot 混合规则估算混合参数。即用算术平均计算 σ_{ij}，几何平均计算 ε_{ij}

$$\sigma_{ij} = \frac{1}{2(\sigma_{ii} + \sigma_{jj})} \tag{3-41}$$

$$\varepsilon_{ij} = \sqrt{\varepsilon_{ii}\varepsilon_{jj}} \tag{3-42}$$

3.3.5.2　Lennard-Jones n-m 势函数

在 Lennard-Jones 势函数中，指数 12 和 6 分别与排斥力的硬度和吸引力的作用范围有关。对大多数有机分子来说，用 r^{-6} 近似吸引势函数效果良好。但是，用 r^{-12} 近似排斥势部分，则排斥势太陡，不如用 r^{-9} 或 r^{-10} 更适合实际分子。这时，如果只调整参数 A 和 B（或 σ 和 ε），就无法达到更好的近似效果；相反，如果调整排斥力的硬度和吸引力的作用范围，往往可以达到更好的效果。因此，可以用通式表示势函数

$$u_{n-m}(r_{ij}) = \frac{\varepsilon_{ij}}{n-m}(n^n/m^m)^{1/(n-m)}[(\sigma/r_{ij})^n - (\sigma/r_{ij})^m] \tag{3-43}$$

式中，第一项为原子实的排斥力，n 越大原子实越硬；第二项为吸引力的作用范围，m 越小吸引力的作用范围越大。

势阱的深度是 ε_{ij}，平衡位置为 $r_0 = (n/m)^{1/(n-m)}\sigma$。相应的分子间作用力为

$$f_{n-m}(r_{ij}) = -\frac{\mathrm{d}u_{n-m}(r_{ij})}{\mathrm{d}r_{ij}} = \frac{\varepsilon_{ij}}{n-m}(n^n/m^m)^{1/(n-m)}[n(\sigma/r_{ij})^n - m(\sigma/r_{ij})^m]\frac{1}{r_{ij}} \tag{3-44}$$

实际应用时，常用 LJ 12-10 势函数近似氢键，LJ 12-3 势函数近似金属原子间的相互作用，效果较好。

3.3.5.3　Morse 势函数

Morse 势函数具有 3 个势参数，其中 D_e 和 r_0 分别对应 Lennard-Jones 势函数的两个参数，β 不与任何 Lennard-Jones 参数对应，

$$u_{\mathrm{Morse}}(r) = D_e((1 - \exp(-\beta(r - r_0)))^2 - 1) \tag{3-45}$$

$$\frac{\mathrm{d}u_{\mathrm{Morse}}(r)}{\mathrm{d}r} = 2\beta D_e(1 - \exp(-\beta(r - r_0)))\exp(-\beta(r - r_0)) \tag{3-46}$$

事实上，β 参数的作用是控制势函数的平坦程度，与 Lennard-Jones n-m 势函数的 n 和 m 参数对应，调整 β 参数，可以得到与不同 n 和 m 对应的势函数。例如，与 Lennard-Jones 12-6 势函数对应的平衡距离为 1.1225σ，β/r_0 = 6.00；相应的势函数和力函数的对比如图 3-11 所示。从图中可以看出，在势阱附近，两类不同的势函数几乎重合[31]。这两类势函数最大的差别在最大作用附近，Morse 势函数比较陡，其最大吸引力比对应的 Lennard-Jones 势函数大。与常见 Lennard-Jones n-m 势函数对应的 Morse 势参数见表 3-2。

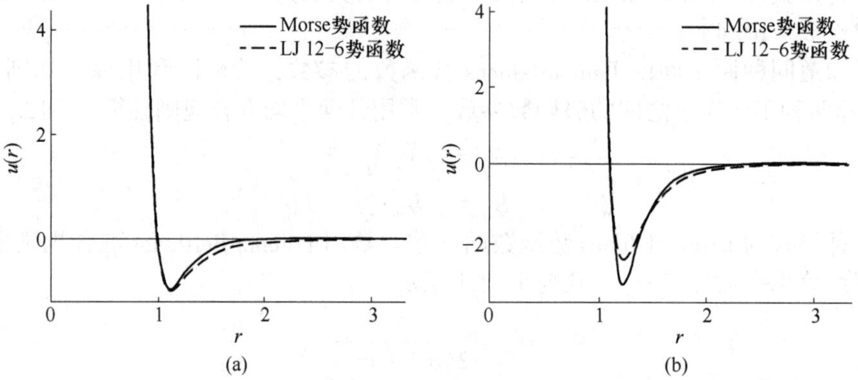

图 3-11　Morse 势函数（a）和对应的力函数（b）与 Lennard-Jones 12-6 势函数及力函数的对比

表 3-2　Morse 势函数与 Lennard-Jones *n*-*m* 势函数的对比参数

n	m	σ	r_0	β/r_0
12	3	1	1.1665	3.15
12	6	1	1.1225	6.00
12	10	1	1.0954	8.79

3.3.5.4　Buckingham 势函数

Lennard-Jones 势函数的排斥项比较硬，有时与实际情况偏离比较远。为此，Buckingham 引入了更软的具有指数函数形式的排斥项：

$$u_{BK}(r_{ij}) = A_{ij}\,e^{-B_{ij}r_{ij}} - \frac{C_{ij}}{r_{ij}^6} \tag{3-47}$$

相应的相互作用力函数为

$$f_i(r_{ij}) = A_{ij}\,B_{ij}\,e^{-B_{ij}r_{ij}} - 6\,\frac{C_{ij}}{r_{ij}^7} \tag{3-48}$$

计算交叉相互作用的混合规则为

$$A_{ij} = \sqrt{A_{ii}\,A_{jj}} \tag{3-49}$$

$$B_{ij} = \frac{1}{2}(B_{ii} + B_{jj}) \tag{3-50}$$

$$C_{ij} = \sqrt{C_{ii}\,C_{jj}} \tag{3-51}$$

调整 Buckingham 的指数项系数，可以调整排斥力的硬度。但指数函数的计算量比幂函数大许多倍，实际分子模拟中较少使用 Buckingham 势函数。

3.3.5.5 Born-Huggins-Meyer 势函数

Born、Huggins 和 Meyer 提出的势函数，排斥力部分利用指数函数，吸引力部分在 r^{-6} 上再增加一项 r^{-8}，效果较 Buckingham 势函数好[32-36]。利用 Born-Huggins-Meyer 势函数的缺点是增加了一个待定参数。Born-Huggins-Meyer 势函数的具体形式如下

$$u_{\mathrm{BHM}}(r_{ij}) = A\mathrm{e}^{-Br_{ij}} - \frac{C}{r_{ij}^6} - \frac{D}{r_{ij}^8} \tag{3-52}$$

3.3.5.6 多体势

三体势和四体势等多体势是更复杂的势函数，不可以分解成两体势相加的形式。由于多体势的计算量巨大，常用有效两体势的形式近似多体势。但必须注意的是，有效两体势不能完全表示多体势的全部特征。

3.3.6 金属势

从势能函数角度来看，金属是一类非常特殊的物质，很难用金属原子间的两体势、三体势等势函数近似[37-40]。实际上，前面所讨论的各种势函数模型，均不适于构建金属的势函数，特别是过渡金属和半导体等物质的势函数。主要原因是金属或半导体的结合能（cohesive energy），即把一个金属原子从固体或熔体中移走至无穷远处的能量，与熔点时的热运动能量 $k_{\mathrm{b}}T$ 之比约为 30。对可以用两体势近似的物质，该能量比大约只有 10。同时，金属中生成空位的能量 E 与结合能之比为 1/4～1/3；对比两体势体系，该能量的比值精确地等于 1。

目前，广泛使用的金属势（metal potential）大多建立在嵌入原子模型（embedded-atom model）之上，具体有 Finnis-Sinclair 模型和 Sutton-Chen 模型等。

根据密度泛函理论，Daw 和 Baskes 在 1984 年提出，物质中每个原子的原子核除了受到其他原子核的排斥作用外，还受到背景电子的静电作用。因此，势函数可以分解成两个部分：原子核之间的相互作用能和镶嵌在电子云背景中的镶嵌能。其中，原子核之间的相互作用能可以用两体势近似；镶嵌能对应多体作用部分，不能用两体势近似，这就是嵌入原子模型。用数学语言表示，嵌入原子模型的势函数形式是

$$u_{\mathrm{EAM}} = \sum_{i=1}^{N}\sum_{j=i+1}^{N} u(r_{ij}) + \sum_{i=1}^{N} E_i(\rho_1) \tag{3-53}$$

式中，第一项为原子核之间的两体势，求和遍及所有原子对；第二项为原子核的镶嵌能，是各个原子核所处背景电子云密度（除该原子外其他原子的贡献之和）的函数，求和遍及所有原子核。

原子核所处电子云密度按下式计算，

$$\rho_i = \sum_{j=1,\ j\neq i}^{N} \rho_j(r_{ij}) \tag{3-54}$$

嵌入原子模型较两体势等精确，但计算量较两体势大。

3.3.6.1 Finnis-Sinclair 模型

在 Finnis-Sinclair 模型中，嵌入势的部分被写成电子云密度的平方根的形式，

$$u_{\mathrm{EAM}} = \sum_{i=1}^{N}\sum_{j=i+1}^{N} u(r_{ij}) + A\sum_{i=1}^{N}\sqrt{\rho_i} \tag{3-55}$$

3.3.6.2 Sutton-Chen 模型

在 Sutton-Chen 模型中，两体排斥势被写成 r^{-n} 的形式，背景电子云密度被写成 r^{-m} 的形式：

$$\rho_i = \sum_{j=1,\ j\neq i}^{N} \left(\frac{a}{r_{ij}}\right)^m \tag{3-56}$$

而总的势函数是：

$$u_{\mathrm{SC}}(r_{ij}) = \varepsilon\left[\sum_{i=1}^{N}\sum_{j=i+1}^{N}\left(\frac{a}{r_{ij}}\right)^n - c\sum_{i=1}^{N}\sqrt{\rho_i}\right] \tag{3-57}$$

Sutton-Chen 模型需要确定的势参数有 n，m，c，a，ε 等 5 个。

3.4 分子动力学方法

分子动力学方法（molecular dynamics method）主要用于研究经典的多粒子相互作用体系，是分子模拟中最接近实验条件的模拟方法，能够从原子层面给出体系的微观演变过程，直观地展示实验现象发生的机理与规律。分子动力学主要依靠经典动力学理论来模拟分子体系的运动规律，通过求解所有粒子的运动方程，可以模拟与分子运动路径相关的基本过程。根据各个粒子运动的统计分析，即可推知体系的各种性质，如可能的构型、热力学性质、分子的动态性质、溶液中的行为和各种平衡态性质等。自 20 世纪 50 年代中期开始，随着计算机的迅速发展，分子动力学方法得到广泛应用并取得许多重要成果，如气液体系的状态方程、相变过程的演变，以及非平衡过程的研究等，同时计算效果随着超级计算机的发展可以通过大规模并行计算和 GPU 加速的方式大幅提高计算速度。分子动力学方法的实施应确定所建立体系的相互作用方式、初始条件，以及解牛顿运动方程的方法等[41]。

3.4.1 分子动力学模拟的基本原理

分子动力学方法是一种确定性方法，即按着体系内部的动力学规律来计算并确定位置的转变。确定性方法是实现玻耳兹曼统计力学的途径。首先它需要建立一组分子的运动方程，并通过直接对系统中每一个分子的运动方程进行数值求解，得到每个时刻每个分子的坐标与动量，即在相空间的运动轨迹；其次利用统计计算方法得到多体系统的静态和动态特性，从而得到该系统的宏观性质。在这个微观的物理体系中，每个分子都各自服从经典的牛顿力学。分子动力学模拟的计算原理为利用牛顿运动定律，解牛顿第二定律的微分方程。对一个质量为 m_i、位置矢量为 $\boldsymbol{r}_i$ 的粒子，其在 t 时刻的加速度为

$$a = \frac{d^2\boldsymbol{r}_i}{\mathrm{d}t^2} = \frac{F_{ri}}{m_i} \tag{3-58}$$

粒子受力为势能，对其坐标的偏导数：

$$d\,\frac{\mathrm{d}\boldsymbol{r}_i}{\mathrm{d}t} = \frac{1}{m_i}F_{ri}\mathrm{d}t \tag{3-59}$$

由方程（3-58）得

$$\int_{v_{i,0}}^{v_i}\mathrm{d}v = \frac{F_{ri}}{m_i}\int_{t_0}^{t}\mathrm{d}t \tag{3-60}$$

$$v_i - v_{i,0} = \frac{F_{ri}}{m_i}(t - t_0) \tag{3-61}$$

从而得到粒子位置更新后的速度：

$$v_i = \frac{F_{ri}}{m_i}(t - t_0) + v_{i,0} \tag{3-62}$$

因此，

$$\frac{\mathrm{d}\boldsymbol{r}_i}{\mathrm{d}t} = \frac{F_{ri}}{m_i}(t - t_0) + v_{i,0} \tag{3-63}$$

即得

$$\mathrm{d}\boldsymbol{r}_i = \left[\frac{F_{ri}}{m_i}(t - t_0) + v_{i,0}\right]\mathrm{d}t \tag{3-64}$$

积分求解得

$$\int_{\boldsymbol{r}_{i,0}}^{\boldsymbol{r}_i} \mathrm{d}\boldsymbol{r}_i = \frac{F_{ri}}{m_i}\int_{t_0}^{t}(t - t_0)\mathrm{d}t + v_{i,0}\int_{t_0}^{t}\mathrm{d}t \tag{3-65}$$

$$\boldsymbol{r}_i - \boldsymbol{r}_{i,0} = \frac{F_{ri}}{m_i}\cdot\frac{1}{2}(t - t_0)^2 + v_{i,0}(t - t_0) \tag{3-66}$$

最后得到粒子更新后的位置：

$$\boldsymbol{r}_i = \frac{F_{ri}}{2m_i}(t - t_0)^2 + v_{i,0}(t - t_0) + \boldsymbol{r}_{i,0} \tag{3-67}$$

新的力 F_{ri} 被重新计算，如此反复循环，即得到各时刻系统中分子运动的位置、速度和加速度等值，进而可得分子的运动轨迹。式中，下标“0”为各物理量的初始值。一般来说，分子动力学方法所适用的微观物理体系既可以是少体系统，也可以是多体系统；既可以是点粒子体系，也可以是具有内部结构的体系；处理的微观对象既可以是分子，也可以是其他类型的微观粒子。

3.4.2 分子动力学的基本思想和计算流程

3.4.2.1 分子动力学的基本思想

分子动力学总是假定原子的运动服从某种确定的描述，这种描述可以采用牛顿运动方程、拉格朗日方程或哈密顿方程来确定，也就是说原子的运动和确定的轨迹联系在一起。若不考虑粒子之间相互作用，在处理粒子或团簇时，可单纯对牛顿运动方程进行积分求解[42]。然而，实际上粒子与粒子之间是相互作用的，分子动力学模拟必须首先确定最基本的模拟范畴，即必须设定原子或分子之间的相互作用（势函数）和相关的系综（作用对象和条件），然后对给定的牛顿运动方程、拉格朗日方程或哈密顿方程进行时间的迭代，在达到指定的收敛条件后得到最终的粒子坐标位置，然后由统计物理学原理得出该系统相应的宏观动态、静态特性。图 3-12 所示是分子动力学的基本思想。

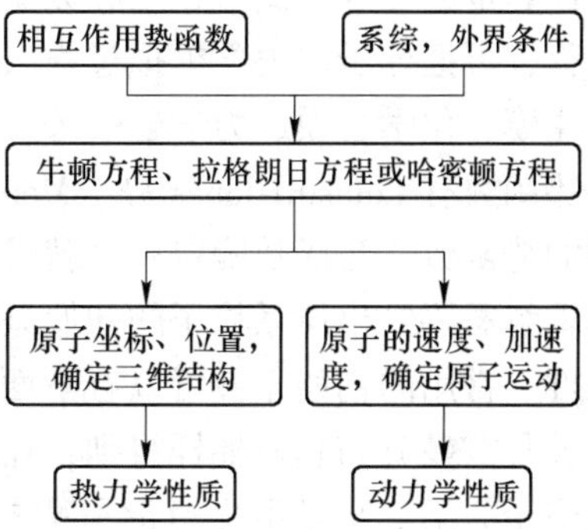

图 3-12　分子动力学的基本思想

分子动力学是一种确定性方法，通过求解所有粒子的牛顿运动方程，跟踪每个粒子的个体运动[42]。分子动力学模拟时基于以下基本假设：

(1) 所有粒子之间的运动都遵守经典牛顿力学定律；

(2) 粒子之间的相互作用满足叠加原理。

当运用分子动力学方法处理一组粒子（原子或分子）体系时，体系能量 H 为

$$H = \frac{1}{2}\sum_{i=1}^{N}\frac{p_i^2}{m_i} + \sum_{j=i+1}^{N}\sum_{j=i+1}^{N}U(\boldsymbol{r}_{ij}) \tag{3-68}$$

式中，第一项为所有粒子动能，第二项为粒子间相互作用势。同时，体系中每一粒子的运动都遵从牛顿运动方程，即

$$\boldsymbol{F}_i(t) = m_i\boldsymbol{a}_i(t) \tag{3-69}$$

式中，$\boldsymbol{F}_i(t)$ 为粒子所受的力；m_i 为粒子的质量；$\boldsymbol{a}_i(t)$ 为原子 i 的加速度。

原子 i 所受的力 $\boldsymbol{F}_i(t)$ 可以直接用势能函数对坐标 r_i 的一阶导数求得，即

$$\boldsymbol{F}_i(t) = -\frac{\partial U}{\partial r_i} \tag{3-70}$$

式中，U 为势能函数。

对 N 个粒子体系的每个粒子有

$$\begin{cases} m_i\dfrac{\partial v_i}{\partial t} = F = -\dfrac{\partial U}{\partial r_i} + \cdots \\ \dfrac{\partial r(t)}{\partial t} = \boldsymbol{v}(t) \end{cases} \tag{3-71}$$

式中，$\boldsymbol{v}$ 为速度矢量；m_i 为粒子的质量；r_i 为粒子的位置。

这些方程的求解需要通过数值方法进行，这些数值解产生一系列的位置 r^n 与相应的速度 v^n，n 表示一系列的离散的时间，$t = n\Delta t$，Δt 表示时间间隔（时间步长）。

要求解此方程组，需要给出体系中的每个粒子的初始坐标和速度。原子的初始坐标和初始速度一旦给出，以后任意时刻的坐标和速度都可以确定。分子动力学整个运行过程中的坐标和速度称为轨迹。数值解普通微分方程的标准方法为有限差分法[43-44]。

3.4.2.2 分子动力学的计算流程

分子动力学的基本思想虽然非常简单，但在分子动力学模拟的实际过程中会面临各种各样的困难，如势函数的选取、初始条件和边界条件的设定、数值积分方法的选择、满足大计算量的要求、图形显示和数据分析等[45]。图 3-13 所示为分子动力学计算运行的整个流程，可把分子动力学模拟过程大致划分为三步：第一步是模型设定，包括几何建模、物理建模、化学建模、力学建模等。这一步主要是选择合适的势函数，分子动力学模拟常用的势函数有 Lennard-Jones 势、Mores 势、EAM 原子嵌入势等，不同的物质状态应选用不同的势函数。势函数确定后，就可以根据物理规律求得模拟中的守恒量。另外，运动方程的求解需要给出体系粒子的初始条件，包括位置、速度等，而不同的算法需要不同的初始条件。常用的初始条件可以有下面几种：可令初始位置在差分网格的格子上，初始速度依据玻耳兹曼分布随机抽样得到；还可以设定初始速度为零，而初始位置随机偏离差分网格的格子。第二步是系统趋于平衡的计算。给定初始条件和边界条件后便可解牛顿运动方程，进行分子动力学模拟。在积分计算的过程中，为使系统趋于平衡，模拟中要设计一个

区域平衡的过程，可通过增加系统能量或移出能量，直到持续给出确定的能量值，这时系统达到平衡，达到平衡的时间称为弛豫时间。第三步是宏观物理量的计算与分析。这一过程需要从以上的计算结果中提取所需要的特征，说明问题的实质和结果。关键是统计、平均、定义、计算，如温度、体积、压力、应力等宏观量和微观过程量是如何联系的。

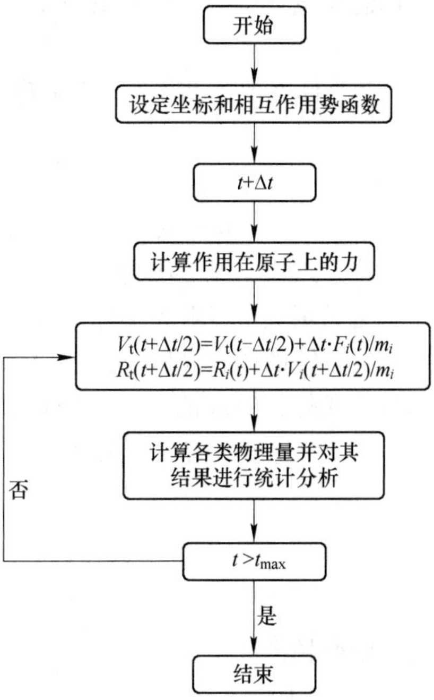

图 3-13 分子动力学的计算流程

3.4.3 分子体系的运动方程

3.4.3.1 分子体系的运动方程（牛顿第二定律）

从经典力学角度分析，分子体系是由一组具有分子内和分子间相互作用的原子组成的力学体系。由于原子核集中了原子的主要质量，分子中各个原子可以近似地看成位于相应原子核位置的一组质点，因此，分子体系可以近似为质点力学体系[46-49]。根据牛顿第二定律，分子体系的运动方程可以写成

$$\begin{cases} f_{i,x} = m_i \dfrac{\mathrm{d}^2 x_i}{\mathrm{d}t^2} = m_i \ddot{x}_i \\ f_{i,y} = m_i \dfrac{\mathrm{d}^2 y_i}{\mathrm{d}t^2} = m_i \ddot{y}_i \\ f_{i,z} = m_i \dfrac{\mathrm{d}^2 z_i}{\mathrm{d}t^2} = m_i \ddot{z}_i \end{cases} \tag{3-72}$$

式中，$i=1, 2, \cdots, N$，用于标记分子体系中的各个原子；m_i 为各个原子的相对原子质量；t 为时间；(x_i, y_i, z_i) 为原子 i 位置坐标；$(\ddot{x}_i, \ddot{y}_i, \ddot{z}_i)$ 为位置坐标对时间的二阶导数；$(f_{i,x}, f_{i,y}, f_{i,z})$ 为作用在原子 i 上的力在 x，y，z 坐标方向的分量。

作用在原子上的力，可以通过分别计算分子内和分子间相互作用力求得。也可以将式（3-72）用矢量表示

$$\boldsymbol{f}_i = m_i \frac{\mathrm{d}^2 \boldsymbol{r}_i}{\mathrm{d}t^2} = m_i \ddot{r}_i \tag{3-73}$$

式中，$\boldsymbol{r}_i$ 和 $\boldsymbol{f}_i$ 分别为原子 i 的坐标矢量和受力矢量；$\ddot{r}_i$ 为坐标矢量对时间的二阶导数。与式（3-72）完全一样，式（3-73）也代表 $3N$ 个方程。

由于分子体系的相互作用非常复杂，难以用解析法求解分子体系运动方程，因此通常只能采用差分法求解分子体系运动方程的近似数值解。

3.4.3.2 分子体系的运动方程（哈密顿运动方程）

从 3.2.3.2 节分析得知，分子体系可以近似为由相互作用的原子所构成的质点力学体系。同时，不管是分子间相互作用，还是分子内相互作用，原子间的相互作用是保守力，

体系的总能量守恒。对任何由质点构成的保守力体系，其哈密顿函数为

$$H = K + u \tag{3-74}$$

式中，K 为体系的总动能；u 为总势能，仅与质点的坐标位置有关，不显含时间。

$$K = \frac{1}{2}\sum_{i=1}^{N} m_i(\dot{x}_i^2 + \dot{y}_i^2 + \dot{z}_i^2) \tag{3-75}$$

$$u = u(x_1, y_1, z_1, \cdots, x_j, y_j, z_j, \cdots, x_n, y_n, z_n) \tag{3-76}$$

式中，($\dot{x}_i$，$\dot{y}_i$，$\dot{z}_i$）为原子 i 的位置对时间的一阶导数，也就是速度。

哈密顿函数是经典力学体系最重要的物理量之一。只要确定了系统的哈密顿函数，就可以确定系统的所有性质及其演化规律。在实际应用中，除把哈密顿函数写成坐标和速度的函数形式外，还常把它写成坐标和动量的函数形式。在笛卡尔坐标系中，动量（$p_{i,x}$，$p_{i,y}$，$p_{i,z}$）与速度具有如下关系

$$\begin{cases} p_{i,x} = m_i\dot{x}_i \\ p_{i,y} = m_i\dot{y}_i \\ p_{i,z} = m_i\dot{z}_i \end{cases} \tag{3-77}$$

因此，哈密顿函数可写成

$$H = \sum_{i=1}^{N} \frac{1}{2m_i}(p_{i,x}^2 + p_{i,y}^2 + p_{i,z}^2) + u(x_1, y_1, z_1, \cdots, x_i, y_i, z_i, \cdots, x_N, y_N, z_N) \tag{3-78}$$

对于分子体系，用组成分子的各个原子的笛卡尔坐标作变量并不方便[50]。更方便的方法是用分子的质心坐标确定分子的质心位置，用欧拉角（Euler angles）确定分子的取向，用分子的内坐标确定分子组成原子的相对位置。当然，也可以用其他适当的坐标系确定体系中各分子和原子的坐标位置。解决实际问题时，通常不区分质心坐标、欧拉角、分子内坐标等各种不同种类的坐标，把它们统称为广义坐标（generalized coordinates），用 q_i 表示（$i=1, 2, \cdots, f$），其中，f 为广义坐标的数量，也就是系统的自由度。对不受任何约束的 N 个自由质点体系，总共需要用 $3N$ 个广义坐标描述，则自由度 $f=3N$。若体系中有的质点的位置和速度受几何学或运动学的限制而不能自由变动，则这种体系被称为约束体系，而这些限制被称为约束。例如，键长可以伸缩的 N 个双原子分子组成的体系，即自由度 $f=6N$。相反，两个原子间的距离被固定而不能自由伸缩运动的双原子分子，只需 5 个广义坐标就可以描述分子的运动。也就是说，N 个具有固定键长的双原子分子体系，虽有 $2N$ 个原子，但受 N 个约束，系统的自由度 $f=6N-N=5N$。一般地，由 N 个质点构成的具有 r 个完整几何约束（holonomic constraint）的约束体系，自由度 $f=3N-r$。

描述一个自由度为 f 的力学体系中粒子的位置和运动状态，可用 f 个广义坐标（q_1，q_2，q_3，$\cdots$，q_i，$\cdots$，q_f）表示坐标位置，以及对应的 f 个广义动量（p_1，p_2，p_3，$\cdots$，p_i，$\cdots$，p_f）表示运动状态。如果广义坐标是笛卡尔坐标，则对应的广义动量是线动量；如果广义坐标是旋转的角度，则对应的广义动量是角动量。同时，广义坐标可以与单个原子对应，也可以不与单个原子对应。如描述体系中某个分子质心位置的质心坐标，通常不与任何单个原子的位置对应。

如果利用 f 个广义坐标构成广义坐标矢量 $\boldsymbol{q}=(q_1, q_2, q_3, \cdots, q_i, \cdots, q_f)$，$f$ 个广

义动量构成广义动量矢量 $\boldsymbol{p}=(p_1, p_2, p_3, \cdots, p_i, \cdots, p_f)$，则体系的总势能 u 可以写成

$$u=u(q_1, q_2, \cdots, q_f)=u(\boldsymbol{q}) \tag{3-79}$$

总动能 K 可以写成

$$K=\sum_{i=1}^{f}\sum_{i=1}^{f} a_{i,j}p_ip_j \tag{3-80}$$

利用哈密顿函数，可以写出系统的运动方程

$$\begin{cases}\dfrac{\partial H}{\partial q_i}=-\dot{p}_i \\ \dfrac{\partial H}{\partial p_i}=\dot{q}_i\end{cases} \quad i=1, 2, \cdots, f \tag{3-81}$$

称为哈密顿正则方程组，简称哈密顿方程组。

哈密顿方程组是以广义坐标和广义动量为独立变量的运动方程，由 $2f$ 个一阶微分方程组成。与牛顿运动方程相比，哈密顿方程的优点包括：牛顿方程由 $3N$ 个二阶微分方程组成，较求解 $2f$ 个一阶微分方程困难得多；哈密顿方程既适合处理不受约束的力学体系，也适合处理受约束的力学体系，牛顿方程则只能处理不受约束的力学体系。

对于任何没有约束的分子体系，哈密顿方程和牛顿方程具有相同的形式，但是，对有约束的分子体系，两者的形式不同。同时，哈密顿方程也是理解实现恒温、恒压 MD 模拟的理论基础。

3.4.4　原子势函数

势函数是表示原子（分子）间相互作用的函数，也称力场[51]。原子间相互作用控制着原子间的相互作用行为，从根本上决定材料的所有性质，这种作用具体由势函数来描述。势函数的研究和开发是分子动力学方法发展的最重要的任务之一。分子动力学方法是通过原子间的相互作用势，按照经典牛顿运动定律求出原子运动轨迹及其演化过程。势函数的选取决定着计算的工作量以及计算模型与真实系统的近似程度，直接影响模拟结果的成功与否。由于物质系统的复杂性以及原子间相互作用类型的不同，很难得到满足各种不同体系和物质的一般性而又精度较高的势函数。所以针对不同的物质体系人们陆续发展了大量的经验和半经验的势函数。

1903 年，G. Mie 研究了两个粒子之间的相互作用势，指出势函数由原子间的排斥作用和原子间的吸引作用两项组成。1924 年，J. E. Lennard-Jones 提出了著名的负幂指数的 Lennard-Jones 势函数的解析式。1929 年，P. M. Morse 提出了指数形式的 Morse 势。1931 年，M. Born 和 J. E. Mayer 提出了描述离子晶体的 Born-Mayer 势函数。随着计算机的发展，20 世纪 50 年代末 60 年代初分子动力学在科学研究中开始应用，其中原子间相互作用的选取是分子动力学模拟的关键。Alder 和 Wainwright 于 1957 年首次将硬球模型应用于凝聚态系统的分子动力学模拟。该模型认为硬球做匀速直线运动，当两个球的中心间距等于球直径时发生碰撞，且所有的碰撞都是完全弹性的[52-55]。

应用动量守恒原理可以计算两个相碰球的新速度。像硬球模型这样简单的相互作用模型，虽然有许多不足，但对于启发人们研究物质的微观性质提供了许多有益的尝试与探索。在原子间相互作用势的现实的模型是，作用在粒子上的力将随着此粒子的位置或和它

有相互作用的粒子的位置的变化而改变。1964 年，Rahman 首次应用连续势对氩进行模拟，并与 Stillinger 一起在 1971 年模拟了液体 H_2O 分子，对分子动力学方法做出了重要贡献。可是，原子之间的相互作用势的发展一直较缓慢，在一定程度上制约了分子动力学在实际研究中的应用。因为相互作用势描述了粒子之间的相互作用，从而决定了粒子间的受力状况，所以采用的势函数的准确与否，将直接影响到模拟结果的精确度。原子间相互作用势根据来源可分为经典势和第一性原理势，经典势又可根据使用范围分为原子间相互作用势和分子间相互作用势，根据势函数的形式又可分为对势和多体势，其中，多体势可分为两类，分别为具有中心对称的多体势和考虑角度效应的多体势[56-59]。

3.4.5 边界条件、初始条件

3.4.5.1 边界条件

当前的计算还只能模拟有限的粒子体系，粒子的数目通常为 600~20000，这个数目显然与宏观系统的粒子数相比要少得多，因而必须采取措施解决这个问题。分子数有限带来的尺度效应可以通过选取合适的边界条件来解决。这些边界条件大致可以分为如下四种。

（1）自由表面边界。这种边界条件通常用于大型的自由分子的模拟。

（2）固定边界。在所有要计算到的粒子晶胞之外还要包上几层结构相同的位置固定不变的粒子，包层的厚度必须大于粒子间相互作用的力程范围。包层部分代表了与运动粒子起作用的宏观晶体的那一部分。这种边界条件常用来对点缺陷等性质的研究。

（3）柔性边界。这种边界条件比固定边界条件更接近实际。它允许边界上的粒子有微小的移动，以反映内层粒子的作用力施加到它们身上时的情况。在模拟缺陷延伸的情况时，如模拟位错运动时，常要用柔性边界条件。

（4）周期性边界条件。在模拟较大的系统时，为了消除表面效应或边界效应常采用此条件。所谓周期性边界，就是让晶胞左边的粒子与其右边的粒子有相互作用，晶胞上边的粒子与其下边的粒子有相互作用，晶胞前边的粒子与其后边的粒子有相互作用。采用这种边界条件时，晶胞的限度应大于单个粒子间相互作用力程的 2 倍[60]。

3.4.5.2 初始条件

系统的初始位形和初始速度可以通实验数据或理论模型、或两者的结合来决定。如果被模拟的系统具有初始密度分布 $n(r)$ 和温度分布 $T(r)$，而没有固定的晶格结构，则每个原子的位置可以从初始密度分布 $n(r)$ 用 Metropolis 等方法得到。每个原子的初速度，则可以从初始温度分布 $T(r)$ 下的 Maxwell-Boltzman 分布来随机选取。Maxwell-Boltzman 分布可以用 0~1 均匀分布的随机数发生器的输出通过简单的变换而得到。

3.4.6 数值求解方法

多粒子体系的牛顿方程无法求解析解，需要通过数值积分方法求解，在这种情况下，运动方程可以采用有限差分法来求解[61-66]。有限差分技术的基本思想是将积分分成很多小步，每一小步的时间固定为 δt，在时间 t 时刻，作用在每个粒子的力的总和等于它与其他所有粒子的相互作用力的矢量和。根据此力，我们可以得到此粒子的加速度，结合 t 时刻的位置与速度，可以得到 $t+\delta t$ 时刻的位置与速度，该力在此时间间隔期间假定为常数，作用在新位置上的粒子的力可以求出。与此类似，然后可以导出 $t+2\delta t$ 时刻的位置与速度等。常见的方法有 Verlet 算法、Leap-frog 算法、速度 Verlet 算法、Gear 算法、Tucterman 和 Berne 多时间步长算法。下面介绍几种常见的算法。

3.4.6.1 Verlet 算法

Verlet 于 1967 年提出的，在分子动力学中，积分运动方程运用最广泛的方法是 Verlet 算法[61]。这种算法运用 t 时刻的位置和速度及 $t-\delta t$ 时刻的位置，计算出 $t+\delta t$ 时刻的位置 $r(t+\delta t)$。Verlet 算法的推导可通过用 Taylor 级数展开获得，即

$$\boldsymbol{r}_i(t+\delta t)=\boldsymbol{r}_i(t)+\delta t v_i(t)+\frac{1}{2}\delta t^2\boldsymbol{a}_i(t)+\cdots \tag{3-82}$$

$$\boldsymbol{r}_i(t-\delta t)=\boldsymbol{r}_i(t)-\delta t v_i(t)+\frac{1}{2}\delta t^2\boldsymbol{a}_i(t)-\cdots \tag{3-83}$$

将以上两式相加得

$$\boldsymbol{r}_i(t+\delta t)=2\boldsymbol{r}_i(t)-r_i(t-\delta t)+\delta t^2\frac{\boldsymbol{F}_i(t)}{m_i} \tag{2-84}$$

其中应用到牛顿运动方程 $\boldsymbol{a}_i(t)=\dfrac{F_i(t)}{m_i}$。差分方程中的误差为 $(\Delta t)^4$ 的量级。速度并没有出现在 Verlet 算法中。计算速度有很多种方法，一个简单的方法是用 $t+\delta t$ 时刻与 $t-\delta t$ 时刻的位置差除以 $2\delta t$，即

$$v(t)=[\boldsymbol{r}(t+\delta t)-\boldsymbol{r}(t-\delta t)]/(2\delta t) \tag{3-85}$$

另外，半时间步 $t+0.5\delta t$ 时刻的速度也可以表示为

$$v\left(t+\frac{1}{2}\delta t\right)=[\boldsymbol{r}(t+\delta t)-\boldsymbol{r}(t)]/\delta t \tag{3-86}$$

速度的误差在 $(\Delta t)^3$ 的量级。

Verlet 算法简单，存储要求适度，但它的一个缺点是位置 $r(t+\delta t)$ 要通过小项与非常大的两项 $2r(t)$ 与 $r(t-\delta t)$ 的差得到，这容易造成精度损失。Verlet 算法还有其他的缺点，如方程中没有显式速度项，在下一步的位置没得到之前难以得到速度项。另外，它不是一个自启动算法；新位置必须由 t 时刻与前一时刻 $t-\delta t$ 的位置得到。在 $t=0$ 时刻，只有一组位置，所以必须通过其他方法得到 $t-\delta t$ 的位置[67-69]。

3.4.6.2 Leap-frog 算法

Hocknev 在 1970 年提出 Leap-frog 算法，也称为“蛙跳”算法。该算法将速度的微分用 $t+\delta t$ 和 $t-\delta t$ 时刻的速度的差分来表示，即

$$\frac{v_i\left(t+\dfrac{\delta t}{2}\right)-v_i\left(t-\dfrac{\delta t}{2}\right)}{\delta t}=\frac{\boldsymbol{F}_i(t)}{m_i} \tag{3-87}$$

在 $t+\delta t$ 时刻的速度为

$$v_i\left(t+\frac{\delta t}{2}\right)=v_i\left(t-\frac{\delta t}{2}\right)+\delta t\frac{\boldsymbol{F}_i(t)}{m_i} \tag{3-88}$$

同时，原子坐标的微分可以这样表述为

$$\frac{\boldsymbol{r}_i(t+\delta t)-\boldsymbol{r}_i(t)}{\delta t}=\boldsymbol{v}_i\left(t+\frac{\delta t}{2}\right) \tag{3-89}$$

因此有

$$\boldsymbol{r}(t+\delta t)=\boldsymbol{r}(t)+\delta t v\left(t+\frac{\delta t}{2}\right) \tag{3-90}$$

为了执行 Leap-frog 算法，必须首先由 $t-0.5\delta t$ 时刻的速度与 t 时刻的加速度计算出速度 $v(t+0.5\delta t)$。然后由方程计算出位置 $r(t+\delta t)$。t 时刻的速度可以由下式求得：

$$v(t)=\frac{1}{2}\left[v\left(t+\frac{1}{2}\delta t\right)+v_i\left(t-\frac{\delta t}{2}\right)\right] \tag{3-91}$$

速度“蛙跳”通过此 t 时刻的位置得到 $t-0.5\delta t$ 时刻的速度值，而位置跳过速度值给出了 $t+\delta t$ 时刻的位置值，为计算 $t+1.5\delta t$ 时刻的速度准备，依次类推。Leap-frog 算法相比 Verlet 算法有两个优点：它包括显速度项，并且计算量稍小。它也有明显的缺陷：位置与速度不是同步的，这意味着在位置一定时，不可能同时计算动能对总能量的贡献。

3.4.6.3 速度 Verlet 算法

Swope 在 1982 年提出的速度 Verlet 算法可以同时给出位置、速度与加速度，并且不牺牲精度，即

$$\boldsymbol{r}_i(t+\delta t)=\boldsymbol{r}_i(t)+\delta t v_i(t)+\frac{\boldsymbol{F}_i(t)\delta t^2}{2m_i} \tag{3-92}$$

$$v_i(t+\delta t)=v_i(t)+\frac{1}{2m_i}[\boldsymbol{F}_i(t+\delta t)+\boldsymbol{F}_i(t)]\delta t^2 \tag{3-93}$$

该算法需要储存每个时间步的坐标、速度和力。该方法的每个时间步涉及 2 个时间步，需要计算坐标更新以后和速度更新前的力。在这三种算法中，速度 Verlet 算法精度和稳定性最好。力的计算是很费机时，如果内存不是问题，高阶方法可以使用较大的时间步长，这对计算是非常有利的。

3.4.6.4 预测-校正算法

预测-校正算法的基本思想来源于运动粒子的位移随时间的 Taylor 展开，一般分为一阶方程和二阶方程预测-校正算法。Gear 详细讨论了预测-校正算法的校正因子，因此这一算法也被称为 Gear 预测-校正算法[70-73]。这种方法可分为三步。首先，根据 Taylor 展开式，即按以下方程式，预测新的位置、速度与加速度：

$$\begin{aligned}
\boldsymbol{r}_i^{\mathrm{p}}(t+\delta t)&=\boldsymbol{r}_i(t)+\delta t v_i(t)+\frac{\delta t^2\boldsymbol{a}_i(t)}{2}+\frac{\delta t^3\boldsymbol{b}_i(t)}{6}+\cdots\\
v_i^{\mathrm{p}}(t+\delta t)&=v_i(t)+\delta t\boldsymbol{a}_i(t)+\frac{\delta t^2\boldsymbol{b}_i(t)}{2}+\cdots\\
\boldsymbol{a}_i^{\mathrm{p}}(t+\delta t)&=\boldsymbol{a}_i(t)+\delta t\boldsymbol{b}_i(t)+\cdots\\
\boldsymbol{b}_i^{\mathrm{p}}(t+\delta t)&=\boldsymbol{b}_{\mathrm{i}}(t)+\cdots
\end{aligned} \tag{3-94}$$

其次根据新预测的位置 $\boldsymbol{r}_i^{\mathrm{p}}(t+\delta t)$ 计算 $t+\delta t$ 时刻的力 $\boldsymbol{F}(t+\delta t)$，然后计算加速度 $\boldsymbol{a}_i^{\mathrm{c}}(t+\delta t)$，将此加速度与由 Taylor 级数展开式预测的加速度 $\boldsymbol{a}_i^{\mathrm{p}}(t+\delta t)$ 进行比较，两者之差在校正步里用来校正位置与速度项。通过这种校正方法，可以估算预测的加速度的误差为

$$\Delta\boldsymbol{a}_i(t+\delta t)=\boldsymbol{a}_i^{\mathrm{c}}(t+\delta t)-\boldsymbol{a}_i^{\mathrm{p}}(t+\delta t) \tag{3-95}$$

假定预测的量与校正后的量的差很小，则他们互相近似成正比，这样校正后的量为

$$
\begin{aligned}
\boldsymbol{r}_i^{c}(t+\delta t) &= \boldsymbol{r}_i^{p}(t+\delta t) + \boldsymbol{c}_0\Delta\boldsymbol{a}_i(t+\delta t)\\
v_i^{c}(t+\delta t) &= v_i^{p}(t+\delta t) + \boldsymbol{c}_1\Delta\boldsymbol{a}_i(t+\delta t)\\
\boldsymbol{a}_i^{c}(t+\delta t) &= \boldsymbol{a}_i^{p}(t+\delta t) + \boldsymbol{c}_2\Delta\boldsymbol{a}_i(t+\delta t)\\
\boldsymbol{b}_i^{c}(t+\delta t) &= \boldsymbol{b}_i^{p}(t+\delta t) + \boldsymbol{c}_3\Delta\boldsymbol{a}_i(t+\delta t)
\end{aligned}
\tag{3-96}
$$

3.4.6.5　其他方法

与 Verlet 算法相关，Beeman 提出了 Beeman 算法。Beeman 算法运用了更精确的速度表达式。因为动能是直接由速度计算得到的，所以它更好地保持了能量守恒。然而，它的表示式比 Verlet 算法复杂得多，所以计算量较大。另外，Rahinan 采用了一种预测-校正算法的变通形式。尽管这种算法能给出运动方程的较为精确的解，但由于计算量较大，现在已经很少用了。

3.5　分子动力学模拟实例

3.5.1　程序与模块

3.5.1.1　Discover 模块

Discover 是 Materials Studio 的分子力学计算引擎。它使用了多种成熟的分子力学和分子动力学方法，这些方法被证明完全适应分子设计的需要。以多个经过仔细推导和验证的力场为基础，Discover 可以准确地计算出最低能量构象，并可给出不同系综下体系结构的动力学轨迹。Discover 还为 Amorphous Cell 等产品提供了基础计算方法。周期性边界条件的引入使得它可以对固态体系进行研究，如晶体、非晶和溶剂化体系。另外，Discover 还提供强大的分析工具，可以对模拟结果进行分析，从而得到各类结构参数、热力学性质、力学性质、动力学量以及振动强度。

以下是 Materials Studio Discover 模块的主要功能和特点：

（1）结构建模和优化。该模块提供了一系列工具来构建和优化材料的结构，包括晶体结构、分子结构和界面结构等。它支持从实验数据、先进的建模算法和数据库中提取结构信息，并能进行几何结构优化。

（2）材料性质预测。Materials Studio Discover 通过密度泛函理论（DFT）和分子动力学（MD）模拟等方法，可以预测材料的各种性质。它可以计算能带结构、电子密度、电荷密度、光学性质、磁性行为等，帮助研究人员深入了解材料的电子结构和行为。

（3）反应动力学模拟。该模块还支持反应动力学模拟，通过分子动力学模拟等方法研究材料的化学反应和反应动力学过程。它可以模拟催化反应、表面反应、氧化还原反应等，对于理解和优化化学反应过程非常有用。

（4）热力学分析。Materials Studio Discover 可以进行热力学分析，计算材料的热力学性质和相变行为。它可以计算热力学势、自由能、熵等，帮助研究人员预测材料的相变温度、稳定性和相图等。

（5）数据库和工作流。该模块提供了一个丰富的材料数据库，包括晶体结构数据库、材料性质数据库等，可以为研究人员提供参考和比较。此外，Materials Studio Discover 还

支持构建和管理工作流，方便用户进行复杂的计算和分析过程。

3.5.1.2　FORCITE 模块

该模块主要是基于分子动力学（Molecular Dynamics）研究体系的扩散系数、径向分布函数、回转半径等性质。MS 中的 FORCITE 模块是由 DISCOVER 模块发展来的，在 MS 8.0 中 DISCOVER 模块完全被 FORCITE 取代。在动力学模拟（Molecular Dynamics）之前，需要选择两个重要的参数，分别是力场（Forcefield）和系综（Ensemble）[75-81]（图 3-14）。

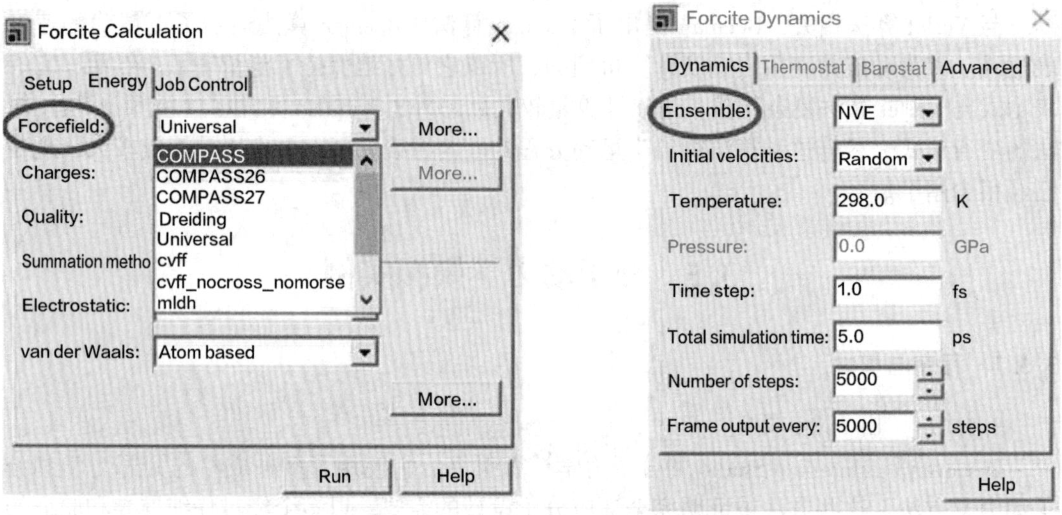

图 3-14　FORCITE 模块中力场和系综

FORCITE 中的力场包括 COMPASS 力场、Dreiding 力场、Universal 力场、pcff 力场、cvff 力场。COMPASS 力场适用于有机和一些无机分子，一般用于材料领域性质的计算（MS 私有）；COMPASS26 与 COMPASS27 及 COMPASS 相比，增加以及改进了一些分子参数。Dreiding 和 Universal 力场中包含的原子参数较多，适用于多数类型分子和材料。pcff 力场适用于糖类、脂类和核酸。cvff 适用于多肽和蛋白质。可以根据体系类型选择不同的力场进行计算。在对一个体系进行计算时，所选的力场中可能并没有我们体系中的原子，这时需要在 MS 安装包 share/Resources/Simulation/ClassicalEnergy/FORCEFIELDS/Standard 路径下的对应的力场中添加参数，包括键长、键角、二面角等参数，同时在这个路径中可以导入新的力场。

系综也是动力学计算当中最重要的参数，系综包括微正则系综（NVE）、等焓等压系综系综（NPH）、正则系综（NVT）、等温等压系综（NPT）。其中 NVT 和 NPT 是比较常用的系综，如果研究扩散、优化，为了获得稳定的密度时使用 NPT 系综；如果研究吸附，推荐使用 NVT 系综[82-85]。

对于动力学模拟的一般过程包括结构优化（Geometry Optimization），退火（Anneal）和动力学（Dynamics）三个过程（图 3-15）。三个过程中精度（Quality）需要保持一致，结构优化使用 Medium，退火和动力学都使用 Medium。

在结构优化过程中，一般使用的算法是最陡下降法（steepest descent）和共轭梯度法（conjugate gradient）。最陡下降法适用于偏离平衡位置较大的结构，共轭梯度法适用于已

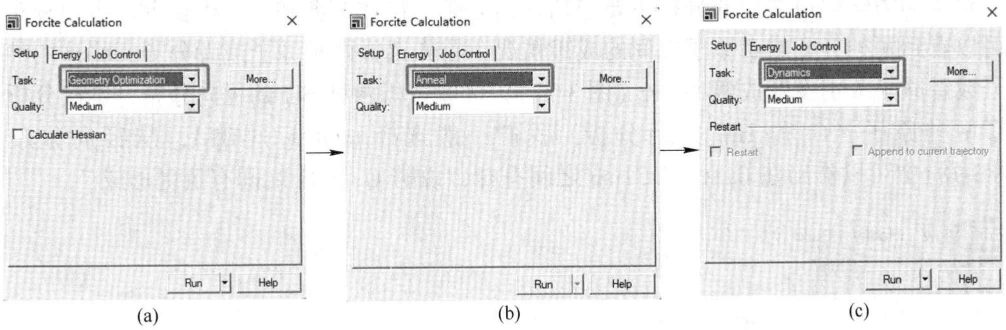

图 3-15 动力学模拟过程示意图

经接近平衡位置的结构的优化。因此对于我们自己构建的模型需要先使用最陡下降法，接着使用共轭梯度法来找到能量最低的结构。在退火过程中，初始温度（initial temperature）一般选择 300K，中间循环温度（mid-cycle temperature）一般选择 500K。退火和动力学过程中步长（time step）选择 1fs，对于控温方法（themostat）选择 Andersen（控压方法选择 berendsen）。对于能量偏差（energy deviation）的选择应尽可能大于体系的能量。退火过程和动力学过程的模拟时间一般不同，退火过程一般模拟的时间为 10~100ps 左右，而对于动力学过程模拟的时间较长，一般要选择 10ns 以上的模拟时间（图 3-16）。

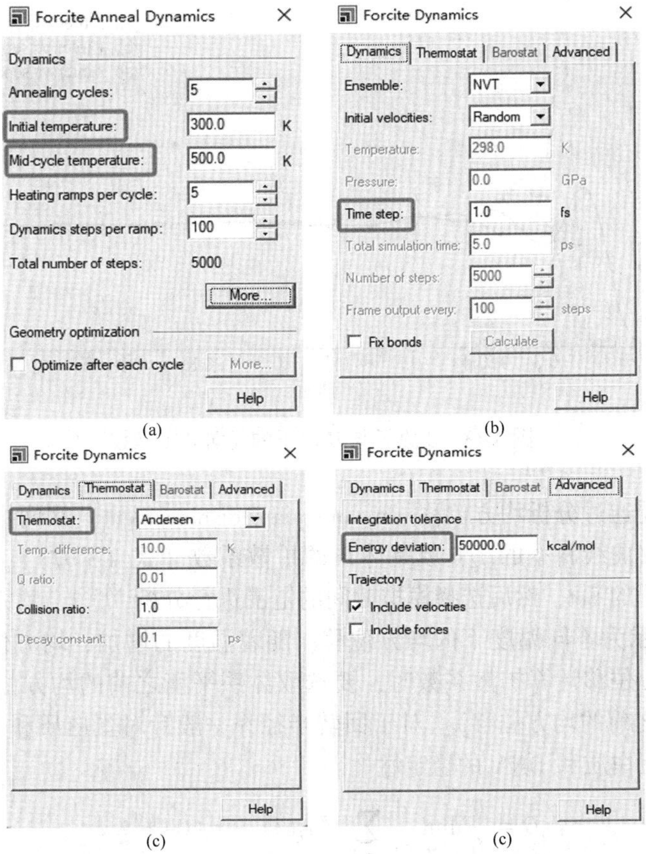

图 3-16 退火过程和动力学过程中的部分参数示意图

对于动力学模拟之后的分析主要包括径向分布、扩散系数和回转半径等。径向分布主要可以看到两种分子或者原子之间的成键情况。首先选择两种原子或者分子，将这两种的分子或者原子分别设置成两种 Set（图 3-17），接着分析两种 Set 的径向分布，本次分析选择了两种原子（O 和 H）进行分析，我们一般选择 total（H1-O1），从径向分布图(图 3-18)中可以看出在 0. 16~0. 31nm 之间有峰，说明 O 与 H 之间有氢键形成。

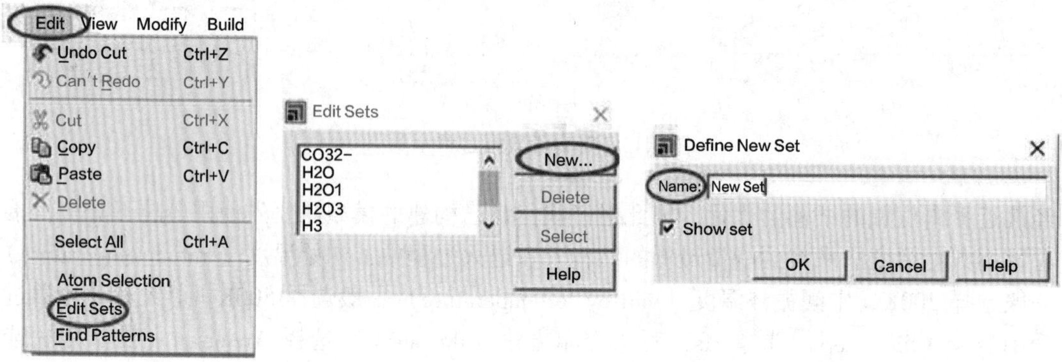

图 3-17 设置 Set 的步骤

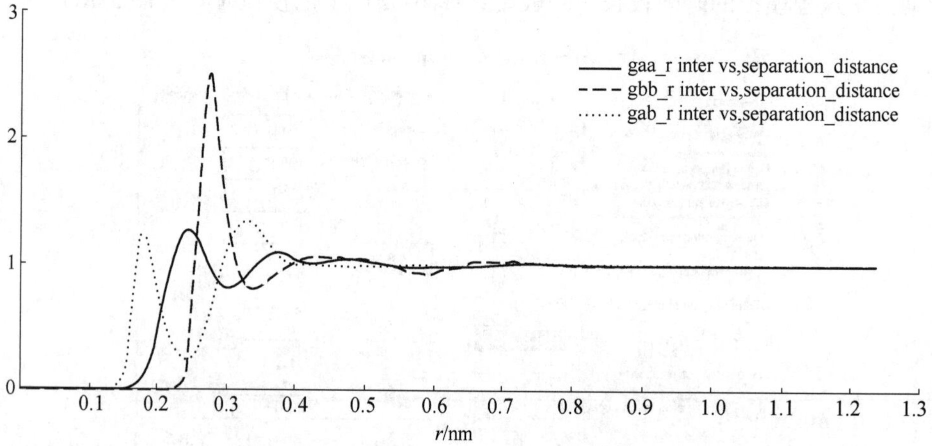

图 3-18 O 原子与 H 原子的径向分布函数

扩散系数主要通过分析均方位移（mean square displacement）来间接求出体系的扩散系数，即均方位移曲线斜率的 1/6 就是体系的扩散系数（式（3-97））。对于均方位移同样先设置一个分子的 Set，然后选择模拟时间的范围进行分析[86-88]。均方位移受温度的影响，如图 3-19 所示为不同温度下的均方位移，随着温度的增加，均方位移（扩散系数）增加。在使用均方位移计算扩散系数时，要选取体系平衡之前的均方位移进行计算（图 3-19 中选择 7ns 之前的均方位移）。对于回转半径，一般针对蛋白质和 DNA 在动力学模拟之后需要分析蛋白质和 DNA 的稳定性。

$$D = \frac{1}{6} \lim_{t \to \infty} \frac{\mathrm{d}}{\mathrm{d}t} \sum_{i=1}^{N} \{[r_i(t) - r_0(0)]^2\} \tag{3-97}$$

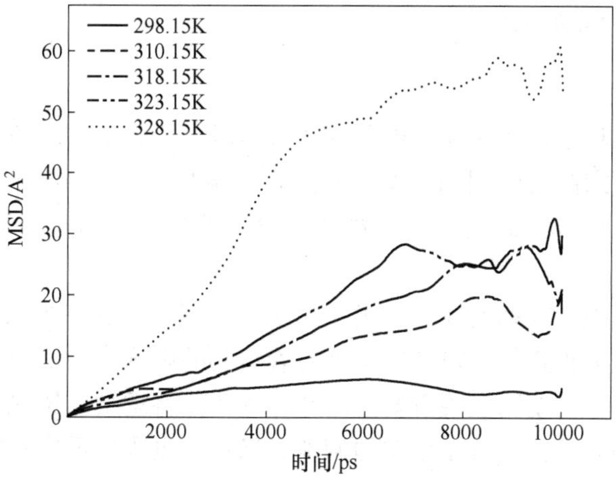

图 3-19 某分子在五种温度下的均方位移

3.5.1.3 LAMMPS 程序

LAMMPS（Large-scale Atomic/Molecular Massively Parallel Simulator）是一个高性能的开源分子动力学模拟程序，用于模拟原子和分子的行为。它提供了丰富的功能和灵活的建模选项，支持各种材料类型和模拟方法，能够模拟不同尺度和复杂度的体系。LAMMPS具有高度可扩展性，可以在各种计算机架构上运行，并利用并行计算技术实现大规模模拟[74]。它在材料科学、化学、生物物理学等领域得到广泛应用，为科学研究和工程实践提供了强大的模拟工具。下面是 LAMMPS 程序进行分子动力学模拟的介绍：

（1）输入文件。LAMMPS 使用文本文件作为输入，通常以“.in”为后缀名。该文件包含了模拟系统的参数、初始配置和模拟过程的设置。输入文件包括关键字命令、参数设置、分子结构描述和模拟选项等。用户可以根据需求自定义输入文件。

（2）分子结构描述。在 LAMMPS 中，分子和原子被视为粒子，并通过它们的坐标、质量、电荷和力场参数进行描述。分子结构描述通常由分子拓扑文件（如 PSF、PDB、XYZ）或原子坐标文件（如 LAMMPS 数据文件）提供。

（3）力场和势能。LAMMPS 使用势能函数来计算粒子之间的相互作用。势能函数包括经验力场（如 Lennard-Jones 势、Coulomb 势）和量子力学方法（如密度泛函理论）等。力场参数可以在输入文件中设置或从外部文件中读取。

（4）模拟步骤。LAMMPS 模拟的基本步骤包括初始化、能量最小化、平衡步骤和动力学演化等。模拟中的时间步长、温度和压力等参数可以在输入文件中设置。LAMMPS 使用分子动力学算法（如 Verlet 算法）来计算粒子的位置和速度，并根据势能函数计算粒子之间的相互作用力。

（5）输出和后处理。LAMMPS 提供了丰富的输出选项，可以记录模拟过程中的能量、坐标、速度、力和其他物理量。模拟结束后，可以使用 LAMMPS 的后处理工具或将输出数据导入到其他可视化软件中进行分析和可视化。

总之，LAMMPS 是一款功能强大的分子动力学模拟软件，它能够模拟和研究原子和分子的行为、相互作用和性质。通过设置输入文件中的参数和命令，用户可以根据自己的需求进行各种类型的分子动力学模拟，并通过输出结果进行后续分析和理解。

3.5.2 分子模型的创建与优化

【实验目的】

分子模拟的第一步通常是建模，也即创建所要研究的分子体系的三维空间模型。与我们通常描绘的2D分子结构图不同的是，分子模拟需要的是3D结构，即每一个原子都需要有明确的三维空间坐标（x，y，z）。熟练掌握分子模型的构建，也是进行分子模拟的基础。

事实上，理论模拟计算就是在计算机上做实验，通过重构实验过程，解决化学问题。因此构建的初始模型是否合理，对实验结果有着重要的影响，当实验数据不足时，如何创建更加符合实际的分子模型则至关重要。因此，本实验将重点介绍 Materials Studio 软件中创建分子模型的几种方法，及分子模型的调整、优化、更改显示模式等。

【计算要求】

（1）熟悉 Materials Studio 软件中各项功能的含义和基本操作；

（2）掌握三维分子结构的创建方法；

（3）掌握三维分子结构的调整和优化技巧；

（4）了解复杂分子结构的创建和显示。

【实验内容】

（1）简单分子模型的创建；

（2）分子构型优化；

（3）复杂分子模型的创建：聚合物模型、晶体结构、自组装膜。

3.5.2.1 分子模型的绘制

分子结构的绘制主要用到 Visualizer 模块中的 Sketch 工具（图3-20），我们以石油工业中常用的阴离子型表面活性剂十二烷基苯磺酸钠（SDBS，Sodium Dodecyl Benzene

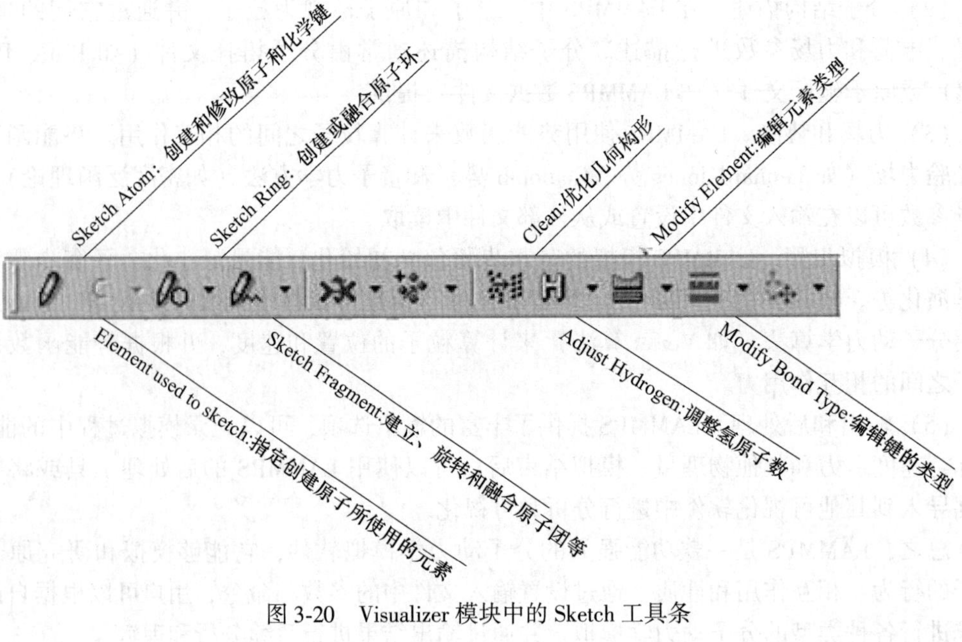

图3-20 Visualizer 模块中的 Sketch 工具条

Sulfonate，R_{12}-$PhSO_3Na$，图 3-21）为例进行说明。其分子结构中同时含有亲水基和亲油基，在油水界面容易聚集，并能显著降低油水界面张力，进而提高原油采收率。

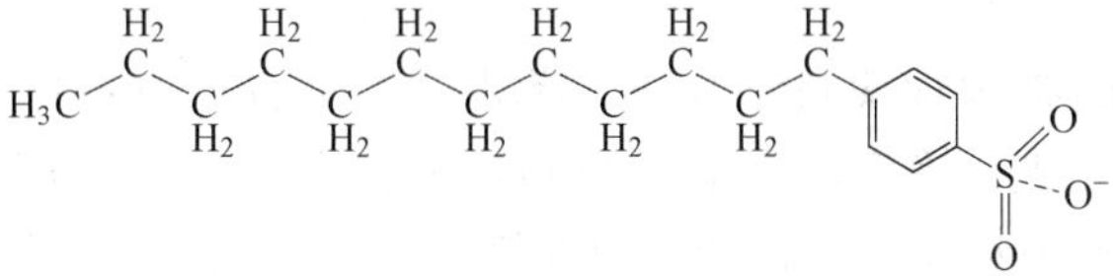

图 3-21 十二烷基苯磺酸根构型

A 创建 3D 文档

从菜单中选择File | New...，打开 New Document 对话框。选择 3D Atomistic Document（三维原子文档），点击 OK，弹出一个三维窗口，项目浏览器中显示建立了名为 3D Atomistic Document. xsd 的文件。在该文件名上右击鼠标，选择 Rename 可以对其重命名，例如 SDBS. xsd。

B 画环和原子链

在 Sketch 工具条上单击 Sketch Ring 按钮，鼠标移到三维窗口。此时鼠标变为铅笔形状，提示处于 Sketch 模式。鼠标旁的数字表示将要画的环所包括的原子数目（可通过按主键盘上的 3~8 的数字键改变）。确保这个数字为 6，三维窗口中单击。画出一个 6 个 C 原子的环。

现在单击 Sketch 工具条 Sketch Atom 按钮（通用原子添加工具，可加入任何元素，默认加入 C 原子）。如要在环上加入 12 个 C 原子：在环上移动鼠标，当一个原子变为绿色时单击，键的一端就在这个原子上，移动鼠标再单击就加入了一个 C 原子，再移动，并单击，依次重复直至在环上加入了 12 个 C 原子，双击结束。（或者在最后一个原子位置单击，然后按 ESC 键，结束添加原子。）注意，新加入的原子的化学键已经自动加上。

注意：如果在该过程中有任何失误，可以按 Undo 按钮取消错误操作，快捷键是 Ctrl+Z。

C 编辑元素类型

我们在六元环上碳链的对位同样添加一个 C 原子。单击链末端的 C 原子，选定它，选定的对象以黄色显示。按 Modify Element 按钮旁的箭头，显示元素列表，选择 Sulfur 硫，选定的原子就变为了硫原子。单击三维窗口中的空白区域，取消选择，就可以看到这种变化了。

D 添加氧原子

按 Sketch Atom 按钮旁的向下按钮，显示可选元素，选择 Oxygen 氧，在硫原子上移动鼠标，当变为蓝色显示时单击，这个原子就有了一个化学键，移动鼠标并双击。加入 O 原子。依次加入 3 个 O 原子后，在 3D 窗口工具条上按选择按钮，返回选择模式以退出 Sketch 模式。

E 编辑化学键类型

在三维窗口中在 S 原子和 O 原子中间单击选定 S—O 键。选定的键以黄色显示。按下 SHIFT 键，单击其他两个相同的键。现在选定了 3 个 S—O 键。单击 Modify Bond 按钮旁的向下按钮，显示键类型的下拉列表，选择 Partial Double Bond 部分双键。单击空白区域取

消选定。类似地操作六圆环上的 C—C 键，变成苯环。（也可以在添加环时按住 ALT 键单击）

F 调整氢原子和结构

程序可以给画出的结构骨架自动加氢。单击 Adjust Hydrogen 按钮，自动给模型加入数目正确的氢原子（首先要确定原子的不饱和状况，或键级）；然后单击 Clean 按钮，调整结构的显示，它调整模型原子的位置，以便键长、键角和二面角显示得更为合理。按住鼠标右键并拖动，可以观察分子的 3D 结构是否合理。

注意：Clean 做出的调整仅仅是基于分子力学基础上的，如果要获得更加准确的优化构型还需采用从头算或密度泛函方法进行量子化学计算。

G 改变显示风格

到此我们已经完成了分子结构模型的创建，但是 MS 默认是以线性模型显示，对于论文投稿或者学术报告来说，还需要准备高质量清晰的分子结构图。在空白区域单击右键，选择 Display Style，弹出的对话框中可以改变显示方式为棍形、球棒模型、CPK 模型（空间填充模型）等，并可以改变相应的球、棍的半径大小，如图 3-22（a）所示。类似的在空白区域单击右键，选择 Display Option，则可以改变整个文档显示的风格，包括背景色等，如图 3-22（b）所示。

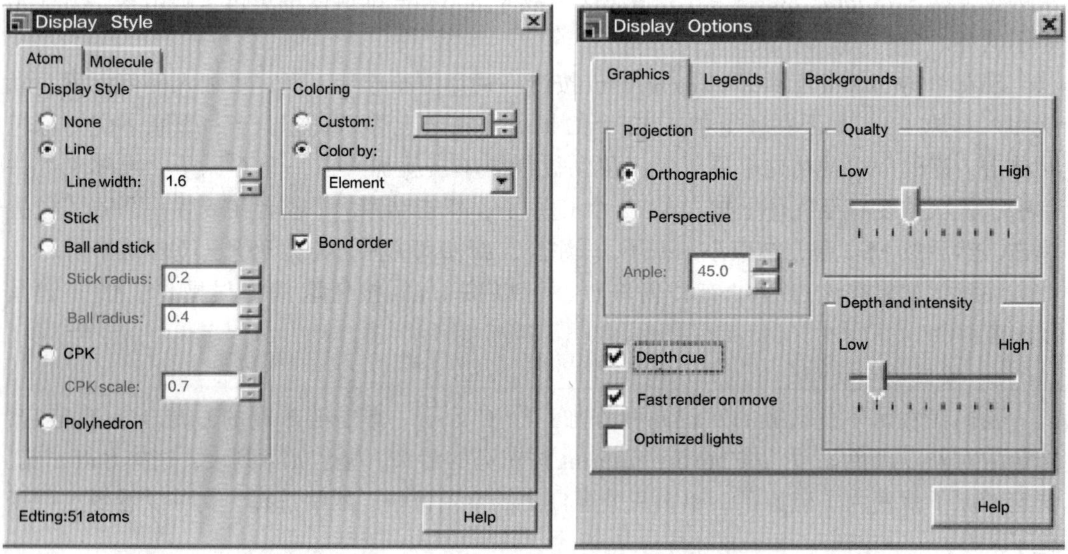

(a) (b)

图 3-22 更改显示模式对话框及更改显示背景对话框

调整好之后，可以 bitmap 的方式输出显示在 3D Atomistic document 的图像，从菜单中选择File|Export，从下拉菜单中点击 Export as type 中的 options arrow 选（＊.bmp）存储。

3.5.2.2 分子构型优化

以上我们得到了十二烷基苯磺酸根的三维分子模型，通常还要进行更进一步的构型优化，构型优化就是在势能面上寻找能量极小值的过程。在已经调整好的分子构型基础上，采用从头算方法或密度泛函方法，可以对分子的几何构型进行最优化计算。我们继续以 SDBS 为例进行说明。

A 创建 DMol3 任务

调用 DMol3 模块进行优化，从菜单栏里选择 Module | DMol3 | Calculation，弹出如图 3-23所示对话框。首先，选择计算任务：从 Task 下拉列表中选择 Geometry Optimization；Functional 设置为 GGA/PBE；电荷设置为-1；当把计算任务改为 Geometry Optimization 的时候，More...按钮被激活，可以进行更多与此任务相关的设置，例如可以通过改变 Quality 来设置收敛水平（Convergence Tolerance），默认的设置是 Medium，包括以下内容：能量变化小于 2.0×10^{-5} Ha，最大力小于 0.004Ha/Å，以及最大位移小于 0.005Å 的设置（1Å=0.1nm），优化过程中任意两个值达到收敛即结束计算。

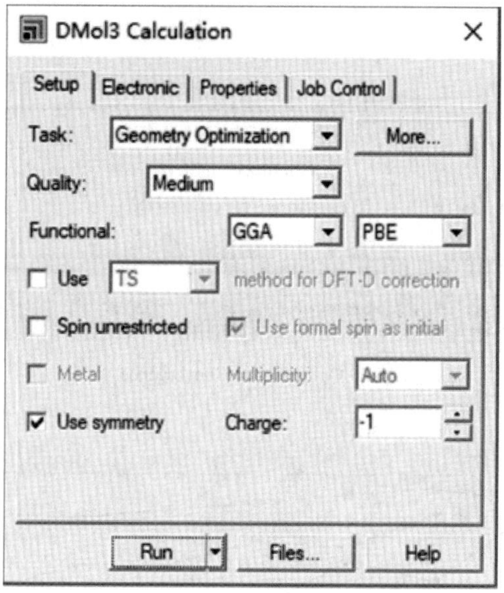

图 3-23 DMol3 计算模块设置对话框

B 工作设置和提交

设置完成后就可以使用 Job Control 标签页上的命令提交给 DMol3 进行计算，如图 3-24 所示。这里，我们可以选择把计算任务提交到网内的任何一台机器上，并设置不同的选项，包括计算任务描述、计算是否使用多个处理器运行和使用的处理器的数目等。可以点击 More...按钮来对计算任务进行更多选择，包括实时更新设置和控制计算结束时的任务等。这里我们使用本机计算，Gateway location 选择本机，采用多核并行计算以提高计算效率。

点击 Run 按钮，任务管理器开始工作，包括了计算状态等信息，并产生一个名为 Status. txt 的文件，里面含有 DMol3 的运行状态。这个文件在计算任务结束以前会隔一段时间自动更新。不久之后，两个名为 SDBS Energy. xcd 和 SDBS Convergence. xcd 的图表文件显示出来，它们分别对应于计算的优化和收敛状态，如图 3-24 所示。这对于可视化监视计算进程非常有用。

C 查看优化结果

计算结束时，结果自动返回到项目管理器的 SDBS DMol3 GeomOpt 文件夹内。其中

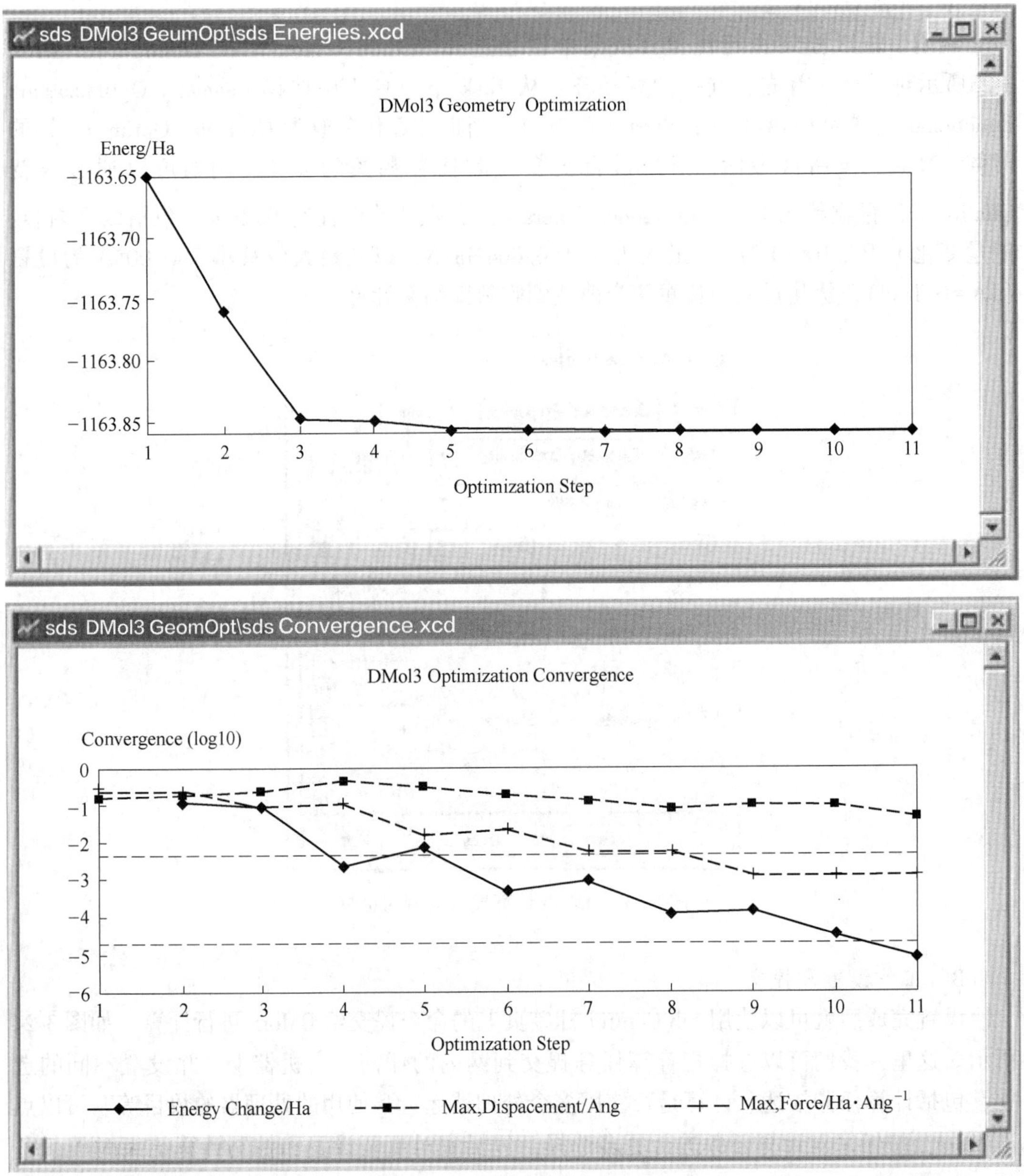

图 3-24 能量变化及收敛进度文件

SDBS. xsd 文件包含了优化后的结构，如图 3-25 所示；SDBS. xtd 文件则是一个包含了几何优化过程的轨迹文件。

我们可以用 Animation 工具栏里的控制工具来浏览几何优化的过程，如果 Animation toolbar 不是可见的，可以从菜单栏的View|Toolbars|Animation选中。在 Animation toolbar 上点击 Play 按钮来演示优化进程。结束演示时，点击 Stop 按钮终止演示。

3. 5. 2. 3 复杂分子结构的创建

Materials Studio 中除了能构建简单的分子模型，还能构建聚合物、晶体结构等复杂分

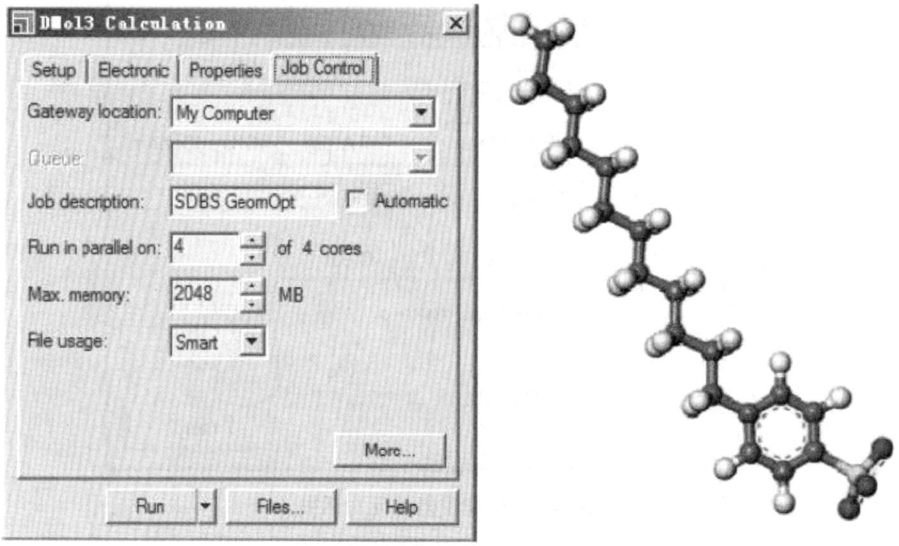

图 3-25 DMol3 模块任务提交标签页及优化后的 SDBS 分子

子结构，以及更为复杂的模型结构，例如溶液模型、界面模型、合金模型等。这里我们以聚合物和晶体为例简单介绍复杂分子模型的构建方法。

聚合物模型的构建：我们接下来以三次采油中常用的水解度 25% 的部分水解聚丙烯酰胺（HPAM，如图 3-26 所示）为例介绍高分子链的构建。HPAM 是一种线性水溶性聚合物，能有效提高水相黏度，改善流速比，进而扩大波及系数，提高原油采收率。

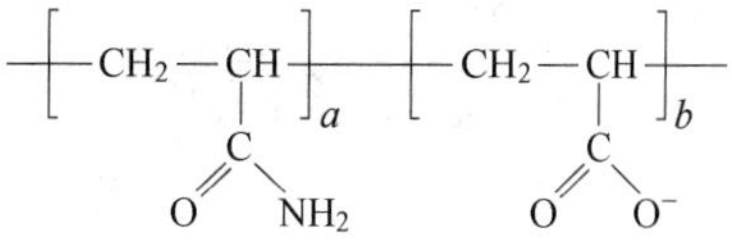

图 3-26 部分水解聚丙烯酰胺的分子结构（$a=3b$）

A 构建重复单元

分别构建 2 个重复单元（注意：不是单体），并重命名为 acrylate. xsd 和 acrylamide. xsd，如图 3-27 所示。

B 确定首尾原子

点击选择按钮进入 Selection 模式，然后再选择 Build |Build Polymers| Repeat Unit 之后，弹出图 3-27 所示 Repeat Unit 对话框，在 acrylamide. xsd 文件中选择要标记的头原子（图 3-27），然后点击对话框中 Head Atom 键，这样就选定了头原子，同理，按照以上操作选定尾原子。选定后会分别有一个蓝色和红色的笼子索套住该原子，如图 3-28 所示。然后对 acrylate. xsd 文件进行同样的操作。

C 指定重复单元

选择 Build |Build Polymers| Random Copolymer，弹出 Random Copolymer 对话框（图 3-29）；在空白栏中单击，弹出 Add Repeat Unit 对话框（图 3-30），依次选定 acrylate. xsd 和 acrylamide. xsd 两个重复单元文件。链长设置为 100，并勾选 Force concentrations 项（通常在无限长的聚合物链上，单体比率才会比较精确，Force concentrations 可以控制单体比率为常数）。控制聚合物链的生长通常有两种方法，一种是概率法，即给出两种重复单元分别在链上结合的概率；另一种是反应比率，即分别输入单

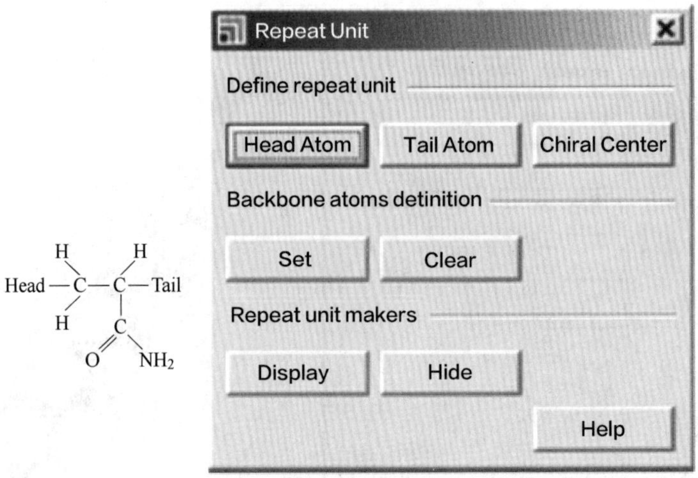

图 3-27　构建重复单元对话框

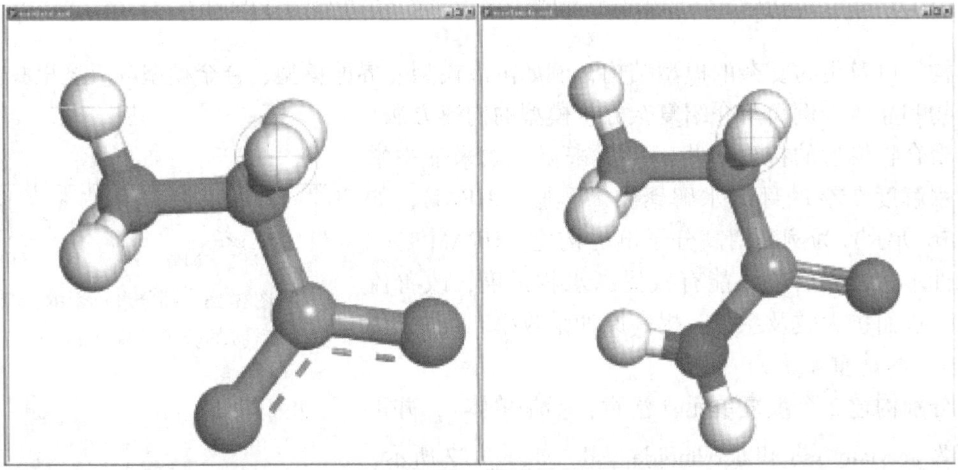

图 3-28　重复单元的头原子和尾原子

体的浓度和反应速率常数。这里我们以概率法为例，即 Propagate using 选择 Probabilities。

D　确定重复单元的比例

Random copolymer 对话框的 Probabilities 标签页（图 3-29）中主要包含了一个概率矩阵，其中第一行所表达的意思即 acrylate 单体有 25%的概率结合在一个以 acrylate 终止的聚合物链上，有 75%的概率结合在以 acrylamide 终止的聚合物链上；第二行则类似地规定了 acrylamide 在不同重复单元终止的聚合物链上结合的概率。注意：每一行的概率之和应为 1.0。

点击 Build 即可构建出聚合度为 100，水解度为 25%的部分水解聚丙烯酰胺，如图 3-31所示。

3.5.2.4　思考题

（1）分子模型的创建除了本章介绍的方法之外还有很多，例如还可以通过 ChemDraw

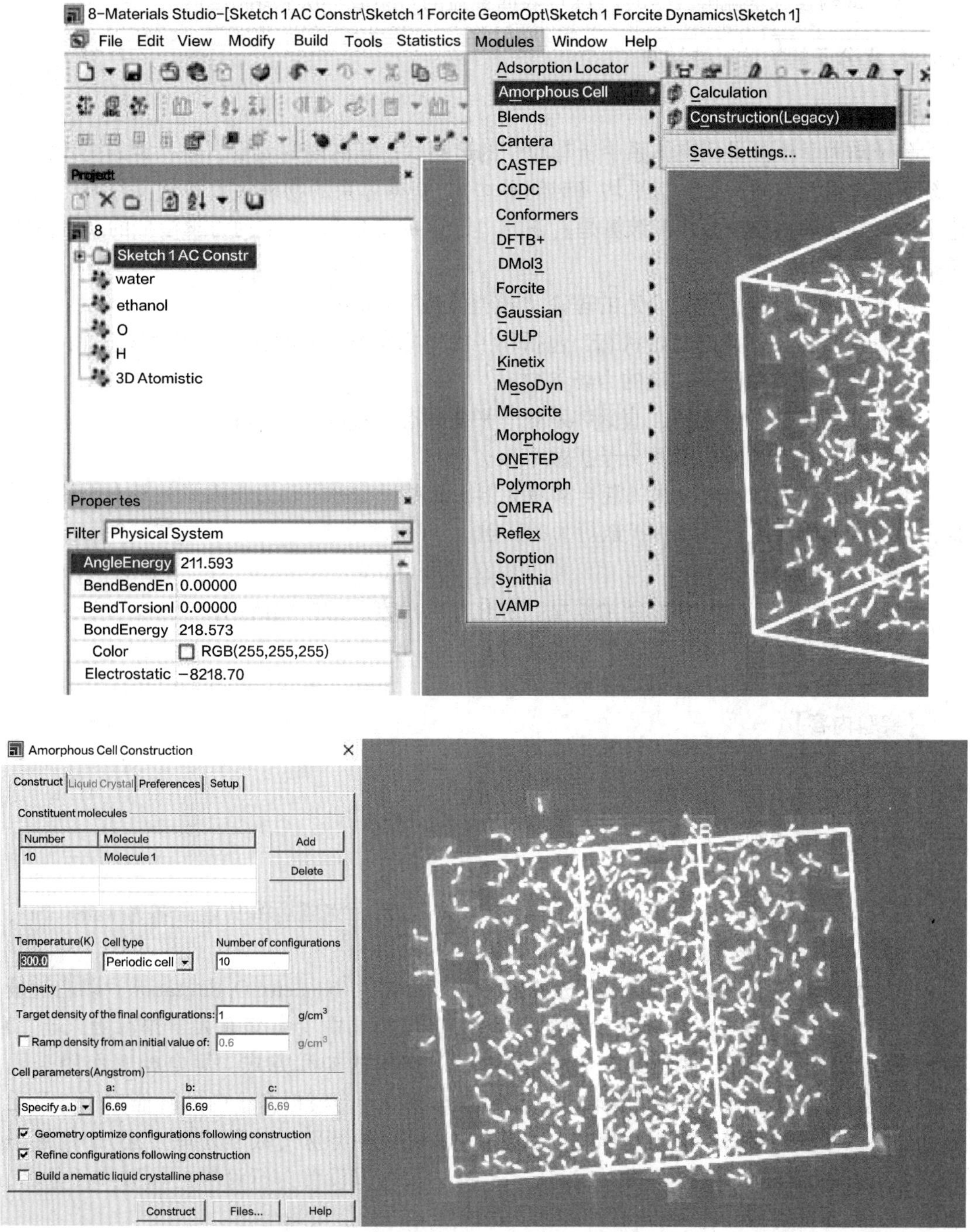

图 3-29 水分子构建过程

程序先绘制 2D 结构再转换为 3D 结构，蛋白质 DNA 等生物分子可以从 PDB 数据库下载导入，除此以外你还能想到哪些构建分子模型的技巧？

（2）采用不同的理论水平优化 SDBS 的结构，观察优化后的构型，比较不同理论水平下优化后得到的构型的差别，试分析原因。

（3）试构建烷基硫醇在 Au（111）表面覆盖的自组装单层膜结构。

3.5.3 水分子的扩散系数计算

【实验目的】

分子动力学模拟是研究体系中所有粒子的运动状态随时间的演变，在一定的统计力学系统下通过对相空间进行系综平均（时间平均），获得体系的物理性质和化学性质。从理论上讲，分子动力学模拟才应该算是真正的“计算机实验”。分子动力学模拟的基本流程包括如下的步骤：

（1）为所研究问题建立合适的理论“模型体系”（model）；

（2）确立模型体系的初始状态，包括粒子的坐标参数、速度分布、环境状态等；

（3）为模型体系赋予特定的力场参数；

（4）求解牛顿运动方程，直到体系处于平衡状态（equilibrium）；

（5）从平衡态出发，计算分子扩散系数。

本实验，我们以乙醇和水的混合溶液为例，简单说明分子动力学模拟的基本原理和步骤，并探讨乙醇浓度对溶液中扩散行为的影响。

【实验要求】

（1）在分子水平上构建水溶液模型，强化对实验方法的微观认识；

（2）了解分子动力学的基本原理及优势；

（3）掌握分子动力学计算的一般步骤。

【实验内容】

（1）模拟体系的构建；

（2）分子动力学计算；

（3）动力学模拟结果分析。

3.5.3.1 构建水分子模型

采用 Visualizer 模块，构建水分子的结构（图 3-29）。完成后将其重命名为 water. xsd。

3.5.3.2 能量最小化

打开 Forcite 计算模块，在 Setup 标签页将任务设置为 Geometry Optimization，即能量最小化，在 Energy 标签页将力场设置为 COMPASS（该力场由上海交通大学孙淮等人于 20 世纪 90 年代开发，普适性较强），对于非键相互作用的加和方式，静电相互作用采用 Ewald 加和法（静电相互作用衰减较慢，需要考虑该粒子与模拟格子内的其他粒子以及无穷远处的镜像粒子间的静电相互作用，Ewald 方法是一种特殊的数学处理方法），范德华相互作用采用 atom based 加和法，Job Control 标签页可以设置并行计算的核数和任务名，将上一步生成的构型文件 * xsd 窗口激活，点击 Run 进行能量最小化。

能量最小化过程如图 3-30 所示。

3.5.3.3 动力学模拟

打开 Forcite 计算模块，在 Setup 标签页将任务设置为 Dynamics 即动力学计算，再点击右侧 More...按钮设置具体模拟参数。在 NPT 系统下计算（粒子数、温度、压力恒定），随机分配初速度，温度 300K，压力 1.01×10^{-4}GPa，动力学计算积分步长 1fs（通常积分步长应小于体系中振动频率最快的键的 1/10，氢原子由于质量最小，所以通常和氢原子

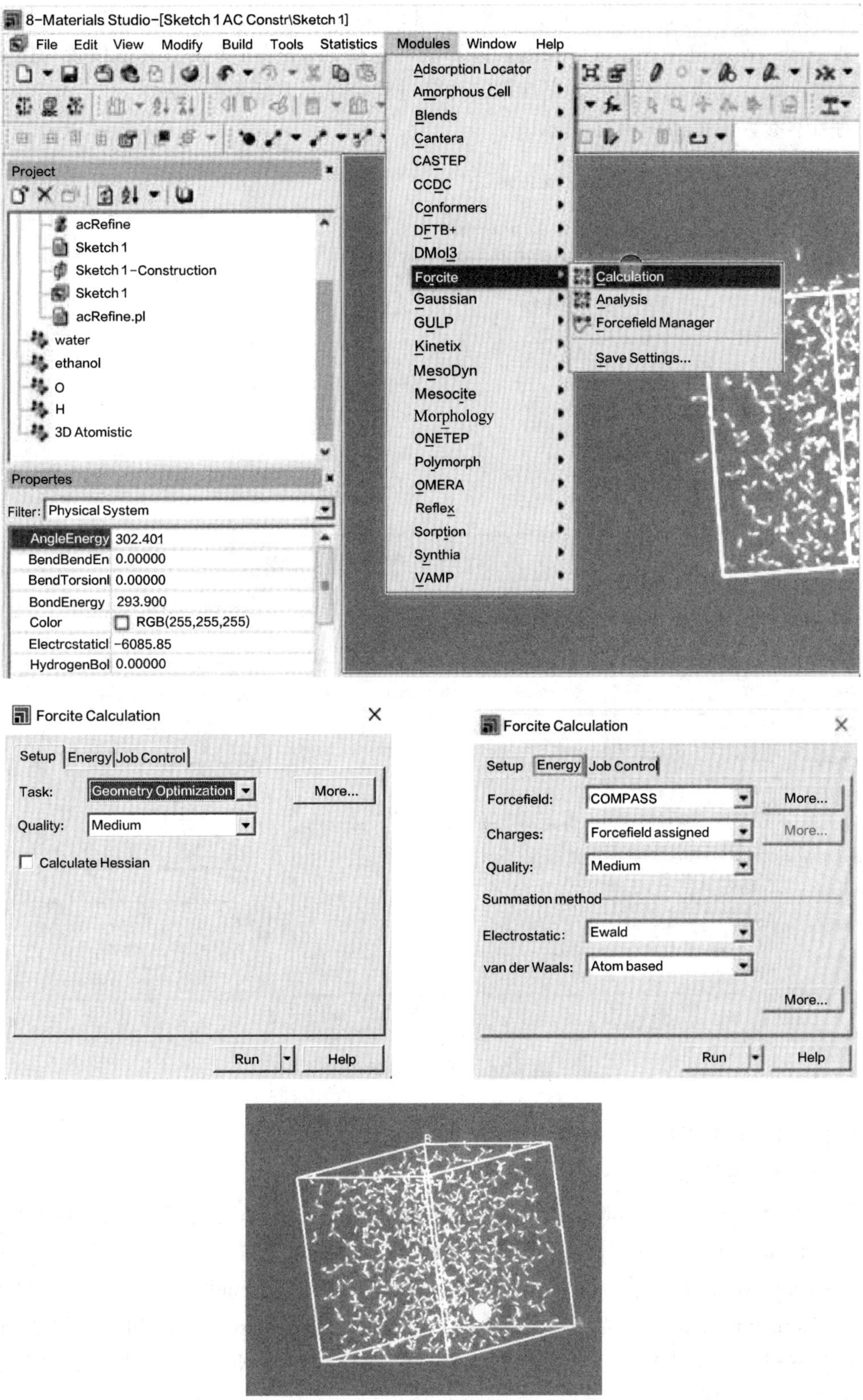

图 3-30 能量最小化过程

相连的键振动频率最快，约为 10fs，故积分步长不应大于 1fs)，总共模拟 300ps，每间隔 1000 步记录一次轨迹信息，其中控温控压算法均选择 Berendsen 方法，其他设置与能量极小化过程一致，点击 Run 即可提交计算，计算进程会在下方任务栏显示。

动力学参数设置如图 3-31 所示。

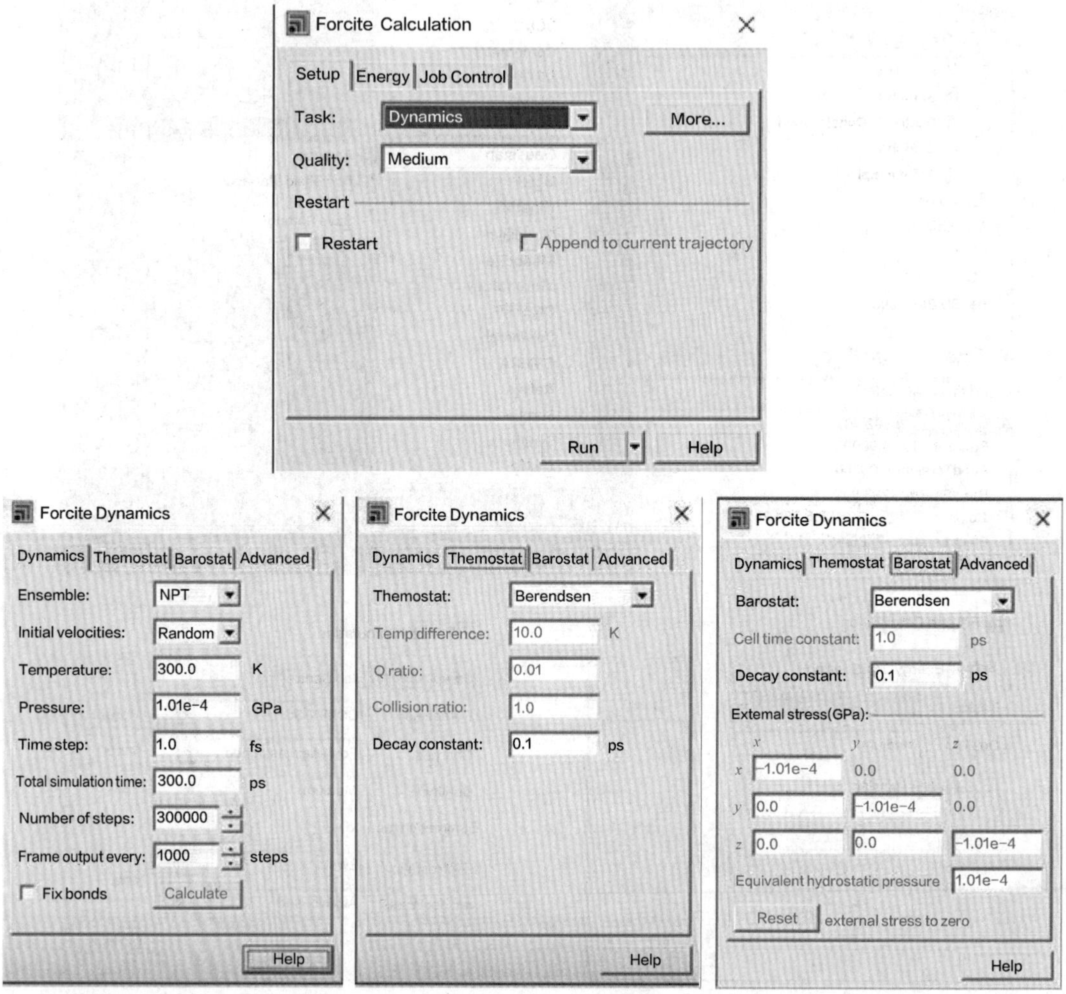

图 3-31　动力学参数设置

3.5.3.4　结果分析

A　将格子中的所有水分子编入原子组

激活水分子构型文件 water. xsd，选中水中的原子（按住 Ctrl 依次单击），点击菜单栏 Edit 中的 Find Patterns，在弹出的对话框中 Pattern document 选择 water. xsd，Match property 选择 Element Type，此时激活动力学生成的 *. xtd 文件，点击 Find，在 *. xtd 文件中右键 Select Substructure Items，再点击右键 Select Fragment，此时 *. xtd 文件中的所有水分子均被选中，并被黄色高亮显示，再点击 Find Pattern 对话框中的 New Sets，将选中的水分子组命名为 water（图 3-32）。

B 计算水分子的扩散系数

计算采用 Forcite 模块中的 Analysis 功能，保持轨迹文件 *.xtd 呈激活状态，选择 Mean square displacement 分析工具，Sets 选择上一步定义的 water，分析整段轨迹，点击 Analysis，计算结果可在生成的 *.xcd 和 *.std文件中查看。

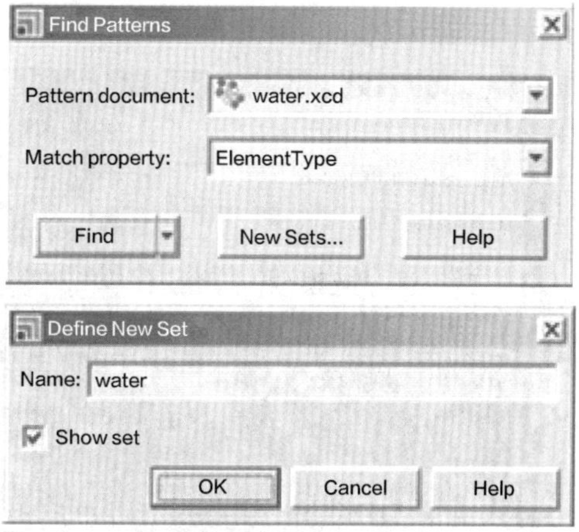

图 3-32 Find Patterns 以及 Define Set 对话框

将得到的 MSD 数据与时间作图(图 3-33)，拟合该直线，得到 $y=ax+b$ 斜率为 a，由于 MSD 已经对粒子数 N 求了平均，因此扩散系数 D 可简化为 $D=a/6$。

在对选中的水组扩散轨迹计算中，可能出现“均方位移分析失败，没有粒子可以处理。”（问题的英文表达）的问题，此问题的解决办法如图 3-34 所示。

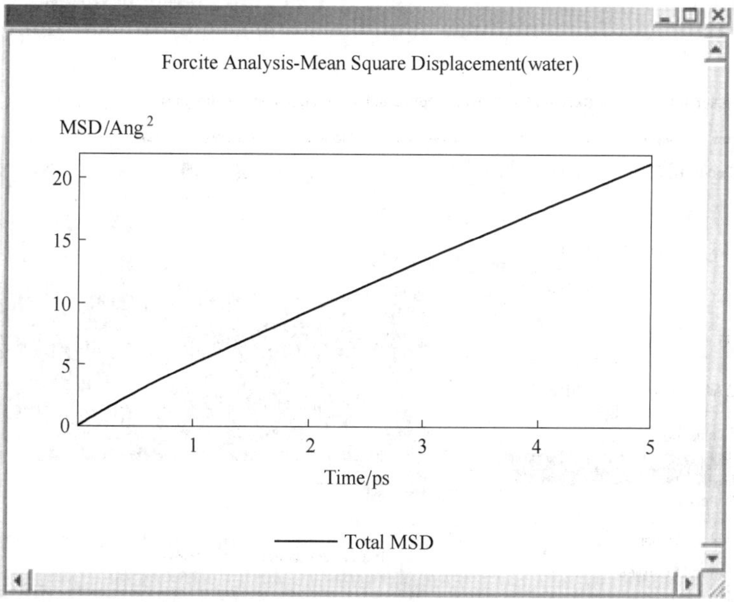

图 3-33 Forcite 计算得到的水分子的均方根位移-时间变化曲线

3.5.4 分子及团簇的分子动力学模拟

【实验目的及原理】

分子动力学模拟主要研究体系中所有粒子的运动状态随时间的演变，在一定的统计力学系综下通过对相空间进行系综平均（时间平均），获得体系的物理性质和化学性质。从理论上讲，分子动力学模拟才应该算是真正的“计算机实验”。分子动力学模拟的基本流程包括如下的步骤：

（1）为所研究问题建立合适的“模型体系”（modeling）；

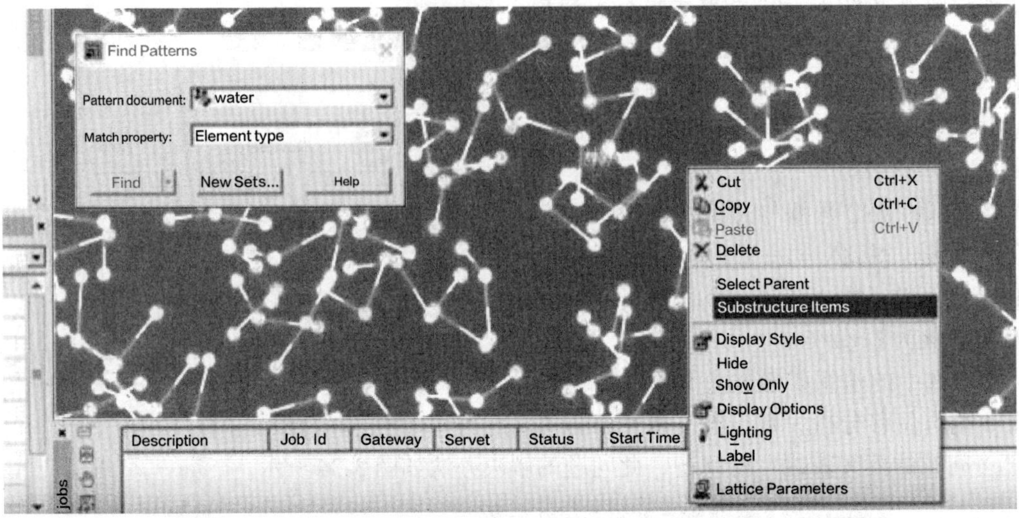
Find Patterns
Pattern document: water
Match property: Element type
Find
New Sets...
Help
Cut Ctrl+X
Copy Ctrl+C
Paste Ctrl+V
Delete
Select Parent
Substructure Items
Display Style
Hide
Show Only
Display Options
Lighting
Label
Lattice Parameters
Description
Job Id
Gateway
Server
Status
Start Time
jobs

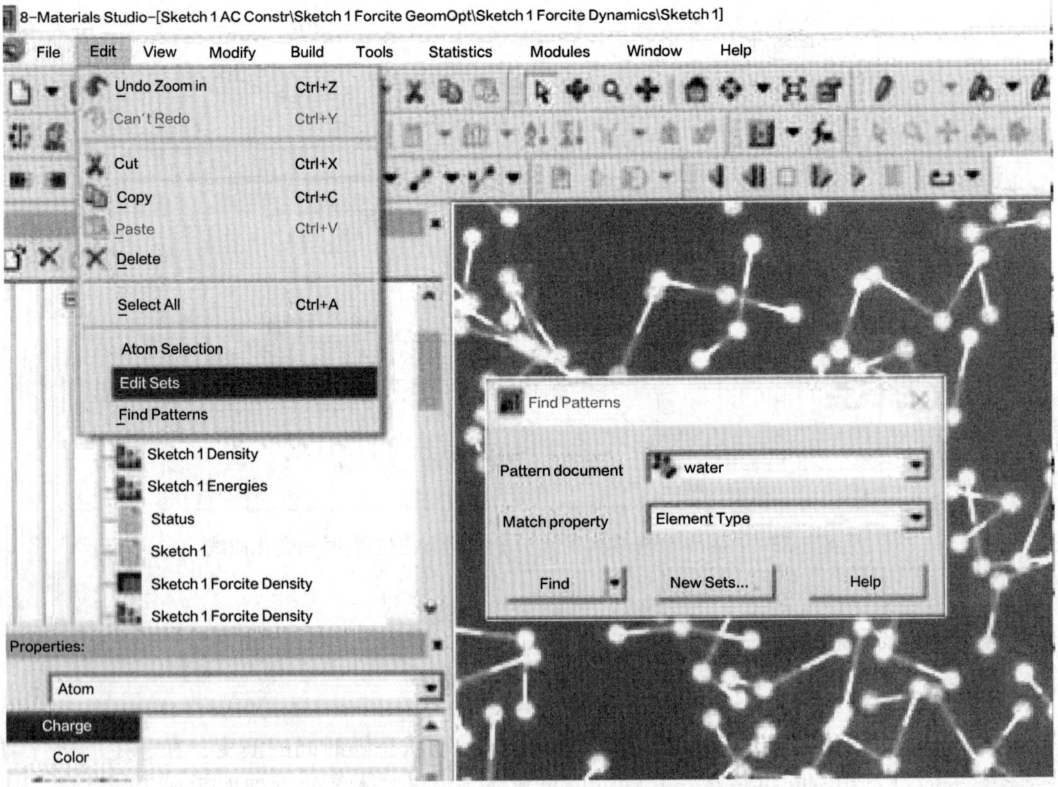
8-Materials Studio-[Sketch 1 AC Constr\Sketch 1 Forcite GeomOpt\Sketch 1 Forcite Dynamics\Sketch 1]
File
Edit
View
Modify
Build
Tools
Statistics
Modules
Window
Help
Undo Zoom in Ctrl+Z
Can't Redo Ctrl+Y
Cut Ctrl+X
Copy Ctrl+C
Paste Ctrl+V
Delete
Select All Ctrl+A
Atom Selection
Edit Sets
Find Patterns
Sketch 1 Density
Sketch 1 Energies
Status
Sketch 1
Sketch 1 Forcite Density
Sketch 1 Forcite Density
Properties:
Atom
Charge
Color
Find Patterns
Pattern document
water
Match property
Element Type
Find
New Sets...
Help

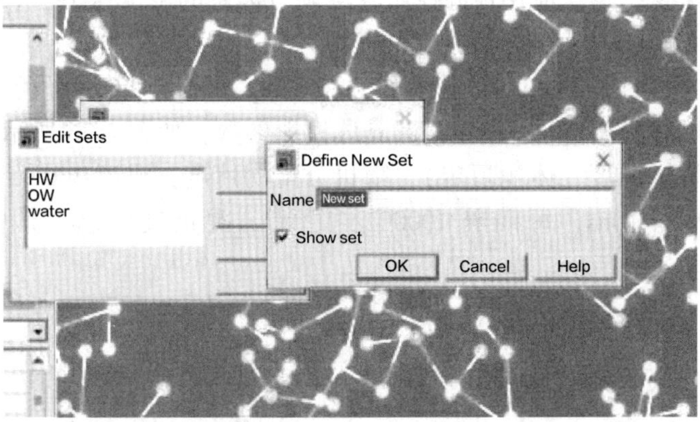

图 3-34 轨迹计算问题的解决方法

(2) 确立模型体系的初始状态，包括粒子的坐标参数、速度分布、环境状态等(initialization)；

(3) 为模型体系赋予力场参数 (force field)；

(4) 求解牛顿运动方程，直到体系处于平衡状态 (equilibrium)；

(5) 从平衡态出发，继续求解运动方程，记录粒子的运动轨迹 (production)；

(6) 对轨迹进行统计分析 (analyze)。

本实验，我们以丙氨酸模型二肽分子为例，简单说明分子动力学模拟的基本原理和步骤，并初步探讨温度、溶剂等外部因素对分子构象的影响。

【实验要求】

(1) 了解分子动力学的基本原理；

(2) 能够区分比较量子化学计算与分子动力学模拟的区别、优势、适用范围；

(3) 掌握分子动力学计算的一般步骤，并能够进行单分子及团簇的分子动力学模拟计算；

(4) 掌握并运用一些简单的分子动力学模拟结果分析方法。

3.5.4.1 构建丙氨酸模型二肽分子模型

乙酰基和甲胺基封端的丙氨酸二肽（NANMA，N-acetyl-N′-methyl-L-alanylamide）是一个常用来研究蛋白质中氨基酸的构象行为的典型模型分子，其分子结构如图 3-35 所示。首先采用 Visualizer 模块构建其三维结构。完成后可将文件名重命名为 NANMA. xsd（在文件名上单击右键-rename）。

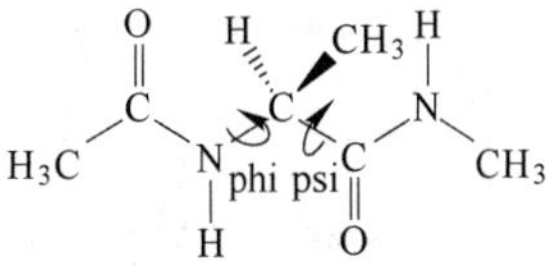

图 3-35 丙氨酸模型二肽结构式

3.5.4.2 分子动力学计算

通常在运行分子动力学计算之前需要对初始模型进行能量极小化（minimization），即几何优化（geometry optimization），以防止人为构建的原子模型间有不合理的接触。在上一步构建分子模型时，已采用 Visualizer 模块的 Clean 功能进行了初步的构型优化，故可以直接进行分子动力学的模拟。

分子动力学计算的流程可以概括为：(1) 根据麦克斯韦分布给初始构型随机分配速度；(2) 根据力场参数和原子坐标计算各原子的受力；(3) 根据牛顿运动方程更新下一

步原子的位置和速度；（4）应用控温控压算法调节体系的温度压力；（5）记录轨迹等信息；（6）循环（2）~（5）直至达到预定的模拟时间。

具体操作如下，打开 Forcite 计算模块，在 Setup 标签页将任务设置为 Dynamics 即动力学计算，再点击右侧 More... 按钮设置具体模拟参数，如图 3-36 所示：在 NVT 系统下进行计算（粒子数、温度、体积恒定），随机分配初速度，温度 300K，动力学计算积分步长 1fs，总共模拟 10ns，每间隔 10000 步记录一次轨迹信息，其中控温算法选择 Berendsen 方法。

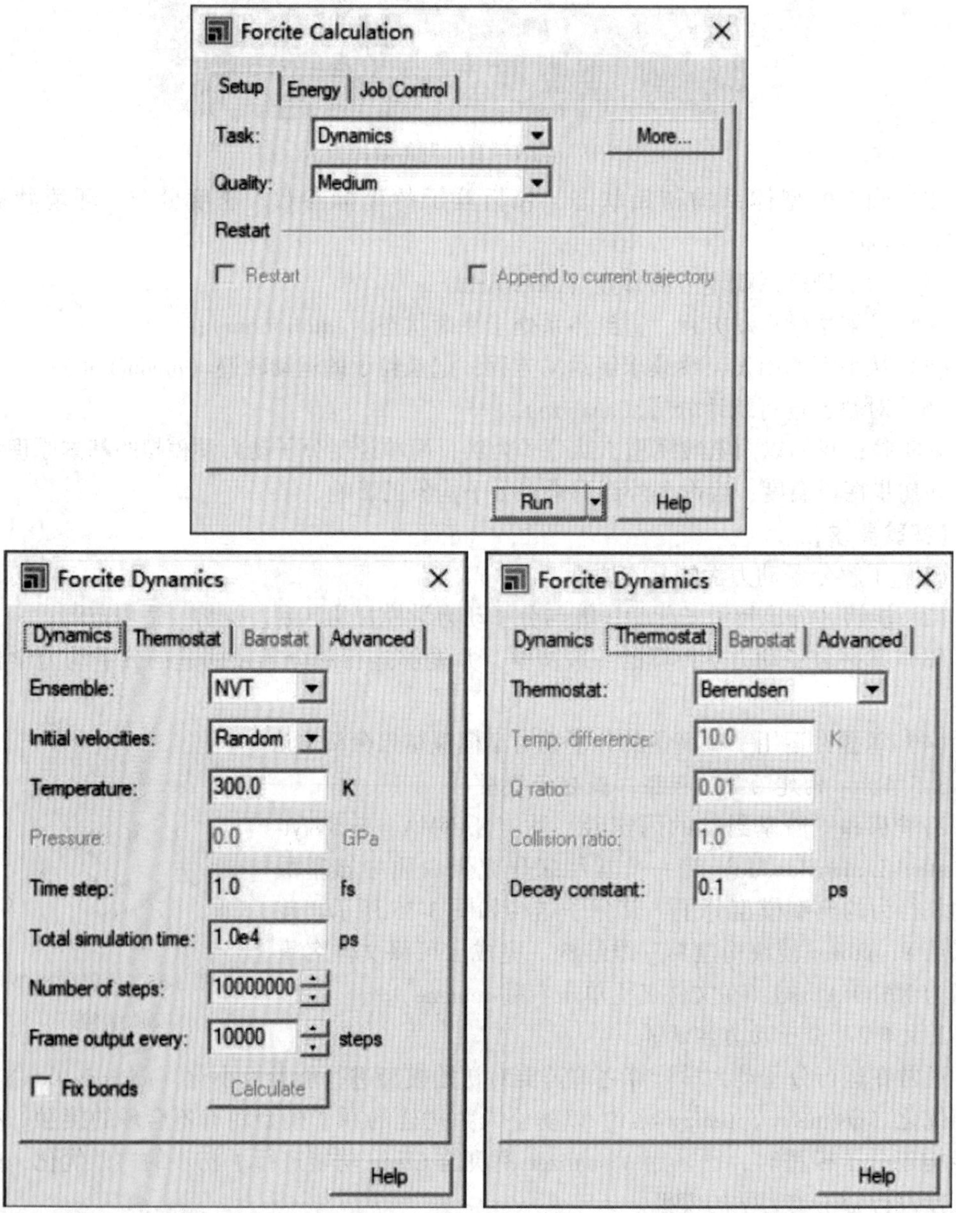

图 3-36　分子动力学计算 Setup 标签页基本模拟参数设置

在 Energy 标签页将力场设置为 COMPASS（该力场由上海交通大学孙淮等人于 20 世

纪90年代开发，普适性较强），对于非键相互作用（包括静电相互作用和范德华相互作用）的加和方式均采用 Atom based 加和法。Job Control 标签页可以设置并行计算的核数和任务描述，应采用尽可能多的 CPU 核数并行以加速计算，如图 3-37 所示。将构型文件 NANMA * xsd 窗口激活，点击 Run 即可提交计算，计算进程会在下方任务栏显示。

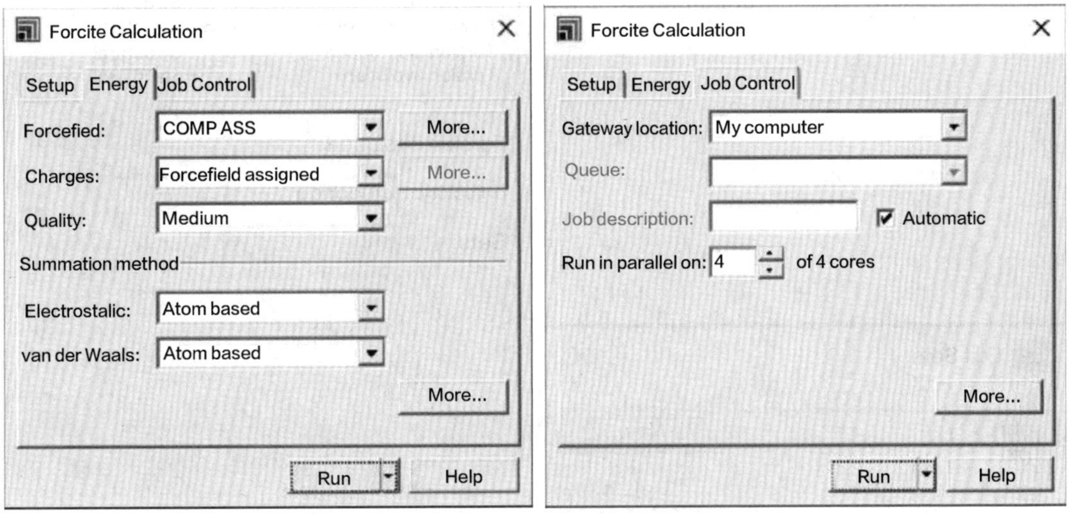

图 3-37 分子动力学计算 Energy、Job Control 标签页基本模拟参数设置

3.5.4.3 性质分析

A 动力学轨迹的可视化分析

动力学计算完成后会生成一条记录原子每一步坐标、速度和受力信息的轨迹文件 NANMA. xtd，通过 Animation 工具栏可以对体系在动力学计算过程中的变化进行可视化分析，调整好视角之后亦可以导出为视频文件（File-Export- * . avi）。

B 骨架二面角随时间的变化和分布

在获得轨迹的基础上，我们可以对体系中感兴趣的量进行定量统计分析。以二肽分子中的骨架二面角 phi 和 psi 随时间的变化和分布为例：选择工具栏中角度和距离测量工具，标记出感兴趣的二面角 phi 和 psi，此时该二面角的度数会以蓝色显示，单击选中该二面角后呈黄色高亮显示，打开工具栏 Edit-Edit Sets-New…对话框，将二面角分别命名为 phi 和 psi，如图 3-38 所示。

采用 Forcite 模块的 Analysis 功能，选择 Torsion evolution，Sets 分别选择上一步中定义的 phi 和 psi，激活轨迹文件 NANMA. xtd 后点击 Analyze 进行计算，输出结果为 * Torsion Evolution. xtd 和 * Torsion Evolution. xcd，分别为数据文件和绘图文件。类似的方法选择 Torsion distribution 功能可计算两个骨架二面角的分布，结果如图 3-39 所示。

3.5.4.4 高温分子动力学

读者可参考文中方法对丙氨酸二肽模型分子在 500K 温度下的构象变化进行模拟，统计骨架二面角 phi 和 psi 随时间的变化，考察其与 300K 温度下的异同。显然可以发现在 500K 温度下分子的构象变化得更为剧烈，两个二面角的分布也更加宽泛。这也说明升高模拟温度可以帮助分子跨越一些常温条件下难以跨越的势垒，更加充分地对势能面进行

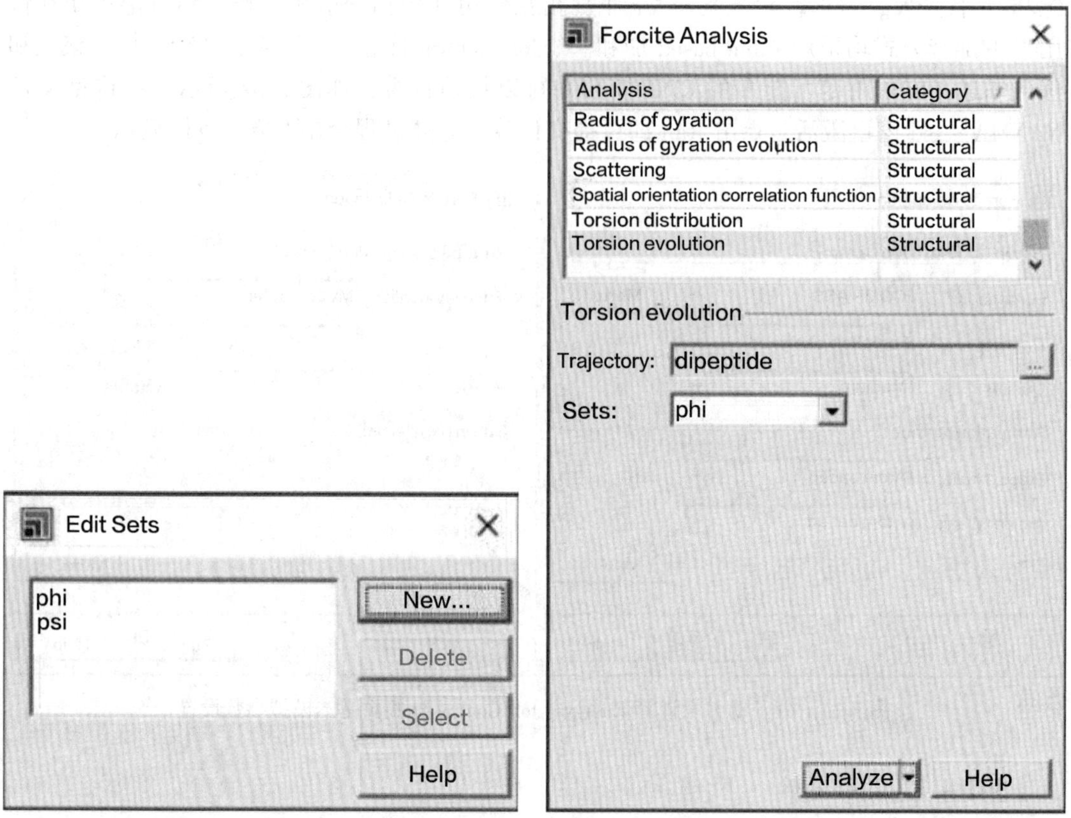

图 3-38 Edit Sets 编组设置及 Forcite 模块分析界面设置

采样。

注意：分子力学方法采用谐振式描述原子间的成键相互作用，不必担心高温引起原子间化学键的断裂。高温情况下，分子运动较为剧烈，为了确保分子动力学的稳定，步长建议不超过 1fs。

3.5.4.5 淬火动力学

通过对两个温度下进行模拟读者可以发现在低温时分子倾向于在极小点附近振动，在高温时分子则能轻易地跨越势能面上的势垒。因此我们可以通过高温分子动力学结合能量极小化的办法找到势能面上的一批极小点结构（local minimum），在分子动力学中这种方法称为淬火（Quench）。

具体操作如下（图 3-40）：打开 Forcite 计算模块，在 Setup 标签页将任务设置为 Quench，即淬火，再点击右侧 More... 按钮设置具体淬火参数：每 10000 步淬火一次，在 NVT 系综下计算，随机分配初速度，模拟温度 500K，动力学计算积分步长 1fs，共模拟 1ns，控温算法选择 Berendsen 方法。

结果文件中 *. xtd 文件为动力学轨迹文件，* Quench. xtd 文件为经能量极小化后的轨迹文件，* Quench. std 文件为淬火动力学得到的分子极小点结构和其他信息汇总表。在此基础上读者可进行一系列的性质分析。

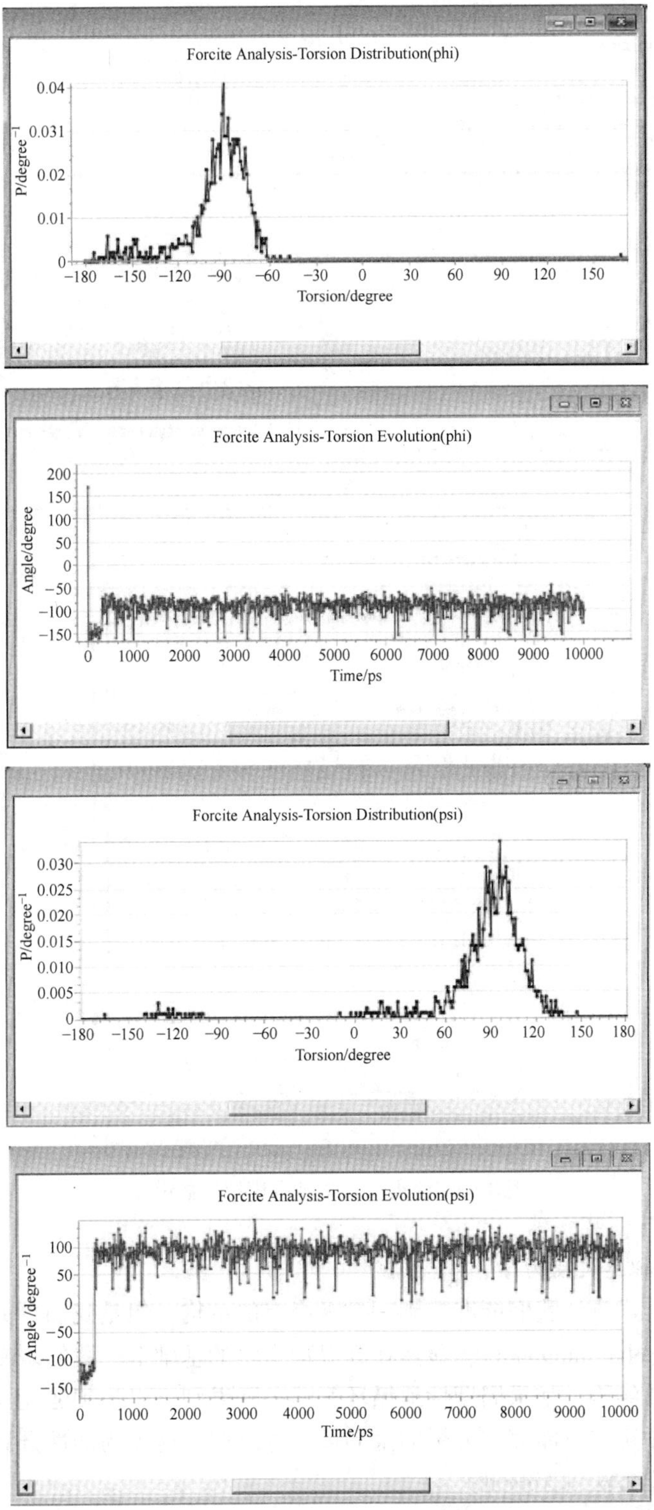

图 3-39 骨架二面角 phi 和 psi 随时间变化及分布

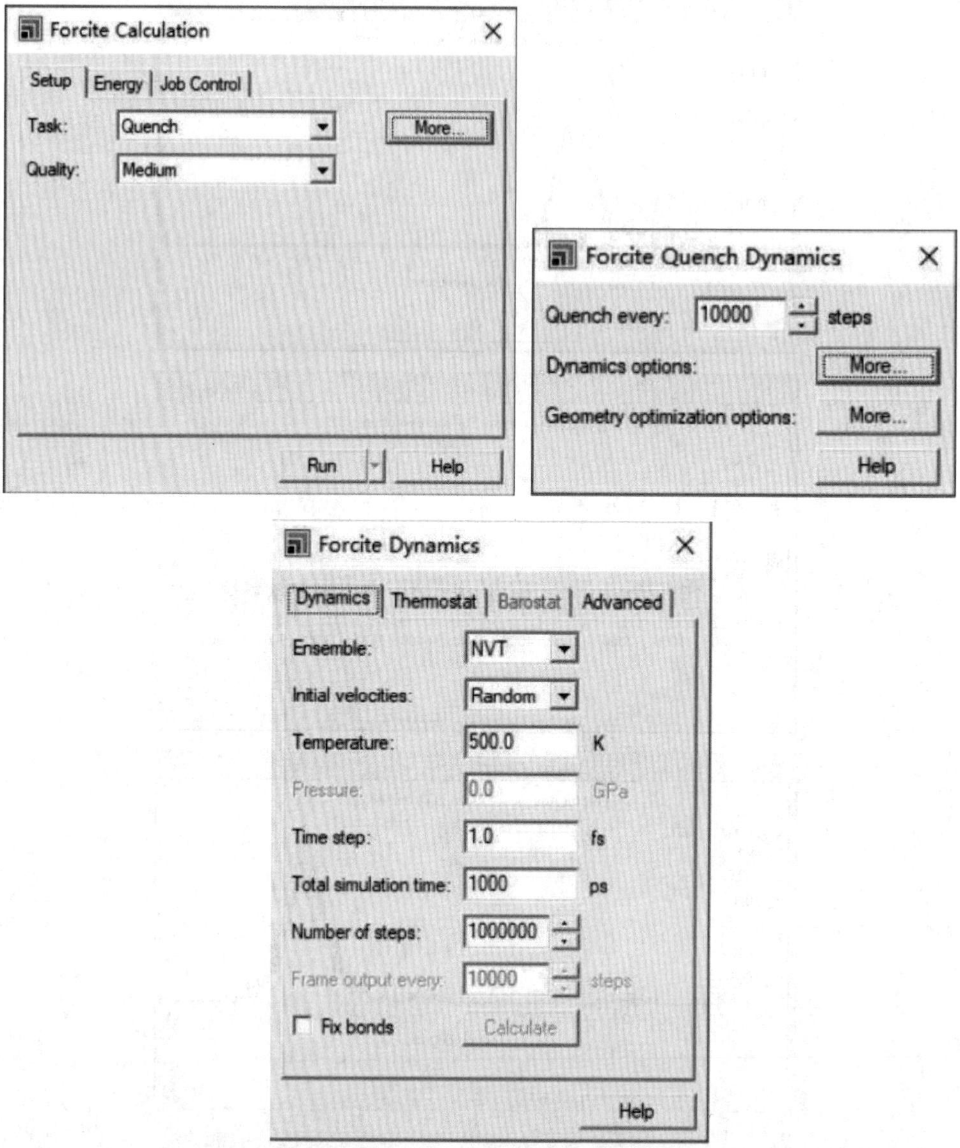

图 3-40　淬火动力学基本模拟参数设置

3.5.4.6　模拟退火动力学

通过淬火动力学方法我们能够找到一批极小点的结构，但是我们更关心的是分子的全局最小点结构（global minimum），显然在高温动力学的基础上，我们缓慢地降温，则分子极有可能收敛到该结构，如果周期性地循环升温—降温则可以找到势能面上的一批极小点结构，这批结构中则有可能存在分子的全局最小点结构。这种周期性升温—降温的方法称作模拟退火动力学方法（Anneal）。

具体操作如下（图 3-41）：打开 Forcite 计算模块，在 Setup 标签页将任务设置为 Anneal，即模拟周期性退火，再点击右侧 More... 按钮设置具体退火参数：共进行 5 次退火，初始温度 1K，最高温度 500K，升温或降温阶梯数 500（为了确保能收敛到极小点，降温过程应尽可能慢，升温过程可以较快)，每个温度阶梯模拟的动力学步数为 1000 步(相当于每 1ps 升温/降温 1K)，在 NVT 系综下计算，随机分配初速度，动力学计算积分步长 1fs，控温算法选择 Berendsen 方法。其中＊ Anneal. xtd 文件为 5 轮退火得到的分子结构组成的轨迹，＊ Anneal. std 为 5 轮退火得到的分子结构和其他信息汇总表。由于分子力学相对较为粗糙，为了得到精确的极小点结构，读者可以以模拟退火得到的结构为初始构型，采用量子化学方法进行进一步的几何优化，并计算能量。

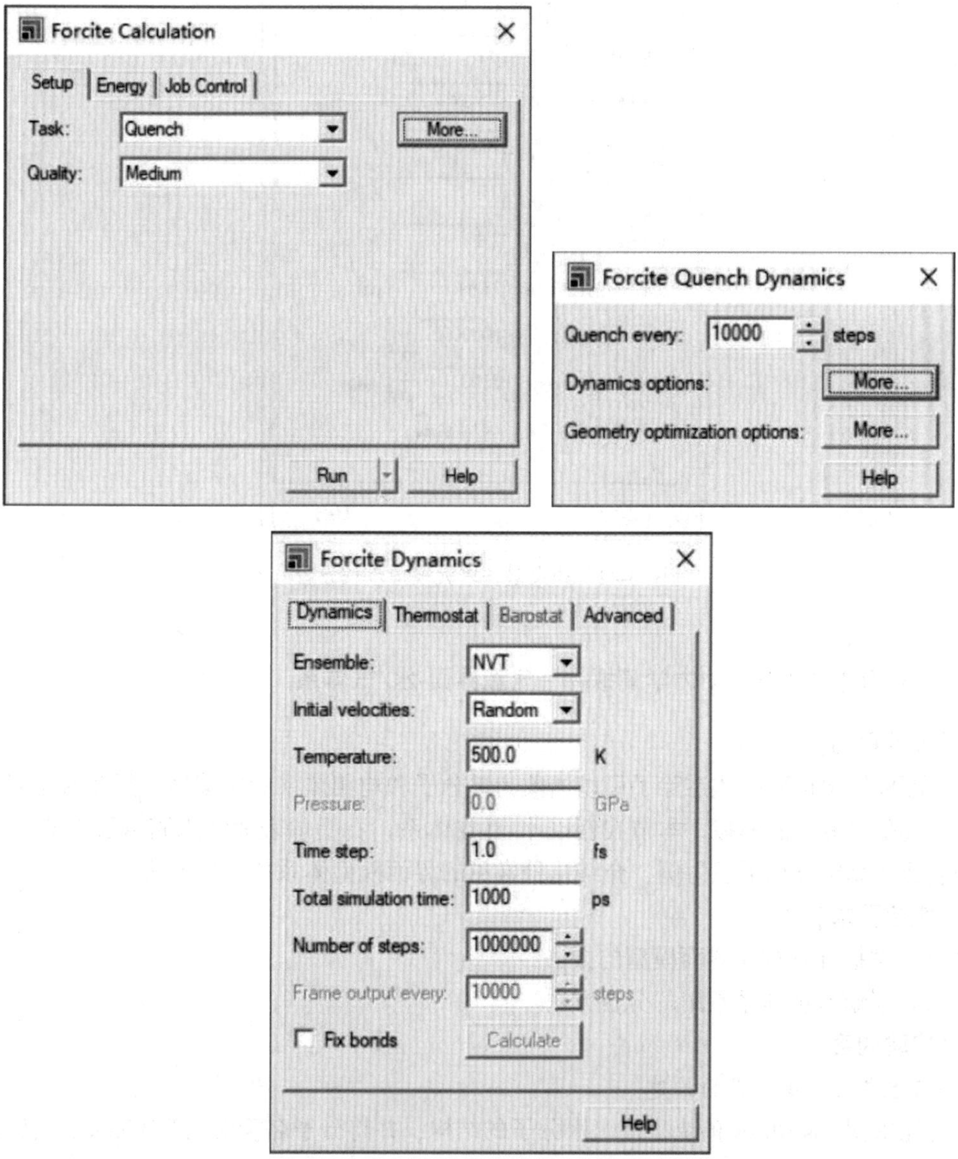

图 3-41　周期性模拟退火基本模拟参数设置

3.5.4.7　团簇结构的分子动力学模拟

采用类似的方法，读者可对丙氨酸二肽模型分子形成的二聚体、多聚体或与水分子形成的团簇结构进行分子动力学模拟，并考察其组装结构。

注：原子数增多后需要计算的原子对间的相互作用的数目也会增加，导致计算量增加，在达到同样的模拟时间的目标下，为了节约耗时，我们可以在 Setup 标签页将模拟步长设置为 2fs，同时勾选上 Fix bonds，这样在动力学计算过程中程序会约束住与 H 原子相连的键的振动，可以使用较大的时间步长，如图 3-42 所示。

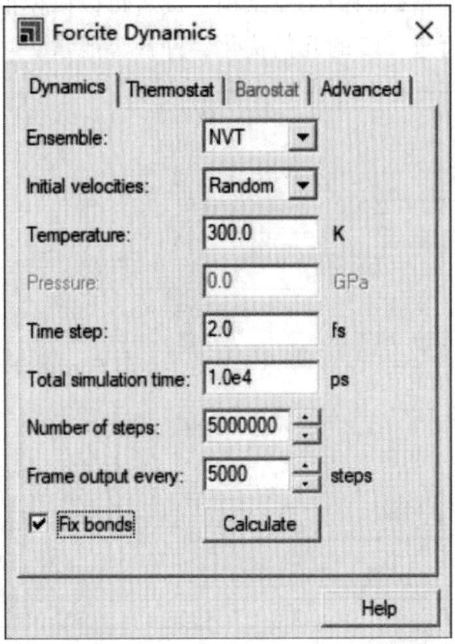

图 3-42 约束键长增大模拟步长设置

3.5.5 多相体系的分子动力学模拟——气液界面-水/气体系

【实验目的】

实际模拟中遇到的体系除了可以抽象为单分子和均相体系的模拟外，更多的是多相体系，尤其是对界面的模拟。本节我们以水-真空体系、石墨烯表面的水滴以及有机分子在衬底表面的真空气相沉积为例，介绍几种常见的界面模型体系的模拟方法。

【实验要求】

（1）掌握几种构建界面模型的方法；

（2）了解界面体系常用的分析方法。

【实验内容】

3.5.5.1 气液界面的构建

首先采用 Visualizer 模块构建出水分子的结构，并将分子名重命名为 Water；然后采用 Amorphous Cell 模块中的 Construction 功能构建一个包含 600 个水分子且高度为 25Å（1Å＝0.1nm）的格子，具体参数设置如图 3-43 所示。

在此基础上，在模拟格子 z 方向上下各添加 25Å 厚的真空层。（注：一般研究界面问题通常将界面垂直于 z 方向以利于后期分析，同时因为气体分子密度较小，气相一般用真空来表示。）从菜单栏依次打开 Build-Symmetry-Unbuild Crystal，先取消模拟格子，再依次点击 Build-Crystal-Build Crystal 打开 Build Crystal 工具 Lattice Parameters 标签页，将 c 设置为75Å（1Å=0.1nm），如图 3-44 所示，重新构建包含真空层的大格子。选中所有水分子，采用移动工具将所有水分子沿 *z* 方向上移 25Å，最终得到如图 3-45 所示的气-液界面。

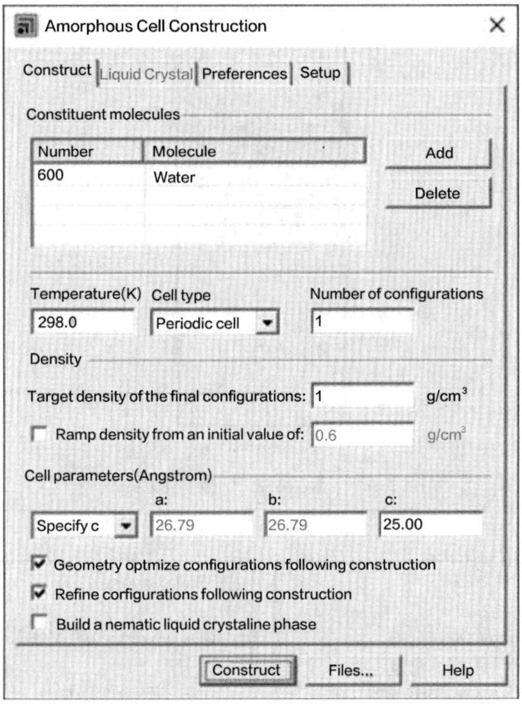

图 3-43　Amorphous Cell 模块参数设置

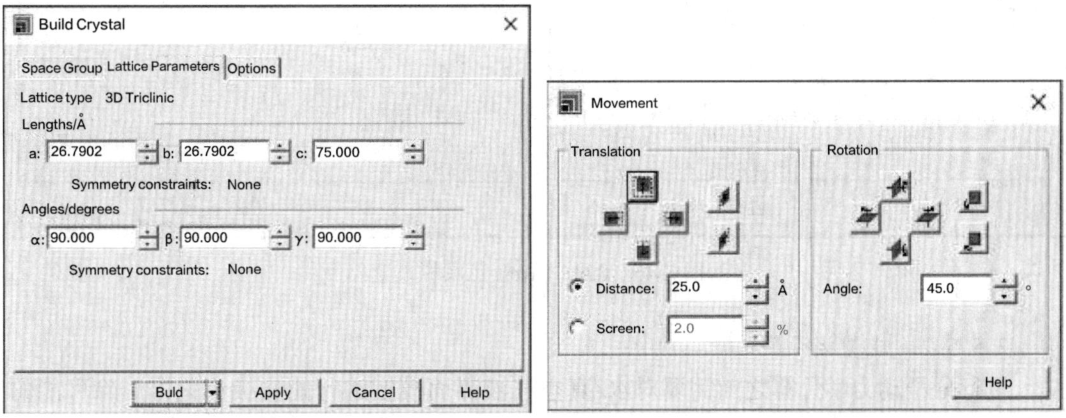

图 3-44　重新构建包含真空层厚度的模拟格子并将水分子移动至格子中央

类似地，读者也可以采用 Build Layers 功能构建气-液界面，从菜单栏依次打开 Build-Build Layers，导入要添加真空层的 Water.xtd 为 Layer 1，在 Layer Details 标签页设置真空层厚度为 50Å（1Å=0.1nm），如图 3-46 所示。此时会在 Water.xtd 的 *z* 方向添加一个厚度 50Å 的真空层，然后用菜单栏的 Movement 工具，将水层沿 *z* 轴向上移动约 25Å，使水层置于格子中央。

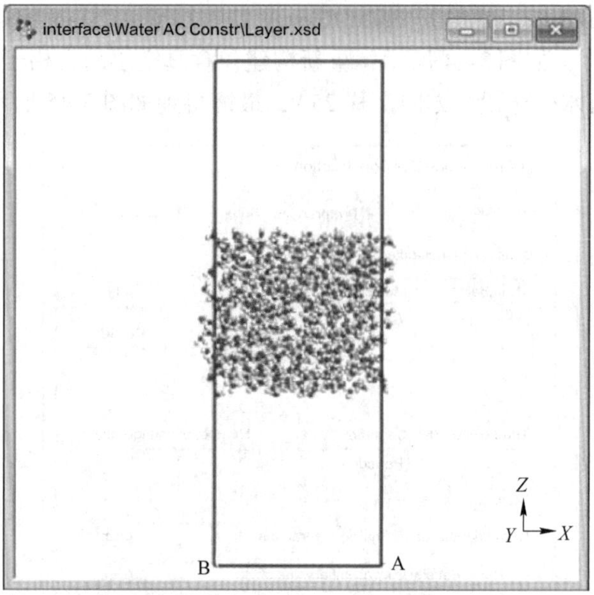

图 3-45 水/真空气-液界面模型

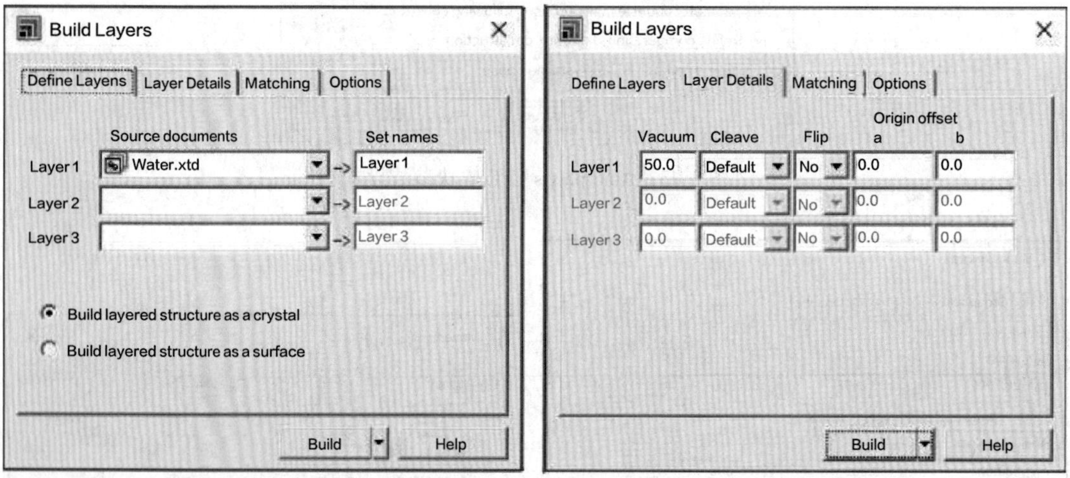

图 3-46 Build Layers 工具栏设置

3.5.5.2 能量极小化

进行分子动力学计算之前需要对水/真空气液界面模型进行能量极小化，消除可能的构象重叠。

3.5.5.3 分子动力学计算

对于进行完能量极小化后的结构，可以进行分子动力学模拟。在 NVT 系统下进行计算，随机分配初速度，温度 298K，通过固定键长采用 2fs 积分步长，总共模拟 1000ps，每间隔 500 步记录一次轨迹信息，其中控温算法采用 Velocity Scale 方法。采用 COMPASS 力场，对于静电相互作用的加和采用 PPPM 方法，范德华相互作用加和采用 Atom based 方法。

3.5.5.4 结果分析

A 界面张力

表面张力可以通过如下公式进行计算：

$$\gamma = \frac{1}{2}L_z\left[P_{zz} - \frac{1}{2}(P_{xx} + P_{yy})\right] \quad (3\text{-}98)$$

式中，L_z是格子 z 方向的长度；P_{xx}，P_{yy}，P_{zz}分别是压力在各方向上的分量。

目前 Forcite 模块分析功能不会直接给出各个分量，读者可以使用如下脚本计算：通过 File 菜单，新建 Perl Script 文件，输入如下脚本，然后依次打开 Tools-Scripting-Debug 即可运行，脚本运行结束后即在下方给出轨迹中每一帧的压力分量，取平均后即可代入公式计算。(常温下水的表面张力约为 71.18mN/m)

```
#! perl
use strict;
use Getopt:: Long;
use MaterialsScript qw (: all);
my $doc = $Documents {" water.xtd" };
my $newStudyTable = Documents->New (" pressure.std" );
my $calcSheet = $newStudyTable->ActiveSheet;
$calcSheet->ColumnHeading (0) = " frame";
$calcSheet->ColumnHeading (1) = " pressureXX/GPa";
$calcSheet->ColumnHeading (2) = " pressureYY/GPa";
$calcSheet->ColumnHeading (3) = " pressureZZ/GPa";
my $numFrames = $doc->Trajectory->NumFrames;
for (my $counter = 1; $counter <= $numFrames; ++$counter)
{
$doc->Trajectory->CurrentFrame = $counter;
$calcSheet->Cell ($counter-1, 0) = " $counter";
my $symmetrysystem = $doc->SymmetrySystem;
my $stress = $symmetrysystem->Stress;
my $stressXX = $stress->Eij (1, 1);
my $stressYY = $stress->Eij (2, 2);
my $stressZZ = $stress->Eij (3, 3);
$calcSheet->Cell ($counter-1, 1) = -$stressXX;
$calcSheet->Cell ($counter-1, 2) = -$stressYY;
$calcSheet->Cell ($counter-1, 3) = -$stressZZ;
}
```

B 密度分布

界面的结构可以通过平均密度分布来表征，通过 Forcite 模块分析功能中的 Concentration Profile 可以计算体系中不同原子沿界面垂直方向的分布。例如选择平衡后的轨迹，对水中氧原子在 z 方向（001）的分布进行计算，具体设置如图 3-47 所示，可得到图 3-48 所示的密度分布曲线。通常定义溶剂密度从 10%升到 90%的范围为界面层，通过密度分布曲线可以很方便地估算界面厚度。

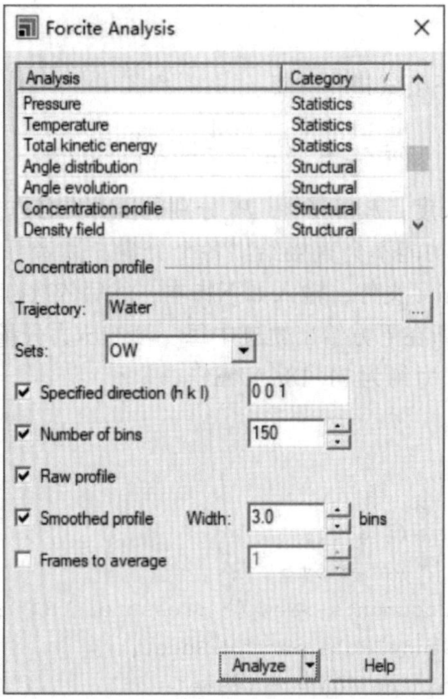

图 3-47　Forcite 模块计算密度分布设置

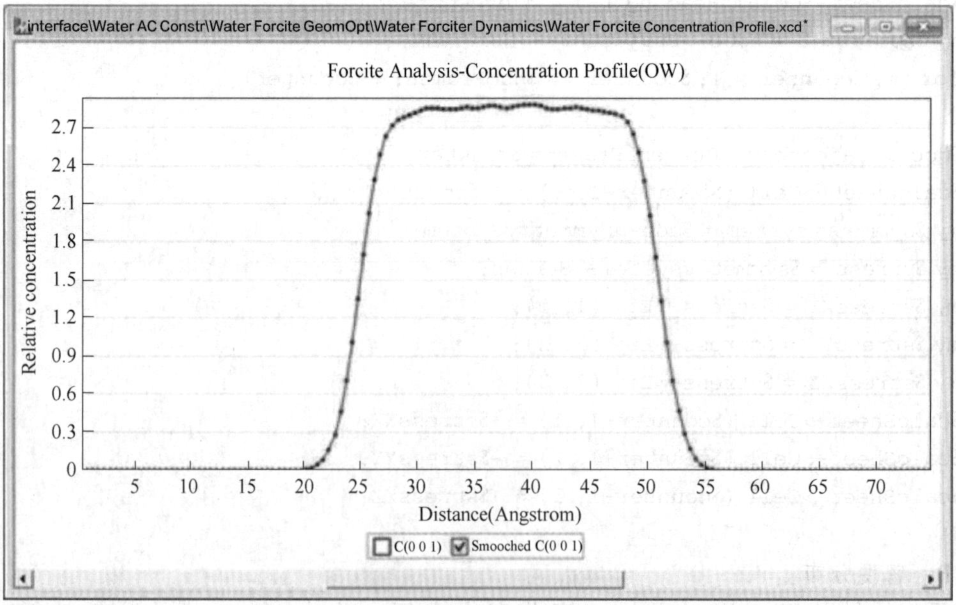

图 3-48　水中氧原子沿界面垂直方向的密度分布

C　界面分子排布

界面的组成与结构往往是研究界面问题最为关注的方面。界面处的分子排布往往与体相不同，我们可以通过如下脚本计算不同位置处水分子的偶极方向与 *z* 轴正方向（001）

间的夹角。运行完成后脚本会输出名为 theta. std 的表格，包括两列即位置与平均角度，在 Origin 中作图即可得到图 3-49。从图 3-49 中可以看出，在界面附近水分子的偶极方向总是倾向于朝向真空区域，即氢在外氧在内的排布状态。

```
#! perl
use strict;
useGetopt:: Long;
useMaterialsScript qw (: all);
use Math:: Trig;
my $doc = $Documents {" water.xtd" };
my $newStudyTable = Documents->New (" theta.std" );
my $calcSheet = $newStudyTable->ActiveSheet;
$newStudyTable->ActiveSheet->ColumnHeading (0) = " position";
$newStudyTable->ActiveSheet->ColumnHeading (1) = " sumtheta";
$newStudyTable->ActiveSheet->ColumnHeading (2) = " num";
my $count=1;
my $numFrames = $doc->Trajectory->NumFrames;
for (my $i = 20; $i <= 55; $i =$i+0.5)
{
my $num=0;
my $sumtheta=0;
for (my $counter = 980; $counter <= $numFrames; ++$counter)
{
$doc->Trajectory->CurrentFrame = $counter;
for (my $j=1; $j<600; $j++)
{
my $molecules = $doc->AsymmetricUnit->Molecules (" water\$AC$j" );
my $atoms1 = $molecules->Atoms (" H1" );
my $atoms2 = $molecules->Atoms (" H2" );
my $atoms3 = $molecules->Atoms (" O1" );
my $Z = $atoms3->Z;
if ($i <= $Z && $Z <= $i+0.5)
{
my $theta = (180/pi) * acos (($atoms1->Z+$atoms2->Z-2*$atoms3->Z) /sqrt
(($atoms1->X+$atoms2->X-2*$atoms3->X) **2+ ($atoms1->Y+$atoms2->Y-2*$atoms3-
>Y) **2+ ($atoms1->Z+$atoms2->Z-2*$atoms3->Z) **2));
$num = $num + 1;
$sumtheta = $sumtheta + $theta;
}
}
}
$calcSheet->Cell ($count-1, 0) = $i;
$calcSheet->Cell ($count-1, 1) = $sumtheta;
```

```
$calcSheet->Cell ($count-1, 2) = $num;
$count =$count+1;
}
```

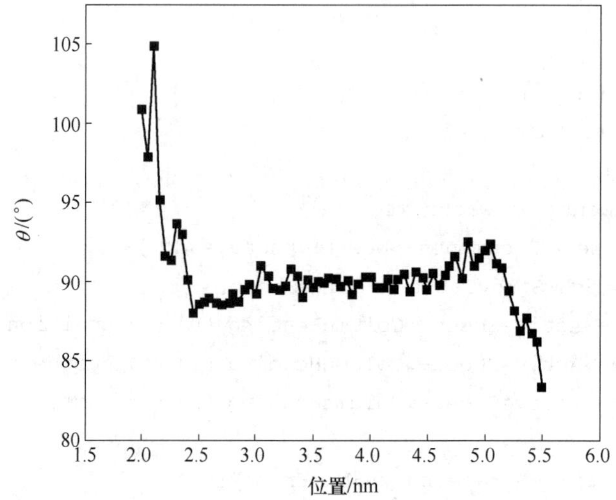

图 3-49 不同位置水分子偶极方向与 z 轴正方向间的夹角

习　题

3-1 什么是分子动力学？简要描述其基本原理和目标。

3-2 解释分子的势能面和力场在分子动力学模拟中的作用。

3-3 什么是势能面面能？如何在分子动力学中使用它来预测分子的行为？

3-4 分子动力学模拟中的时间步长是什么？为什么需要选择适当的时间步长？

3-5 请解释 Verlet 算法在分子动力学模拟中的作用，并描述其基本步骤。

3-6 什么是周期性边界条件？为什么在分子动力学模拟中使用它们？

3-7 描述牛顿第二定律在分子动力学中的应用。如何将其应用于原子和分子？

3-8 解释分子势能面和力场在分子动力学模拟中的作用。

3-9 分子动力学中的哈密顿量是什么？它包括哪些能量项？

3-10 讨论如何为分子动力学模拟选择合适的初始结构和速度。

3-11 你如何计算分子模拟中的径向分布函数（RDF）？它提供了哪些信息？

3-12 解释自由能计算在分子动力学中的重要性。使用什么方法进行自由能计算？

3-13 描述分子动力学模拟在材料科学中的应用。举例说明其如何优化材料性能。

3-14 提供几个常用的分子动力学模拟软件或工具的例子，并简要介绍它们的特点。

3-15 如何使用分子动力学模拟来研究材料的老化行为，如晶体缺陷的积累和扩散？

3-16 描述如何模拟材料在高温或极端条件下的稳定性和性能变化。

3-17 通过分子动力学模拟，如何研究材料界面上的吸附、扩散和反应行为？

3-18 描述如何使用分子动力学模拟来研究二维材料的性质，例如石墨烯和二硫化钼。

3-19 解释如何使用分子动力学模拟来优化材料的性能，例如通过控制微观结构来改善热导率。

参 考 文 献

[1] Alder B J, Wainwright T E. Phase transition for a hard sphere system [J]. The Journal of chemical physics,

1957, 27 (5): 1208-1209.

[2] Alder B J, Wainwright T E. Studies in molecular dynamics. I. General method [J]. The Journal of Chemical Physics, 1959, 31 (2): 459-466 .

[3] Rahman A. Correlations in the motion of atoms in Liquid Argon [J]. Phys. Rev. , 1964, 136 (2A): 405-411.

[4] Rahman A, Stillinger F H. Molecular dynamics study of liquid water [J]. The Journal of Chemical Physics, 1971, 55 (7): 3336-3359.

[5] Stillinger F H, Rahman A. Molecular dynamics study of temperature effects on water structure and kinetics [J]. The Journal of chemical physics, 1972, 57 (3): 1281-1292.

[6] Ryckaert J P, Ciccotti G, Berendsen H J C. Numerical integration of the cartesian equations of motion of a system with constraints: molecular dynamics of n-alkanes [J]. Journal of computational physics, 1977, 23 (3): 327-341.

[7] Verlet L. Computer "Experiments" on Classical Fluids. Ⅱ. Equilibriam Correlation Functions [J]. Phys. Rev. , 1968, 165 (1): 201-214.

[8] Verlet L. Computer "experiments" on classical fluids. Ⅰ. Thermodynamical properties of Lennard-Jones molecules [J]. Physical review, 1967, 159 (1): 98.

[9] Hockney R W. Methods in Computational Physics [J]. Alder, B, 1970: 136-211.

[10] Swope W C, Andersen H C, Berens P H, et al. A computer simulation method for the calculation of equilibrium constants for the formation of physical clusters of molecules: Application to small water clusters [J]. The Journal of chemical physics, 1982, 76 (1): 637-649.

[11] Evans D J. On the representatation of orientation space [J]. Molecular physics, 1977, 34 (2): 317-325.

[12] Evans D J, Murad S. Singularity free algorithm for molecular dynamics simulation of rigid polyatomics [J]. Molecular physics, 1977, 34 (2): 327-331.

[13] Andersen H C. Rattle: A "velocity" version of the shake algorithm for molecular dynamics calculations [J]. Journal of computational Physics, 1983, 52 (1): 24-34.

[14] Gonnet P, Walther J H, Koumoutsakos P. ϑ-SHAKE: An extension to SHAKE for the explicit treatment of angular constraints [J]. Computer Physics Communications, 2009, 180 (3): 360-364.

[15] Weinbach Y, Elber R. Revisiting and parallelizing SHAKE [J]. Journal of Computational Physics, 2005, 209 (1): 193-206.

[16] Loiseau P, Busson M, Balere M L, et al. HLA Association with hematopoietic stem cell transplantation outcome: the number of mismatches at HLA-A, -B, -C, -DRB1, or-DQB1 is strongly associated with overall survival [J]. Biology of blood and marrow transplantation, 2007, 13 (8): 965-974.

[17] Woodcock L V. Isothermal molecular dynamics calculations for liquid salts [J]. Chemical Physics Letters, 1971, 10 (3): 257-261.

[18] Berendsen H J C, Postma J P M, VanGunsteren W F, et al. Molecular dynamics with coupling to an external bath [J]. The Journal of chemical physics, 1984, 81 (8): 3684-3690.

[19] Andersen H C. Molecular dynamics simulations at constant pressure and/or temperature [J]. The Journal of chemical physics, 1980, 72 (4): 2384-2393.

[20] Nosé S. A molecular dynamics method for simulations in the canonical ensemble [J]. Molecular physics, 1984, 52 (2): 255-268.

[21] Nosé S. A unified formulation of the constant temperature molecular dynamics methods [J]. The Journal of chemical physics, 1984, 81 (1): 511-519.

[22] Hoover W G. Canonical dynamics: Equilibrium phase-space distributions [J]. Physical review A, 1985,

31 (3): 1695.
[23] 陈敏伯. 计算化学：从理论化学到分子模拟 [M]. 北京：科学出版社，2009.
[24] 冯康，秦孟兆. 哈密尔顿系统的辛几何算法 [M]. 杭州：浙江科技出版社，2003.
[25] Martyna G J, Tuckerman M E, Tobias D J, et al. Explicit reversible integrators for extended systems dynamics [J]. Molecular Physics, 1996, 87 (5): 1117-1157.
[26] Tuckerman M, Berne B J, Martyna G J. Reversible multiple time scale molecular dynamics [J]. The Journal of chemical physics, 1992, 97 (3): 1990-2001.
[27] Martyna G J, Klein M L, Tuckerman M. Nosé-Hoover chains: The canonical ensemble via continuous dynamics [J]. The Journal of chemical physics, 1992, 97 (4): 2635-2643.
[28] Jorgensen W L, Chandrasekhar J, Madura J D, et al. Comparison of simple potential functions for simulating liquid water [J]. The Journal of chemical physics, 1983, 79 (2): 926-935.
[29] Guillot B. A reappraisal of what we have learnt during three decades of computer simulations on water [J]. Journal of molecular liquids, 2002, 101 (1/2/3): 219-260.
[30] Allinger N L, Tribble M T, Miller M A, et al. Conformational analysis. LXIX. Improved force field for the calculation of the structures and energies of hydrocarbons [J]. Journal of the American Chemical Society, 1971, 93 (7): 1637-1648.
[31] Fitzwater S, Bartell L S. Representations of molecular force fields. 2. A modified Urey-Bradley field and an examination of Allinger's gauche hydrogen hypothesis [J]. Journal of the American Chemical Society, 1976, 98 (17): 5107-5115.
[32] Allinger T L, Epstein M, Herzog W. Stability of muscle fibers on the descending limb of the force-length relation. A theoretical consideration [J]. Journal of biomechanics, 1996, 29 (5): 627-633.
[33] Cornell W D, Cieplak P, Bayly C I, et al. A second generation force field for the simulation of proteins, nucleic acids, and organic molecules [J]. Journal of the American Chemical Society, 1995, 117 (19): 5179-5197.
[34] Brooks B R, Bruccoleri R E, Olaf son B D, et al. CHARMM: A program for macromolecular energy, minimization, and dynamics calculations [J]. J Comput Chem, 1983, 4 (2): 187-217.
[35] Jorgensen W L, Maxwell D S, Tirado-Rives J, et al. Pdb2gmx for topology file [J]. J. Am. Chem. Soc, 1996, 118: 11225-11236.
[36] Tosi M P, Fumi F G. Ionic sizes and born repulsive parameters in the NaCl-type alkali halides-Ⅱ: The generalized Huggins-Mayer form [J]. J Phys Chem Solids, 1964, 25 (1): 45-52.
[37] Fumi F G, Tosi M P. Ionic sizes and born repulsive parameters in the NaCl-type alkali halides—Ⅰ: The Huggins-Mayer and Pauling forms [J]. Journal of Physics and Chemistry of Solids, 1964, 25 (1): 31-43.
[38] Sangster M J L. Investigation ofoff-centre displacements of impurity ions in alkali-halide crystals [J]. Journal of Physics C: Solid State Physics, 1980, 13 (29): 5279.
[39] Daw M S, Baskes M I. Embedded-atom method: Derivation and application to impurities, surfaces, and other defects in metals [J]. Physical Review B, 1984, 29 (12): 6443.
[40] Sutton A P, Chen J. Long-rangefinnis-sinclair potentials [J]. Philosophical Magazine Letters, 1990, 61 (3): 139-146.
[41] Finnis M W, Sinclair J E. A simple empirical N-body potential for transition metals [J]. Philosophical Magazine A, 1984, 50 (1): 45-55.
[42] Carlsson A E. Beyond pair potentials in elemental transition metals and semiconductors [M] //Solid state physics. Academic Press, 1990, 43: 1-91.

[43] Stillinger F H, Weber T A. Computer simulation of local order in condensed phases of silicon [J]. Physical review B, 1985, 31 (8): 5262.

[44] Tersoff J. Empirical interatomic potential for carbon, with applications to amorphous carbon [J]. Physical Review Letters, 1988, 61 (25): 2879. Garofalini S H. Simulations of glass surfaces-structure, water adsorption, and bond rupture [C] //Modeling of Optical Thin Films Ⅱ. SPIE, 1990, 1324: 131-137.

[45] Della Valle R G, Andersen H C. Molecular dynamics simulation of silica liquid and glass [J]. The Journal of chemical physics, 1992, 97 (4): 2682-2689.

[46] Tsuneyuki S, Tsukada M, Aoki H, et al. First-principles interatomic potential of silica applied to molecular dynamics [J]. Physical Review Letters, 1988, 61 (7): 869.

[47] VanBeest B W H, Kramer G J, Van Santen R A. Force fields for silicas and aluminophosphates based on ab initio calculations [J]. Physical review letters, 1990, 64 (16): 1955.

[48] Kalia R K, Nakano A, Vashishta P, et al. Multiresolution atomistic simulations of dynamic fracture in nanostructured ceramics and glasses [J]. International Journal of Fracture, 2003, 121: 71-79.

[49] Münch W, Kreuer K D, Silvestri W, et al. The diffusion mechanism of an excess proton in imidazole molecule chains: first results of an ab initio molecular dynamics study [J]. Solid State Ionics, 2001, 145 (1/2/3/4): 437-443.

[50] Kanai Y, Tilocca A, Selloni A, et al. 3367. (b) Car, R.; Parrinello, M [J]. Phys. Rev. Lett, 1985, 55: 2471-2474.

[51] Hutter J. Car-Parrinello molecular dynamics [J]. Wiley Interdisciplinary Reviews: Computational Molecular Science, 2012, 2 (4): 604-612.

[52] Dopieralski P, Perrin C L, Latajka Z. On the intramolecular hydrogen bond in solution: Car-Parrinello and path integral molecular dynamics perspective [J]. Journal of Chemical Theory and Computation, 2011, 7 (11): 3505-3513.

[53] Dongarra JJ, Jeannot E, Saule E, et al. Bi-objective scheduling algorithms for optimizing makespan and reliability on heterogeneous systems [C] //Proceedings of the nineteenth annual ACM symposium on Parallel algorithms and architectures. 2007: 280-288.

[54] Nomura K, Seymour R, Wang W, et al. Ametascalable computing framework for large spatiotemporal-scale atomistic simulations [C] //2009 IEEE International Symposium on Parallel & Distributed Processing. IEEE, 2009: 1-10.

[55] Gotz A W, Williamson M J, Xu D, et al. Routine microsecond molecular dynamics simulations with AMBER on GPUs. 1. Generalized born [J]. Journal of Chemical Theory and Computation, 2012, 8 (5): 1542-1555.

[56] 赵海波, 徐祖伟, 刘昕, 等. 颗粒凝并动力学 Monte Carlo 方法的高效 GPU 并行计算 [J]. 科学通报, 2014, 59 (14): 1358-1368.

[57] Pierce L C T, Salomon-Ferrer R, Augusto F. de Oliveira C, et al. Routine access to millisecond time scale events with accelerated molecular dynamics [J]. Journal of Chemical Theory and Computation, 2012, 8 (9): 2997-3002.

[58] Kunaseth M, Kalia R K, Nakano A, et al. Performance Modeling, Analysis, and Optimization of Cell-List Based Molecular Dynamics [C] //CSC. 2010: 209-215.

[59] Oden J T. Finite elements of nonlinear continua [M]. Courier Corporation, 2006.

[60] Chen Y, Zimmerman J, Krivtsov A, et al. Assessment of atomistic coarse-graining methods [J]. International Journal of Engineering Science, 2011, 49 (12): 1337-1349.

[61] Korayem M H, Sadeghzadeh S, Rahneshin V. A new multiscale methodology for modeling of single and

multi-body solid structures [J]. Computational Materials Science, 2012, 63: 1-11.

[62] Kamerlin S C L, Vicatos S, Dryga A, et al. Coarse-grained (multiscale) simulations in studies of biophysical and chemical systems [J]. Annual review of physical chemistry, 2011, 62: 41-64.

[63] Karimi-Varzaneh H A, Müller-Plathe F. Coarse-grained modeling for macromolecular chemistry [J]. Multiscale molecular methods in applied chemistry, 2012: 295-321.

[64] Marrink S J, Risselada H J, Yefimov S, et al. The MARTINI force field: coarse grained model for biomolecular simulations [J]. The journal of physical chemistry B, 2007, 111 (27): 7812-7824.

[65] Curtin W A, Miller R E. Atomistic/continuum coupling in computational materials science [J]. Modelling and simulation in materials science and engineering, 2003, 11 (3): R33.

[66] Rudd R E, Broughton J Q. Concurrent coupling of length scales in solid state systems [J]. Computer simulation of materials at atomic level, 2000: 251-291.

[67] Kobayashi R, Nakamura T, Ogata S. A coupled molecular dynamics/coarse-grained-particle method for dynamic simulation of crack growth at finite temperatures [J]. Materials Transactions, 2011, 52 (8): 1603-1610.

[68] Kirchner B, di Dio P J, Hutter J. Real-world predictions from ab initio molecular dynamics simulations [J]. Multiscale Molecular Methods in Applied Chemistry, 2012: 109-153.

[69] Van Duin A C T, Dasgupta S, Lorant F, et al. ReaxFF: a reactive force field for hydrocarbons [J]. The Journal of Physical Chemistry A, 2001, 105 (41): 9396-9409.

[70] Warshel A, Weiss R M. An empirical valence bond approach for comparing reactions in solutions and in enzymes [J]. Journal of the American Chemical Society, 1980, 102 (20): 6218-6226.

[71] Knight C, Voth G A. The curious case of the hydrated proton [J]. Accounts of chemical research, 2012, 45 (1): 101-109.

[72] Schmitt U W, Voth G A. Multistate empirical valence bond model for proton transport in water [J]. The Journal of Physical Chemistry B, 1998, 102 (29): 5547-5551.

[73] Yan L X, Huang X F, Shao Q, et al. MicroRNA miR-21 overexpression in human breast cancer is associated with advanced clinical stage, lymph node metastasis and patient poor prognosis [J]. Rna, 2008, 14 (11): 2348-2360.

[74] van Rensburg E J J. Virial coefficients for hard discs and hard spheres [J]. Journal of Physics A: Mathematical and General, 1993, 26 (19): 4805.

[75] Clisby N, McCoy B M. Ninth and tenth order virial coefficients for hard spheres in Ddimensions [J]. Journal of Statistical Physics, 2006, 122 (1): 15-57.

[76] Allen M P. Computer simulation of a biaxial liquid crystal [J]. Liquid Crystals, 1990, 8 (4): 499-511.

[77] Jackson J D. Classical electrodynamics [M]. America: John Wiley & Sons, 1998.

[78] Foiles S M, Baskes M I, Daw M S. Embedded-atom-method functions for thefcc metals Cu, Ag, Au, Ni, Pd, Pt, and their alloys [J]. Physical Review B, 1986, 33 (12): 7983.

[79] Mahoney M W, Jorgensen W L. A five-site model for liquid water and the reproduction of the density anomaly by rigid, nonpolarizable potential functions [J]. The Journal of Chemical Physics, 2000, 112 (20): 8910-8922.

[80] Horn H W, Swope W C, Pitera J W, et al. Development of an improved four-site water model for biomolecular simulations: TIP4P-Ew [J]. The Journal of Chemical Physics, 2004, 120 (20): 9665-9678.

[81] Renou R, Ghoufi A, Szymczyk A. Ion Transport in Nanoporous Membranes [J]. Procedia Engineering, 2012, 44: 2048-2050.

[82] Bernal J D, Fowler R H. A theory of water and ionic solution, with particular reference to hydrogen and hydroxyl ions [J]. The Journal of Chemical Physics, 1933, 1 (8): 515-548.

[83] Rowlinson J S. The lattice energy of ice and the second virial coefficient of watervapour [J]. Transactions of the Faraday Society, 1951, 47: 120-129.

[84] Barker J A, Watts R O. Structure of water; A Monte Carlo calculation [J]. Chemical Physics Letters, 1969, 3 (3): 144-145.

[85] Bernal J D, Fowler R H. A Theory of Water and Ionic Solution, with Particular Reference to Hydrogen and Hydroxyl Ions [J]. Journal of Chemical Physics, 1933, 1 (8): 515-548.

[86] Rowlinson J S. The lattice energy of ice and the second virial coefficient of water vapour [J]. Trans. Faraday Soc., 1951, 47: 120-129.

[87] Rowlinson J S. The second virial coefficients of polar gases [J]. Trans. Faraday Soc., 1949, 45: 974-984.

[88] Barker J A, Watts R O. Structure of water; A Monte Carlo calculation [J]. Chemical Physics Letters, 1969, 3 (3): 144-145.

4 有限元方法在材料研究中的应用

有限元方法在材料研究中的应用 PPT

4.1 有限元法简介及其发展历史

空间和时间相关问题的物理定律通常用偏微分方程来描述。但对于绝大多数的几何结构和所面对的问题来说，可能无法求出这些偏微分方程的解析解。不过，在通常的情况下，可以根据不同的离散化类型来构造出近似的方程，得出与这些偏微分方程近似的数值模型方程，并可以用数值方法求解。这些数值模型方程的解就是相应的偏微分方程真实解的近似解。有限元法（Finite element method）就是用来计算这些近似解的。

在 20 世纪 40 年代，航空工程发展迅速，对于飞机的结构设计要求也变得越来越高，例如飞机的总体质量、力学强度、材料刚度等性质，人们需要进行精确的设计和计算，有限元方法就是在这一时代背景下诞生的。

早期有一些成功的实验求解方法与专题论文对有限元方法有着巨大的贡献，例如在 1943 年 R. Courant 发表的“Variational methods for the solution of problems of equilibrium and vibration”，这篇文章详细描述了通过使用三角形区域的多项式函数来获得在扭转问题中的近似解。这篇文章可以说是在应用数学界的第一篇有限元论文，然而当时计算机技术尚未成熟，并未引起反响。1956 年，M. J. Turner，R. W. Clough，H. C. Martin 及 L. J. Topp 共同在航空科技期刊上发表了离散杆、梁、三角形的单元刚度表达式，得到了关于平面应力问题的正确答案，名为“Stiffness and Deflection Analysis of Complex Structures”，文中把这种解法称为刚性法（Stiffness），可以说这是工程学界上有限元法的开端。1960 年，Ray W. Clough 在美国土木工程学会上发表了一篇“The Finite Element in Plane Stress Analysis”的论文，第一次将有限元法的应用范围扩展到飞机以外的土木工程上，同时有限元法的名称也第一次被正式提出。在这之后，有限元法的理论迅速地发展起来，并且能够广泛应用在各种力学问题和非线性问题，成为分析大型、复杂工程结构的优秀分析方法。有限元法中的计算是人工难以完成的，但随着计算机的迅速发展，大量计算工作能够通过计算机来快速完成，这进一步促进了有限元法的建立和发展。

在现实生活中人们通过各种不同的分析方法来解决结构问题和力学问题，无论是计算梁的挠度，还是计算一块平板中的应力，但是通常因为几何形状、荷载条件或者是材料属性等较为复杂，经常会遇到很难解决的问题，有限元法是一种强大的数值技术，是多年来工程师们对已经存在的数值方法的一个扩展，能够通过计算类似问题近似解的方法来解决这类问题，有限元法广泛应用在各种工程行业。早期将有限元研究线性问题和静力分析应用于航空领域，例如它可以用于检测卫星组件能否在发射条件下发射成功。之后有限元的研究对象扩展为非线性问题，例如优化汽车零部件的设计。经过数十年的发展，有限元分析软件可用于分析各种固体力学问题，包括静态、动态、屈曲和模态分析，并且它也可以用于分析流体流动、传热和电磁问题，见表 4-1。

表 4-1 有限元法的发展

年份	应用范围	研究对象
1960	航空	线性问题、静力分析
1967	土木、机械、水利	非线性问题、动力分析
1971	热传导、流体力学、电磁场	非线性接触、耦合问题

20 世纪我国的力学工作者为有限元方法的初期发展做出了许多贡献，其中比较著名的有陈伯屏（结构矩阵方法）、钱令希（余能原理）、钱伟长（广义变分原理）、胡海昌（广义变分原理）、冯康（有限单元法理论）。然而由于当时的科研环境限制，我国有限元方法的研究工作受到阻碍，有限元理论的发展也逐渐与国外拉开了距离。20 世纪 60 年代初期，我国的老一辈计算科学家较早地将计算机应用于土木、建筑和机械工程领域，黄玉珊教授提出了“小展弦比机翼薄壁结构的直接设计法”和“力法—应力设计法”；在 70 年代初期，钱令希教授提出了“结构力学中的最优化设计理论与方法的近代发展”。这些理论和方法都为国内的有限元技术指明了方向。1964 年初崔俊芝院士研制出国内第一个平面问题通用有限元程序，解决了刘家峡大坝的复杂应力分析问题。20 世纪 60 年代到 70 年代，国内的有限元方法及有限元软件诞生之后，曾计算过数十个大型工程，应用于水利、电力、机械、航空、建筑等多个领域。目前有限元在科学研究和工程计算中有着非常重要的地位和作用，关于它的研究成了数值分析计算的主流。与其相关的杂志有好几十种，并且在国际上有许多著名的通用有限元分析软件，例如 ANSYS，ADINA，ALGOR，IDEAS 等，还有专门的有限元分析软件，例如 LS-DYNA，DEFORM，AUTOFORM 等。

4.2 有限元法原理

最初，人们热衷于用各种力学理论严谨地研究结构构件的受力行为。基于材料的几何形状和研究对象将力学分类为质点力学、刚体力学（理论力学）、材料力学、结构力学、弹性力学、弹塑性力学，于是开发了以“平衡”“几何”“本构”三大方程为基础的分析方法，称为固体力学法。此法是一个边界条件问题，需要求解微分方程，算出构件的位移后，再推出应力、应变、反力等。其中“平衡”方程和“几何”方程几乎都是微分方程。力学方法虽然理论简单直接，结果也最精确，但对于结构复杂的构件，上述分析会得到复杂的微分方程。人们通过猜位移并引入能量原理的方式摆脱了复杂的微分方程，转而通过积分来分析结构，后来又有人引入了矩阵来改善计算效率。但用能量原理，就必须得猜结构位移，位移对结构分析极其重要，后续应力、应变、反力全靠位移导出。对于结构和受力难以猜测的复杂情况，是把结构分成很多很多份，去猜每一份上的位移，算出来的位移就会很靠近真实的位移，有限元理论由此就基本构建完整。后来人们制定了若干标准单元，比如平面四边形单元、空间六面体单元等，每类单元提前给定好假设位移（即位移模式），将结构划分成一定数量的标准单元来分析，即有限单元法，就这样诞生了有限元。总的来说，有限元就是一种结构计算的近似方法，核心在于力学的基本分析、能量原理的引入、猜位移与数值积分、离散化分析。

有限元分析实质上就是求复杂微分方程数值解的一种方法，换言之也就是没有微分方程就没有有限元方法，有许多工程和科技人员是从关于土木工程或飞机结构的结构分析中学到有限元方法的。几十年前有限元分析技巧的情形造成这种形式，例如结构分析中经典的刚度方法可在不考虑控制微分方程的情况下推导出来。这就是说，推导刚度方法的基本关系是以微分方程的解为基础的，但是使用者很容易忽视此分析的原始含义。关于梁和框架结构的有限元分析可以以能量原理为基础而不用考虑微分方程。此外，这个“错误”不是由工程和科技人员造成的，而是在历史上没有强调结构分析中的能量方程与控制微分方程之间的联系。

微分方程能与变分函数（能量原理）联系起来，本章用到的微分方程大多数都是初等的，能更加理解有限元理论与微分方程之间的联系。有限元法可以由多种方式推导出来，但是略去推导时，此方法是微分方程的数值解。

4.2.1 数学基础理论

4.2.1.1 矢量分析

一个矢量定义为可用一个大小和一个与某个坐标参照系有关的方向来描述的物理量，可证明使用矢量分析正确的一个基本概念是，空间中任意方向的物理量可以分解为参照系中互为正交的分量。一旦确定了分量，就可以使用标准的代数运算对它们进行运算，图4-1 中的矢量为

$$\boldsymbol{a} = a_x\boldsymbol{i} + a_y\boldsymbol{j} + a_z\boldsymbol{k} \tag{4-1}$$

式中，$\boldsymbol{i}$、$\boldsymbol{j}$、$\boldsymbol{k}$ 分别为沿着 x、y、z 轴的单位矢量。

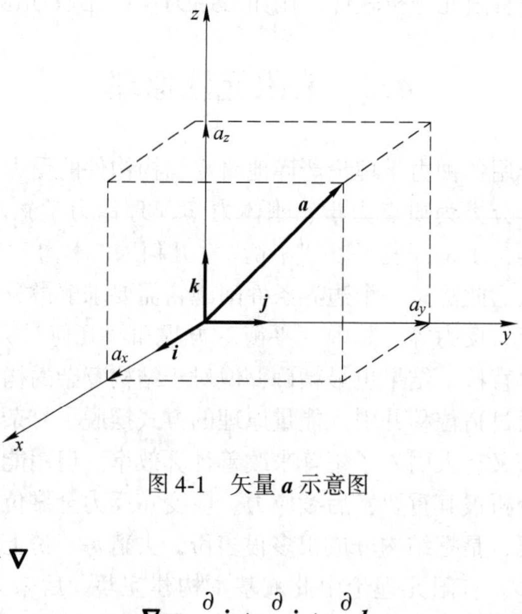

图 4-1 矢量 $\boldsymbol{a}$ 示意图

定义一个微分算子 ∇

$$\nabla \equiv \frac{\partial}{\partial x}\boldsymbol{i} + \frac{\partial}{\partial y}\boldsymbol{j} + \frac{\partial}{\partial z}\boldsymbol{k} \tag{4-2}$$

根据定义可知，这个算子具有矢量特性，并用来定义梯度、散度、旋度这三个基本的矢量运算，能够用于定义例如散度原理和格林-高斯（Green-Gauss）原理的积分矢量原理等。

标量函数 ϕ 的梯度定义为

$$\nabla\phi = \left(\frac{\partial}{\partial x}\boldsymbol{i} + \frac{\partial}{\partial y}\boldsymbol{j} + \frac{\partial}{\partial z}\boldsymbol{k}\right)\phi = \frac{\partial\phi}{\partial x}\boldsymbol{i} + \frac{\partial\phi}{\partial y}\boldsymbol{j} + \frac{\partial\phi}{\partial z}\boldsymbol{k} \tag{4-3}$$

假设有两个标量函数 ϕ 和 ψ，类似地

$$\begin{aligned}\nabla(\phi\psi) &= \frac{\partial}{\partial x}(\phi\psi)\boldsymbol{i} + \frac{\partial}{\partial y}(\phi\psi)\boldsymbol{j} + \frac{\partial}{\partial z}(\phi\psi)\boldsymbol{k}\\ &= \phi\left(\frac{\partial\psi}{\partial x}\boldsymbol{i} + \frac{\partial\psi}{\partial y}\boldsymbol{j} + \frac{\partial\psi}{\partial z}\boldsymbol{k}\right) + \psi\left(\frac{\partial\phi}{\partial x}\boldsymbol{i} + \frac{\partial\phi}{\partial y}\boldsymbol{j} + \frac{\partial\phi}{\partial z}\boldsymbol{k}\right) = \phi\,\nabla\psi + \psi\,\nabla\phi\end{aligned}$$

矢量函数的散度定义为 $\nabla\cdot\boldsymbol{a}$，可以使用标量积的定义来讨论这个矢量运算，根据矢量的表达式和微分算子可以得到

$$\nabla\cdot\boldsymbol{a} = \left(\frac{\partial}{\partial x}\boldsymbol{i} + \frac{\partial}{\partial y}\boldsymbol{j} + \frac{\partial}{\partial z}\boldsymbol{k}\right)\cdot(a_x\boldsymbol{i} + a_y\boldsymbol{j} + a_z\boldsymbol{k}) = \frac{\partial a_x}{\partial x} + \frac{\partial a_y}{\partial y} + \frac{\partial a_z}{\partial z} \tag{4-4}$$

由于算子 ∇ 是作用在 $\boldsymbol{a}$ 上，因此 $\nabla\cdot\boldsymbol{a} \neq \boldsymbol{a}\cdot\nabla$。

散度原理，也称作高斯（Gauss）散度原理，能用矢量标记写为

$$\int_V \nabla\cdot\boldsymbol{a}\,\mathrm{d}V = \int_S \boldsymbol{a}\cdot\vec{\boldsymbol{n}}\,\mathrm{d}S \tag{4-5}$$

其中 $\boldsymbol{n}$ 是作用在体积（区域）V 表面（边界）上的单位外法线矢量，式（4-5）简单地表明区域中物理量 $\boldsymbol{a}$ 的变化等于通过边界流进或流出的物理量，能够使用散度原理推导格林-高斯（Green-Gauss）原理和有限元概念的应用。

考虑一维情形如下函数的导数，其中 k 可以看作常数

$$\frac{\mathrm{d}}{\mathrm{d}x}\left(k\frac{\mathrm{d}\phi}{\mathrm{d}x}\psi\right) = k\frac{\mathrm{d}^2\phi}{\mathrm{d}x^2}\psi + k\frac{\mathrm{d}\phi}{\mathrm{d}x}\frac{\mathrm{d}\psi}{\mathrm{d}x} \tag{4-6}$$

对等式两边在区间 a 到 b 积分

$$k\int_a^b \frac{\mathrm{d}}{\mathrm{d}x}\left(k\frac{\mathrm{d}\phi}{\mathrm{d}x}\psi\right)\mathrm{d}x = k\int_a^b \frac{\mathrm{d}^2\phi}{\mathrm{d}x^2}\psi\,\mathrm{d}x + k\int_a^b \frac{\mathrm{d}\phi}{\mathrm{d}x}\frac{\mathrm{d}\psi}{\mathrm{d}x}\mathrm{d}x \tag{4-7}$$

等式左边是一个完整的微分

$$k\int_a^b \frac{\mathrm{d}}{\mathrm{d}x}\left(k\frac{\mathrm{d}\phi}{\mathrm{d}x}\psi\right)\mathrm{d}x = k\int_a^b \mathrm{d}\left(\frac{\mathrm{d}\phi}{\mathrm{d}x}\psi\right) = k\left|\frac{\mathrm{d}\phi}{\mathrm{d}x}\psi\right|_a^b \tag{4-8}$$

把式（4-8）代入式（4-7）并重新组合各项

$$k\int_a^b \frac{\mathrm{d}^2\phi}{\mathrm{d}x^2}\psi\,\mathrm{d}x = k\left|\frac{\mathrm{d}\phi}{\mathrm{d}x}\psi\right|_a^b - k\int_a^b \frac{\mathrm{d}\phi}{\mathrm{d}x}\frac{\mathrm{d}\psi}{\mathrm{d}x}\mathrm{d}x \tag{4-9}$$

在一维情况下，可以使用分部积分法得到式（4-9），上面的推导也可以推广到二维和三维的情况，散度原理会变得更加实用。

令式（4-5）中的 $\boldsymbol{a}$ 等于一个标量 β 和一个矢量 $\boldsymbol{b}$ 的乘积

$$\int_V \nabla\cdot(\beta\boldsymbol{b})\,\mathrm{d}V = \int_S \beta\boldsymbol{b}\cdot\boldsymbol{n}\,\mathrm{d}S \tag{4-10}$$

将矢量恒等式 $\nabla\cdot(\beta\boldsymbol{b}) = \beta\,\nabla\cdot\boldsymbol{b} + \nabla\beta\cdot\boldsymbol{b}$ 代入到式（4-10）中可以得到期望的结果：

$$\int_V \beta\,\nabla\cdot\boldsymbol{b}\,\mathrm{d}V = \int_S \beta\boldsymbol{b}\cdot\boldsymbol{n}\,\mathrm{d}S - \int_V \nabla\beta\cdot\boldsymbol{b}\,\mathrm{d}V \tag{4-11}$$

式（4-3）是使用矢量分析的一个经典结果，在有限元理论式（4-2）是式（4-3）的扩展，其中 ϕ 和 ψ 代表插值函数矩阵。

4.2.1.2 矩阵理论

具有确定行和列的矩形数组就是一个矩阵，一旦一个数组被定义成一个矩阵，那它就有某些属于矩阵理论的数学特性。在有限元分析中不需要复杂的矩阵理论知识，但是一些基本概念对研究有限元分类及其应用来说是必要的。

对于一个数组写为如下形式

$$\boldsymbol{A}=\begin{bmatrix} a_{11} & a_{12} & a_{13} & \cdots & a_{1n} \\ a_{21} & a_{22} & a_{23} & \cdots & a_{2n} \\ a_{31} & a_{32} & a_{33} & \cdots & a_{3n} \\ \vdots & \vdots & \vdots & \ddots & \vdots \\ a_{m1} & a_{m2} & a_{m3} & \cdots & a_{mn} \end{bmatrix}$$

$\boldsymbol{A}$ 表示一个矩阵，矩阵中的项称为元素，当涉及一个元素或一组元素时，使用下标记号，如 a_{ij}，其中 i 表示行数，j 表示列数，$\boldsymbol{A}$ 矩阵称为 m 乘 n 矩阵或简称为 $m \times n$ 矩阵，$m \times n$ 称为矩阵的阶。一个行矩阵定义为一个 $1 \times m$ 矩阵，类似地，一个列矩阵定义为一个 $m \times 1$ 矩阵。

两个同为 $m \times n$ 阶的矩阵之间的加法和减法，就是对应元素之间的相加和相减，不同阶的矩阵之间不能定义适当的加减法。矩阵乘法就是一个矩阵被另一个矩阵相乘的过程，写作 $\boldsymbol{AB}$，一般 $\boldsymbol{AB} \neq \boldsymbol{BA}$。在矩阵乘法 $\boldsymbol{AB}$ 中，称 $\boldsymbol{B}$ 被 $\boldsymbol{A}$ 前乘，称 $\boldsymbol{A}$ 被 $\boldsymbol{B}$ 后乘。矩阵除法并不是对应元素之间相除，但是可以使用矩阵的逆，写作 $\boldsymbol{A}^{-1}$，进行矩阵除法运算。

交换矩阵的行和列就得到矩阵的转置，写作 $\boldsymbol{A}^{\mathrm{T}}$，在下标中记号，元素交换就是

$$a_{ij}^{\mathrm{T}} = a_{ji}$$

所以能够得到

$$[\boldsymbol{AB}]^{\mathrm{T}} = \boldsymbol{B}^{\mathrm{T}}\boldsymbol{A}^{\mathrm{T}}$$

对称矩阵就是具有 $a_{ij} = a_{ji}(i \neq j)$ 性质的方阵；对角矩阵就是除了主对角线上元素外，其余元素均为零的方阵，主对角线就是从左上到右下的对角线。单位矩阵就是特殊的对角阵，其所有对角元素都等于 1，而所有非对角元素都等于 0。

假设一个标量函数定义为

$$\phi = N_1 \phi_1 + N_2 \phi_2 + N_3 \phi_3 = \sum_{i=1}^{3} N_i \phi_i \tag{4-12}$$

可以把 ϕ 写成矩阵形式，定义 $N_i \Rightarrow \boldsymbol{N} = [N_1 \quad N_2 \quad N_3]$ 和 $\phi_i \Rightarrow \boldsymbol{\phi} = [\phi_1 \quad \phi_2 \quad \phi_3]$。为了获得上式的结果，矩阵方程可以构造成下面的等价形式之一：

$$\phi = \boldsymbol{N\phi} = \boldsymbol{N\phi}^{\mathrm{T}} = [N_1 \quad N_2 \quad N_3]\begin{bmatrix}\phi_1 \\ \phi_2 \\ \phi_3\end{bmatrix} = [N_1 \quad N_2 \quad N_3][\phi_1 \quad \phi_2 \quad \phi_3]^{\mathrm{T}} \tag{4-13}$$

矩阵变换就是根据某些约束或条件对一个矩阵进行修改的计算操作，要修改的矩阵经常是刚度矩阵，但是在某些情况下，用机器运算改变刚度矩阵也是有效的。在这部分的讨论中，将给出两类矩阵变换。第一个是以标准矢量变换为基础的，如图 4-2 所示，第二个是用局部有限元公式形成后节点编号顺序必须改变时修改局部刚度矩阵的。

由图 4-2 定义的矢量变换可以用来用 $\boldsymbol{F}$ 在 x，y 坐标系中分量表示其在 ξ，η 坐标下的

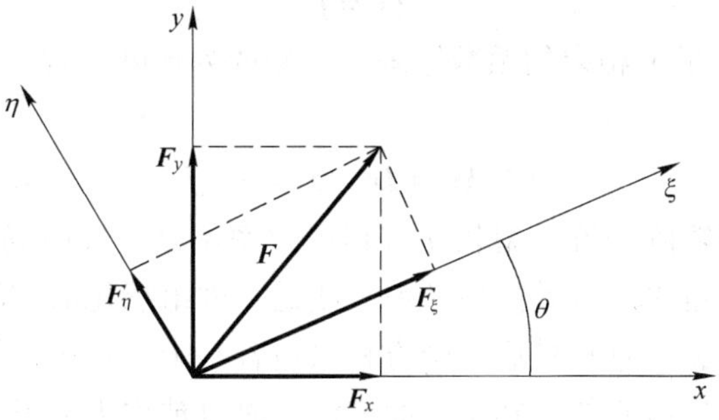

图 4-2 矩阵变换

矢量分量：

$$\begin{bmatrix} F_\xi \\ F_\eta \end{bmatrix} = \begin{bmatrix} \cos\theta & \sin\theta \\ -\sin\theta & \cos\theta \end{bmatrix} \begin{bmatrix} F_x \\ F_y \end{bmatrix} = T \begin{bmatrix} F_x \\ F_y \end{bmatrix} \tag{4-14}$$

式中，T 是变换矩阵，矢量可以定义为力、位移或者是其他任何向量。

对有限元计算中的许多应用，变换都是从 ξ，η 系到局部的 x，y 系统

$$\begin{bmatrix} F_x \\ F_y \end{bmatrix} = \begin{bmatrix} \cos\theta & -\sin\theta \\ \sin\theta & \cos\theta \end{bmatrix} \begin{bmatrix} F_\xi \\ F_\eta \end{bmatrix} = T^{\mathrm{T}} \begin{bmatrix} F_\xi \\ F_\eta \end{bmatrix} \tag{4-15}$$

式（4-4）和式（4-5）定义了二维空间中的矢量的坐标变换，如果把变换扩展到三维，可以看作是关于 z 轴的旋转。在 x，y，z 坐标系和 ξ，η，z 坐标系中 z 轴是相同的，矢量 f 从旧坐标系（x_1，x_2，x_3）到新坐标系的矢量变换为：

$$\begin{bmatrix} f_1' \\ f_2' \\ f_3' \end{bmatrix} = \begin{bmatrix} \cos\theta & \sin\theta & 0 \\ -\sin\theta & \cos\theta & 0 \\ 0 & 0 & 1 \end{bmatrix} \begin{bmatrix} f_1 \\ f_2 \\ f_3 \end{bmatrix} \tag{4-16}$$

相应的张量表述为：

$$f_l' = a_{ij} f_J \tag{4-17}$$

由于可以用矩阵乘法由 f 来计算 f'，因此变换 a_{ij} 可以看作一个矩阵。

令 $i = 1$ 并通过对 j 的求和展开 f_1' 的方程

$$f_1' = \sum_{j=1}^{3} a_{1j} f_j = a_{11} f_{11} + a_{12} f_2 + a_{13} f_3$$

令 $i = 2$ 并通过对 j 的求和展开 f_2' 的方程

$$f_2' = \sum_{j=1}^{3} a_{2j} f_j = a_{21} f_1 + a_{22} f_2 + a_{23} f_3$$

令 $i = 3$ 并通过对 j 的求和展开 f_3' 的方程

$$f_3' = \sum_{j=1}^{3} a_{3j} f_j = a_{31} f_1 + a_{32} f_2 + a_{33} f_3$$

4.2.1.3 联立方程组

已经存在许多方法求解一组联立方程，下面重点介绍其中的两个过程。一个联立方程组可以写成矩阵形式：

$$\boldsymbol{Ax}=\boldsymbol{f}$$

矩阵 $\boldsymbol{A}$ 代表被未知量 $\boldsymbol{x}$ 相乘的系数矩阵，右侧的列矩阵包含有已知量 $\boldsymbol{f}$，两边乘以 $\boldsymbol{A}$ 的逆，得到

$$\boldsymbol{A}^{-1}\boldsymbol{Ax}=\boldsymbol{Ix}=\boldsymbol{x}=\boldsymbol{A}^{-1}\boldsymbol{f}$$

但很多时候使用逆矩阵来解大型联立方程组效率不高。此时高斯（Gauss）消去法要比求逆方法快速，因此也更加有效。高斯消去法是一种组织化的方法，其中将每一个方程都代入到前一个方程中去，直到最后一个方程只包含一个未知量，从最后一个方程开始向上运算，就可以逐步解出所有的未知量，此方法有时也被称为上三角形法。

这里使用高斯消去法来解一个联立方程

$$\begin{cases}4x_1+2x_2-2x_3-8x_4=4\\ x_1+2x_2+x_3=2\\ 0.5x_1-x_2+4x_3+4x_4=10\\ -4x_1-2x_2-x_4=0\end{cases}$$

这样的联立方程可以改写为矩阵方程的形式：

$$\begin{bmatrix}4 & 2 & -2 & -8\\ 1 & 2 & 1 & 0\\ 0.5 & -1 & 4 & 4\\ -4 & -2 & 0 & -1\end{bmatrix}\begin{pmatrix}x_1\\ x_2\\ x_3\\ x_4\end{pmatrix}=\begin{pmatrix}4\\ 2\\ 10\\ 0\end{pmatrix}$$

第 1 行除以 4，用第 2 行减去第 1 行，第 1 行再乘以 0.5 并用第 3 行减去，第 1 行再乘以-4 并用第 4 行减去，结果为

$$\begin{bmatrix}1 & 0.5 & -0.5 & -2\\ 0 & 1.5 & 1.5 & 2\\ 0 & -1.25 & 4.25 & 5\\ 0 & 0 & -2 & -7\end{bmatrix}\begin{pmatrix}x_1\\ x_2\\ x_3\\ x_4\end{pmatrix}=\begin{pmatrix}1\\ 1\\ 9.5\\ 4\end{pmatrix}$$

第 2 行除以 1.5，第 2 行乘以-1.25 并用第 3 行减去，由于在第 4 行中已经出现了 0，因此不须更改，结果为

$$\begin{bmatrix}1 & 0.5 & -0.5 & -2\\ 0 & 1 & 1 & 1.3333\\ 0 & 0 & 5.5 & 6.6667\\ 0 & 0 & -2 & -7\end{bmatrix}\begin{pmatrix}x_1\\ x_2\\ x_3\\ x_4\end{pmatrix}=\begin{pmatrix}1\\ 0.6667\\ 10.3333\\ 4\end{pmatrix}$$

第 3 行除以 5.5，第 2 行乘以-2 并用第 4 行减去，得到

$$\begin{bmatrix}1 & 0.5 & -0.5 & -2\\ 0 & 1 & 1 & 1.3333\\ 0 & 0 & 1 & 1.2121\\ 0 & 0 & 0 & -4.5758\end{bmatrix}\begin{pmatrix}x_1\\ x_2\\ x_3\\ x_4\end{pmatrix}=\begin{pmatrix}1\\ 0.6667\\ 1.8788\\ 7.7576\end{pmatrix}$$

用第 4 行除以-4.5758，经过代换可以解出未知量

$x_1 = 0.0794$, $x_2 = -1.0066$, $x_3 = 3.9338$, $x_4 = -1.6954$

4.2.1.4 笛卡尔张量

笛卡尔张量记号是可以引用到任何曲线坐标系中的张量记号的简化形式，笛卡尔张量记号经常被称为指标记号或下标张量记号，因为仅仅需要下标就可以表示物理方程的适当形式，但这种记号只对经典的 x，y，z 坐标系有效。本节中当表示一个用有限元法进行模拟的问题的控制方程时，为方便起见就使用笛卡尔张量记号。

想象一个标准的 x，y，z 坐标系，不使用 x，y，z，而把坐标称为 x_1，x_2，x_3，其中 $x_1 \Rightarrow x$，$x_2 \Rightarrow y$，$x_3 \Rightarrow z$（符号 $\Rightarrow$ 表示相同的意思）。在 x，y，z 系统中任何矢量都可以写成 $\boldsymbol{f} = f_x \boldsymbol{i} + f_y \boldsymbol{j} + f_z \boldsymbol{k}$，在 x_1，x_2，x_3 系统中相似的矢量方程应写成 $\boldsymbol{f} = f_1 \boldsymbol{i} + f_2 \boldsymbol{j} + f_3 \boldsymbol{k}$。在写矢量方程时下标记号是必要的

$$\boldsymbol{f} \Rightarrow f_1 \boldsymbol{i} + f_2 \boldsymbol{j} + f_3 \boldsymbol{k} \Rightarrow f_i \tag{4-18}$$

式中，$i = 1$，2，3，笛卡尔张量记号是矢量记号的简记形式。

由矢量的数学定义知，一个矢量可归类于一阶张量，虽然可以定义高阶张量，但是在矢量分析中没有与它们对应的量。然而，所有的矢量运算对任意阶的张量都适用。

在张量分析的数学理论中坐标变换起了一个重要作用，矢量的初等定义是基于任何一个具有数量和方向的物理量都可以表示为一个矢量的这样一个想法。除了这个基本定义，矢量是存在于所有的坐标系统之中，并在这些坐标系之间必然存在有效的坐标变换关系，使得变换后的矢量仍为矢量。

4.2.2 工程问题中的数学物理方程

在工程上控制方程由基本方程和平衡方程给出，这里介绍一些一维问题的有限元方法来更加深入了解有限元法的基本原理。

一维问题基本的微分方程形式如下：

$$\frac{\mathrm{d}}{\mathrm{d}x}\alpha(x)A(x)\frac{\mathrm{d}\Phi(x)}{\mathrm{d}x} + C(x)A(x) = 0 \tag{4-19}$$

式中，$\alpha(x)$ 材料参数是关于 x 的函数；$C(x)$ 是外部源；$A(x)$ 是材料的横截面积。若 α、C、A 都是关于 x 的函数，那么它们在单元之间是可以变化的，也就是有限元不需要模拟在材料单元内部的面积和材料参数，通常不考虑它们被模拟成在单元之间变化的形式，因此式（4-19）可以化简为一个更加基本的形式：

$$\alpha\frac{\mathrm{d}^2\phi}{\mathrm{d}x^2} + C = 0 \tag{4-20}$$

这种微分方程的解是初等的，但这样的初等解对有限元的应用没有意义，因此式(4-20)有一般形式：

$$\alpha\frac{\mathrm{d}^2\Phi}{\mathrm{d}x^2} - \beta\frac{\mathrm{d}\Phi(x)}{\mathrm{d}x} - \gamma\Phi(x) + C = 0 \tag{4-21}$$

对应式（4-21）的二维方程是一个偏微分方程，在二维问题中主要用 x，y 坐标来模拟，分析解将变得更为复杂并用分离变量法求得。当在同一个问题中同时出现空间和时间坐标时，就会出现偏微分方程。

有限元在解耦合的常微分方程或偏微分方程时是非常便利的，此时解耦合偏微分方程

的分析解会非常困难。弹性方程是一个用有限元法进行研究的早期题目之一，并且在二维或更高维的情形下总是一组耦合方程。

4.2.2.1　一维弹性问题

一根直杆在法向应力和轴向外力的共同作用下，它的关于力的平衡问题可以表示为一维微分方程，可以设在坐标 x 处的应力分布为 $\sigma(x)$，杆的截面积为 $A(x)$，轴向外力为 $f(x)$。显然直杆在 x 处的应力为 $\sigma(x)A(x)$，考虑到外力对直杆的作用，可以得到基本的微分方程：

$$\frac{\mathrm{d}[\sigma(x)A(x)]}{\mathrm{d}x}+f(x)A(x)=0 \tag{4-22}$$

根据胡克定律，应力和截面 x 处的应变 ε 之间的关系与直杆材料的弹性系数 $\varepsilon(x)$ 相关，又由杨氏模量定律可得，应变与轴向位移 $u(x)$ 之间满足如下关系：

$$\sigma(x)=E(x)\varepsilon(x) \tag{4-23}$$

和

$$\varepsilon(x)=\frac{\mathrm{d}u(x)}{\mathrm{d}x} \tag{4-24}$$

联合式（4-22）和式（4-24）可以得到关于位移 $u(x)$ 的二阶微分方程：

$$\frac{\mathrm{d}}{\mathrm{d}x}\left[E(x)A(x)\frac{\mathrm{d}u(x)}{\mathrm{d}x}\right]+f(x)A(x)=0 \tag{4-25}$$

二阶微分方程具有两种不同形式的边界条件：一种是自然边界条件，另外一种是几何边界条件（本质边界条件）。上述方程中 $u(x)$ 的边界条件为本质边界条件，$\sigma(x)$ 的边界条件为自然边界条件。

相关的物理量：

$$\sigma(x)=F/L^2,\quad A(x)=L^2,\quad f(x)=F/L^3$$

4.2.2.2　热传导问题

根据能量守恒定律和基本方程可以推导出一系列的常热传导问题的基本方程。能量守恒定律要求热通量 q 的变化与环境的热源 Q 相等，也就是：

$$\frac{\mathrm{d}[q(x)A(x)]}{\mathrm{d}x}=Q(x)A(x) \tag{4-26}$$

式中，$A(x)$ 为传热面积；Q 为系统从外界吸收的热量，其相反数表示从系统中传输出去的热量。

基本方程也就是傅里叶（Fourier）热传导定律为：

$$q(x)=-k(x)\frac{\mathrm{d}T(x)}{\mathrm{d}x} \tag{4-27}$$

式中，T 表示温度；k 表示热传导系数。

根据式（4-26）和式（4-27）可以得到如下的二阶控制微分方程：

$$\frac{\mathrm{d}}{\mathrm{d}x}\left[k(x)A(x)\frac{\mathrm{d}T(x)}{\mathrm{d}x}\right]+Q(x)A(x)=0 \tag{4-28}$$

这里关于 T 的边界条件为本质边界条件，关于 $q(x)$ 的边界条件为自然边界条件。

相关的物理量：

$$q(x) = E/(tL)^2,\ A(x) = L^2,\ Q(x) = E/(tL)^3,\ k(x) = E/(tLT)$$

4.2.2.3 电流问题

关于静电的控制方程与热传导方程相似，下述的电荷平衡方程是关于电量分布 $D(x)$ 与电荷密度 $\rho(x)$ 之间的关系：

$$\frac{\mathrm{d}[A(x)D(x)]}{\mathrm{d}x} = \rho(x)A(x) \tag{4-29}$$

式中，$A(x)$ 是垂直于 x 轴的横截面面积。

电场 $E(x)$ 与电势 $\Phi(x)$ 之间的关系满足：

$$E(x) = -\frac{\mathrm{d}\Phi(x)}{\mathrm{d}x} \tag{4-30}$$

相应的基本方程为

$$D(x) = \varepsilon(x)E(x) = -\varepsilon(x)\frac{\mathrm{d}\Phi(x)}{\mathrm{d}x} \tag{4-31}$$

式中，$\varepsilon(x)$ 为材料的电容。

根据式（4-29）和式（4-31）可得到微分方程

$$\frac{\mathrm{d}}{\mathrm{d}x}\left[\varepsilon(x)A(x)\frac{\mathrm{d}\phi(x)}{\mathrm{d}x}\right] + \rho(x)A(x) = 0 \tag{4-32}$$

其中关于 ϕ 的边界条件为本质边界条件，关于 D 的边界条件为自然边界条件。

相关的物理量：

$$D(x) = Q/L^2,\quad A(x) = L^2,\quad \rho(x) = Q/L^3$$

4.2.2.4 位势流

作为流体力学领域中的一个特殊方面，位势流广泛应用于地下水流动问题之中。在上述应用中，可以假设流体为定常不可压流动，从而可以完全由连续方程或质量守衡方程描述以上问题。假设面积为一常数，则一元势函数可以假设为

$$\phi(x) = -K(x)h(x) = -K(x)\frac{z+\rho}{\gamma} \tag{4-33}$$

以及

$$u(x) = \frac{\mathrm{d}\phi}{\mathrm{d}x} \tag{4-34}$$

式中，u 为流动速度；h 为压力头；z 为高度头；γ 为地下水问题中水的比重；ρ 为压力；K 为渗透率或水力学传导系数。

基本方程由达西（Darcy）定律给出

$$u(x) = -K\frac{\mathrm{d}h(x)}{\mathrm{d}x} \tag{4-35}$$

上式表明达西（Darcy）定律由式（4-33）给出的位势流的定义是相关的。由于一维定常不可压缩流动满足 $\mathrm{d}u/\mathrm{d}x = 0$，并联合式（4-33）~式（4-35）得到方程

$$\frac{\mathrm{d}^2\phi}{\mathrm{d}x^2} = 0 \tag{4-36}$$

方程式（4-36）的解为线性函数，因此一维流动问题的速度为一常数。然而，与之相

应的二维问题的解却比较复杂，上述问题的关于 ϕ 的边界条件为本质边界条件，关于速度的边界条件为自然边界条件。

相关的物理量：

$$\phi(x) = L^2/t, \quad K(x) = L/t, \quad u(x) = L/t$$

4.2.2.5 质量输运方程

对于大多数的基本位势流问题，如果其流动是恒定的，则会发生扩散现象。在这类问题中，质量方程的平衡会以稀释混合项的形式写出。这一理论广泛应用于多种物理问题之中。例如把地下水流动问题看作位势流问题时，可以假设有某种物质与地下水构成混合物共同流动，并且同时在混合物中进行扩散，因此可以将位势流理论和质量扩散理论相结合。假设截面积为一常数，则稀释混合项的质量平衡可以表示为：

$$u(x)\frac{\mathrm{d}C(x)}{\mathrm{d}x} + \frac{\mathrm{d}j(x)}{\mathrm{d}x} + K_r C(x) = m \tag{4-37}$$

式中，$u(x)$ 为混合物的流动速度；$C(x)$、$j(x)$ 分别为稀释项的浓缩系数和流通量；K_r 为稀释项与其周围物质之间的反应速度，例如化学反应；m 为外部的质量源函数。

基本方程称作菲克（Fick）定律，表示为：

$$j(x) = -D(x)\frac{\mathrm{d}C(x)}{\mathrm{d}x} \tag{4-38}$$

式中，$D(x)$ 为扩散系数。

根据式（4-37）和式（4-38）可以得到如下控制方程：

$$u(x)\frac{\mathrm{d}C(x)}{\mathrm{d}x} - \frac{\mathrm{d}}{\mathrm{d}x}\left[D(x)\frac{\mathrm{d}C(x)}{\mathrm{d}x}\right] + KrC(x) = m \tag{4-39}$$

这里假设速度 $u(x)$ 是已知的，其中关于 $C(x)$ 的边界条件为本质边界条件，而关于流通量 $j(x)$ 的边界条件为自然边界条件。

相关的物理量：

$$C(x) = M/L^3, \quad D(x) = L^2/t, \quad u(x) = L/t, \quad K_r = t^{-1}, \quad j(x) = M/L^2 t$$

4.2.2.6 二维问题

前面描述的各种问题都可以扩展到二维，并且除了式（4-39），都可以写成如下形式：

$$\frac{\partial}{\partial x}\left[\alpha_x \frac{\partial \Phi(x, y)}{\partial y}\right] + \frac{\partial}{\partial y}\left[\alpha_y \frac{\partial \Phi(x, y)}{\partial y}\right] + \beta\Phi(x, y) = f(x, y) \tag{4-40}$$

式中，α_x、α_y 和 β 是已知的参数，例如材料常数，一般它们都是关于 x，y 的函数，但这些参数都假设为在一个单元内是不变的，任何全局上的变化都会被模拟成单元之间的变化。

而二维质量传输方程与式（4-39）相似：

$$u_x \frac{\partial C(x, y)}{\partial x} + u_y \frac{\partial C(x, y)}{\partial y} - \frac{\partial}{\partial x}\left[D_x \frac{\partial C(x, y)}{\partial x}\right] - \frac{\partial}{\partial y}\left[D_y \frac{\partial \Phi(x, y)}{\partial y}\right] + K_r C(x, y) = m \tag{4-41}$$

式中，u_x、u_y、D_x 和 D_y 分别为在 x 和 y 方向上的速度和扩散系数。

4.2.3 弹性理论

有限元法能够广泛应用于求解二维弹性方程，有关弹性的方程可以使用位移来表示，并且所有的有限单元节点都必须有两个自由度以便表示在每个坐标方向上的位移。4.2.2节的工程问题都可以视为标量场问题，对于一维和二维问题，每个单元中都只有一个未知量，例如一维钢索和二维薄膜的挠度都可以表示成只与位移相关的公式。位移是一个矢量，它既有大小又有方向，而位移矢量只有一个分量，它的方向是确定的，因此关于一个标量的有限元公式和关于只有一个分量的矢量的有限元公式是相同的。由于标量场问题中基本变量的一阶导数是有方向性的，这就意味着在二维和三维情形中，一阶导数是矢量。虽然一维中的一阶导数是有方向的，但由于它的方向是已知的，因此对它不需要有特别的考虑。

在二维弹性问题中矢量位移具有 2 个分量，它的一阶导数对应各种应变，并且应变与应力呈线性关系。应力与应变是二阶张量，因此具有某些数学和几何上的性质。二维弹性理论中的应变-位移方程把 x 和 y 坐标方向上的位移 u 和 v 与它们相对应的应变联系起来：

$$\varepsilon_{xx}=\frac{\partial u}{\partial x},\qquad \varepsilon_{yy}=\frac{\partial u}{\partial y},\qquad \varepsilon_{xy}=\frac{\partial u}{\partial x}+\frac{\partial u}{\partial y} \tag{4-42}$$

其中法向应变 ε_{xx} 和 ε_{yy} 分别定义了在 x 和 y 方向上每单位长度的挠度，切向应变 ε_{xy} 定义了一个质点的相对角变形，下述方程定义了法向应力、切应力和体积力的关系：

$$\frac{\partial \sigma_{xx}}{\partial x}+\frac{\partial \sigma_{xy}}{\partial y}+f_x=0 \tag{4-43}$$

$$\frac{\partial \sigma_{yy}}{\partial y}+\frac{\partial \sigma_{xy}}{\partial x}+f_y=0 \tag{4-44}$$

方程的应力与应变同样遵从胡克定律，它表示每个应力分量与每个应变分量相关。假设这个弹性材料是均匀并且各向同性的，那么结合杨氏模量 E 和泊松比 ν 可以得到所有应力和应变分量都是相关的。

若材料的厚度尺寸比长度和尺寸小得多时，例如薄板或者是圆盘，施加平面应力并假设法向应力（z 轴）为 0，此时应力-应变的关系式变为：

$$\sigma_{xx}=\frac{E}{1-\nu^2}(\varepsilon_{xx}+\nu\varepsilon_{yy}) \tag{4-45}$$

$$\sigma_{yy}=\frac{E}{1-\nu^2}(\varepsilon_{yy}+\nu\varepsilon_{xx}) \tag{4-46}$$

$$\sigma_{xy}=G\varepsilon_{xy}=\frac{E}{2(1+\nu)}\varepsilon_{xy} \tag{4-47}$$

式中，G 为剪切模量，可由弹性模量 E 和泊松比 ν 得到：

$$G=\frac{E}{2(1+\nu)} \tag{4-48}$$

若材料的长度远大于横截面，例如枪管，可以假设位移和 $\frac{\partial}{\partial z}$ 在 z 轴向上为 0，得到平面应力-应变关系为：

$$\sigma_{xx}=\frac{E}{(1+\nu)(1-2\nu)}[(1-\nu)\varepsilon_{xx}+\nu\varepsilon_{yy}] \tag{4-49}$$

$$\sigma_{yy}=\frac{E}{(1+\nu)(1-2\nu)}[(1-\nu)\varepsilon_{yy}+\nu\varepsilon_{xx}] \tag{4-50}$$

$$\sigma_{zz} = \nu(\sigma_{xx} + \sigma_{yy}) \tag{4-51}$$

此时切应力和切应变的关系与式（4-47）是相同的。

4.2.4 变分函数

变分的计算是求泛函极值问题的一种数学方法，它作为一种积分形式，能够将某一种函数代入到一个泛函之中，而该泛函具有一个确定的数值。变分计算的主要问题是求函数 $f(x)$，使得函数的小变差 $\delta f(x)$ 不会改变原来的泛函。本节将研究变差的计算并将其应用于有限元理论之中，会涉及泛函分析、拓扑学原理等相关知识。本节介绍变分原理的基本理论，并且论述如何将泛函变分用于构造有限元模型。上一小节各个微分方程的变分函数的用法与应变能量和最小势能原理在弹性理论和结构理论中的用法是相似的。

除了含有一阶导数项的方程式（4-39）外，上一小节的其他控制方程的变分函数可以写成统一的形式，为了简化计算，将有限单元上的面积和材料弹性系数等项视作常数，所以上述方程中的相应项也设为常数，记作 $f = f(x)$，有

$$J_1(f) = \int_V \frac{1}{2}\left[\alpha\left(\frac{\mathrm{d}f}{\mathrm{d}x}\right)^2 + \beta f^2 - 2\gamma f\right]\mathrm{d}V \tag{4-52}$$

含有一阶导数项的方程不一定有相应的变分函数，如方程（4-39）所示。为了得到上述方程的有限元模型，可以采用伪变分函数或拟变分函数来表示相应的控制微分方程，如果记方程式（4-39）中的 $C = C(x)$，则与其相应的拟变分函数为：

$$J_2(C) = \int_V \frac{1}{2}\left[D\left(\frac{\mathrm{d}C}{\mathrm{d}x}\right)^2 + Cu\frac{\mathrm{d}C}{\mathrm{d}x} + K_r C^2 - 2mC\right]\mathrm{d}V \tag{4-53}$$

对于本节的控制微分方程，式（4-52）经过适当变形能够得到相应方程的特征变分函数。一般情况下，变分格式中包含有边界条件，因此从这一角度来讲，式（4-52）的表示并不完善，但变分函数给出了函数与本章微分方程之间的对应关系，并且成为初步研究有限元方法的必要条件。

例如前面提到的热传导问题的变分函数为式（4-52），则由函数的变差可以到得到热传导问题的控制微分方程。令 $f \equiv T$，$a \equiv k$，$\beta \equiv 0$，$\gamma \equiv Q$，则热传导问题的变分函数化成

$$J(T) = \int_V \left[\frac{1}{2}k\left(\frac{\mathrm{d}T}{\mathrm{d}x}\right)^2 - QT\right]\mathrm{d}V \tag{4-54}$$

记变分算子为 δ，则式（4-54）的变分形式变为

$$\delta J(T) = \int_V \frac{1}{2}\delta\left[k\left(\frac{\mathrm{d}T}{\mathrm{d}x}\right)^2 - 2QT\right]\mathrm{d}V \tag{4-55}$$

考虑到括号中的第一项：

$$\delta\left(\frac{\mathrm{d}T}{\mathrm{d}x}\right)^2 = \delta\left[\left(\frac{\mathrm{d}T}{\mathrm{d}x}\right)\left(\frac{\mathrm{d}T}{\mathrm{d}x}\right)\right] = \left[\delta\left(\frac{\mathrm{d}T}{\mathrm{d}x}\right)\right]\frac{\mathrm{d}T}{\mathrm{d}x} + \left(\frac{\mathrm{d}T}{\mathrm{d}x}\right)\delta\left(\frac{\mathrm{d}T}{\mathrm{d}x}\right) = 2\left(\frac{\mathrm{d}T}{\mathrm{d}x}\right)\delta\left(\frac{\mathrm{d}T}{\mathrm{d}x}\right)$$

因此微分过程和变分过程可以互换写为

$$\delta\left(\frac{\mathrm{d}T}{\mathrm{d}x}\right) = \frac{\mathrm{d}}{\mathrm{d}x}(\delta T)$$

此外将体积积分改写为由关于截面面积的积分和区间（0，L）上的积分组成的二重积

分，因为 $\int_A \mathrm{d}A = A$，故变分式（4-54）可以写为

$$\delta J(T) = \int_0^L \left[k \frac{\mathrm{d}T}{\mathrm{d}x} \frac{\mathrm{d}(\delta T)}{\mathrm{d}x} - Q\delta T \right] A\mathrm{d}x \tag{4-56}$$

对等式右边第一项进行分部积分得到

$$\delta J(T) = k \frac{\mathrm{d}T}{\mathrm{d}x}\delta T \bigg|_0^L - \left(\int_0^L k \frac{\mathrm{d}^2 T}{\mathrm{d}x^2}\delta T + Q\delta T \right) A\mathrm{d}x \tag{4-57}$$

对于 T 的小变差，上述泛函趋于0，而且只有当 $T(0) = T(L) = 0$ 时成立。因此可以推得 $\delta T(0) = \delta T(L) = 0$ 或者 $k\mathrm{d}T(0)/\mathrm{d}x = k\mathrm{d}T(L)/\mathrm{d}x = 0$，因此式（4-57）第一项为0。同样也包含了问题的本质边界条件和自然边界条件。在剩下的积分中，由于 δT 的任意性，因此其中的微分方程也等于0，也就是方程式（4-28）。

$$k \frac{\mathrm{d}^2 T}{\mathrm{d}x^2} + Q = 0 \tag{4-58}$$

使用瑞利（Raleigh-Ritz）方法可以得到上述讨论的一维热传导问题的近似解，假设有等截面均匀直杆长度为 L，在直杆上各处均匀加热，直杆两端的温度为

$$T(0) = T(L) = 0$$

对上述一维热传导问题的微分方程求解，即

$$\frac{\mathrm{d}^2 T}{\mathrm{d}x^2} = -\frac{Q}{k} \tag{4-59}$$

得到上述问题的真实解，将该方程积分两次得到

$$T = -\frac{Qx^2}{k} + C_1 x + C_2 \tag{4-60}$$

代入边界条件并整理

$$T = \frac{Q(Lx - x^2)}{2k} \tag{4-61}$$

瑞利（Raleigh-Ritz）方法是由 Lord Raleigh 和 Walter Ritz 分别独立提出的。是将方程式（4-59）的解表示为具有若干未知参数的函数，并将其代入到上述一维热传导问题的方程式（4-54），而后经过积分运算得到中间计算公式；最后对上述计算式关于未知参数进行极小化，得到关于未知参数的代数方程组，并通过求解代数方程组给出未知参数的解。可以设为

$$T = \sum_{i=1}^{N} C_i x^{i-1} \tag{4-62}$$

式中，C_i 为未知参数；N 为级数所含有的项数。

基于真实解式（4-61），设近似解为一个二次多项式

$$T = C_1 + C_2 x + C_3 x^2 \tag{4-63}$$

代入边界条件 $T(0) = 0$，则有 $C_1 = 0$，$T(L) = 0$，$C_2 = -C_3 L$，二次多项式就变为

$$T = C_3(x^2 - Lx) \tag{4-64}$$

$$\frac{\mathrm{d}T}{\mathrm{d}x} = C_3(2x - L) \tag{4-65}$$

将式（4-64）和式（4-65）代入式（4-59）并用 $A\int_0^L \mathrm{d}x$ 代替 $\int_V \mathrm{d}V$ 得到

$$J = \int_0^L \frac{1}{2}[kc_3^2(4x^2 - 4Lx + L^2) - 2Qc_3(x^2 - Lx)]A\mathrm{d}x$$

或者进行积分，取极限得到

$$J = \frac{Akc_3^2L^3}{6} + \frac{AQc_3L^3}{6} \tag{4-66}$$

获得使 J 取得极小值的 c_3：

$$\frac{\partial L}{\partial c_3} = \frac{2Akc_3L^3}{6} + \frac{AQL^3}{6} = 0,\ c_3 = -\frac{Q}{2k} \tag{4-67}$$

将式（4-67）代入式（4-64）得到近似解

$$T = \frac{Q(Lx - x^2)}{2k}$$

特别的是，本例中近似解和真实解是相同的。

使用变分函数同样也可以推得二维问题有限元，但是前提是控制微分方程的变分函数存在。二维问题的变分函数可以由一维函数的扩展来得到，如同二维控制方程是一维对应方程的扩展一样。换句话说如果变分函数在一维中是存在的话，那么它在二维和三维中也存在。

使用笛卡尔张量记号，由应力和应变张量可将对应平面弹性问题的变分函数写成一般形式：

$$J(u) = \int_V \left(\frac{1}{2}\sigma_{kj}\varepsilon_{kj} - f_k u_k\right)\mathrm{d}V - \int_S T_k u_k \mathrm{d}S \tag{4-68}$$

这里推导二维热传导的变分函数并且使用四节点线性形状函数来表示变分函数。将式（4-52）扩展一维函数到二维情形：

$$J(T) = \int_A \left[\frac{k_x}{2}\left(\frac{\partial T}{\partial x}\right)^2 + \frac{k_y}{2}\left(\frac{\partial T}{\partial y}\right)^2 - QT\right] t\mathrm{d}x\mathrm{d}y \tag{4-69}$$

其中假设了均匀厚度，热传导率 k_x 和 k_y 在 x 和 y 方向上可以有不同的值，表示在一个单元中温度分布的形状函数具有 $\phi = N_1\phi_1 + N_2\phi_2 + N_3\phi_3 + N_4\phi_4$ 的形式，用矩阵的形式表示为：

$$T = [N_1 \quad N_2 \quad N_3 \quad N_4]\begin{bmatrix} T_1 \\ T_2 \\ T_3 \\ T_4 \end{bmatrix} = \boldsymbol{NT} \tag{4-70}$$

其中只有形状函数是 x 和 y 的函数，定义二维热传导表达式（4-70）中偏导数的算子矩阵为：

$$\boldsymbol{L}_x = \left[\frac{\partial}{\partial x}\right],\ \boldsymbol{L}_y = \left[\frac{\partial}{\partial y}\right] \tag{4-71}$$

$\boldsymbol{L}_x\boldsymbol{N}$ 的运算结果为 1×1 矩阵乘以 1×4 的矩阵，得到一个 1×4 的矩阵，它定义了形

状函数对 x 的偏导数。同理 $\boldsymbol{L}_y\boldsymbol{N}$ 也是一个 1×4 的矩阵，它定义了形状函数对 y 的偏导数，为了方便表示，将 k_x 和 k_y 都表示成 1×1 的矩阵，现在二维热传导表达式（4-70）可以写成矩阵方程：

$$J(T)=\int_A\left(\frac{1}{2}\boldsymbol{T}^{\mathrm{T}}\boldsymbol{N}^{\mathrm{T}}\boldsymbol{L}_x^{\mathrm{T}}\boldsymbol{k}_x\boldsymbol{L}_x\boldsymbol{N}\boldsymbol{T}+\frac{1}{2}\boldsymbol{T}^{\mathrm{T}}\boldsymbol{N}^{\mathrm{T}}\right.$$

$$\left.\boldsymbol{L}_y^{\mathrm{T}}\boldsymbol{k}_y\boldsymbol{L}_y\boldsymbol{N}\boldsymbol{T}-\boldsymbol{T}^{\mathrm{T}}\boldsymbol{N}^{\mathrm{T}}Q\right)t\mathrm{d}x\mathrm{d}y \tag{4-72}$$

所有的矩阵相乘之后，其结果是一个 1×1 矩阵并且表示数量，此函数可以对 $\boldsymbol{T}$ 求最小，始终前两项导致两个能相加的 4×4 矩阵，最后一项应该是一个反映 Q 在每个节点分布的 4×1 矩阵，矩阵方程的形成说明了有限元公式的构造过程，但在计算中可以使用更加紧凑的形式，不需要分别定义 $\boldsymbol{L}_x$ 和 $\boldsymbol{L}_y$，可以定义一个算子矩阵

$$\boldsymbol{L}=\begin{bmatrix}\partial/\partial x\\ \partial/\partial y\end{bmatrix}$$

并且可以用一个矩阵定义 $\boldsymbol{L}$ 作用在 $\boldsymbol{N}$ 上的偏导数

$$\boldsymbol{L}\boldsymbol{N}=\begin{bmatrix}\partial/\partial x\\ \partial/\partial y\end{bmatrix}[N_1\quad N_2\quad N_3\quad N_4]=\begin{bmatrix}\partial N_1/\partial x & \partial N_2/\partial x & \partial N_3/\partial x & \partial N_4/\partial x\\ \partial N_1/\partial y & \partial N_2/\partial y & \partial N_3/\partial y & \partial N_4/\partial y\end{bmatrix} \tag{4-73}$$

式（4-73）中的最后一项通常称为 $\boldsymbol{B}$ 矩阵，通过定义一个热传导矩阵，变分函数可以写为更加紧凑的形式

$$\boldsymbol{k}=\begin{bmatrix}k_x & 0\\ 0 & k_y\end{bmatrix}$$

所以

$$J(T)=\int_A\left(\frac{1}{2}\boldsymbol{T}^{\mathrm{T}}\boldsymbol{N}^{\mathrm{T}}\boldsymbol{L}^{\mathrm{T}}\boldsymbol{k}\boldsymbol{L}\boldsymbol{N}\boldsymbol{T}-\boldsymbol{T}^{\mathrm{T}}\boldsymbol{N}^{\mathrm{T}}Q\right)t\mathrm{d}x\mathrm{d}y$$

或者

$$J(T)=\int_A\left(\frac{1}{2}\boldsymbol{T}^{\mathrm{T}}\boldsymbol{B}^{\mathrm{T}}\boldsymbol{k}\boldsymbol{B}\boldsymbol{T}-\boldsymbol{T}^{\mathrm{T}}\boldsymbol{N}^{\mathrm{T}}Q\right)t\mathrm{d}x\mathrm{d}y \tag{4-74}$$

式（4-74）为变分函数等价的矩阵表述。

4.2.5 插值函数

有限元方法的基本概念是指连续函数可以近似表示为离散模型，这里的离散模型是由一个或多个插值多项式组成的，而连续函数被分成有限段（或有限片、有限块），亦即有限个单元。每一个单元由一个插值函数所定义，用以刻画单元在端点之间的状态，有限单元的端点称为节点。

这里简单介绍一维线性插值多项式，函数如图 4-3 所示。

假设在 u_1 和 u_2 之间近似于 $u(x)$ 的一维线性插值多项式为

$$u=A+Bx \tag{4-75}$$

式中，A 和 B 为常数。

将边界条件 $u(x_1)=u_1$ 和 $u(x_2)=u_2$ 代入上式，得到关于 A 和 B 的两个方程

$$u_1=A+Bx_1$$

$$u_2 = A + Bx_2$$

从中解得 A 和 B，代入式（4-75）得到插值多项式

$$A = \frac{u_1 x_1 - u_2 x_1}{x_2 - x_1}, \qquad B = \frac{u_2 - u_1}{x_2 - x_1} \tag{4-76}$$

$$u = u_1 \frac{x_2 - x}{x_2 - x_1} + u_2 \frac{x - x_1}{x_2 - x_1}$$

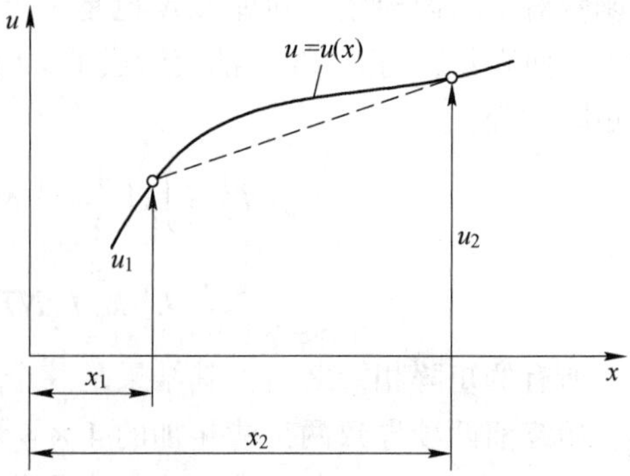

图 4-3　一维线性插值多项式示意图

根据瑞利（Raleigh-Ritz）方法，采用线性插值多项式也能求解前面的热传导问题，如图 4-4 所示，式（4-76）的插值形式可用来定义近似解。将定义域用节点 $x_1 = 0$，$x_2 = \frac{L}{2}$，$x_3 = L$ 分成长度为 $L/2$ 的两个单元。以式(4-76)为模型，得到左边的单元

$$T = T_1 \frac{x_2 - x}{L/2} + T_2 \frac{x - x_1}{L/2}$$

利用边界条件 $T_1 = 0$，并且 $x_1 = 0$ 有

$$T = \frac{2T_2 x}{L}, \qquad 0 \leqslant x \leqslant \frac{L}{2} \tag{4-77}$$

右边的单元

$$T = T_2 \frac{x_3 - x}{L/2} + T_3 \frac{x - x_2}{L/2}$$

利用边界条件 $T_3 = 0$，并且 $x_3 = L$ 有

$$T = 2T_2 \frac{(L - x)}{L}, \qquad \frac{L}{2} \leqslant x \leqslant L \tag{4-78}$$

变分方程写为

$$J(T) = \int_0^L \left[\frac{1}{2}k\left(\frac{\mathrm{d}T}{\mathrm{d}x}\right)^2 - QT\right] A\mathrm{d}x \tag{4-79}$$

将式（4-77）和式（4-78）代入式（4-79）得到

$$J(T) = \int_0^{\frac{L}{2}} \left(k\frac{2T_2^2}{L^2} - 2QT_2\frac{x}{L}\right) A\mathrm{d}x + \int_{\frac{L}{2}}^{L} \left(k\frac{2T_2^2}{L^2} - 2QT_2\frac{L-x}{L}\right) A\mathrm{d}x \tag{4-80}$$

求积分，合并同类项化简得到

$$J(T) = \left(-\frac{2kT_2^2}{L} + \frac{QT_2 L}{2}\right) A \tag{4-81}$$

$$\frac{\partial J(T)}{\partial T_2} = \frac{4kT_2}{L} - \frac{QL}{2} = 0, \qquad T_2 = \frac{QL^2}{8k} \tag{4-82}$$

将上式代入式（4-77）和式（4-78）得到

$$T = \frac{QLx}{4k}, \qquad 0 \leqslant x \leqslant \frac{L}{2}$$

$$T=\frac{QL(L-x)}{4k}, \qquad \frac{L}{2}\leqslant x\leqslant L$$

当 $x=\frac{L}{2}$，数值解是精确的，$T\left(\frac{L}{2}\right)=\frac{QL^2}{8k}$；而 $x=\frac{L}{4}$ 处的近似解为 $T\left(\frac{L}{4}\right)=\frac{QL^2}{16k}$，真实解为 $T\left(\frac{L}{4}\right)=\frac{3QL^2}{32k}$。因此近似解与真实解数值比较接近，在复杂的情况下可以使用近似解来简化计算。

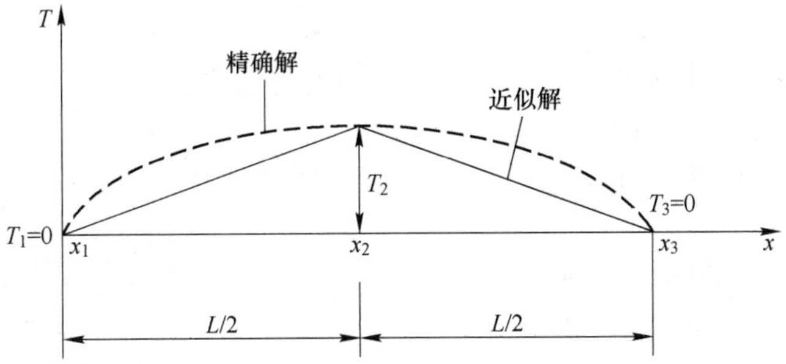

图 4-4　近似解与精确解示意图

4.2.6　形状函数

形状函数（也称为形函数）常用字母 N 来表示，它通常为插值多项式的系数。在某一个有限单元中，不同的节点有其各自的形函数，它在该点的函数值为 1，而在该单元上其他节点处的函数值为 0，插值多项式和形状函数这两个概念经常交替使用。

一维线性插值多项式的结论也可以用来推导图 4-4 中的点 x_1 处的形状函数，节点 1 处的形状函数是式（4-76）中 u_1 的系数，即 $N_1=(x_2-x)/(x_2-x_1)$，节点 2 处的形状函数是相似的，$N_2=(x-x_1)/(x_2-x_1)$，可以看出 $x=x_1$ 时，$N_1=1$，而节点 1 处的形状函数是 $N_2=0$，节点 2 处的 $N_2=1$。并且基于形状函数和式（4-76）给出的插值格式，插值形式可以写为

$$u=N_1u_1+N_2u_2 \tag{4-83}$$

定义 $\boldsymbol{N}=[N_1 \quad N_2]$，$\boldsymbol{u}=[u_1 \quad u_2]^{\mathrm{T}}$，那么式（4-83）可以改写为 $u=\boldsymbol{N}\boldsymbol{u}$。

用形状函数也可以写出瑞利（Raleigh-Ritz）解的表达式，假设横截面面积为常数的弹性杆两端固定，杆长为 $3L$，弹性杆各处受相同的体积力 f 作用，试采用 3 个长为 L 的线性元来写出瑞利解的表达式，如图 4-5 所示。

求得表达式与上述的插值多项式求解类似。对单元 Ⅰ 有

$$u_1=N_{\mathrm{I}1}u_1+N_{\mathrm{I}2}u_2 \tag{4-84}$$

和

$$\frac{\mathrm{d}u_1}{\mathrm{d}x}=\frac{\mathrm{d}N_{\mathrm{I}1}}{\mathrm{d}x}u_1+\frac{\mathrm{d}N_{\mathrm{I}2}}{\mathrm{d}x}u_2 \tag{4-85}$$

如图 4-5（b）所示，这里的 $N_{\mathrm{I}1}$ 是单元 Ⅰ 中节点 1 处的线性形状函数，$N_{\mathrm{I}2}$ 是节点 2 处的线性形状函数，而常数 u_1 和 u_2 为相应节点处的位移值。式（4-84）中的形状函数是

关于 x 的函数，而式（4-85）中的导数运算仅对形状函数产生影响。利用上面形状函数推导的结论，设所有单元的长度为 L，那么

$$N_{\mathrm{I}1}=\frac{L-x}{L}\quad\frac{\mathrm{d}N_{\mathrm{I}1}}{\mathrm{d}x}=-\frac{1}{L}$$

$$N_{\mathrm{I}2}=\frac{x}{L}\quad\frac{\mathrm{d}N_{\mathrm{I}2}}{\mathrm{d}x}=\frac{1}{L}$$

类似的，对于单元Ⅱ和单元Ⅲ，有

$$u_{\mathrm{II}}=N_{\mathrm{II}2}u_2+N_{\mathrm{II}3}u_3$$
$$u_{\mathrm{III}}=N_{\mathrm{III}3}u_3+N_{\mathrm{III}4}u_4$$

其中

$$N_{\mathrm{II}2}=\frac{2L-x}{L}\quad\frac{\mathrm{d}N_{\mathrm{II}2}}{\mathrm{d}x}=-\frac{1}{L}$$

$$N_{\mathrm{II}3}=\frac{x-L}{L}\quad\frac{\mathrm{d}N_{\mathrm{II}3}}{\mathrm{d}x}=\frac{1}{L}$$

$$N_{\mathrm{III}3}=\frac{3L-x}{L}\quad\frac{\mathrm{d}N_{\mathrm{II}2}}{\mathrm{d}x}=-\frac{1}{L}$$

$$N_{\mathrm{III}4}=\frac{x-2L}{L}\quad\frac{\mathrm{d}N_{\mathrm{III}4}}{\mathrm{d}x}=\frac{1}{L}$$

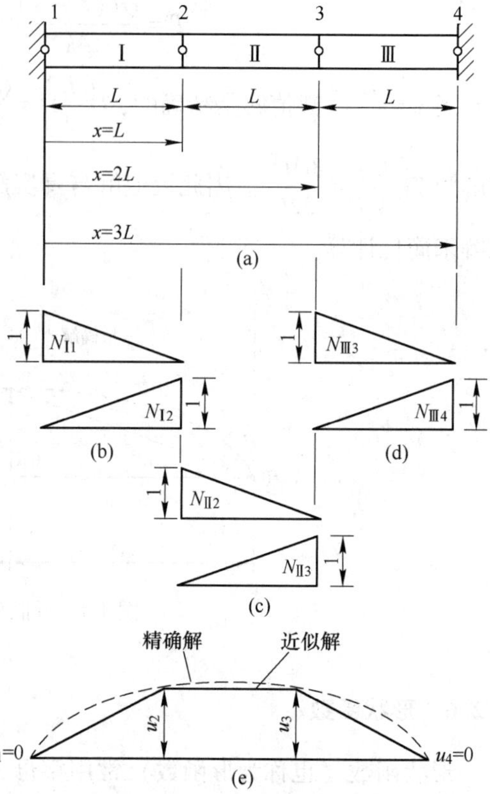

图 4-5 弹性杆的线性元图
（a）弹性杆示意图；（b）~（d）形状函数示意图；（e）近似解与精确解

上述形状函数如图 4-5（b）~（d）所示，图 4-5（e）所示为将形状函数进行组合并应用边界条件后，得到解的最终形式。因此得到一个重要的结论：线性形状函数的一阶导数仅仅依赖于单元的长度。单个单元左端点对应的形状函数的导数恒为 $-1/L$，该单元右端点对应的形状函数的导数恒为 $1/L$。同一问题中的所有单元的长度不一定相等，列举的例子中简化了形状函数的记法。

将上面各式代入到式（4-52），根据边界条件 $u_1=u_4=0$ 可得

$$J(u)=\int_0^L\left(E\frac{u^2}{2L^2}-f\frac{u_2x}{L}\right)A\mathrm{d}x+$$
$$\int_L^{2L}\left\{\left(E\frac{u_2^2-2u_2u_3+u_3^2}{2L^2}\right)-f\left[\frac{u_2(2L-x)}{L}+\frac{u_3(x-L)}{L}\right]\right\}A\mathrm{d}x+$$
$$\int_{2L}^{3L}\left(E\frac{u_3^2}{2L^2}-\frac{u_3(3L-x)}{L}\right)A\mathrm{d}x$$

计算积分，合并同类项，化简得到

$$J(u)=EA\frac{2u_2-u_3}{L}-AfL(u_2+u_3)\tag{4-86}$$

对于式（4-86），对未知节点位移取极小值

$$\frac{\partial J}{\partial u_2} = EA\frac{2u_2 - u_3}{L} - AfL = 0 \tag{4-87}$$

$$\frac{\partial J}{\partial u_3} = EA\frac{2u_3 - u_2}{L} - AfL = 0 \tag{4-88}$$

关于极小值的两个式子可以写成矩阵形式

$$\frac{EA}{L}\begin{bmatrix} 2 & -1 \\ -1 & 2 \end{bmatrix}\begin{bmatrix} u_1 \\ u_2 \end{bmatrix} = AfL\begin{bmatrix} 1 \\ 1 \end{bmatrix} \tag{4-89}$$

根据上式可解得 $u_2 = fL^2/E$，$u_3 = fL^2/E$，各单元的位移值为

$$u_{\mathrm{I}} = \frac{fLx}{E}, \qquad 0 \leqslant x \leqslant L$$

$$u_{\mathrm{II}} = \frac{fL^2}{E}, \qquad L \leqslant x \leqslant 2L$$

$$u_{\mathrm{III}} = fL(3L - x), \qquad 2L \leqslant x \leqslant 3L$$

当长度为 3L 时，瑞利解的真实解为：

$$u = f\frac{3Lx - x^2}{2E}$$

当 $x = L$ 和 $x = 2L$ 时，近似解是精确的；但在弹性杆的中间部位，当 $x = 3L/2$ 的时候，精确解为 $9/8(fL^2/E)$，误差约为 11%。

下面介绍与弹性杆相类似的直杆，对于长度为 L 的单元，变分函数可以写为

$$J(u) = \frac{1}{2}\int_0^L \frac{\mathrm{d}u}{\mathrm{d}x}E\frac{\mathrm{d}u}{\mathrm{d}x}\mathrm{d}x - \int_0^L ufA\mathrm{d}x \tag{4-90}$$

根据线性形状函数的矩阵形式，可以改写为

$$J(u) = \frac{A}{2}\int_0^L \boldsymbol{u}^{\mathrm{T}}\left[\frac{\mathrm{d}\boldsymbol{N}}{\mathrm{d}x}\right]^{\mathrm{T}}\boldsymbol{E}\left[\frac{\mathrm{d}\boldsymbol{N}}{\mathrm{d}x}\right]u\mathrm{d}x - A\int_0^L \boldsymbol{u}^{\mathrm{T}}\boldsymbol{N}^{\mathrm{T}}f\mathrm{d}x \tag{4-91}$$

也可以改写为矩阵的乘法形式

$$J(u) = \frac{A}{2}\int_0^L [u_1 \quad u_2]\begin{bmatrix} \mathrm{d}N_1/\mathrm{d}x \\ \mathrm{d}N_2/\mathrm{d}x \end{bmatrix}\boldsymbol{E}[\mathrm{d}N_1/\mathrm{d}x \quad \mathrm{d}N_2/\mathrm{d}x]\begin{bmatrix} u_1 \\ u_2 \end{bmatrix}\mathrm{d}x -$$

$$A\int_0^L [u_1 \quad u_2]\begin{bmatrix} N_1 \\ N_2 \end{bmatrix}f\mathrm{d}x \tag{4-92}$$

在该点上可以将形状函数及其导数代入式（4-92），计算不同的矩阵乘法和积分结果。积分结果类似于弹性杆的推导过程，但式（4-92）仅描述了矩阵方程，极小化过程由式（4-91）描出，对矩阵求导数

$$\frac{\partial J(u)}{\partial |u|} = A\int_0^L \left[\frac{\mathrm{d}\boldsymbol{N}}{\mathrm{d}x}\right]^{\mathrm{T}}\boldsymbol{E}\left[\frac{\mathrm{d}\boldsymbol{N}}{\mathrm{d}x}\right]|u|\mathrm{d}x - A\int_0^L \boldsymbol{N}^{\mathrm{T}}f\mathrm{d}x = 0$$

对矩阵进行计算得到

$$A\int_0^L \begin{pmatrix} -1/L \\ 1/L \end{pmatrix}\boldsymbol{E}(-1/L \quad 1/L)\begin{pmatrix} u_1 \\ u_2 \end{pmatrix}\mathrm{d}x - A\int_0^L \begin{pmatrix} (L - x)/L \\ x/L \end{pmatrix}\mathrm{d}x$$

整理得到

$$A\int_0^L \begin{bmatrix} E/L^2 & -E/L^2 \\ -E/L^2 & E/L^2 \end{bmatrix} \begin{pmatrix} u_1 \\ u_2 \end{pmatrix} \mathrm{d}x = A\int_0^L \begin{pmatrix} (L-x)/L \\ x/L \end{pmatrix} \mathrm{d}x$$

对上式进行积分得到最终结果为

$$\begin{bmatrix} \dfrac{AE}{L} & -\dfrac{AE}{L} \\ -\dfrac{AE}{L} & \dfrac{AE}{L} \end{bmatrix} \begin{pmatrix} u_1 \\ u_2 \end{pmatrix} = \begin{pmatrix} \dfrac{AfL}{2} \\ \dfrac{AfL}{2} \end{pmatrix} \tag{4-93}$$

注意到由于不同有限单元的面积有可能发生变化，因而面积因子没有从方程里提取出来。等号右边的项说明该单元的每一个节点分配到体积力的一半。式（4-93）是拉伸杆的单元刚度矩阵（某一个单元的刚度矩阵）。任何类似方程的刚度矩阵都是相同的，只不过材料参数有所不同而已。最后，矩阵形式的方程式（4-93）可写为

$$\boldsymbol{Ku} = \boldsymbol{f}$$

或

$$\boldsymbol{K}^{\mathrm{e}}\boldsymbol{u} = \boldsymbol{f}^{\mathrm{e}} \tag{4-94}$$

这里的上标 e 代表单元刚度矩阵和单元应力矩阵。

4.2.7 连通性

连通性是指有限元模型中的一个单元与相邻单元的连接，在本节中，对于每个节点处有一个未知量的一维线性两点单元而言，局部单元上的微分运算是主要的。上述单元的左端点的编号为 1，右端点的编号为 2，显然，整体有限元模型中的所有点不能都记为点 1 或点 2，整体模型和局部模型之间通过连通度矩阵进行联系。如果整体模型中含有 N_{el} 个有限单元，每个单元中含有 N_{node} 个节点，则连通度矩阵的维数为 $N_{\mathrm{el}} \times N_{\mathrm{node}}$，如图 4-6 所示，整体模型中含有 5 个用罗马数字表示的单元，而局部模型和整体模型之间通过一个如表 4-2 所示的 5×2 阶连通度矩阵进行联系。

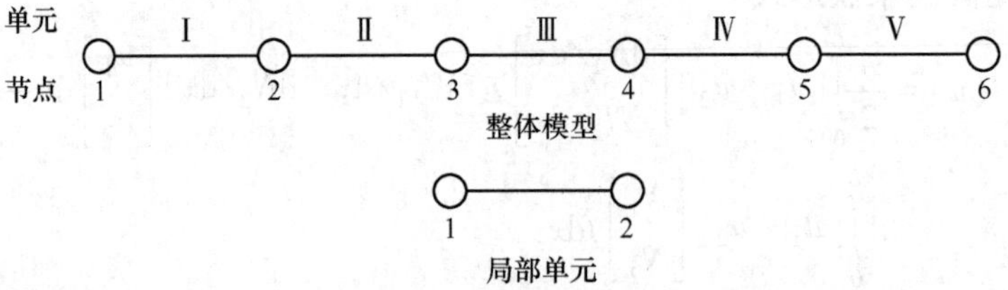

图 4-6 整体和局部有限元模型

表 4-2 图 4-6 的连通度矩阵

整体单元	局部单元	
	节点 1	节点 2
Ⅰ	1	2
Ⅱ	2	3
Ⅲ	3	4
Ⅳ	4	5
Ⅴ	5	6

4.2.8 刚度矩阵

刚度矩阵这一名词来源于结构分析，有限元方法的早期应用类似于矩阵的结构分析，用以描述力和位移之间的矩阵关系。现在，在提到刚度矩阵时，不再考虑其应用，温度与热通量之间的矩阵关系称为刚度矩阵。

有限元方法定义了两个刚度矩阵：单元刚度矩阵和整体刚度矩阵。单元刚度矩阵对应于独立的某一个单元；整体刚度矩阵由所有的刚度矩阵组装而成，定义的是整个系统的刚度矩阵。

4.2.9 边界条件

边界条件分为本质条件和自然边界条件两种，采用解析方法能够得到类似于上一节所介绍的二阶方程的解，但这里需要计算 2 个积分常数，为了计算积分值，就必须要给出两个边界条件，这些边界条件通常是在问题的一维定义域的两端分别给出。边界条件一般是按照未知量的具体数学形式进行分类。

在数学中，本质边界条件也叫狄利克雷（Dirichlet）边界条件，由方程式（4-28），这是长为 L 的等截面的均匀直杆的一维恒定状态的热传导问题，可以表示成如下的狄利克雷（Dirichlet）问题：

$$\frac{d^2T}{dx^2} + Q = 0 \tag{4-95}$$

$$T(0) = T_0, \quad T(L) = T_L \tag{4-96}$$

这里的两个边界条件都是针对温度给定的。

实际问题的诺伊曼（Neumann）边界条件在两个边界点上都是给出一阶导数值，这类问题被称作诺伊曼（Neumann）问题。对于热传导问题，其诺伊曼（Neumann）边界条件是给出通量所满足的条件，例如联合式（4-95）和式（4-27）

$$k_0 \frac{dT(0)}{dx} = q_0, \quad k_L \frac{dT(L)}{dx} = q_L \tag{4-97}$$

然而这类边界条件会给理论求解增加困难，只有在给定某一点温度的条件下，这样的问题才是唯一可解的。

第三类边界条件称为混合边界条件，这类边界条件相当于把式（4-96）和式（4-97）组合起来，是最常用的一类边界条件，实际上有两种混合边界条件，第一种混合边界条件的一个边界条件为本质条件，另一个边界条件为自然边界条件。第二种混合边界条件如热传导方程的边界条件：

$$k \frac{dT}{dx} + h(T - T^{\infty}) = 0 \tag{4-98}$$

式中，h 为对流项系数；T^{∞} 为边界面以外介质的温度。

4.3 有限元方法

4.3.1 变分原理

上一节探讨了数学物理和工程上的基本方程，使用有限元法对分析的基本数值进行了讨论，这一节将简单介绍变分原理。

变分原理可用抽象的数学表述为：

$$J(\boldsymbol{u}) = [\boldsymbol{u}, A\boldsymbol{u}]_{\Omega} - 2[\boldsymbol{u}, \boldsymbol{f}]_{\Omega} \tag{4-99}$$

式中，A 是一个自共轭正定算子；$\boldsymbol{f}$ 是区域 Ω 中的已知矢量；$\boldsymbol{u}$ 是未知矢量，标记 $[\ ,\ ]_{\Omega}$ 表示一个内积并且可以认为具有与矢量分析中内积或数量积相似的性质，括号中相乘的项给出一个数量结果。

算子 A 和矢量 $\boldsymbol{f}$ 与 $\boldsymbol{u}$ 定义了边值问题

$$A\boldsymbol{u} = \boldsymbol{f}(\text{在 } \Omega \text{ 上}) \tag{4-100}$$

变分微积分的一个基本概念是式（4-99）的最小值 $\boldsymbol{u}$ 为式（4-100）的解。这些相当基本的思想与泛函分析和矢量空间理论是相联系的，并且有几种条件可以作用于它们之上。本节的重点是放在抽象概念的解释和变分原理的构造上。如果无边界条件，那么式（4-100）是不完整的，边界条件可以写为：

$$C\boldsymbol{u} = g(\text{在 } \partial\Omega) \tag{4-101}$$

式中，C 是一算子；$\boldsymbol{u}$ 是未知矢量，且 g 是一组给定量（边界条件）。

式（4-99）可以扩展成：

$$J(\boldsymbol{u}) = [\boldsymbol{u}, A\boldsymbol{u}]_{\Omega} - 2[\boldsymbol{u}, \boldsymbol{f}]_{\Omega} + [\boldsymbol{u}, C\boldsymbol{u}]_{\partial\Omega} - 2[\boldsymbol{u}, g]_{\partial\Omega} \tag{4-102}$$

上式包括在变分原理定义范围之内的边界条件。

由式（4-99）所表示的基本叙述对于边界齐次条件来说是有效的，而式（4-102）对于非齐次边界条件是有效的。通常将式（4-99）括号中的第一项写成一般的形式 $[\boldsymbol{u}, Av]$，其中 $\boldsymbol{u}$ 和 v 定义在一个矢量空间之中，此项称为双线性映射，并且必须满足特定的数学要求。算子 A 称为式对称的，如果

$$[\boldsymbol{u}, Av]_{\Omega} = [v, A\boldsymbol{u}]_{\Omega} = [A\boldsymbol{u}, v]_{\Omega} \tag{4-103}$$

由式（4-103）定义的对称算子并不意味着在矩阵分析叙述中的一个对称矩阵，算子 A 中的伴随算子记作 A^*，并在下面的叙述中定义，若

$$[\boldsymbol{u}, Av]_{\Omega} = [A^*\boldsymbol{u}, v]_{\Omega} = [v, A^*\boldsymbol{u}]_{\Omega} \tag{4-104}$$

对于齐次边界条件或

$$[\boldsymbol{u}, Av]_{\Omega} = [v, A^*\boldsymbol{u}]_{\Omega} = [v, A^*\boldsymbol{u}]_{\Omega} \tag{4-105}$$

那么 A^* 称为 A 的伴随算子，其中 $\boldsymbol{u}$ 和 v 定义在同一个矢量空间之中，并且 Ω 表示空间的定义域，$D_{\partial\Omega}(\boldsymbol{u}, v)$ 表示可能的边界条件。若 $A = A^*$，则算子 A 就称为式自伴随的。

将式（4-103）定义的对称性应用到式（4-99）就隐含着一个简单的关系 $[\boldsymbol{u}, A\boldsymbol{u}] = [A\boldsymbol{u}, \boldsymbol{u}]$。然而当 $\boldsymbol{u}$ 表示多于一个的场变量时表示为：

$$[u_i, A_{ij}u_j] = [u_j, A_{ij}u_j] \tag{4-106}$$

自伴随算子的概念依赖于双线性映射的形式。与一个常微分方程（例如上一节的那些方程）相联系的一般形式为：

$$[p, q] = \int_{\Omega} p(x)q(x)\mathrm{d}x \tag{4-107}$$

时间相关问题需要利用双线性映射不同的定义，扩展到式（4-107）包括

$$[p, q] = \int_{\Omega}\int_0^t p(x, t)q(x, t)\mathrm{d}x\mathrm{d}t \tag{4-108}$$

并且空间维数可以表示一维、二维和三维。

式（4-103）~式（4-106）依赖于双线性映射的定义。对时间有一阶（或其他奇数阶）导数的微分方程，关于式（4-108）的双线性形式上不是自伴随的。瑞迪（Reddy）和奥登（Oden）已经证明，热传导类型的方程（对时间有一阶导数的初值问题）关于双线性形式上是自伴随的：

$$[p,\ q] = \int_{\Omega}\int_{0}^{t} p(x,\ t)q(x,\ t-\tau)\mathrm{d}x\mathrm{d}\tau \tag{4-109}$$

热传导类型的初值问题可以用一个在对角线上的时间导数的算子和初值条件来描述。

对于能够归类于一个具有时间导数初值问题的物理情形，如果时间导数不能放于算子的对角线上或在计算区域内不能对称放置，那么它关于式（4-109）的双线性映射就不是自伴随的。描述与时间相关的热电偶对的方程就是一个例子。

Gurtin 在研究线性黏弹性时第一次使用了双线性影射的卷积类型，因此相应的变分原理就称为 Gurtin 类型的变分原理。卷积在黏弹性领域之外也被广泛应用。使用拉普拉斯变换可定义卷积双线性影射为

$$L^{-1}[p',\ q'] = \int_{\Omega}\int_{0}^{t} p(x,\ t)q(x,\ t-\tau)\mathrm{d}x\mathrm{d}\tau = [p * q] \tag{4-110}$$

式中，$L^{-1}|p'(s)| = p(x,\ t)$，且 $L^{-1}|q'(s)| = q(x,\ t)$。

使用式（4-99）或式（4-102）导出的变分原理是一个所有场变量的函数。虽然它是一个合适的变分函数，但它不适合有限元分析。从基本的或一般的函数可以导出另外的变分函数，并且被称为扩展的变分原理。通过假设一个或多个控制方程和边界条件完全满足，就能得到扩展原理。

假设一组抽象方程

$$A_{11}u_1 + A_{12}u_2 = f_1$$
$$A_{21}u_1 + A_{22}u_2 = f_2$$

将这些方程与式（4-99）和式（4-100）相联系，那么式（4-100）的算子为

$$\boldsymbol{A} = \begin{bmatrix} A_{11} & A_{12} \\ A_{21} & A_{22} \end{bmatrix}$$

并且 $\boldsymbol{u} = (u_1 \quad u_2)^{\mathrm{T}}$ 和 $\boldsymbol{f} = (f_1 \quad f_2)^{\mathrm{T}}$。式（4-99）中的内积可以写为

$$J(\boldsymbol{u}) = (u_1 u_2)\begin{bmatrix} A_{11} & A_{12} \\ A_{21} & A_{22} \end{bmatrix}\begin{pmatrix} u_1 \\ u_2 \end{pmatrix} - 2(u_1 u_2)\begin{pmatrix} f_1 \\ f_2 \end{pmatrix}$$

在右侧首项的第三个矩阵被第二个矩阵前乘可写为

$$J(\boldsymbol{u}) = (u_1 u_2)\begin{bmatrix} A_{11}u_1 + A_{12}u_2 \\ A_{21}u_1 + A_{22}u_2 \end{bmatrix} - 2(u_1 u_2)\begin{pmatrix} f_1 \\ f_2 \end{pmatrix}$$

上面的乘法完全与矩阵乘法相似，但是用式（4-99）的记号可写为

$$J(\boldsymbol{u}) = [u_1,\ A_{11}u_1] + [u_1,\ A_{12}u_2] + [u_2,\ A_{21}u_1] + [u_2,\ A_{22}u_2] - 2[u_1,\ f_1] - 2[u_2,\ f_2] \tag{4-111}$$

如果讨论对称性，由式（4-106）和式（4-111）可知，算子 A 的对称性意味着

$$[u_1,\ A_{12}u_2] = [u_2,\ A_{21}u_1]$$

代入到式（4-111）中可消去 A_{21}

$$J(\boldsymbol{u}) = [u_1,\ A_{11}u_1] + 2[u_1,\ A_{12}u_2] + [u_2,\ A_{22}u_2] - 2[u_1,\ f_1] - 2[u_2,\ f_2]$$

同理也可以消去 $[u_1,\ A_{12}u_2]$。

这里用上述抽象方程的格式推导一维稳定热传导的变分原理。式（4-26）和式(4-27）给出了一维恒定热传导方程，写为

$$\frac{\mathrm{d}q}{\mathrm{d}x} = Q \quad 和 \quad q + k\frac{\mathrm{d}T}{\mathrm{d}x} = 0$$

可将方程写成式（4-100）的形式

$$\boldsymbol{A} = \begin{bmatrix} 0 & \dfrac{\mathrm{d}}{\mathrm{d}x} \\ -\dfrac{\mathrm{d}}{\mathrm{d}x} & -\dfrac{1}{k} \end{bmatrix} \tag{4-112}$$

并且 $\boldsymbol{u} = (T \quad q)^{\mathrm{T}}$，$\boldsymbol{f} = (Q \quad 0)^{\mathrm{T}}$。

根据前面抽象方程的格式可建立变分函数为

$$J(\boldsymbol{u}) = (T \quad q)\begin{bmatrix} 0 & \mathrm{d}/\mathrm{d}x \\ -\mathrm{d}/\mathrm{d}x & -1/k \end{bmatrix}\begin{pmatrix} T \\ q \end{pmatrix} - 2(T \quad q)\begin{pmatrix} Q \\ 0 \end{pmatrix}$$

相乘化简能够得到

$$J(\boldsymbol{u}) = \left[T,\ \frac{\mathrm{d}q}{\mathrm{d}x}\right]_{\Omega} - \left[q,\ \frac{\mathrm{d}T}{\mathrm{d}x}\right]_{\Omega} - \left[q,\ \frac{q}{k}\right]_{\Omega} - 2\,[T,\ Q]_{\Omega} \tag{4-113}$$

考虑对称性，有

$$\left[T,\ \frac{\mathrm{d}q}{\mathrm{d}x}\right]_{\Omega} = -\left[q,\ \frac{\mathrm{d}T}{\mathrm{d}x}\right]_{\Omega} \tag{4-114}$$

现在假设有均匀的边界条件，并且令 $T \equiv u(x)$，$q \equiv v(x)$ 及 $A \equiv \mathrm{d}/\mathrm{d}x$ 时将式(4-114）和式（4-99）联系起来。再假设函数作用于定义域 Ω，用 Ω 替换成 0 到 L 上的定积分，因此可得到

$$\left[T,\ \frac{\mathrm{d}q}{\mathrm{d}x}\right]_{\Omega} \Rightarrow \int_{\Omega}\left[T,\ \frac{\mathrm{d}q}{\mathrm{d}x}\right]\mathrm{d}x = \int_0^L T(x)\ \frac{\mathrm{d}q(x)}{\mathrm{d}x}\mathrm{d}x$$

使用分部积分可得到

$$\left[T,\ \frac{\mathrm{d}q}{\mathrm{d}x}\right]_{\Omega} = Tq - \int_0^L q\,\frac{\mathrm{d}T}{\mathrm{d}x}\mathrm{d}x = -\left[q,\ \frac{\mathrm{d}T}{\mathrm{d}x}\right]_{\Omega} \tag{4-115}$$

在 0 和 L 上的均匀边界条件使得式（4-115）中的边界项为零，式（4-115）给出与式（4-114）相同的结果，并且当与时间无关时，则在由式（4-107）或式（4-108）定义的映射的意义上此问题是自伴随的。注意由式（4-112）定义的算子 A 是自伴随的。式(4-115）显示其自身的一阶导数并不是自伴随的。

一个更一般的概念使用了散度原理（高斯消去原理）并且证明了在 q 上包含有边界条件，得到下面的结果

$$J(\boldsymbol{u}) = -2\left[q,\ \frac{\mathrm{d}T}{\mathrm{d}x}\right]_{\Omega} - \left[q,\ \frac{q}{k}\right]_{\Omega} - 2\,[T,\ Q]_{\Omega} + [T,\ q\boldsymbol{n}]_{\partial\Omega_q} \tag{4-116}$$

式中，$\boldsymbol{n}$ 是由 $\partial\Omega_q$ 定义的表面上的外法矢量，式（4-113）可以写成这样的形式。

上述导出的有关变分原理的变量是 $\boldsymbol{u}=\{T \quad q\}$ 。由此知 $\delta J(\boldsymbol{u})/\delta(\boldsymbol{u})=0$ 或者分别取 $\delta J(\boldsymbol{u})/\delta T=0$ 和 $\delta J(\boldsymbol{u})/\delta T=0$ 可以产生控制方程，式（4-116）可以写为相似的积分形式

$$J(\boldsymbol{u})=\int_{\Omega}\left(-2q\frac{\mathrm{d}T}{\mathrm{d}x}-\frac{q^2}{k}-2TQ\right)\mathrm{d}x+\int_{\partial\Omega_q}Tqn\mathrm{d}x \tag{4-117}$$

和

$$\frac{\delta J(\boldsymbol{u})}{\delta q}=\int_{\Omega}\left(-2q\frac{\mathrm{d}T}{\mathrm{d}x}-2\frac{q}{k}\right)\delta q\mathrm{d}x=0 \tag{4-118}$$

括弧中的项等于

$$k\frac{\mathrm{d}T}{\mathrm{d}x}+q=0$$

由此式可得到式（4-117）给出的函数关于时间的变化，或者用散度原理消掉 $\mathrm{d}T/\mathrm{d}x$。结合式（4-116）并代入到上面的式（4-117）可得到

$$J(\boldsymbol{u})=\int_{\Omega}\left(2T\frac{\mathrm{d}q}{\mathrm{d}x}-\frac{q^2}{k}-2TQ\right)\mathrm{d}x$$

和

$$\frac{\delta J(\boldsymbol{u})}{\delta T}=\int_{\Omega}\left(2\frac{\mathrm{d}T}{\mathrm{d}x}-2Q\right)\delta T\mathrm{d}x=0$$

此外，括弧中的项就是控制方程

$$\frac{\mathrm{d}q}{\mathrm{d}x}-Q=0$$

4.2.4 节中的变分函数实质上是式（4-116）的特殊情况，并且常被称为扩展的变分原理。未知函数是温度 T 和热流 q，同时希望消去 q，假设控制方程 $q=-k(\mathrm{d}T/\mathrm{d}x)$ 完全满足并代入到式（4-116）右侧的第一和第二项：

$$J(\boldsymbol{u})=2k\left[\frac{\mathrm{d}T}{\mathrm{d}x},\ \frac{\mathrm{d}T}{\mathrm{d}x}\right]_{\Omega}-k\left[\frac{\mathrm{d}T}{\mathrm{d}x},\ \frac{\mathrm{d}T}{\mathrm{d}x}\right]_{\Omega}-2\,[T,\ Q]_{\Omega}+[T,\ qn]_{\partial\Omega_q}$$

或

$$J(\boldsymbol{u})=k\left[\frac{\mathrm{d}T}{\mathrm{d}x},\ \frac{\mathrm{d}T}{\mathrm{d}x}\right]_{\Omega}-2\,[T,\ Q]_{\Omega}+[T,\ qn]_{\partial\Omega_q} \tag{4-119}$$

式（4-119）等价于由式（4-52）给出的积分形式，将得到 T 为变量的控制微分方程。此外，使用本节的方法构造变分原理还可以得到有关边界条件的信息，使用散度原理可导出流上的边界条件。

4.3.2 伽辽金（Galerkin）逼近

逼近分析中伽辽金（Galerkin）方法可归类为一种加权余量法。它是建立在微分方程的一个假设的近似解基础上的。由于假设的是一种近似，因此微分方程将不能被满足，并且在解中存在一个误差，然后对此误差求关于某些参数的最优，则这个最优化过程就称为加权余量法。现假设一个微分方程，例如上一节中的热传导方程，假设其解 T_R 为

$$T_R=a_0+a_1x+a_2x^2+a_3x^3+\cdots+a_tx^t+\cdots \tag{4-120}$$

式中，a_t 是未知常数。

假定的解必须满足边界条件，并且由此得到式（4-120）中含有的未知量数一定比边界条件数至少多一个，用有限元分析这一要求容易满足。将热传导方程的精确解定义为 T，逼近解定义为 T_R。则误差或残差 R 就是这两者差值：

$$R = T - T_R \tag{4-121}$$

加权残差法要求使用下面的准则计算式（4-120）中的未知量

$$\int_{\Omega} \omega_i R(x, a_i) \mathrm{d}V = 0 \tag{4-122}$$

其中在每一个 $\omega_i(x)$ 和 $R(x, a_i)$ 之间存在着一一对应的关系，并且 Ω 表示问题的定义域。

伽辽金法要求每个 ω_i 是一个被式（4-120）中对应 a_t 相乘的函数。当使用有限元分析伽辽金法时，在式（4-120）中假定的函数是形状函数。可以证明伽辽金法和变分原理可导出相等的公式。伽辽金法是十分强大的，因为它能够应用于那些不存在变分公式化的物理问题。

伽辽金法和变分方法都有各自的优点，对于某些数值分析两种方法都能够使用时，它们提供了对另一种方法的检验，例如变分函数对变换矩阵的推导显然更明确一些，或者对于在每个有限单元结点上有 2 个自由度的问题，可以对每一个自由度使用不同形状函数进行模拟，使用伽辽金法时推导过程将会更加明确。

这里以一维恒定状态下的热传导方程为例，热传导方程为：

$$\frac{\mathrm{d}^2 T}{\mathrm{d}x^2} = \frac{Q}{k} \tag{4-123}$$

假设边界条件为 $T(0) = T(L) = 0$，通过积分并代入边界条件可以得到精确解为

$$T = \frac{Q}{2k}(x^2 - xL) \tag{4-124}$$

在这里假定一个形如式（4-120）的三项解，可以使用伽辽金方法来推导一个近似解：

假设一个二阶方程的近似解将得到精确解，因为上面的精确解就是二阶的，故假设

$$T_R = a_0 + a_1 x + a_2 x^2$$

代入边界条件得到

$$T(0) = 0 = a_0 \text{ 和 } T(L) = 0 = a_0 + a_1 L + a_2 L^2$$

进而得到 $a_0 = 0$ 和 $a_2 = -a_1/L$。假设解为

$$T_R = a_1\left(x - \frac{x^2}{L}\right) \tag{4-125}$$

代入控制方程

$$\frac{\mathrm{d}^2 T_R}{\mathrm{d}x^2} - \frac{Q}{k} = R$$

简化得到

$$-2\frac{a_1}{L} - \frac{Q}{k} = R \tag{4-126}$$

由于只有一个未知量 a_1，因此只有一个加权残量方程，用式（4-122）表示为：

$$\int_{\Omega}\omega_i(x)R(x,\ a_i)\mathrm{d}x = \int_0^L\omega_1(x)R(x,\ a_1)\mathrm{d}x = 0$$

代入得

$$\int_0^L\left(x - \frac{x^2}{L}\right)\left(-2\frac{a_1}{L} - \frac{Q}{k}\right)\mathrm{d}x = 0$$

进行积分运算，代入积分限解得 $a_1 = -QL/(2k)$，将其代入式（4-125）可以得到精确解，如果使用 Rayleigh-Ritz 方法的话也可以得到相同的结果，也就是说当一个问题的变分原理存在的话，Rayleigh-Ritz 解和伽辽金解是相同的。

下面使用伽辽金法推导二维稳定状态热传导问题的一个四结点有限单元，稳定状态热传导问题的控制微分方程为：

$$k_x\frac{\partial^2 T}{\partial x^2} + k_y\frac{\partial^2 T}{\partial y^2} - Q = 0 \tag{4-127}$$

令 T_R 为近似解，那么

$$T_R = N_1(x,\ y)\ T_1 + N_2(x,\ y)\ T_2 + N_3(x,\ y)\ T_3 + N_4(x,\ y)\ T_4 = [\mathrm{N}]\{\mathrm{T}\} \tag{4-128}$$

形状函数 [N] 是 x 和 y 的函数，{T} 是在每个有限单元结点处的未知温度并取代了式（4-120）中的系数 a，将式（4-128）代入式（4-127）就得到关于 x，y 和 {T} 的一个残量函数。通常结果可以写为

$$k_x\frac{\partial^2 T_R}{\partial x^2} + k_y\frac{\partial^2 T_R}{\partial y^2} - Q = R(x,\ y,\ \{\mathrm{T}\}) \tag{4-129}$$

作为帮助理解构成残差的过程，将式（4-128）代入式（4-127）得到矩阵形式：

$$\begin{bmatrix}\dfrac{\partial}{\partial x} & \dfrac{\partial}{\partial y}\end{bmatrix}\begin{bmatrix}k_x & 0\\ 0 & k_y\end{bmatrix}\begin{bmatrix}\dfrac{\partial}{\partial x}\\ \dfrac{\partial}{\partial y}\end{bmatrix}[N_1\quad N_2\quad N_3\quad N_4]\{\mathrm{T}\} - [Q] = [R(x,\ y,\ \{\mathrm{T}\})] \tag{4-130}$$

计算得到最终的结果是一个 1 × 1 的矩阵。

式（4-122）的加权余量被公式化成一个矩阵方程（其中 ω_i 被 [N] 替代）和一个体积上的积分，即 $\int_V[\mathrm{N}]^{\mathrm{T}}[R(x,\ y,\ \{\mathrm{T}\})]\mathrm{d}V = 0$，式（4-130）的首项就变为

$$\int_V[\mathrm{N}]^{\mathrm{T}}\left[k_x\frac{\partial^2 N_1}{\partial x^2} + k_y\frac{\partial^2 N_1}{\partial y^2}\ k_x\frac{\partial^2 N_2}{\partial x^2} + k_y\frac{\partial^2 N_2}{\partial y^2}\ k_x\frac{\partial^2 N_3}{\partial x^2} + k_y\frac{\partial^2 N_3}{\partial y^2}\ k_x\frac{\partial^2 N_4}{\partial x^2} + k_y\frac{\partial^2 N_4}{\partial x^2}\right]\{\mathrm{T}\}\mathrm{d}V = 0 \tag{4-131}$$

计算得到最终的结果就是一个被 {T} 后乘的 4 × 4 的矩阵。式（4-130）的第二项为 $\int_V[\mathrm{N}]^{\mathrm{T}}Q\mathrm{d}V$。经过矩阵乘法之后，式（4-129）的首项表示如下，并且可用散度原理转换成

$$\int_V\left(N_1k_x\frac{\partial^2 N_1}{\partial x^2} + N_1k_y\frac{\partial^2 N_1}{\partial y^2}\right)\mathrm{d}V = -\int_V\left(\frac{\partial N_1}{\partial x}k_x\frac{\partial N_1}{\partial x} + \frac{\partial N_1}{\partial y}k_y\frac{\partial N_1}{\partial y}\right)\mathrm{d}V +$$

$$\int_S \left(N_1 k_x \frac{\partial N_1}{\partial x} n_x + N_1 k_y \frac{\partial N_1}{\partial x} n_y \right) \mathrm{d}S \tag{4-132}$$

式（4-132）的面积分对应流边界条件，伽辽金方法总是给出有关自然边界条件的信息。

在有限元的论著中经常隐含上面所有情形的简写标记，将式（4-128）代入式(4-127)得到

$$k_x \frac{\partial^2 [\mathrm{N}]}{\partial x^2} \{\mathrm{T}\} + k_y \frac{\partial^2 [\mathrm{N}]}{\partial y^2} - Q = R(x, y, \{\mathrm{T}\}) \tag{4-133}$$

能够缩写为

$$[k] \frac{\partial^2 [\mathrm{N}]}{\partial x^2} \{T\} - Q = R(x, y, \{\mathrm{T}\}) \tag{4-134}$$

结合式（4-134）和式（4-131）可以写为

$$\int_V \left([\mathrm{N}]^{\mathrm{T}} [\mathrm{k}] \frac{\partial^2 [\mathrm{N}]}{\partial x_i^2} \{\mathrm{T}\} - [\mathrm{N}]^{\mathrm{T}} Q \right) \mathrm{d}V = 0 \tag{4-135}$$

式（4-134）和式（4-135）中的矩阵[N]不同于式（4-130）中定义和在式（4-131）中使用的[N]，物质常数矩阵还是像在式（4-130）定义的那样是 2 × 2 的。定义形状函数和一个算子矩阵为

$$[\mathrm{N}] = \begin{bmatrix} N_1 & N_2 & N_3 & N_4 \\ N_1 & N_2 & N_3 & N_4 \end{bmatrix}, \quad \boldsymbol{L} = \begin{bmatrix} \dfrac{\partial^2}{\partial x^2} & 0 \\ 0 & \dfrac{\partial^2}{\partial y^2} \end{bmatrix} \tag{4-136}$$

将式（4-136）代入式（4-134）能得到式（4-130）的等价方程，最终结果为

$$\int_V \left(\frac{\partial [\mathrm{N}]^{\mathrm{T}}}{\partial x_i} [\mathrm{k}] \frac{\partial [\mathrm{N}]}{\partial x_i} \{\mathrm{T}\} + [\mathrm{N}]^{\mathrm{T}} Q \right) \mathrm{d}V = \int_S [\mathrm{N}]^{\mathrm{T}} [\mathrm{k}] \frac{\partial [\mathrm{N}]}{\partial x_i} \{\mathrm{T}\} n_i \mathrm{d}S \tag{4-137}$$

分析中必须说明将要使用的[N]，x_i，{T}的特殊形式，因为必须对应使用中的单元和坐标系。

Aifantis 提出了耦合物质扩散的一个理论，被应用于具有多重扩散性的物质上，时间相关的方程为

$$\frac{\partial C_1}{\partial t} + \frac{\partial j_{1i}}{\partial x_i} = m_1 = -k_1 C_1 + k_2 C_2 \tag{4-138}$$

$$\frac{\partial C_2}{\partial t} + \frac{\partial j_{2i}}{\partial x_i} = m_2 = k_1 C_1 - k_2 C_2 \tag{4-139}$$

式中，C_1 和 C_2 是浓度；j_{1i} 和 j_{2i} 是对应的流项；并且 $m_1 + m_2 = 0$。

流项的一个一般表达式可以写为

$$j_{1i} = -D_{11} \frac{\partial C_1}{\partial x_i} + D_{12} \frac{\partial C_2}{\partial x_i} \tag{4-140}$$

$$j_{2i} = D_{21} \frac{\partial C_1}{\partial x_i} - D_{22} \frac{\partial C_2}{\partial x_i} \tag{4-141}$$

其中 $D_{12} = D_{21}$，使用 Galekin 方法能够推导这一原理所对应的有限元表述。

将式（4-140）和式（4-141）分别代入式（4-138）和式（4-139）中以获得控制方程，得到两个联立的二阶方程：

$$\frac{\partial C_1}{\partial t} - D_{11}\frac{\partial^2 C_1}{\partial x_i^2} + D_{12}\frac{\partial^2 C_2}{\partial x_i^2} + k_1 C_1 - k_2 C_2 = 0 \tag{4-142}$$

$$\frac{\partial C_2}{\partial t} - D_{22}\frac{\partial^2 C_2}{\partial x_i^2} + D_{12}\frac{\partial^2 C_1}{\partial x_i^2} - k_1 C_1 + k_2 C_2 = 0 \tag{4-143}$$

假设近似解为 $C_{1R} = \boldsymbol{N}_1\boldsymbol{C}_1$ 和 $C_{2R} = \boldsymbol{N}_2\boldsymbol{C}_2$，其中 $\boldsymbol{N}_1$ 和 $\boldsymbol{N}_2$ 是定义任何形状函数的任一矩阵。它们可能是相同的，但为了便于推导，将它们分别表示。矩阵 $\boldsymbol{C}_1$ 和 $\boldsymbol{C}_2$ 是对应的未知结点值。将它们代入式（4-142）和式（4-143）得到

$$\boldsymbol{N}_1\frac{\partial \boldsymbol{C}_1}{\partial t} - \boldsymbol{D}_{11}\frac{\partial^2 \boldsymbol{N}_1}{\partial x_i^2}\boldsymbol{C}_1 + \boldsymbol{D}_{12}\frac{\partial^2 \boldsymbol{N}_2}{\partial x_i^2}\boldsymbol{C}_2 + \boldsymbol{k}_1\boldsymbol{N}_1\boldsymbol{C}_1 - \boldsymbol{k}_2\boldsymbol{N}_2\boldsymbol{C}_2 = \boldsymbol{R}_1 \tag{4-144}$$

$$\boldsymbol{N}_2\frac{\partial \boldsymbol{C}_2}{\partial t} - \boldsymbol{D}_{22}\frac{\partial^2 \boldsymbol{N}_2}{\partial x_i^2}\boldsymbol{C}_2 + \boldsymbol{D}_{12}\frac{\partial^2 \boldsymbol{N}_1}{\partial x_i^2}\boldsymbol{C}_1 - \boldsymbol{k}_1\boldsymbol{N}_1\boldsymbol{C} + \boldsymbol{k}_2\boldsymbol{N}_2\boldsymbol{C}_2 = \boldsymbol{R}_2 \tag{4-145}$$

式（4-142）和式（4-143）是残量，并通过乘以权函数被最小化，式（4-142）被 $\boldsymbol{N}_1^{\mathrm{T}}$ 前乘，式（4-143）被 $\boldsymbol{N}_2^{\mathrm{T}}$ 前乘，在体积上积分并令结果为 0，有

$$\int_V \left(\boldsymbol{N}_1^{\mathrm{T}}\boldsymbol{N}_1\frac{\partial \boldsymbol{C}_1}{\partial t} - \boldsymbol{N}_1^{\mathrm{T}}\boldsymbol{D}_{11}\frac{\partial^2 \boldsymbol{N}_1}{\partial x_i^2}\boldsymbol{C}_1 + \boldsymbol{N}_1^{\mathrm{T}}\boldsymbol{D}_{12}\frac{\partial^2 \boldsymbol{N}_2}{\partial x_i^2}\boldsymbol{C}_2 + \right.$$
$$\left. \boldsymbol{N}_1^{\mathrm{T}}\boldsymbol{k}_1\boldsymbol{N}_1\boldsymbol{C}_1 - \boldsymbol{N}_1^{\mathrm{T}}\boldsymbol{k}_2\boldsymbol{N}_2\boldsymbol{C}_2\right)\mathrm{d}v = 0$$

$$\int_V \left(\boldsymbol{N}_2^{\mathrm{T}}\boldsymbol{N}_2\frac{\partial \boldsymbol{C}_2}{\partial t} - \boldsymbol{N}_2^{\mathrm{T}}\boldsymbol{D}_{22}\frac{\partial^2 \boldsymbol{N}_2}{\partial x_i^2}\boldsymbol{C}_2 + \boldsymbol{N}_2^{\mathrm{T}}\boldsymbol{D}_{12}\frac{\partial^2 \boldsymbol{N}_1}{\partial x_i^2}\boldsymbol{C}_1 - \right.$$
$$\left. \boldsymbol{N}_2^{\mathrm{T}}\boldsymbol{k}_1\boldsymbol{N}_1\boldsymbol{C}_1 + \boldsymbol{N}_2^{\mathrm{T}}\boldsymbol{k}_2\boldsymbol{N}_2\boldsymbol{C}_2\right)\mathrm{d}v = 0$$

用格林-高斯（Green-Gauss）原理将导数降到一阶并代入流边界条件，得到最终结果

$$\int_V \left(\boldsymbol{N}_1^{\mathrm{T}}\boldsymbol{N}_1\frac{\partial \boldsymbol{C}_1}{\partial t} - \boldsymbol{N}_1^{\mathrm{T}}\boldsymbol{D}_{11}\frac{\partial^2 \boldsymbol{N}_1}{\partial x_i^2}\boldsymbol{C}_1 + \boldsymbol{N}_1^{\mathrm{T}}\boldsymbol{D}_{12}\frac{\partial^2 \boldsymbol{N}_2}{\partial x_i^2}\boldsymbol{C}_2 + \boldsymbol{N}_1^{\mathrm{T}}\boldsymbol{k}_1\boldsymbol{N}_1\boldsymbol{C}_1 - \boldsymbol{N}_1^{\mathrm{T}}\boldsymbol{k}_2\boldsymbol{N}_2\boldsymbol{C}_2\right)\mathrm{d}v$$
$$= \int_{S_1}\boldsymbol{N}_1^{\mathrm{T}}\boldsymbol{D}_{11}\frac{\partial \boldsymbol{N}_1}{\partial x_i}\boldsymbol{C}_1 n_i\,\mathrm{d}S_1 - \int_{S_2}\boldsymbol{N}_1^{\mathrm{T}}\boldsymbol{D}_{12}\frac{\partial \boldsymbol{N}_2}{\partial x_i}\boldsymbol{C}_2 n_i\,\mathrm{d}S_2 \tag{4-146}$$

$$\int_V \left(\boldsymbol{N}_2^{\mathrm{T}}\boldsymbol{N}_2\frac{\partial \boldsymbol{C}_2}{\partial t} - \boldsymbol{N}_2^{\mathrm{T}}\boldsymbol{D}_{22}\frac{\partial^2 \boldsymbol{N}_2}{\partial x_i^2}\boldsymbol{C}_2 + \boldsymbol{N}_2^{\mathrm{T}}\boldsymbol{D}_{12}\frac{\partial^2 \boldsymbol{N}_1}{\partial x_i^2}\right.$$
$$\left.\boldsymbol{C}_1 - \boldsymbol{N}_2^{\mathrm{T}}\boldsymbol{k}_1\boldsymbol{N}_1\boldsymbol{C}_1 + \boldsymbol{N}_2^{\mathrm{T}}\boldsymbol{k}_2\boldsymbol{N}_2\boldsymbol{C}_2\right)\mathrm{d}v =$$
$$\int_{S_2}\boldsymbol{N}_2^{\mathrm{T}}\boldsymbol{D}_{22}\frac{\partial \boldsymbol{N}_2}{\partial x_i}\boldsymbol{C}_2 n_i\mathrm{d}S_2 - \int_{S_1}\boldsymbol{N}_2^{\mathrm{T}}\boldsymbol{D}_{12}\frac{\partial \boldsymbol{N}_1}{\partial x_i}\boldsymbol{C}_1 n_i\mathrm{d}S_1 \tag{4-147}$$

形状函数的下标表示使用不同的形状函数模拟 $\boldsymbol{C}_1$ 和 $\boldsymbol{C}_2$ 的过程，例如，$\boldsymbol{N}_1$ 对应八结点单元，而 $\boldsymbol{N}_2$ 对应只有四结点的相同单元。当使用变分公式化时，这种形状函数的分离就

不明显，然而，对此联立问题应该用同一形状函数模拟这两个未知量。

4.3.3 联系偏微分方程

前面所讨论的弹性问题就是联立偏微分方程的例子，其中含有 2 个未知位移，且相互依赖。在相应的有限元公式化过程中，在每个结点上存在必须同时求解的两个自由度。在工程和物理领域中必须用数值手段进行研究的大多数问题都有联立的变量。

4.4 有限元法的应用

4.4.1 近代梁工程的有限元方法

梁型构件是工程结构中常见的部件，例如车辆、飞机、火箭、船舶、桥梁以及大型机械中的梁和柱等，目前，这类构件正向大型化方向发展。对梁型构件的静力与动力分析，如果按三维有限元方法处理，则需要大容量、高速度的电子计算机并耗费大量机时，因而很不经济。近代梁工程有限元分析方法是根据梁型结构的特点，将薄壁或厚壁梁型构件的三维弹性问题分解为二维问题和一维问题，然后用有限元方法求解，以达到解三维问题的效果。按这个方法编制的程序，不需要大容量的计算机，且能节约大量机时，使用极为方便。虽然有其他方法可供选用，但就梁型构件而言，这里所提出的方法有它独特之处，而且构件愈复杂愈能显示它的优越性，因此是梁工程上广泛应用的方法之一。

4.4.1.1 三维梁问题

假设设计构件如图 4-7 所示，采用直角坐标系，z 轴取梁的轴向，x、y 轴取通过截面的惯性主轴方向，那么，根据 Vlasov 公式，梁上任一点的位移 u^i 可以表示为

$$\begin{cases}u^1(x,\ y,\ z) = u(z) - y\theta(z) \\ u^2(x,\ y,\ z) = v(z) - x\theta(z) \\ u^3(x,\ y,\ z) = w(z) - xu'(z) - yv'(z) + \theta'\omega_n(x,\ y)\end{cases} \tag{4-148}$$

式中，$u(z)$、$v(z)$ 为形心的横向位移；$w(z)$ 为轴向平均位移；θ 为扭转角；$\omega_n(x,\ y)$ 为截面的 Saint Venant（简记为 St-V）扭转函数。

式（4-148）表明若能确定一维函数 $u(z)$，$v(z)$，$w(z)$，$\theta(z)$ 和二维函数 $\omega_n(x,\ y)$，那么，梁上任一点的位移就可以确定，因而应力也就可以计算。这里需要特别指出，$\omega_n(x,\ y)$ 与断面形状有关，当断面几何特性变化时，$\omega_n(x,\ y)$ 也发生相应的变化，对变断面梁，需要求解一系列的 $\omega_n(x,\ y)$，$\omega_n(x,\ y)$ 随 z 变化，表示不同截面的 St-V 函数。

于是，该问题可分解为求一系列二维问题和一个一维问题的解，以得到由式（4-148）所描述的三维问题的解。

若梁上任一点 p，$u^1 = u_p$，$u^2 = u_p$ 为已知，则根据式（4-148）第一、第二式有

$$\begin{cases}u(z) = u_p(z) + y_p\theta(z) \\ v(z) = v_p(z) + x_p\theta(z)\end{cases}$$

代入式（4-148）得到

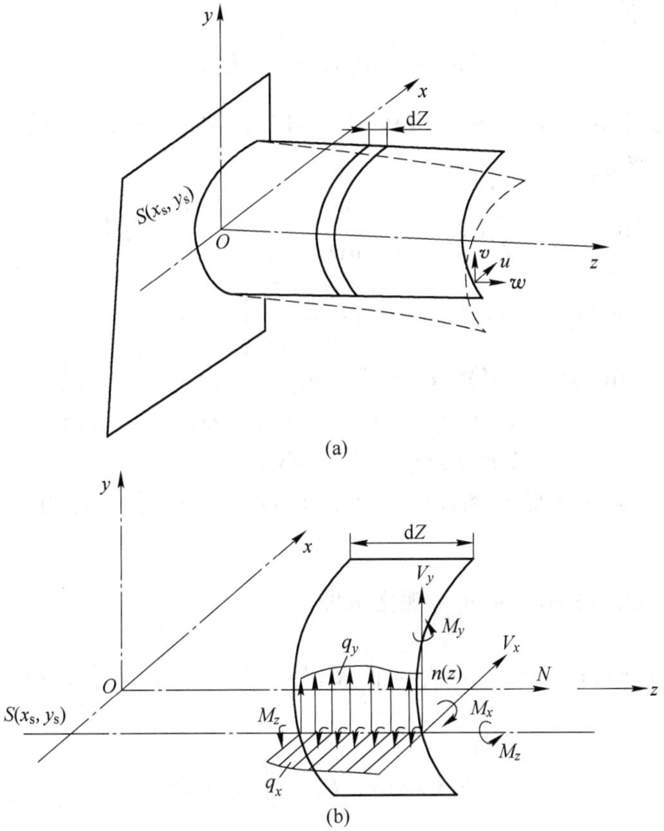

图 4-7　构件结构图

$$\begin{cases} U \triangleq u^1(x,\ y,\ z) = u_p(z) + (y - y_p)\theta(z) \\ V \triangleq u^2(x,\ y,\ z) = v_p(z) + (x - x_p)\theta(z) \\ W \triangleq u^3(x,\ y,\ z) = w(z) - xu_p' - yv_p' + \theta'(\omega\ \theta_n(x,\ y) - xy_p + yx_p) \end{cases} \tag{4-149}$$

令

$$\omega_{np}(x,\ y) = \omega_n(x,\ y) - xy_p + yx_p \tag{4-150}$$

那么

$$\mathrm{div}u = w(z) - xu_p'' - yv_p'' + \theta''\omega_{np}(x,\ y) \tag{4-151}$$

根据式（4-149）能够计算形变张量 e_{ij}

$$e_{11} = \frac{\partial u^1}{\partial x} = 0\ , \qquad e_{12} = e_{21} = \frac{1}{2}\left(\frac{\partial u^2}{\partial x} + \frac{\partial u^1}{\partial y}\right) = 0\ ,$$

$$e_{22} = \frac{\partial u^2}{\partial y} = 0\ , \qquad e_{33} = \frac{\partial u^3}{\partial z} = \mathrm{div}u\ ,$$

$$e_{13} = e_{31} = \frac{1}{2}\left(\frac{\partial u^3}{\partial x} + \frac{\partial u^1}{\partial z}\right) = \frac{1}{2}\left(\frac{\partial \omega_n}{\partial x} - y\right)\theta'\ ,$$

$$e_{23} = e_{32} = \frac{1}{2}\left(\frac{\partial u^3}{\partial x} + \frac{\partial u^2}{\partial z}\right) = \frac{1}{2}\left(\frac{\partial \omega_n}{\partial y} + x\right)\theta' \tag{4-152}$$

弹性系统的全势能公式为：

$$J(u) = \frac{1}{2}B(u,\ u) - F(u)$$

由于在直角坐标系中，$e_{ij} = e^{ij}$，故将式（4-151）和式（4-150）代入弹性系统的全势能公式中得到弹性势能

$$\begin{aligned} J &= \frac{1}{2}\iiint_{\Omega}\left\{\lambda\ (\mathrm{div}u)^2 + \frac{1}{2}\mu\ (\theta')^2\left[\left(\frac{\partial\omega_n}{\partial x} - y\right)^2 + \left(\frac{\partial\omega_n}{\partial y} + x\right)^2\right] + 2\mu\ (\mathrm{div}u)^2\right\}\mathrm{d}v \\ &= \frac{1}{2}\iiint_{\Omega}\left\{(\lambda + 2\mu)\ (\mathrm{div}u)^2 + \frac{1}{2}\mu\left[\left(\frac{\partial\omega_n}{\partial x} - y\right)^2 + \left(\frac{\partial\omega_n}{\partial y} + x\right)^2\right](\theta')^2\right\}\mathrm{d}v \end{aligned} \tag{4-153}$$

$$\begin{aligned} (\mathrm{div}u)^2 = {} & (\omega')^2 + x\ (u_p'')^2 + y^2\ (v_p'')^2 + (\theta'')^2\ \omega_{np}^2 - \\ & 2x\ \omega'\ u_p'' - 2y\ \omega'\ v_p'' + 2\ \theta''\ \omega'\omega_{np} + 2xy\ u_p''\ v_p'' - \\ & 2\ u_p''\ \theta'' x\omega_{np} - 2\ v_p\ \theta'' y\omega_{np} \end{aligned}$$

因坐标系通过截面 Σ 形心和惯性主轴，而 $\omega_n(x,\ y)$ 是正规的，由 $\Omega = \Sigma \times (0,\ L)$，得

$$\begin{cases} \iint_{\Sigma}\omega_n(x,\ y)\mathrm{d}x\mathrm{d}y = 0(\text{正规化条件}), \\ I_x = \iint_{\Sigma}x\mathrm{d}x\mathrm{d}y = 0, \quad I_y = \iint_{\Sigma}y\mathrm{d}x\mathrm{d}y = 0, \quad I_{xy} = \iint_{\Sigma}xy\mathrm{d}x\mathrm{d}y = 0 \end{cases} \tag{4-154}$$

记

$$I_{xx} = \iint_{\Sigma}x^2\mathrm{d}x\mathrm{d}y,\ I_{yy} = \iint_{\Sigma}y^2\mathrm{d}x\mathrm{d}y, \tag{4-155}$$

$$\begin{cases} I_{\omega x}(p) = \iint_{\Sigma}x\omega_{np}\mathrm{d}x\mathrm{d}y,\ I_{\omega y}(p) = \iint_{\Sigma}y\omega_{np}\mathrm{d}x\mathrm{d}y \\ I_{\omega}(p) = \iint_{\Sigma}y\ \omega^2{}_{np}\mathrm{d}x\mathrm{d}y \\ K = \iint_{\Sigma}\left(\frac{\partial\omega_n}{\partial x} - y\right)^2 + \left(\frac{\partial\omega_n}{\partial y} + x\right)^2\mathrm{d}x\mathrm{d}y \end{cases} \tag{4-156}$$

将式（4-154）~式（4-156）代入式（4-153）得到

$$J = \frac{1}{2}\int_0^L \boldsymbol{\delta}_2^{\mathrm{T}}\boldsymbol{M}_p\boldsymbol{\delta}_z\mathrm{d}z \tag{4-157}$$

其中

$$\boldsymbol{\delta}_2^{\mathrm{T}} = [\omega',\ u_p''(z),\ v_p''(z),\ \theta',\ \theta''] \tag{4-158}$$

$$(\boldsymbol{M}_p) = \begin{bmatrix} (\lambda + 2\mu)A & 0 & 0 & 0 & 0 \\ 0 & (\lambda + 2\mu)I_{xx} & 0 & (\lambda + 2\mu)I_{\omega x}(p) & 0 \\ 0 & 0 & (\lambda + 2\mu)I_{yy} & (\lambda + 2\mu)I_{\omega y}(p) & 0 \\ 0 & (\lambda + 2\mu)I_{\omega x}(p) & (\lambda + 2\mu)I_{\omega y}(p) & I_{\omega}(p) & 0 \\ 0 & 0 & 0 & 0 & \frac{1}{2}\mu K \end{bmatrix} \tag{4-159}$$

式中，A 是横截面积。

若选取这样的 p 点，它的坐标（x_s，y_s）满足

$$x_s = -\frac{\iint_\Sigma x\omega_n(x, y)\mathrm{d}x\mathrm{d}y}{I_{yy}}, \qquad y_s = -\frac{\iint_\Sigma y\omega_n(x, y)\mathrm{d}x\mathrm{d}y}{I_{xx}} \tag{4-160}$$

则称 p 点为截面的剪切中心，记为 $s=(x_s, y_s)$，代入式（4-150）和式（4-156）后得

$$I_{\omega x}(s) = 0, \qquad I_{\omega y}(s) = 0, \qquad I_\omega(s) = I_\omega^2 - y_s^2 I_{xx} - x_s^2 I_{yy} \tag{4-161}$$

可将式（4-159）化简为

$$(\boldsymbol{M}_p) = \begin{bmatrix} (\lambda+2\mu)A & 0 & 0 & 0 & 0 \\ 0 & (\lambda+2\mu)I_{xx} & 0 & 0 & 0 \\ 0 & 0 & (\lambda+2\mu)I_{yy} & 0 & 0 \\ 0 & 0 & 0 & (\lambda+2\mu)I\omega(s) & 0 \\ 0 & 0 & 0 & 0 & \frac{1}{2}\mu K \end{bmatrix} \tag{4-162}$$

如果作用在梁上的外力轴向分布力为 $p(z)$，横向分布力为 q_x，q_y 以及绕 z 轴扭矩为 M_z，那么外力所做的功为

$$W = \int_0^L (p\omega + q_x u_s + q_y v_s + M_z\theta)\mathrm{d}z \tag{4-163}$$

从而得到总势能为

$$J(u) = \frac{1}{2}\int_0^L (\lambda+2\mu)[A(\omega')^2 + I_{xx}u''^2_s + I_{yy}v''^2_s + I_\omega(s)\theta''^2] + \frac{1}{2}\mu K\mathrm{d}z - \int_0^L (p\omega(z) + q_z u_s + q_y v_s + M_z\theta)\mathrm{d}z \tag{4-164}$$

从这里可以看出，一维问题的求解有赖于二维问题。由式（4-156）知，$I_\omega(s)$ 和 K 都依赖于 St-V 扭转函数 ω_n，而 $\omega_n(x, y)$ 应满足 Laplace 方程 Neumann 问题

$$\begin{cases} \dfrac{\partial^2\omega}{\partial x^2} + \dfrac{\partial^2\omega}{\partial y^2} = 0, & (x, y) \in \boldsymbol{\Sigma} \\ \dfrac{\partial\omega}{\partial n}\Big|_{\partial\Sigma} = y\cos(n, x) - x\cos(n, y) = \dfrac{\mathrm{d}}{\mathrm{d}s}\left(\dfrac{x^2+y^2}{2}\right) \Big| \partial\Sigma \end{cases} \tag{4-165}$$

因此，首先必须应用有限元方法计算二维问题式（4-165），然后根据式（4-156）计算 $I_\omega(s)$ 和 K，最后再用有限元方法求解式（4-164），即求 $[\omega(z), u_s(z), v_s(z), \theta(z)]^{\mathrm{T}} = \boldsymbol{v}_0 \in H$，使得

$$J(\boldsymbol{v}_0) = \inf_{v\in H} J(v), \tag{4-166}$$

式中，$H = H^1(0, l) \times (H^2(0, l))^3$。

4.4.1.2 一维问题的有限元迭代方程组

一维元素可以采用两种类型：一种是两节点的拉格朗日（Lagrange）型（2，1，0）元素，其形状函数为

$$\psi_1 = \lambda_1, \qquad \psi_2 = \lambda_2 \tag{4-167}$$

式中，λ_1、λ_2 为一维元素的自然坐标。

另一种是两个节点的三次多项式的埃尔米特（Hermite）型（2，3，1）元素，它的形状函数是

$$\psi_1^{(0)} = 3\lambda_1^2 - 2\lambda_1^3, \qquad \psi_2^{(0)} = 3\lambda_2^2 - 2\lambda_2^3, \qquad \psi_1^{(1)} = l\lambda_1^2\lambda_2, \qquad \psi_2^{(1)} = l\lambda_1\lambda_2^2 \tag{4-168}$$

式中，l 为元素的长度。

记 $\omega(z)$ 的左、右节点函数值分别为 ω_1 和 ω_r，u_s 的左、右节点函数值及一阶导数值分别为 u_{sl}、u_{sr}、u'_{sl}、u'_{sr}，那么，ω、u_s、v_s、θ 的有限元插值

$$\omega(z) = [\psi_1, \psi_2][\omega_1, \omega_r]^T \tag{4-169}$$

$$u_s(z) = [\psi_1{}^{(0)}, \psi_1{}^{(1)}, \psi_2{}^{(0)}, \psi_2{}^{(1)}][u_{sl}, u'_{sl}, u_{sr}, u'_{sr}]^T \tag{4-170}$$

将式（4-169）和式（4-170）代入式（4-166），并进行离散化，可以得到代数方程组

$$\sum_e \boldsymbol{K}^e\boldsymbol{\delta}^e = \sum_e \boldsymbol{F}^e \tag{4-171}$$

其中求解参数向量为

$$\boldsymbol{\delta}^e = [u_{sl}, u'_{sl}, u_{sr}, u'_{sr}, v_{sl}, v'_{sl}, v_{sr}, v'_{sr}, \omega_1, \omega_r, \theta_1, \theta'_1, \theta_r, \theta'_r]^T \tag{4-172}$$

单元刚度矩阵是 14 阶的

$$\boldsymbol{K}^e = \begin{bmatrix} K_u & 0 & 0 & \\ 0 & K_v & 0 & 0 \\ 0 & 0 & K_\omega & 0 \\ 0 & 0 & 0 & K_\theta \end{bmatrix} \tag{4-173}$$

其中

$$\begin{cases} K_u = (\lambda + 2\mu)I_{xx}\boldsymbol{D}, \quad K_v = (\lambda + 2\mu)I_{yy}\boldsymbol{D} \\ K_\omega = (\lambda + 2\mu)A\begin{pmatrix} l^{-1} & -l^{-1} \\ -l^{-1} & l^{-1} \end{pmatrix} \\ K_\theta = (\lambda + 2\mu)I_\omega(s)\boldsymbol{D} + \dfrac{\mu}{2}K\boldsymbol{H} \end{cases} \tag{4-174}$$

$$\boldsymbol{D} = \begin{pmatrix} \frac{12}{l^3} & -\frac{12}{l^3} & \frac{6}{l^2} & \frac{6}{l^2} \\ -\frac{12}{l^3} & \frac{12}{l^3} & -\frac{6}{l^2} & \frac{6}{l^2} \\ \frac{6}{l^2} & -\frac{6}{l^2} & \frac{4}{l} & \frac{2}{l} \\ \frac{6}{l^2} & -\frac{6}{l^2} & \frac{2}{l} & \frac{4}{l} \end{pmatrix}, \quad \boldsymbol{H} = \begin{pmatrix} \frac{6}{5l} & -\frac{6}{5l} & \frac{1}{10} & \frac{1}{10} \\ -\frac{6}{5l} & \frac{6}{5l} & -\frac{1}{10} & -\frac{1}{10} \\ \frac{1}{10} & -\frac{1}{10} & \frac{2l}{15} & -\frac{l}{30} \\ \frac{1}{10} & -\frac{1}{10} & -\frac{l}{30} & \frac{2l}{15} \end{pmatrix}$$

式（4-171）求和包含梁的一切元素，右端单元列阵如下

$$\boldsymbol{F}^{eT} = \{\boldsymbol{f}_u^{eT}, \boldsymbol{f}_v^{eT}, \boldsymbol{f}_\omega^{eT}, \boldsymbol{f}_\theta^{eT}\} \tag{4-175}$$

$$\begin{cases} \boldsymbol{f}_u^{eT} = \{Q_{xl}, Q_{xr}, M_{yl}, M_{yr}\}, \quad \boldsymbol{f}_u^{eT} = \{Q_{yl}, Q_{yr}, M_{xl}, M_{xr}\} \\ \boldsymbol{f}_\omega^{eT} = \{P_{zl}, P_{zr}\}, \quad \boldsymbol{f}_\theta^{eT} = \{M_{zl}, M_{zr}, T_1, T_r\} \end{cases} \tag{4-176}$$

其中

$$Q_{xl} = \int_0^l q_x \psi_1^{(0)} \mathrm{d}t, \quad Q_{xr} = \int_0^l q_x \psi_2^{(0)} \mathrm{d}t, \quad Q_{yl} = \int_0^l q_y \psi_1^{(0)} \mathrm{d}t, \quad Q_{yr} = \int_0^l q_y \psi_2^{(0)} \mathrm{d}t$$

$$M_{yl} = \int_0^l q_x \psi_1^{(1)} \mathrm{d}t, \quad M_{yr} = \int_0^l q_x \psi_2^{(1)} \mathrm{d}t, \quad M_{xl} = \int_0^l q_y \psi_1^{(1)} \mathrm{d}t, \quad M_{xr} = \int_0^l q_y \psi_2^{(1)} \mathrm{d}t$$

$$P_{zl} = \int_0^l P \psi_1^{(0)} \mathrm{d}t, \quad P_{zr} = \int_0^l P \psi_2^{(0)} \mathrm{d}t, \quad M_{zl} = \int_0^l M_z \psi_1^{(0)} \mathrm{d}t, \quad M_{zr} = \int_0^l M_z \psi_2^{(0)} \mathrm{d}t$$

$$T_l = \int_0^l M_z \psi_1^{(1)} \mathrm{d}t, \quad T_r = \int_0^l M_z \psi_2^{(1)} \mathrm{d}t$$

如果把梁分割为 N 个元素，则共有 $N+1$ 个截面，每个截面有 7 个求解参数 $\{u_s,\ u_s',\ v_s,\ v_s',\ \omega,\ \theta,\ \theta'\}$，$N+1$ 个截面有 7（$N+1$）个未知数，因此方程组式（4-171）的系数矩阵是 7（$N+1$）阶的，附加适当的边界条件，就可求得节点上的 $\{u_s,\ v_s,\ \omega,\ \theta,\ \}$ 值，最后，通过插值公式（4-169）、式（4-170）及式（4-149）即可求得任一点的位移。

4.4.1.3　变断面梁

梁形构件中多见变断面情形，如果将梁分割成若干元素之后，把每个元素理想化为等截面，则可利用等截面理论来处理变截面情形。为此，必须把等截面中以剪切中心 u_s、v_s 作为求解参数转换成截面上任一点 p 的 u_p、v_p 作为求解参数，求解参数的这个变换，称为点变换。另外，在等截面理论中，坐标系必须通过截面形心和惯性主轴，但是变截面情形的每个梁元素截面的形心及惯性主轴可能都不同，故必须逐一作坐标变换，才能进行单元刚度矩阵的叠加。

因此，若 $\boldsymbol{K}^{\mathrm{e}}$ 是以等截面理论为基础建立起来的元素的单元刚度矩阵，那么通过一个相似变换 $\boldsymbol{T}_{pq}$ 即可得到变截面梁元素的单元刚度矩阵

$$\boldsymbol{K}_{pq} = \boldsymbol{T}_{pq}^{\mathrm{T}} \boldsymbol{K}^{\mathrm{e}} \boldsymbol{T}_{pq} \tag{4-177}$$

变换矩阵 $\boldsymbol{T}_{pq}$ 是点变换矩阵 $\boldsymbol{\phi}_{pq}$ 和坐标变换矩阵 $\boldsymbol{L}$ 的乘积

$$\boldsymbol{T}_{pq} = \boldsymbol{\phi}_{pq} \boldsymbol{L} \tag{4-178}$$

若取梁元素左右断面的任一点 p、q 作为参考点，那么求解参数向量为

$$\begin{cases} \boldsymbol{\delta}_{pq}^{\mathrm{T}} = \boldsymbol{u}_{pq}^{\mathrm{T}},\ \boldsymbol{v}_{pq}^{\mathrm{T}},\ \boldsymbol{\omega}_{pq}^{\mathrm{T}},\ \boldsymbol{\theta}^{\mathrm{T}} \\ \boldsymbol{u}_{pq}^{\mathrm{T}} = u_{pl},\ u_{qr},\ u_{pl}',\ u_{qr}',\ v_{pq}^{\mathrm{T}} = v_{pl},\ v_{qr},\ v_{pl}',\ v_{qr}' \end{cases} \tag{4-179}$$

根据式（4-149）可得

$$u_s = u_p + y_{ps}\theta, \qquad u_s' = u_p' + y_{ps}\theta'$$

$$v_s = v_p + x_{ps}\theta, \qquad v_s' = v_p' + x_{ps}\theta'$$

$$\omega(z) = \omega_p + x_p u_p' + y_p v_p' - \theta'\omega_n(x_p,\ y_p)$$

其中

$$x_{ps} = x_s - x_p, \qquad x_{qs} = x_s - x_q$$

$$y_{ps} = y_p - y_s, \qquad y_{qs} = y_q - y_s$$

因此

$$\boldsymbol{u}_s = (\mathrm{I},\ 0,\ 0,\ \boldsymbol{t}_{ys})(\boldsymbol{u}_{pq},\ \boldsymbol{v}_{pq},\ \boldsymbol{\omega}_{pq},\ \boldsymbol{\theta})^{\mathrm{T}}$$

其中

$$(\boldsymbol{t}_{ys}) = \mathrm{diag}\{y_{ps},\ y_{qs},\ y_{ps},\ y_{qs}\}$$

同理

$$\boldsymbol{v}_s = (0,\ \boldsymbol{I},\ 0,\ \boldsymbol{t}_{xs})\boldsymbol{\delta}_{pq},\qquad \boldsymbol{\omega} = (\boldsymbol{t}_x,\ \boldsymbol{t}_y,\ \boldsymbol{I},\ \boldsymbol{t}_a)\boldsymbol{\delta}_{pq} \tag{4-180}$$
$$\boldsymbol{\theta} = (0,\ 0,\ 0,\ \boldsymbol{I})\boldsymbol{\delta}_{pq}$$

其中

$$\boldsymbol{t}_{xs} = \mathrm{diag}\{x_{ps},\ x_{qs},\ x_{ps},\ x_{qs}\}$$

$$\boldsymbol{t}_x = \begin{pmatrix} 0 & 0 & x_p & 0 \\ 0 & 0 & 0 & x_q \end{pmatrix},\qquad \boldsymbol{t}_y = \begin{pmatrix} 0 & 0 & y_p & 0 \\ 0 & 0 & 0 & y_q \end{pmatrix}$$

$$\boldsymbol{t}_\omega = \begin{pmatrix} 0 & 0 & -\omega_n(x_p,\ y_p) & 0 \\ 0 & 0 & 0 & -\omega_n(x_q,\ y_q) \end{pmatrix}$$

综上所述可以得到

$$\boldsymbol{\phi}_{pq} = \begin{bmatrix} \boldsymbol{I} & 0 & 0 & \boldsymbol{t}_{ys} \\ 0 & \boldsymbol{I} & 0 & \boldsymbol{t}_{xs} \\ \boldsymbol{t}_x & \boldsymbol{t}_y & \boldsymbol{I} & \boldsymbol{t}_\omega \\ 0 & 0 & 0 & \boldsymbol{I} \end{bmatrix} \tag{4-181}$$

假设整体坐标系的 $\bar{x}$、$\bar{y}$ 轴和局部坐标系的 x、y 轴的夹角为 φ，那么

$$x = (\bar{x} - \overline{x_0})\cos\varphi + (\bar{y} - \overline{y_0})\sin\varphi$$

$$y = (\bar{x} - \overline{x_0})\sin\varphi + (\bar{y} - \overline{y_0})\cos\varphi$$

式中，$(\overline{x_0},\ \overline{y_0})$ 为元素的截面形心坐标

假设

$$\boldsymbol{L}_{uu} = \boldsymbol{L}_{vv} = \mathrm{diag}\{\cos\varphi,\ \cos\varphi,\ \cos\varphi,\ \cos\varphi\}$$
$$\boldsymbol{L}_{uv} = \boldsymbol{L}_{vu} = \mathrm{diag}\{\sin\varphi,\ \sin\varphi,\ \sin\varphi,\ \sin\varphi\}$$

可以得到

$$\boldsymbol{L} = \begin{bmatrix} \boldsymbol{L}_{uu} & \boldsymbol{L}_{uv} & 0 & 0 \\ \boldsymbol{L}_{vu} & \boldsymbol{L}_{vv} & 0 & 0 \\ 0 & 0 & \boldsymbol{I} & 0 \\ 0 & 0 & 0 & \boldsymbol{I} \end{bmatrix} \tag{4-182}$$

4.4.1.4 加强筋

在许多梁结构中，尤其是薄壁梁的结构，往往在横向设置加强筋以增加梁的刚性。如果把加强筋视作梁截面几何形状的变化而以变断面的梁来处理，则力学特性失真。因此在梁结构的有限元分析中，必须对加强筋寻求妥当的处理方法。

加强筋的形式甚多，这里仅以简单梁的形式为例研究其处理方法，至于其他类型，研究方法基本上与此类似。

把加强筋作为分离元件，而把整个梁视为“组合结构”。图 4-8 所示为一段梁元素，其中有一斜置的横向加强筋，其形式为简单梁，它的两端点 p 和 q 与梁壁联结。在受力变形时，加强筋与梁壁的联结处发生相互作用力，并伴随有相应的位移，因此，加强筋的效

应可以按组合结构来计算，但是这种处理方法将使求解参数增加。例如在某梁结构中有 N 个简单梁形式的加强筋，由于一个端点具有 6 个自由度（图 4-9），因此求解参数将增加 $12N$ 个，方程也增加了 $12N$ 个。不过，这些参数可用“点变换”的技巧来消去它。具体做法是，运用点变换将组合结构中的求解参数形成“附加刚度矩阵”直接进行消元，再换算到梁单元刚度矩阵中去，这样就可以在不增加求解参数且又不损失求解精度的条件下解组合结构问题，这是处理加强筋的一个较好的方法。

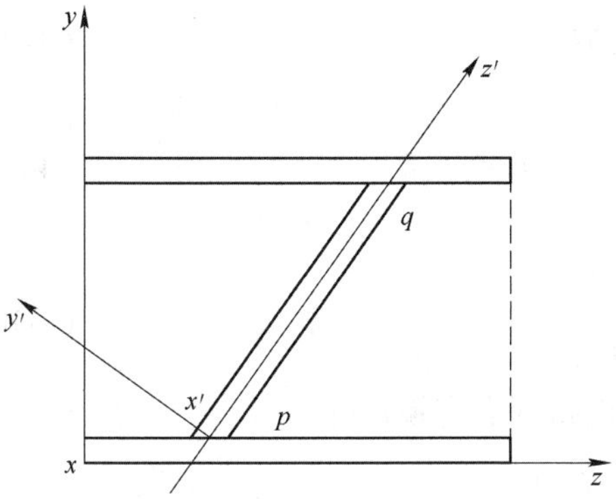

图 4-8 一段梁元素示意图

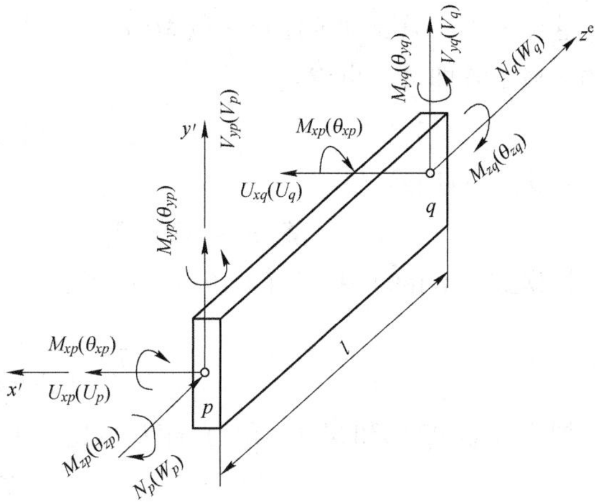

图 4-9 简单梁示意图

对于如图 4-9 所示的简单梁，其两个端面的形心为 p 和 q，它们各有 6 个自由度，设其排列为

$$\boldsymbol{\delta}^{\mathrm{T}} = [u_p,\ v_p,\ \omega_p,\ \theta_{xp},\ \theta_{yp},\ \theta_{zp},\ u_q,\ v_q,\ \omega_q,\ \theta_{xq},\ \theta_{yq},\ \theta_{zq}] \tag{4-183}$$

相应的等效节点力为

$$\boldsymbol{f}^{\mathrm{T}} = [U_{xp},\ V_{yp},\ N_p,\ M_{xp},\ M_{yp},\ M_{zp},\ U_{xq},\ V_{yq},\ N_q,\ M_{xq},\ M_{yq},\ M_{zq}] \tag{4-184}$$

如果将简单梁作为空间梁来考虑，那么它的单元刚度矩阵是两端自由度和作用力之间的关系，是一个 12 阶对称矩阵，将它记作（$\boldsymbol{K}_{\mathrm{S}}$），并作变换

$$\boldsymbol{K}_{\mathrm{s}} = \boldsymbol{L}^{\mathrm{T}}\boldsymbol{K}_{\mathrm{s}}\boldsymbol{L} \tag{4-185}$$

其中 $\boldsymbol{L}$ 为式（4-182），可得简单梁的刚性方程为

$$\boldsymbol{K}_{\mathrm{S}}\boldsymbol{\delta} = \boldsymbol{f} \tag{4-186}$$

由于加强筋给予梁壁上的反作用力为 $-\boldsymbol{f}$，所以加强筋对梁的作用已在等效节点力中作为一个附加等效节点力予以体现。如果将式（4-186）和梁元素刚性方程相加，加强筋的附加等效节点力将在右端列阵中消去，而梁元素刚度矩阵则需要加上 $\boldsymbol{K}_{\mathrm{s}}$，因而也称 $\boldsymbol{K}_{\mathrm{s}}$ 为附加刚度矩阵。

两个刚性方程叠加，需要求解参数相一致，加强筋的求解参数式（4-183）是两端面上 p、q 点的位移值和转角，也是梁壁上的 p、q 点的位移值。但在梁元素的刚性方程中，求解参数则是梁元素两端面上的剪切中心的位移值 $\boldsymbol{\delta}^{\mathrm{e}}$，因此，$\boldsymbol{K}_{\mathrm{s}}$ 需要进行“点变换”。点变换矩阵 $[\boldsymbol{T}\quad \boldsymbol{R}]$，使得

$$\boldsymbol{\delta} = [\boldsymbol{T}\quad \boldsymbol{R}]\boldsymbol{\delta}^{\mathrm{e}} \tag{4-187}$$

成立，由于$\boldsymbol{\delta}$是一个12×1的矩阵，$\boldsymbol{\delta}^e$是一个14×1的矩阵，因此$[\boldsymbol{T}\quad \boldsymbol{R}]$是一个12×14的矩阵。为了更加简便，引入记号

$$\boldsymbol{u}^{\mathrm{T}}=(u^1(x,y,z),u^2(x,y,z),u^3(x,y,z)),\qquad \boldsymbol{\theta}^{\mathrm{T}}=(\theta_x,\theta_y,\theta_z) \tag{4-188}$$

而$u(p)$，$\theta(p)$分别表示p点的u和θ值，因此

$$\boldsymbol{\delta}^{\mathrm{T}}=\boldsymbol{u}^{\mathrm{T}}(p),\ \boldsymbol{\theta}^{\mathrm{T}}(p),\ \boldsymbol{u}^{\mathrm{T}}(q),\ \boldsymbol{\theta}^{\mathrm{T}}(q)=\boldsymbol{\delta}^{\mathrm{T}}(p),\ \boldsymbol{\delta}^{\mathrm{T}}(q) \tag{4-189}$$

这样一来，只要确定任意一点$M(x,y,z)$的矢量$\boldsymbol{\delta}^{\mathrm{T}}(M)=[\boldsymbol{u}(M),\boldsymbol{\theta}(M)]$与$\boldsymbol{\delta}^e$之间的变换矩阵即可，也就是

$$\boldsymbol{\delta}(M)=\boldsymbol{T}(M)\boldsymbol{\delta}^e \tag{4-190}$$

对p、q点则是

$$\boldsymbol{\delta}(p)=\boldsymbol{T}(p)\boldsymbol{\delta}^e,\qquad \boldsymbol{\delta}(q)=\boldsymbol{T}(q)\boldsymbol{\delta}^e \tag{4-191}$$

根据式（4-189）和式（4-191），可得到

$$\boldsymbol{\delta}=\begin{bmatrix}\boldsymbol{T}(p)\\ \boldsymbol{T}(q)\end{bmatrix} \tag{4-192}$$

把式（4-192）和式（4-187）相互对比，可以得到点变换矩阵

$$[\boldsymbol{T}\quad \boldsymbol{R}]=\begin{bmatrix}\boldsymbol{T}(p)\\ \boldsymbol{T}(q)\end{bmatrix} \tag{4-193}$$

也就是以$(x,y,z)=(x_p,y_p,z_p)$和(x_q,y_q,z_q)代入$\boldsymbol{T}(M)$后，可以得到式(4-193)。由于$\theta=0.5\boldsymbol{rot}u$，即

$$[\theta_x,\theta_y,\theta_z]^{\mathrm{T}}=\frac{1}{2}\left[\frac{\partial u^3}{\partial y}-\frac{\partial u^2}{\partial z},\ \frac{\partial u^1}{\partial z}-\frac{\partial u^3}{\partial x},\ \frac{\partial u^2}{\partial x}-\frac{\partial u^1}{\partial y}\right]^{\mathrm{T}}$$

根据式（4-149），令$p=s$可得到

$$\theta_x=-v_s'+\theta_z'(z)\cdot\frac{1}{2}\left(\frac{\partial\omega_n(x,y)}{\partial y}-x+2x_s\right)$$

$$\theta_y=-u_s'+\theta_z'(z)\cdot\frac{1}{2}\left(\frac{\partial\omega_n(x,y)}{\partial y}-y+2y_s\right)$$

根据式（4-149），令$p=s$得到

$$[\boldsymbol{B}\quad \boldsymbol{D}]=\begin{bmatrix}1&0&0&0&0&y_s-y&0\\0&0&1&0&0&x-x_s&0\\0&-x&0&-y&1&0&\boldsymbol{\omega}_n-xy_s+yx_s\\0&0&0&-1&0&0&\dfrac{1}{2}\left(-\dfrac{\partial\omega_n}{\partial y}-x+2x_s\right)\\0&1&0&0&0&0&\dfrac{1}{2}\left(-\dfrac{\partial\boldsymbol{\omega}_n}{\partial x}-y+2y_s\right)\\0&0&0&0&0&1&0\end{bmatrix}$$

可以得到任意一点的表达式为

$$\boldsymbol{\delta}(M)=\begin{bmatrix} u^1(x,\ y,\ z) \\ u^2(x,\ y,\ z) \\ u^3(x,\ y,\ z) \\ \theta_x(x,\ y,\ z) \\ \theta_y(x,\ y,\ z) \\ \theta_z(x,\ y,\ z) \end{bmatrix}=[\boldsymbol{B}\quad \boldsymbol{D}]\begin{bmatrix} u_s(z) \\ u_s'(z) \\ v_s(z) \\ v_s'(z) \\ \omega(z) \\ \theta(z) \\ \theta'(z) \end{bmatrix} \tag{4-194}$$

再根据函数的有限元插值式（4-169）和式（4-170）可知，式（4-194）中的 u_s，v_s，u_s'，v_s'，… 均可以进行有限元插值，由此可得到剪切中心并移植 $\boldsymbol{\delta}^{\mathrm{e}}$ 的表达式，与式（4-190）比较得到

$$\boldsymbol{T}(M)=[\boldsymbol{B}\quad \boldsymbol{D}]\begin{bmatrix} \boldsymbol{\Psi}^{\mathrm{T}} & 0 & 0 & 0 \\ \boldsymbol{D}_1\boldsymbol{\Psi}^{\mathrm{T}} & 0 & 0 & 0 \\ 0 & \boldsymbol{\Psi}^{\mathrm{T}} & 0 & 0 \\ 0 & \boldsymbol{D}_1\boldsymbol{\Psi}^{\mathrm{T}} & 0 & 0 \\ 0 & 0 & \boldsymbol{\Psi}_0^{\mathrm{T}} & 0 \\ 0 & 0 & 0 & \boldsymbol{\Psi}^{\mathrm{T}} \\ 0 & 0 & 0 & \boldsymbol{D}_1\boldsymbol{\Psi}^{\mathrm{T}} \end{bmatrix}$$

式中，$\boldsymbol{\Psi}$ 和 $\boldsymbol{\Psi}_0$ 为线元素的形状函数向量；$\boldsymbol{D}_1\boldsymbol{\Psi}$ 为 $\boldsymbol{\Psi}$ 对 z 的一阶导数。

上式也可写为

$$\boldsymbol{T}(M)=\begin{bmatrix} \boldsymbol{\Psi}^{\mathrm{T}} & 0 & 0 & (y_s-y)\boldsymbol{\Psi}^{\mathrm{T}} \\ 0 & \boldsymbol{\Psi}^{\mathrm{T}} & 0 & (x-x_s)\boldsymbol{\Psi}^{\mathrm{T}} \\ -x\boldsymbol{D}_1\boldsymbol{\Psi}^{\mathrm{T}} & -y\boldsymbol{D}_1\boldsymbol{\Psi}^{\mathrm{T}} & \boldsymbol{\Psi}_0^{\mathrm{T}} & (\omega_n(x,\ y)-xy_s+yx_s)\boldsymbol{D}_1\boldsymbol{\Psi}^{\mathrm{T}} \\ 0 & -\boldsymbol{D}_1\boldsymbol{\Psi}^{\mathrm{T}} & 0 & \dfrac{1}{2}\left(\dfrac{\partial\omega_n}{\partial y}-x+2x_s\right)\boldsymbol{D}_1\boldsymbol{\Psi}^{\mathrm{T}} \\ -\boldsymbol{D}_1\boldsymbol{\Psi}^{\mathrm{T}} & 0 & 0 & -\dfrac{1}{2}\left(\dfrac{\partial\omega_n}{\partial y}+y-2y_s\right)\boldsymbol{D}_1\boldsymbol{\Psi}^{\mathrm{T}} \\ 0 & 0 & 0 & \boldsymbol{\Psi}^{\mathrm{T}} \end{bmatrix} \tag{4-195}$$

将式（4-187）代入式（4-186）得到 $\boldsymbol{K}_{\mathrm{s}}[\boldsymbol{T}\quad \boldsymbol{R}]\boldsymbol{\delta}^{\mathrm{e}}=\boldsymbol{f}_{\mathrm{s}}$，从而有

$$[\boldsymbol{T}\quad \boldsymbol{R}]^{\mathrm{T}}\boldsymbol{K}_{\mathrm{s}}[\boldsymbol{T}\quad \boldsymbol{R}]\boldsymbol{\delta}^{\mathrm{e}}=[\boldsymbol{T}\quad \boldsymbol{R}]^{\mathrm{T}}\boldsymbol{f}_{\mathrm{s}}$$

再根据式（4-185）得到

$$[\boldsymbol{T}\quad \boldsymbol{R}]^{\mathrm{T}}\boldsymbol{L}^{\mathrm{T}}\boldsymbol{K}_{\mathrm{s}}\boldsymbol{L}[\boldsymbol{T}\quad \boldsymbol{R}]\boldsymbol{\delta}^{\mathrm{e}}=[\boldsymbol{T}\quad \boldsymbol{R}]^{\mathrm{T}}\boldsymbol{L}^{\mathrm{T}}\boldsymbol{f}_{\mathrm{s}}$$

记

$$\boldsymbol{\phi}=\boldsymbol{L}[\boldsymbol{T}\quad \boldsymbol{R}] \tag{4-196}$$

则简化为

$$\boldsymbol{\phi}^{\mathrm{T}}\boldsymbol{K}_{\mathrm{s}}\boldsymbol{\phi}\boldsymbol{\delta}^{\mathrm{e}}=\boldsymbol{\phi}^{\mathrm{T}}\boldsymbol{f}_{\mathrm{s}} \tag{4-197}$$

由于式（4-197）是经过了点变换和坐标变换的加强筋刚性方程，因此可以和梁元素

刚性方程迭加。又因等效节点力 $\boldsymbol{\phi}^{\mathrm{T}}\boldsymbol{f}_{\mathrm{s}}$ 与梁元素中的附加等效节点力（由加强筋作用而产生）符号相反而数值相等，故在叠加时相互抵消。因而，只要将附加刚度矩阵 $\boldsymbol{K}_{\mathrm{s}}=\boldsymbol{\phi}^{\mathrm{T}}\boldsymbol{f}_{\mathrm{s}}\boldsymbol{\phi}$ 迭加到梁元素单元刚度矩阵中去即可。

4.4.2 Maxwell 方程组的有限元解

4.4.2.1 Maxwell 方程

Maxwell 方程组在电机、电器工程中和在无线电通信中用途极为广泛。它在铁磁性物质内表现为非线性偏微分方程，在电磁波辐射中它是无限域内的场方程。本节讨论 Maxwell 方程的变分形式。

矢量微分形式的 Maxwell 方程组为：

$$\nabla\times E+\frac{\partial B}{\partial t}=0 \tag{4-198a}$$

$$\nabla\times H-\frac{\partial D}{\partial t}=\boldsymbol{J} \tag{4-198b}$$

$$\nabla\cdot D=\rho \tag{4-198c}$$

$$\nabla\cdot B=0 \tag{4-198d}$$

式中，E 为电场强度；H 为磁场强度；D 为电位移；B 是磁通量密度；J 为电流密度；ρ 为电荷密度；$\nabla\times$表示向量旋度；$\nabla\cdot$ 表示向量散度。

由方程组后两个方程可以得到连续性方程（电荷守恒定律）：

$$\nabla\cdot J+\frac{\partial\rho}{\partial t}=0 \tag{4-198e}$$

假设上述物理量与时间的依存关系是单色的，例如

$$E(t)=\mathrm{Re}(E(\omega)\,\mathrm{e}^{-\mathrm{i}\omega t})$$

其他的物理量同理，则 Maxwell 方程变为

$$\begin{cases}\nabla\times E+\mathrm{i}\omega B=0\\ \nabla\times H+\mathrm{i}\omega B=J\\ \nabla\cdot D=\rho\\ \nabla\cdot B=0\end{cases} \tag{4-199}$$

在上述方程组中，每个方程都与一个边界条件相联系，假设边界为两种不同介质的交界面，$\boldsymbol{n}$ 表示界面的法线单位向量，那么

$$\begin{cases}\boldsymbol{n}\times(E_1-E_2)=0, & \boldsymbol{n}\times(H_1-H_2)=J_{\mathrm{s}}\\ \boldsymbol{n}\cdot(D_1-D_2)=\rho_{\mathrm{s}}, & \boldsymbol{n}\cdot(B_1-B_2)=0\end{cases} \tag{4-200}$$

式中，J_{s}、ρ_{s} 分别为界面的电流密度和面电荷密度。

Maxwell 方程组共 8 个方程，有 E，H，D，B 等 12 个未知标量。由于在 8 个方程中 Gauss 电场定律是 Ampère 定律和连续性方程的结果，Gauss 磁场定律是 Faraday 定律的结果，因此，只有 6 个独立方程，需要补充 6 个方程，即补充本构方程，它描述场向量之间的依从关系。在各向同性介质内，有

$$D=\varepsilon E,\qquad B=\mu H \tag{4-201}$$

式中，ε 为电容率；μ 为磁导率。

在真空中

$$\begin{cases}\varepsilon_0 = 4\pi \times 10^{-7}\text{H/m} \\ \mu_0 = 8.85 \times 10^{-12}\text{F/m}\end{cases} \tag{4-202}$$

此外介质中的欧姆定律为：

$$J = \sigma E \tag{4-203}$$

式中，σ 为介质的电导率。

对于各向异性介质，ε 和 μ 都是二阶张量，即

$$\boldsymbol{\varepsilon} = (\varepsilon_{ij}), \qquad \boldsymbol{\mu} = (\mu_{ij}) \quad (i,\ j = 1,\ 2,\ 3)$$

4.4.2.2 电位和矢位

任一向量场，如果它是无旋的，即旋度为0，那么必定是某一数量场 φ 的梯度。磁通量密度 $\boldsymbol{B}$ 是一个散度为0的场，也就是既无源也无渊的向量场。然而，无散度场必是某一向量场 $\boldsymbol{A}$ 的旋度，因此

$$\boldsymbol{B} = \nabla\times \boldsymbol{A} \tag{4-204}$$

将上式代入方程组（4-198a）中得到

$$\nabla\times\left(\boldsymbol{E} + \frac{\partial A}{\partial t}\right) = 0 \tag{4-205}$$

可以得到

$$\boldsymbol{E} = -\frac{\partial A}{\partial t} - \text{grad}\varphi \tag{4-206}$$

根据式（4-204）和式（4-206）能够得知，由于 $\boldsymbol{B}$、$\boldsymbol{E}$ 不能唯一地确定 $\boldsymbol{A}$、φ，故对 $\boldsymbol{A}$、φ 必须加一定的限制，限制就是洛伦兹条件

$$\text{div}\boldsymbol{A} + \mu\sigma\varphi - \mu\varepsilon\frac{\partial\varphi}{\partial t} = 0 \tag{4-207}$$

4.4.2.3 波动方程

由式（4-198b）对两边求得旋度得到

$$\nabla\times\nabla\times\boldsymbol{H} = \nabla\times\boldsymbol{J} + \frac{\partial}{\partial t}\nabla\times\boldsymbol{D}$$

将式（4-201）和式（4-203）代入，在均匀介质中有

$$\nabla\times\nabla\times\boldsymbol{H} = \sigma\nabla\times\boldsymbol{E} + \varepsilon\frac{\partial}{\partial t}\nabla\times\boldsymbol{E}$$

再将式（4-198a）代入上式右端得到

$$\nabla\times\nabla\times\boldsymbol{H} = -\sigma\frac{\partial\boldsymbol{B}}{\partial t} - \varepsilon\frac{\partial^2\boldsymbol{B}}{\partial t^2}$$

或

$$\nabla\times\nabla\times\boldsymbol{H} = -\mu\sigma\frac{\partial\boldsymbol{H}}{\partial t} - \mu\varepsilon\frac{\partial^2\boldsymbol{H}}{\partial t^2} \tag{4-208}$$

如果考虑单色波则得到

$$\nabla\times\nabla\times\boldsymbol{H} = (-\mathrm{i}\omega\mu\sigma + \varepsilon\mu\omega^2)\boldsymbol{H} \tag{4-209}$$

利用等式

$$\nabla\times\nabla\times\boldsymbol{H}=\mathrm{graddiv}\boldsymbol{H}-\nabla^2\boldsymbol{H} \tag{4-210}$$

代入式（4-208），有

$$\nabla^2\boldsymbol{H}-\mu\sigma\frac{\partial\boldsymbol{H}}{\partial t}-\boldsymbol{\mu}\varepsilon\frac{\partial^2\boldsymbol{H}}{\partial t^2}=\mathrm{graddiv}\boldsymbol{H} \tag{4-211}$$

在均匀介质中，由式（4-198d）可推出 $\mathrm{div}\boldsymbol{H}=0$，所以

$$\nabla^2\boldsymbol{H}-\mu\sigma\frac{\partial\boldsymbol{H}}{\partial t}-\mu\varepsilon\frac{\partial^2\boldsymbol{H}}{\partial t^2}=0 \tag{4-212}$$

同样对式（4-198a）两边求旋度，有

$$\nabla\times\nabla\times\boldsymbol{E}+\frac{\partial}{\partial t}\nabla\times\boldsymbol{B}=0$$

$$\nabla\times\nabla\times\boldsymbol{E}+\mu\frac{\partial}{\partial t}\nabla\times\left(\frac{\partial\boldsymbol{D}}{\partial t}+\boldsymbol{J}\right)=0 \tag{4-213}$$

$$\nabla\times\nabla\times\boldsymbol{E}+\mu\frac{\partial^2\boldsymbol{E}}{\partial t^2}+\mu\sigma\frac{\partial\boldsymbol{E}}{\partial t}=0$$

利用向量公式（4-210）和式（4-198c）得到

$$\nabla^2\boldsymbol{E}-\mu\sigma\frac{\partial\boldsymbol{E}}{\partial t}-\mu\varepsilon\frac{\partial^2\boldsymbol{E}}{\partial t^2}=\frac{1}{\varepsilon}\mathrm{grad}\varphi \tag{4-214}$$

对于非均匀介质，则由式（4-198a）有

$$\frac{1}{\mu}\nabla\times\boldsymbol{E}+\frac{\partial\boldsymbol{H}}{\partial t}=0$$

将此式两边求旋度，并用式（4-198b）代入得到

$$\nabla\times\left(\frac{1}{\mu}\nabla\times\boldsymbol{E}\right)+\frac{\partial^2\boldsymbol{D}}{\partial t^2}\times\frac{\partial\boldsymbol{J}}{\partial t}=0$$

$$\nabla\times\frac{1}{\mu}\nabla\times\boldsymbol{E}+\varepsilon\frac{\partial^2\boldsymbol{E}}{\partial t^2}+\sigma\frac{\partial\boldsymbol{E}}{\partial t}+\frac{\partial\boldsymbol{J}}{\partial t}=0 \tag{4-215}$$

如果是单色波，那么改写为

$$\nabla\times\frac{1}{\mu}\nabla\times\boldsymbol{E}+(-\varepsilon\omega^2+\mathrm{i}\omega\sigma)\boldsymbol{E}+\mathrm{i}\omega\boldsymbol{J}_0=0 \tag{4-216}$$

令

$$K=\varepsilon\omega^2-\mathrm{i}\omega\sigma,\ \boldsymbol{f}=-\mathrm{i}\omega\boldsymbol{J}_0 \tag{4-217}$$

那么式（4-216）就变为波动方程的形式

$$\nabla\times\frac{1}{\mu}\nabla\times\boldsymbol{E}-K\boldsymbol{E}=\boldsymbol{f} \tag{4-218}$$

4.4.2.4 铁磁性介质中的稳态磁场

在电机等工程中，需要求解稳态磁场分布。先讨论平面情形，这时，只考虑向量的第三个分量 A_z，故在直角坐标系中：

$$\nabla\times\boldsymbol{A}=\frac{\partial A_z}{\partial y}\boldsymbol{i}+\frac{\partial A_z}{\partial x}\boldsymbol{j}$$

代入式（4-213），由于 $\frac{\partial\boldsymbol{D}}{\partial t}=0$ 得到

$$\nabla\times\frac{1}{\mu}\nabla\times\boldsymbol{A}=\boldsymbol{J}$$

展开上式

$$\frac{\partial}{\partial x}\left(\frac{1}{\mu}\frac{\partial A_z}{\partial x}\right)+\frac{\partial}{\partial y}\left(\frac{1}{\mu}\frac{\partial A_z}{\partial y}\right)=-\boldsymbol{J}_z \tag{4-219}$$

如果场分布是轴对称的，那么只考虑 A_θ 方向，于是有

$$\nabla\times\boldsymbol{A}=\left(\frac{1}{r}\frac{\partial A_z}{\partial\theta}-\frac{\partial A_\theta}{\partial z}\right)\boldsymbol{e}_r+\left(\frac{\partial A_r}{\partial z}-\frac{\partial A_z}{\partial r}\right)\boldsymbol{e}_\theta+\left(\frac{1}{r}\frac{\partial}{\partial r}(rA_\theta)-\frac{\partial A_r}{\partial\theta}\right)\boldsymbol{k}$$

$$=-\frac{\partial A_\theta}{\partial z}r_0+\frac{1}{r}\frac{\partial}{\partial r}(rA_\theta)\boldsymbol{k}$$

这里（$\boldsymbol{e}_r$，$\boldsymbol{e}_\theta$，$\boldsymbol{k}$）为柱面坐标系的基向量，而

$$\nabla\times\frac{1}{\mu}\nabla\times\boldsymbol{A}=\frac{1}{r}\frac{\partial}{\partial\theta}\left(\frac{1}{\mu r}\frac{\partial}{\partial r}(rA_\theta)\right)\boldsymbol{e}_r+$$

$$\left(-\frac{\partial}{\partial z}\left(\frac{1}{\mu}\frac{\partial A_\theta}{\partial z}\right)-\frac{\partial}{\partial r}\left(\frac{1}{\mu r}\frac{\partial}{\partial r}(rA_\theta)\right)\right)\boldsymbol{e}_\theta+$$

$$\left(\frac{1}{r}\frac{\partial}{\partial z}\left(\frac{1}{\mu}\frac{\partial}{\partial r}(rA_\theta)\right)+\frac{\partial}{\partial\theta}\left(\frac{1}{\mu}\frac{\partial A_\theta}{\partial z}\right)\right)\boldsymbol{k}$$

因为 A_θ 是 r、z 的函数，故

$$\frac{\partial}{\partial z}\left(\frac{1}{\mu}\frac{\partial A_\theta}{\partial z}\right)+\frac{\partial}{\partial r}\left(\frac{1}{\mu}\frac{\partial A_\theta}{\partial r}\right)+\frac{\partial}{\partial r}\left(\frac{A_\theta}{\mu r}\right)=-J_0 \tag{4-220}$$

这里 μ 是磁通量密度 B 的函数

$$\mu=\mu(\boldsymbol{B})=\mu(\nabla\times\boldsymbol{A}) \tag{4-221}$$

4.4.2.5 变分问题

接下来讨论变分问题，考虑波动方程式（4-218）

$$\nabla\times\alpha\nabla\times\boldsymbol{E}-\boldsymbol{KE}=\boldsymbol{f}$$

当介质同性时，α 是一个数，$\alpha=\mu^{-1}$；当介质是各向异性时，$\boldsymbol{\alpha}$ 为 $\boldsymbol{\mu}$ 的逆矩阵，这里假设 α，ε 是对称正定的。令 α_0，α_1，ε_0，ε_1 为正常数，$\xi\in R^n$，那么

$$\alpha_0|\boldsymbol{\xi}|^2\leqslant\boldsymbol{\xi}^{\mathrm{T}}\alpha\boldsymbol{\xi}\leqslant\alpha_1|\boldsymbol{\xi}|^2$$

$$\varepsilon_0|\boldsymbol{\xi}|^2\leqslant\boldsymbol{\xi}^{\mathrm{T}}\varepsilon\boldsymbol{\xi}\leqslant\varepsilon_1|\boldsymbol{\xi}|^2$$

假设介质中没有导体（$\sigma=0$），可得

$$K=\omega^2\varepsilon$$

式中，ω 为单色波频率。

给式（4-218）赋予边值条件

$$\boldsymbol{n}\times\boldsymbol{E}|_r=0$$

$$\nabla\cdot\varepsilon\boldsymbol{E}|_r=0 \tag{4-222}$$

对式（4-198c）两边求梯度后得到

$$\mathrm{grad}(\nabla\cdot\varepsilon\boldsymbol{E})=\mathrm{grad}\boldsymbol{\rho}$$

两边同乘 $-s\varepsilon$ 并加到式（4-218）的两边可得

$$\nabla\times\alpha\nabla\times\boldsymbol{E}-s\varepsilon\nabla(\nabla\cdot\varepsilon\boldsymbol{E})-\boldsymbol{KE}=\boldsymbol{F} \tag{4-223}$$

式中，$\boldsymbol{F}=\boldsymbol{f}-s\varepsilon\text{grad}\boldsymbol{\rho}$；$s$ 为任意实数。

由于对任一 E^*，有

$$(\nabla\times\alpha\nabla\times\boldsymbol{E},\ \boldsymbol{E}^*)=\int_\Omega(\nabla\times\alpha\nabla\times\boldsymbol{E})\cdot\boldsymbol{E}^*\mathrm{d}v$$

因为

$$\mathrm{div}(\boldsymbol{A}\times\boldsymbol{B})=(\nabla\times\boldsymbol{A})\cdot\boldsymbol{B}-\boldsymbol{A}\cdot(\nabla\times\boldsymbol{B}),\ (\boldsymbol{A}\times\boldsymbol{B})\cdot\boldsymbol{C}=(\boldsymbol{B}\times\boldsymbol{C})\cdot\boldsymbol{A}$$

所以

$$\begin{aligned}(\nabla\times\alpha\nabla\times\boldsymbol{E},\ \boldsymbol{E}^*)&=\int_\Omega(\mathrm{div}(\alpha\nabla\times\boldsymbol{E}\times\boldsymbol{E}^*)+\alpha\nabla\times\boldsymbol{E}\cdot\nabla\times\boldsymbol{E}^*)\mathrm{d}v\\&=\oint_\Gamma\alpha\nabla\times\boldsymbol{E}\times\boldsymbol{E}^*\cdot\boldsymbol{n}\mathrm{d}s+\int_\Omega\alpha\nabla\times\boldsymbol{E}\cdot\nabla\times\boldsymbol{E}^*\mathrm{d}v\\&=<\alpha\nabla\times\boldsymbol{E},\ \boldsymbol{E}^*\times\boldsymbol{n}>_\Gamma+(\alpha\nabla\times\boldsymbol{E},\ \nabla\times\boldsymbol{E}^*)\end{aligned}\tag{4-224}$$

又因

$$(\varepsilon\nabla(\nabla\cdot\varepsilon\boldsymbol{E}),\ \boldsymbol{E}^*)=((\nabla\cdot\varepsilon\boldsymbol{E}),\ \varepsilon\boldsymbol{E}^*)$$

利用格林公式 $\int_\Omega\boldsymbol{A}\cdot\text{grad}\varphi\mathrm{d}v=\int_\Gamma\varphi\boldsymbol{A}\cdot\boldsymbol{n}\mathrm{d}s-\int_\Omega\varphi\mathrm{div}\boldsymbol{A}\mathrm{d}v$ 可得

$$\begin{aligned}(\varepsilon\nabla(\nabla\cdot\varepsilon\boldsymbol{E}),\ \boldsymbol{E}^*)&=-\int_\Omega(\nabla\cdot\varepsilon\boldsymbol{E})\cdot(\nabla\cdot\varepsilon\boldsymbol{E}^*)\mathrm{d}v+\oint_\Gamma(\nabla\cdot\varepsilon\boldsymbol{E})\cdot(\varepsilon\boldsymbol{E}^*,\ \boldsymbol{n})\mathrm{d}s\\&=-(\nabla\cdot\varepsilon\boldsymbol{E},\ \nabla\cdot\varepsilon\boldsymbol{E}^*)+<\nabla\cdot\varepsilon\boldsymbol{E},\ \varepsilon\boldsymbol{E}^*\cdot\boldsymbol{n}>_\Gamma\end{aligned}\tag{4-225}$$

用 $\boldsymbol{E}^*$ 乘以式（4-223）两边，并根据式（4-224）和式（4-225）得到

$$\begin{gathered}(\alpha\nabla\times\boldsymbol{E},\ \nabla\times\boldsymbol{E}^*)+s(\nabla\cdot\varepsilon\boldsymbol{E},\ \nabla\cdot\varepsilon\boldsymbol{E}^*)-(\boldsymbol{KE},\ \boldsymbol{E}^*)+\\<\alpha\nabla\times\boldsymbol{E},\ \boldsymbol{E}^*\times\boldsymbol{n}>_\Gamma-s<\nabla\cdot\varepsilon\boldsymbol{E},\ \varepsilon\boldsymbol{E}^*\cdot\boldsymbol{n}>_\Gamma=<\boldsymbol{F},\ \boldsymbol{E}^*>\end{gathered}\tag{4-226}$$

记

$$\begin{cases}B(\boldsymbol{E},\ \boldsymbol{E}^*)=(\alpha\nabla\times\boldsymbol{E},\ \nabla\times\boldsymbol{E}^*)+s(\nabla\cdot\varepsilon\boldsymbol{E},\ \nabla\cdot\varepsilon\boldsymbol{E}^*)\\b(\boldsymbol{E},\ \boldsymbol{E}^*)=(\varepsilon\boldsymbol{E},\ \boldsymbol{E}^*)\end{cases}\tag{4-227}$$

利用边界条件式（4-222），并且当取 $\boldsymbol{E}^*$ 同样满足式（4-222），那么式（4-226）中的面积分消失了，于是式（4-226）可以表示为

$$B(\boldsymbol{E},\ \boldsymbol{E}^*)-\omega^2b(\boldsymbol{E},\ \boldsymbol{E}^*)=<\boldsymbol{F},\ \boldsymbol{E}^*>$$

假设希尔伯特空间

$$V=\{u:\ u\in(H^1(\Omega))^3,\ \boldsymbol{n}\times\boldsymbol{u}|_\Gamma=0\}$$

赋予范数

$$\|u\|_{1,\Omega}^2=\sum_{i=1}^2\|u^i\|_{1,\Omega}^2$$

于是边值问题

$$\begin{aligned}&\nabla\times\alpha\nabla\times\boldsymbol{E}-s\varepsilon\nabla(\nabla\cdot\varepsilon\nabla\boldsymbol{E})-\boldsymbol{KE}=\boldsymbol{f}\\&\boldsymbol{n}\times\boldsymbol{E}|_\Gamma=0(\text{本质边界条件})\\&\nabla\times\varepsilon\boldsymbol{E}|_\Gamma=0(\text{自然边界条件})\end{aligned}\tag{4-228}$$

其变分问题变为

$$\begin{cases}\text{求}\ \boldsymbol{E}\in V,\ \text{使得}\\B(\boldsymbol{E},\ \boldsymbol{E}^*)-\omega^2b(\boldsymbol{E},\ \boldsymbol{E}^*)=<\boldsymbol{F},\ \boldsymbol{E}^*>,\quad\forall\boldsymbol{E}^*\in V\end{cases}\tag{4-229}$$

由式（4-227）所定义的 $B(\cdot,\cdot)$ 和 $b(\cdot,\cdot)$ 都是 $V\times V\rightarrow R$ 的双线性形式，它们是对称的，同样是 V - 强制的，所以由索伯列夫（Sobolev）空间的椭圆边值问题经典理论可知，变分问题式（4-229）满足弗雷德霍姆（Fredholm）二择性定理。

为了消除本性边界条件的约束，可以用加罚方法。引入罚参数 v，并记

$$B_1(\boldsymbol{E},\ \boldsymbol{E}^*) = B(\boldsymbol{E},\ \boldsymbol{E}^*) - <\boldsymbol{n}\times\boldsymbol{E},\ \alpha\boldsymbol{\nabla}\times E^*>_\Gamma - <\alpha\boldsymbol{\nabla}\times\boldsymbol{E} - vh^{-1}\boldsymbol{n}\times\boldsymbol{E},\ \boldsymbol{n}\times\boldsymbol{E}^*>_\Gamma$$

假设空间

$$W = \{u:\ \boldsymbol{E}\in H^1(\Omega)^n,\ D_\alpha u|_\Gamma \in L^2(\Gamma)\}$$

定义内积及范数为

$$[u,\ v] = (u,\ v)_{1,\Omega} + h\sum_{|\alpha\leqslant 1|} <D_\alpha u,\ D_\alpha v> + h^{-1} <n\times u,\ n\times v>_\Gamma$$

$$\|u\|^2 = [u,\ u]$$

那么能够证明，存在与 E 无关的常数 $c>0$，$c_0\geqslant 0$ 使得

$$B_1(\boldsymbol{E},\ \boldsymbol{E}^*) \geqslant c\|u\|^2 - c_0\|\boldsymbol{E}\|^2_{0,\Omega}$$

因而加罚问题

$$\begin{cases}\text{求 } \boldsymbol{E}\in V,\ \text{使得} \\ B_1(\boldsymbol{E},\ \boldsymbol{E}^*) = <\boldsymbol{F},\ \boldsymbol{E}^*>, \qquad \forall \boldsymbol{E}^*\in V\end{cases} \tag{4-230}$$

同样是适当的，并且可以证明式（4-230）的有限元逼近解收敛于式（4-229）的解。

4.4.3 结构振动的有限元分析

结构振动是研究机械设备运动和力学问题的重要基础。机械设备，特别是运动机械，由于振动问题引起的机械故障率高达60%~70%。随着机械系统向高参数化发展，机械振动和机械噪声问题日益突出，已引起工程界的普遍重视和关注，它常常是造成机械和结构恶性破坏和失效的直接原因，例如，1940 年美国的 Tacoma Narrows 吊桥在中速风载下，桥身产生严重的扭转振动和垂直振动而导致坍塌；1972 年日本海南电厂的一台 66 万千瓦汽轮发电机组，在试车中因发生异常振动而全机毁坏，长达 51m 的主轴断裂飞射，联轴节及汽轮机叶片竟穿透厂房飞落至百米以外；在一般情况下，超出规范标准的振动（如机床颤振、耦合振动等）会缩短机器寿命，影响机械加工质量，并且降低机械及电子产品的使用性能，甚至产生公害，污染环境。现在，振动分析和振动设计已成为产品设计中的一个关键环节，它对国民经济建设中的重大工程和人民的生命安全都有重大的影响，也是重大工程中的关键力学问题之一。

4.4.3.1 变量与方程

任何变形体都存在固有频率和振动模态，当有外界的激振作用时，会产生一系列响应，除结构的静力分析外，结构的振动分析也是结构评价的一个重要方面，对结构的工作状态及功能控制具有重要意义。结构的振动分析涉及模态分析、瞬态动力学分析、简谐响应分析、随机谱分析等方面。结构的无阻尼自由振动分析，即模态分析，是最基础的，也是进行其他振动分析的前提。

振动问题中的结构也是变形体，同样可以采用三大类力学变量来描述，这时的三大类变量是时间的函数，即 $u(\xi,\ t)$、$\varepsilon(\xi,\ t)$、$\sigma(\xi,\ t)$ 是坐标位 $\xi(x,\ y,\ z)$ 和时间 t 的函数，一般将其记为 $u(t)$、$\varepsilon(t)$、$\sigma(t)$，利用达朗贝尔（D'Alembert）原理可以将与时间

相关的惯性力和阻尼力以静力的方式进行考虑，对于平面振动问题，有平衡方程

$$\begin{aligned}&\frac{\partial\sigma_{xx}(x,\ y,\ t)}{\partial x}+\frac{\partial\tau_{xy}(x,\ y,\ t)}{\partial y}+\bar{f}_{bx}(t)-\rho\ddot{u}(x,\ y,\ t)-\nu\dot{u}(x,\ y,\ t)=0\\&\frac{\partial\tau_{yx}(x,\ y,\ t)}{\partial x}+\frac{\partial\sigma_{yy}(x,\ y,\ t)}{\partial y}+\bar{f}_{by}(t)-\rho\ddot{v}(x,\ y,\ t)-\nu\dot{v}(x,\ y,\ t)=0\end{aligned}\tag{4-231}$$

式中，ρ 为密度；ν 为阻尼系数；$\bar{f}_{bx}(t)$ 和 $\bar{f}_{by}(t)$ 为所作用的体积力；$\ddot{u}(t)$ 、$\dot{u}(t)$ 分别是位移 $u(t)$ 对时间 t 的二次导数和一次导数，也就是 x 方向的加速度和速度，同理 y 方向也是类似的，用 $\ddot{v}$ 和 $\dot{v}$ 表示。

4.4.3.2 有限元分析列式

用于振动问题分析的单元构造与静力问题基本相同，值得注意的是，所有基于节点的基本力学变量也都是时间的函数。在引入惯性力和阻尼力的基础上，可得到振动问题的虚功方程为

$$\int_{\Omega^e}[\sigma^{\mathrm{T}}\cdot\delta\varepsilon+\rho\ddot{u}\cdot\delta u+\nu\dot{u}\cdot\delta u]\mathrm{d}\Omega-\left[\int_{\Omega^e}\bar{f}_b\cdot\delta u\mathrm{d}\Omega+\int_{A^e}\bar{f}_p\cdot\delta u\mathrm{d}A\right]=0\tag{4-232}$$

对于振动问题分析的离散单元，与时间相关的节点位移列阵为

$$q_{\mathrm{e}}^t(t)=[u_1(t)\quad v_1(t)\quad \omega_1(t)\quad\cdots\quad u_n(t)\quad v_n(t)\quad \omega_n(t)]^{\mathrm{T}}\tag{4-233}$$

采用插值函数，可将单元内的位移场表示为

$$\boldsymbol{u}(\xi,\ t)=\boldsymbol{N}(\xi)\cdot\boldsymbol{q}_{\mathrm{e}}^t(t)\tag{4-234}$$

相应的虚位移为

$$\delta\boldsymbol{u}=\boldsymbol{N}(\xi)\cdot\delta\boldsymbol{q}_{\mathrm{e}}^t(t)\tag{4-235}$$

式中，$\boldsymbol{N}(\xi)$ 为单元的形状函数矩阵，相对应的静力问题单元的形状函数矩阵完全相同。

将式（4-234）及式（4-235）代入振动问题的虚功方程式（4-232）中，有

$$[\boldsymbol{M}^{\mathrm{e}}\dot{\boldsymbol{q}}_t^{\mathrm{e}}(t)+\boldsymbol{C}^{\mathrm{e}}\dot{\boldsymbol{q}}_t^{\mathrm{e}}(t)+\boldsymbol{K}\boldsymbol{q}_t^{\mathrm{e}}(t)-\boldsymbol{F}_t^{\mathrm{e}}(t)]^{\mathrm{T}}\cdot\delta\boldsymbol{u}=0\tag{4-236}$$

由于 $\delta\boldsymbol{u}$ 的任意性，要使上式成立，则需要满足

$$\boldsymbol{M}^{\mathrm{e}}\dot{\boldsymbol{q}}_t^{\mathrm{e}}+\boldsymbol{C}^{\mathrm{e}}\dot{\boldsymbol{q}}_t^{\mathrm{e}}(t)+\boldsymbol{K}^{\mathrm{e}}\boldsymbol{q}_t^{\mathrm{e}}=\boldsymbol{F}_t^{\mathrm{e}}\tag{4-237}$$

其中

$$\boldsymbol{M}^{\mathrm{e}}=\int_{\Omega^{\mathrm{e}}}\rho\boldsymbol{N}^{\mathrm{T}}\boldsymbol{N}\mathrm{d}\Omega\tag{4-238}$$

$$\boldsymbol{C}^{\mathrm{e}}=\int_{\Omega^{\mathrm{e}}}\nu\,\boldsymbol{N}^{\mathrm{T}}\boldsymbol{N}\mathrm{d}\Omega\tag{4-239}$$

$$\boldsymbol{K}^{\mathrm{e}}=\int_{\Omega^{\mathrm{e}}}\boldsymbol{B}^{\mathrm{T}}\boldsymbol{D}\boldsymbol{B}\mathrm{d}\Omega\tag{4-240}$$

$$\boldsymbol{F}_t^{\mathrm{e}}=\int_{\Omega^{\mathrm{e}}}\boldsymbol{N}^{\mathrm{T}}\bar{f}_{\mathrm{b}}\mathrm{d}\Omega+\int_{s_{\mathrm{p}}}\boldsymbol{N}^{\mathrm{T}}\bar{f}_{\mathrm{p}}\mathrm{d}A\tag{4-241}$$

式中，$\boldsymbol{M}^{\mathrm{e}}$ 为单元的质量矩阵；$\boldsymbol{C}^{\mathrm{e}}$ 为单元的阻尼矩阵。

得到整体结构的振动方程为

$$\boldsymbol{M}\ddot{\boldsymbol{q}}_t+\boldsymbol{C}^{\mathrm{e}}\dot{\boldsymbol{q}}_t+\boldsymbol{K}\boldsymbol{q}_t=\boldsymbol{F}_t\tag{4-242}$$

以下就几种特殊情况进行讨论：

（1）静力学情况，也就是所有的力学变量都与时间无关，则方程式（4-242）改写为

$$\boldsymbol{K}\boldsymbol{q} = \boldsymbol{F} \tag{4-243}$$

这就是结构静力分析的刚度方程。

（2）无阻尼情况，不考虑结构的阻尼，也就是阻尼系数 $\nu = 0$，方程式（4-242）改写为

$$\boldsymbol{M}\ddot{\boldsymbol{q}}_t + \boldsymbol{K}\boldsymbol{q}_t = \boldsymbol{F}_t \tag{4-244}$$

（3）无阻尼自由振动情形，也就是不考虑结构的阻尼和外载，也就是 $\nu = 0$，$\boldsymbol{F}_t = 0$，方程写为

$$\boldsymbol{M}\ddot{\boldsymbol{q}}_t + \boldsymbol{K}\boldsymbol{q}_t = 0 \tag{4-245}$$

此时的振动形式称为自由振动，这个方程的解的形式为

$$\boldsymbol{q}_t = \hat{\boldsymbol{q}} \cdot \mathrm{e}^{\mathrm{i}\omega t} \tag{4-246}$$

本质上这就是简谐振动，其中 ω 为常数，称为自然圆频率（rad/s），也称为圆频率，对应的频率为 $f = \dfrac{\omega}{2\pi}$（Hz），称为自然频率或固有频率。代入式（4-245）中得到

$$(-\omega^2\boldsymbol{M}\hat{\boldsymbol{q}} + \boldsymbol{K}\hat{\boldsymbol{q}})\,\mathrm{e}^{\mathrm{i}\omega t} = 0 \tag{4-247}$$

消去 $\mathrm{e}^{\mathrm{i}\omega t}$ 后，变成

$$(\boldsymbol{K} - \omega^2\boldsymbol{M})\,\hat{\boldsymbol{q}} = 0 \tag{4-248}$$

这是一个齐次方程，该方程有非零解的条件是

$$|\boldsymbol{K} - \omega^2\boldsymbol{M}| = 0 \tag{4-249}$$

这就是特征方程，求得自然频率 ω 后，将其代入方程（4-248）之中，可求得对应的特征向量 $\hat{\boldsymbol{q}}$，这就是对应于振动频率 ω 的振型。

下面举两个例子，对于一维杆单元，若采用 3 个节点，如图 4-10 所示，推导用于振动分析的单元刚度矩阵和质量矩阵。

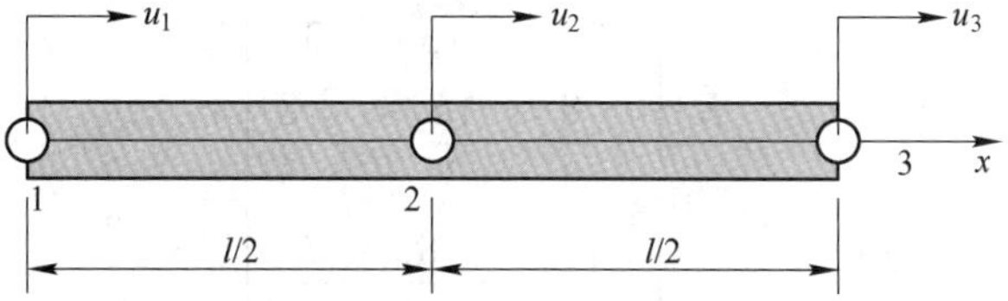

图 4-10　一维三节点杆单元

该一维 3 节点杆单元的节点位移列阵为

$$\underset{(3\times1)}{\boldsymbol{q}^{\mathrm{e}}} = [u_1 u_2 u_3]^{\mathrm{T}} \tag{4-250}$$

由于有了 3 个节点条件，因此，假设位移模式为

$$u(x) = a_1 + a_2 x + a_3 x^2 \tag{4-251}$$

式中，a_1、a_2、a_3 为待定系数，能够通过该单元的 3 个节点条件求出

$$\begin{aligned} u|_{x=0} &= u_1 \\ u|_{x=1/2} &= u_2 \\ u|_{x=1} &= u_3 \end{aligned} \tag{4-252}$$

式（4-251）能够改写为

$$u(x) = N_1(x)\cdot u_1 + N_2(x)\cdot u_2 + N_3(x)\cdot u_3 = \underset{(1\times3)}{\boldsymbol{N}}(x)\cdot\underset{(3\times1)}{\boldsymbol{q}^{\mathrm{e}}} \tag{4-253}$$

式中，$\underset{(1\times3)}{\boldsymbol{N}}(x)=[N_1(x)N_2(x)N_3(x)]$ 为形状函数矩阵，具体为

$$N_1(x)=\left(1-2\frac{x}{l}\right)\left(1-\frac{x}{l}\right)$$
$$N_2(x)=\frac{4x}{l}\left(1-\frac{x}{l}\right) \tag{4-254}$$
$$N_3(x)=-\frac{x}{l}\left(1-2\frac{x}{l}\right)$$

根据一维问题的几何方程有

$$\boldsymbol{\varepsilon}(x)=\frac{\mathrm{d}u(x)}{\mathrm{d}x}=\frac{\mathrm{d}N(x)}{\mathrm{d}x}\cdot\boldsymbol{q}^{\mathrm{e}}=\underset{(1\times3)}{\boldsymbol{B}}(x)\cdot\underset{(3\times1)}{\boldsymbol{q}^{\mathrm{e}}} \tag{4-255}$$

式中，$\boldsymbol{B}(x)$ 为单元的几何矩阵

$$\underset{(1\times3)}{\boldsymbol{B}}=[B_1(x)\ B_2(x)\ B_3(x)] \tag{4-256}$$

具体为

$$B_1(x)=\frac{\mathrm{d}N_1(x)}{\mathrm{d}x}=-\frac{3}{l}+\frac{4x}{l^2}$$
$$B_2(x)=\frac{\mathrm{d}N_2(x)}{\mathrm{d}x}=\frac{4}{l}-\frac{8x}{l^2} \tag{4-257}$$
$$B_3(x)=\frac{\mathrm{d}N_3(x)}{\mathrm{d}x}=-\frac{1}{l}+\frac{4x}{l^2}$$

由式（4-240），该单元的刚度矩阵为

$$\underset{(3\times3)}{\boldsymbol{K}^{\mathrm{e}}}=\int_{\Omega^{\mathrm{e}}}\underset{(3\times1)}{\boldsymbol{B}^{\mathrm{T}}}(x)\cdot\boldsymbol{E}\cdot\underset{(1\times3)}{\boldsymbol{B}}(x)\mathrm{d}\Omega$$
$$=\frac{EA}{l}\begin{bmatrix}\frac{7}{3} & -\frac{8}{3} & \frac{1}{3}\\ -\frac{8}{3} & \frac{16}{3} & -\frac{8}{3}\\ \frac{1}{3} & -\frac{8}{3} & \frac{7}{3}\end{bmatrix} \tag{4-258}$$

由式（4-238），计算该单元的质量矩阵为

$$\underset{(3\times3)}{\boldsymbol{M}^{\mathrm{e}}}=\int_{\Omega^{\mathrm{e}}}\underset{(3\times1)}{\boldsymbol{N}^{\mathrm{T}}}(x)\cdot\boldsymbol{\rho}\cdot\underset{(1\times3)}{\boldsymbol{N}}(x)\mathrm{d}\Omega$$
$$=\frac{\rho Al}{30}\begin{bmatrix}4 & 2 & -1\\ & 16 & 2\\ \text{sym.} & & 4\end{bmatrix} \tag{4-259}$$

由于在以上推导中采用了位移插值的形状函数矩阵 $\boldsymbol{N}(x)$，因此，所得到的单元质量矩阵也称为一致质量矩阵。还可以直接将单元的质量按几何位置的分布等效到节点上，这样得到的就是集中质量矩阵，对于一维 3 节点杆单元，有

$$\underset{(3\times3)}{\boldsymbol{M}^{\mathrm{e}}}=\frac{\rho Al}{4}\begin{bmatrix}1 & 0 & 0\\ 0 & 2 & 0\\ 0 & 0 & 1\end{bmatrix} \tag{4-260}$$

有一个杆件结构如图 4-11 所示，采用 3 个杆单元进行自然振动的分析。

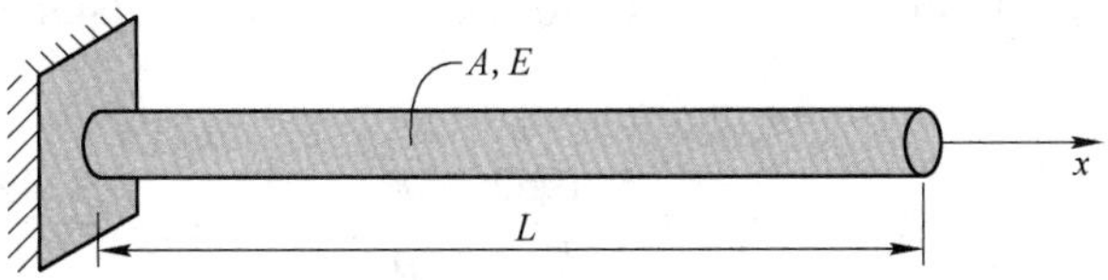

图 4-11 杆结构示意图

如图 4-12 所示，针对杆的结构，采用三等分长度单元的划分方式，可以得到每个杆单元的刚度矩阵为：

$$\boldsymbol{K}^{(1)} = \boldsymbol{K}^{(2)} = \boldsymbol{K}^{(3)} = \frac{3EA}{L}\begin{bmatrix} 1 & -1 \\ -1 & 1 \end{bmatrix} \tag{4-261}$$

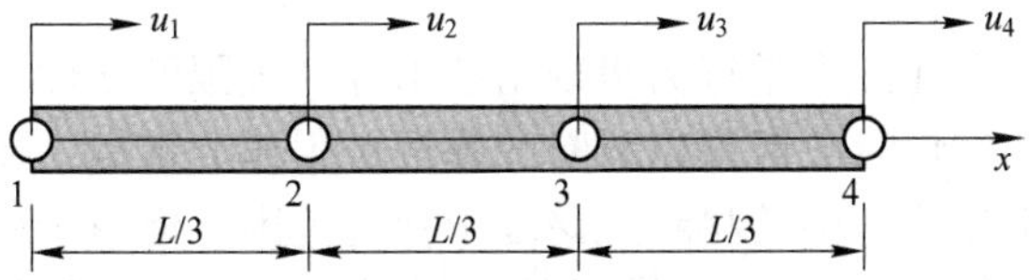

图 4-12 杆的有限元模型

由式（4-238）可以得到各个杆单元的质量一致性矩阵为：

$$\boldsymbol{M}^{(1)} = \boldsymbol{M}^{(2)} = \boldsymbol{M}^{(3)} = \frac{\rho AL}{18}\begin{bmatrix} 2 & 1 \\ 1 & 2 \end{bmatrix} \tag{4-262}$$

由于以上各个单元的刚度矩阵和质量矩阵中的各个系数虽然相同，但所对应的节点位移是不同的，根据式（4-242），整体振动方程为：

$$\frac{\rho AL}{18}\begin{bmatrix} 2 & 1 & 0 & 0 \\ 1 & 4 & 1 & 0 \\ 0 & 1 & 4 & 1 \\ 0 & 0 & 1 & 2 \end{bmatrix}\begin{bmatrix} \ddot{u}_1 \\ \ddot{u}_2 \\ \ddot{u}_3 \\ \ddot{u}_4 \end{bmatrix} + \frac{3EA}{L}\begin{bmatrix} 1 & -1 & 0 & 0 \\ -1 & 2 & -1 & 0 \\ 0 & -1 & 2 & -1 \\ 0 & 0 & -1 & 1 \end{bmatrix}\begin{bmatrix} u_1 \\ u_2 \\ u_3 \\ u_4 \end{bmatrix} = \begin{bmatrix} 0 \\ 0 \\ 0 \\ 0 \end{bmatrix} \tag{4-263}$$

由于节点 1 为固定位移的约束条件，在整体方程中划掉对应于该自由度的行和列得到

$$\begin{bmatrix} 4 & 1 & 0 \\ 1 & 4 & 1 \\ 0 & 1 & 2 \end{bmatrix}\begin{bmatrix} \ddot{u}_2 \\ \ddot{u}_3 \\ \ddot{u}_4 \end{bmatrix} + \frac{54E}{\rho L^2}\begin{bmatrix} 2 & -1 & 0 \\ -1 & 2 & -1 \\ 0 & -1 & 1 \end{bmatrix}\begin{bmatrix} u_1 \\ u_2 \\ u_3 \end{bmatrix} = \begin{bmatrix} 0 \\ 0 \\ 0 \end{bmatrix} \tag{4-264}$$

根据式（4-249）所对应的特征方程为：

$$\begin{vmatrix} 2\lambda - 4\omega^2 & -\lambda - \omega^2 & 0 \\ -\lambda - \omega^2 & 2\lambda - 4\omega^2 & -\lambda - \omega^2 \\ 0 & -\lambda - \omega^2 & \lambda - 2\omega^2 \end{vmatrix} = 0 \tag{4-265}$$

式中，$\lambda = \dfrac{54E}{\rho L^2}$。

将行列式展开后得到

$$26\omega^6 - 57\omega^4 + 24\lambda^2\omega^2 - \lambda^3 = 0 \tag{4-266}$$

解得

$$\omega_1^2 = 0.0467\lambda, \qquad \omega_2^2 = 0.5\lambda, \qquad \omega_3^2 = 1.6456\lambda \tag{4-267}$$

对 ω^2 进行开方

$$\omega_1 = \frac{1.5888}{L}\sqrt{\frac{E}{\rho}}, \qquad \omega_2 = \frac{5.1962}{L}\sqrt{\frac{E}{\rho}}, \qquad \omega_1 = \frac{9.4266}{L}\sqrt{\frac{E}{\rho}} \tag{4-268}$$

对上述问题进行解析求解得到杆件的一阶和二阶振动频率的精确解分别为 $\omega_1 = \frac{1.571}{L}\sqrt{\frac{E}{\rho}}$，$\omega_2 = \frac{4.712}{L}\sqrt{\frac{E}{\rho}}$，显然采用有限元所求出的振动频率明显大于精确解，并且随着有限元网格的细化，所求得的振动频率会越来越逼近精确解。

4.4.4 弹塑性问题的有限元分析

弹塑性问题是指变形体的力学行为呈现出超出弹性极限的塑性行为。虽然在大多数情况下，人们在进行结构设计时一般都以材料的弹性极限作为依据，还考虑有一定的安全系数，也就是说，处于工作状态中的材料应该处于弹性范围，但由于结构是复杂的，在局部区域有减重孔、工艺孔等，所以会造成局部的应力集中，这些区域的材料一般都会进入塑性状态，因此，需要考虑结构的弹塑性问题。另外，人们也需要对材料进入塑性的情况进行分析，以了解极端承载的能力，并进行极限设计，以使结构设计更合理、更安全。

典型的材料性功能实验曲线是通过标准式样的单项拉伸与压缩来获得的，材料单拉试验的应力达到或超过一个临界值时，材料将进入塑性状态，典型的单向的拉伸试验曲线如图 4-13 所示。

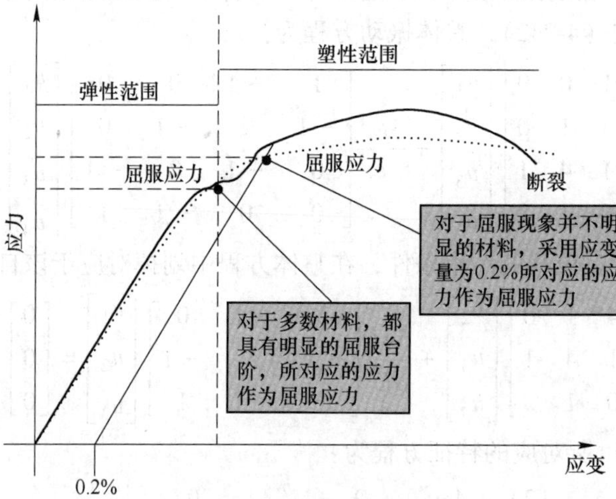

图 4-13　材料的弹塑性行为

在实际问题中，材料不可能都处于单向拉伸或压缩状态，各个位置的材料将处于不同的复杂受力状态，即用来描述受力状态的应力 σ，其各个分量都存在。因此，需要描述材料在复杂应力状态下的真实弹塑性行为，这将涉及材料的屈服准则、塑性流动法则、塑性强化准则这 3 个方面的描述；并且，还需要基于材料的单向拉伸应力-应变试验曲线来确定出这 3 个准则中的定量关系。对于具有明显塑性行为的材料，先需要定义等效应力

$$\sigma_{eq} = \frac{1}{\sqrt{2}}\sqrt{(\sigma_1-\sigma_2)^2+(\sigma_2-\sigma_3)^2+(\sigma_1-\sigma_3)^2}$$
$$= \frac{1}{\sqrt{2}}\sqrt{(\sigma_{xx}-\sigma_{yy})^2+(\sigma_{yy}-\sigma_{zz})^2+(\sigma_{zz}-\sigma_{xx})^2+6(\tau_{xy}^2+\tau_{yz}^2+\tau_{xz}^2)}$$

(4-269)

当材料进入塑性状态时，可以将最常用的初始屈服准则写成

$$\sigma_{eq} = \sigma_{yield} \tag{4-270}$$

其中 σ_{yield} 为材料的初始屈服应力，若将等效应力写成更一般的函数形式，即

$$\sigma_{eq} = f(\sigma_{ij}) \tag{4-271}$$

基于式（4-270），将屈服面函数定义为

$$F(\sigma_{ij}) = f(\sigma_{ij}) - \sigma_{yield} = 0 \tag{4-272}$$

基于屈服准则、塑性流动法则、塑性强化准则三方面给出复杂应力状态下本构关系的增量形式，即

$$d\sigma = \boldsymbol{D}^{ep} d\varepsilon \tag{4-273}$$

式中，$\boldsymbol{D}^{ep}$ 为弹塑性矩阵。

在实际问题中，其外载是从小到大逐步施加在物体上的，若多个载荷在施加过程中始终保持同时性和比例性，则称整个加载过程为比例加载。这时的结果只与最后状态有关，与加载过程无关，可将本构关系式写成状态方程，即

$$\sigma = \boldsymbol{D}^{ep}(\varepsilon) \cdot \varepsilon \tag{4-274}$$

式中，$\boldsymbol{D}^{ep}$ 为弹塑性状态方程中的弹塑性矩阵。

所建立的有限元分析列式将是

$$\boldsymbol{K}^{ep}(q) \cdot q = \boldsymbol{F} \tag{4-275}$$

式中

$$\boldsymbol{K}^{ep}(q) = \sum_{e} \int_{\Omega^e} \boldsymbol{B}^T [\boldsymbol{D}^{ep}(q)] \boldsymbol{B} d\Omega \tag{4-276}$$

由于 $\boldsymbol{D}^{ep}(q)$ 为弹塑性本构关系，所以刚度矩阵 $\boldsymbol{K}^{ep}(q)$ 将是位移 q 的函数，不再是定常数矩阵。

在所有外载的施加过程中，若各个外载并不保持同时性和比例性，甚至还有卸载过程，这时必须考虑真实的加载过程，其变形结果必然与加载历史有关，这就要采用增量理论，量形式下的弹塑性本构关系为

$$\Delta\sigma = \boldsymbol{D}^{ep}(\sigma, \varepsilon) \cdot \Delta\varepsilon \tag{4-277}$$

对于所施加的外载增量 $\Delta\bar{f}_h$ 和 $\Delta\bar{f}_p$，相应的虚功方程为

$$\int_{\Omega} \Delta\boldsymbol{\varepsilon}^T \boldsymbol{D}^{ep} \delta(\Delta\varepsilon) d\Omega - \int_{\Omega} \Delta\bar{\boldsymbol{f}}_b \delta(\Delta u) d\Omega - \int_{s_p} \Delta\bar{\boldsymbol{f}}_p \delta(\Delta u) dA = 0 \tag{4-278}$$

设基于单元节点的位移及应变的增量表达式为

$$\Delta u^e = \boldsymbol{N} \cdot \Delta q^e$$
$$\Delta \varepsilon^e = \boldsymbol{B} \cdot \Delta q^e \tag{4-279}$$

式中，Δq^e 为单元的节点位移增量；$\boldsymbol{N}$ 和 $\boldsymbol{B}$ 分别为形状函数矩阵和几何矩阵。

得到有限元分析方程为

$$\boldsymbol{K}^{\mathrm{ep}}(q) \cdot \Delta q = \Delta \boldsymbol{F} \tag{4-280}$$

式中

$$\boldsymbol{K}^{\mathrm{ep}}(\boldsymbol{q}) = \sum_{\mathrm{e}} \int_{\Omega^{\mathrm{e}}} \boldsymbol{B}^{\mathrm{T}} \boldsymbol{D}^{\mathrm{ep}}(\boldsymbol{q}^{\mathrm{e}}) \boldsymbol{B} \mathrm{d}\Omega$$

$$\Delta q = \sum_{\mathrm{e}} \Delta q^{\mathrm{e}} \tag{4-281}$$

$$\Delta \boldsymbol{F} = \sum_{\mathrm{e}} \int_{\Omega^{\mathrm{e}}} \boldsymbol{N}^{\mathrm{T}} \cdot \Delta \bar{\boldsymbol{f}}_{\mathrm{b}} \mathrm{d}\Omega + \sum_{\mathrm{e}} \int_{s_{\mathrm{p}}^{\mathrm{e}}} \boldsymbol{N}^{\mathrm{T}} \cdot \Delta \bar{\boldsymbol{f}}_{\mathrm{p}} \mathrm{d}\boldsymbol{A}$$

无论是基于全量理论还是增量理论得到的有限元分析方程(式(4-275)、式(4-280))，它们都为非线性方程组。针对非线性方程的主要求解方法有直接迭代法、Newton-Raphson（N-R）迭代法、改进的 N-R 迭代法等，下面主要讨论 Newton-Raphson 迭代法。

将总载荷划分为一系列的载荷步，Newton-Raphson 迭代法的主要思路是，在每一载荷增量步中，采用上一步的位移值来求出与位移相关的弹塑性矩阵的值，将原非线性方程变为线性方程，使其成为线性计算，通过反复调整计算载荷值与设定载荷值的差来进行迭代。当两次计算结果之差达到所设定的精度时，再进行下一载荷步的计算。

该方法的主要步骤如下：

（1）进行总外载 $\bar{\boldsymbol{F}}$ 的载荷步划分：

$$\bar{\boldsymbol{F}}^{(1)}, \bar{\boldsymbol{F}}^{(2)}, \bar{\boldsymbol{F}}^{(3)}, \cdots, \bar{\boldsymbol{F}}^{(n)} \tag{4-282}$$

（2）对每一个载荷步长进行迭代，直到两次计算之差达到所设定的精度。每一步的迭代计算公式为

$$\boldsymbol{K}_r^{\mathrm{ep}}[q_{i-1}^{(k)}] \cdot \Delta q_i^{(k)} = \Delta \bar{\boldsymbol{F}}_i^{(k)} \tag{4-283}$$

式中，上标（k）表示第 k 个载荷步，下标 i 表示该载荷步中的第 i 次迭代。

式中的 $\Delta \bar{\boldsymbol{F}}_i^{(k)}$ 为

$$\Delta \bar{\boldsymbol{F}}_i^{(k)} = \bar{\boldsymbol{F}}^{(k+1)} - \bar{\boldsymbol{F}}_{i-1}^{(k)} \tag{4-284}$$

并且有

$$\bar{\boldsymbol{F}}_0^{(k)} = \bar{\boldsymbol{F}}^{(k)}, \quad q_i^{(k)} = q_{i-1}^{(k)} + \Delta q_i^{(k)}, \quad \bar{\boldsymbol{F}}_i^{(k)} = K_r^{\mathrm{ep}}[q_i^{(k)}] \cdot q_i^{(k)}$$

（3）完成所有载荷步长的计算，如图 4-14 所示。

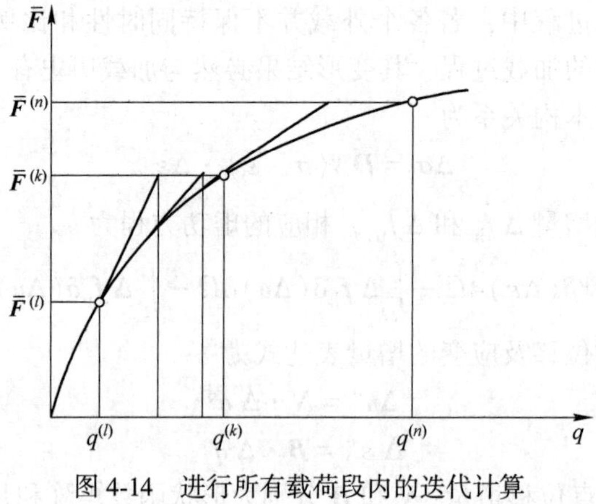

图 4-14　进行所有载荷段内的迭代计算

由式（4-283）可以看出，Newton-Raphson 迭代法需要每次重新计算切线刚度矩阵 $\boldsymbol{K}_{\tau}^{\mathrm{ep}}(q_{i-1}^{(k)})$，在进行后续线性方程的处理时还需要求逆，计算量较大。如果切线刚度矩阵总是采用初始的，即保持不变，或在几个载荷步长的计算中保持不变，则可以使得计算量大为减少，将这种方法称为修正的 *Newton-Raphson* 迭代法，如图 4-15 所示。

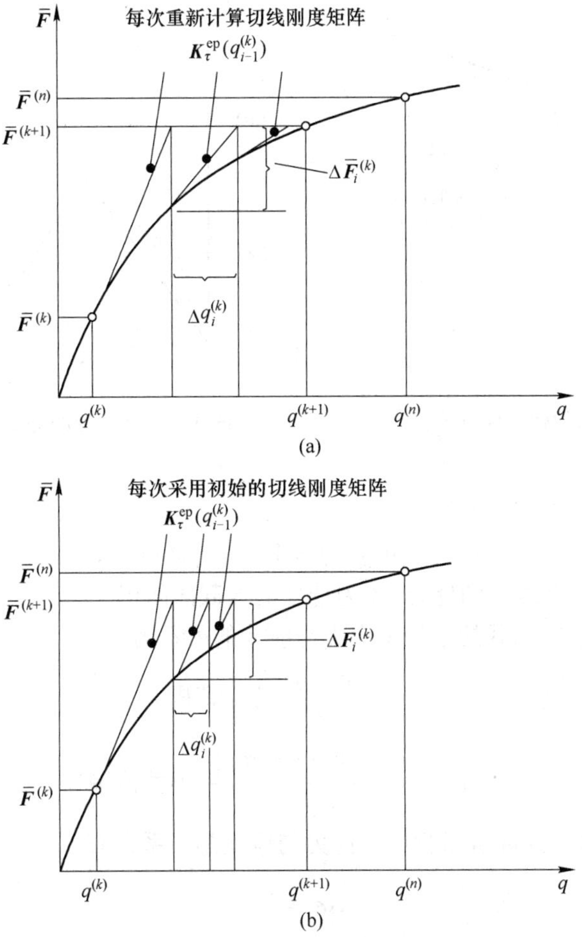

图 4-15　通常的 Newton-Raphson 迭代法（a）及修正的 Newton-Raphson 迭代法（b）

下面对一个刚性夹持杆结构进行弹塑性分析。

一根杆在两端受到刚性夹持，同时受到轴向力的作用，如图 4-16 所示。材料的应力-应变曲线如图 4-17 所示，属于弹塑性线性强化材料。载荷与时间的关系如图 4-18 所示。假定该问题的位移和应变都是小量，且轴向力的加载速度缓慢，可以仅进行静力分析，但重点是考虑材料的非线性，接下来采用解析方法分析轴向力加载点的位移变化。

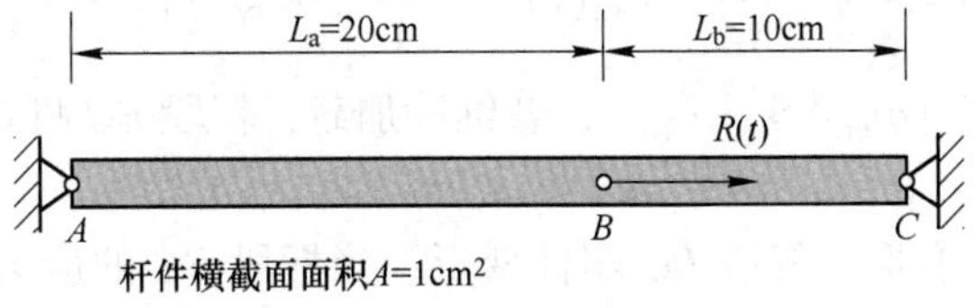

图 4-16　刚性夹持杆示意结构图

假定轴向力作用点的位移为 $u(t)$，随时间变化，这里用时间来表示非线性过程。在任意时刻，AB、BC 两段上的应变都为常值分布，分别为

$$\varepsilon_{AB}(t)=\frac{u(t)}{L_a},\qquad \varepsilon_{BC}(t)=-\frac{u(t)}{L_b} \tag{4-285}$$

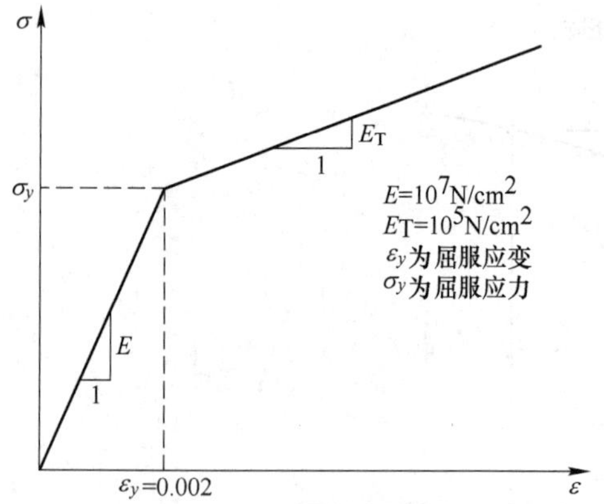

图 4-17　材料的弹塑性行为

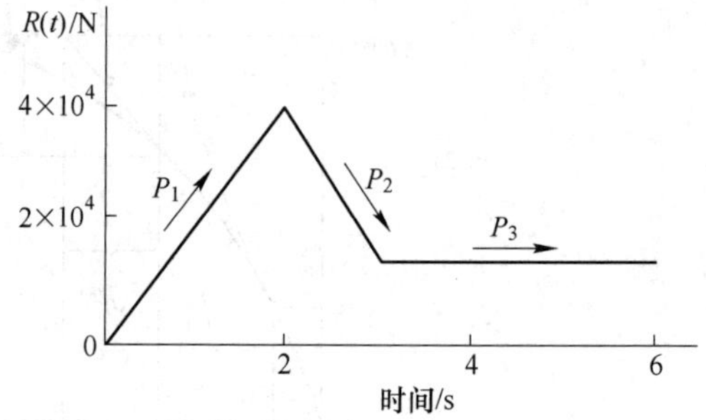

图 4-18　B 点处的外载 $R(t)$ 的变化曲线

根据力的平衡关系，得到

$$R(t)-\sigma_{AB}(t)\cdot A=-\sigma_{BC}(t)\cdot A \tag{4-286}$$

式中，$R(t)$ 为作用在 B 点上的外力；A 为杆件的横截面面积。

由图 4-17 可知，在加载的过程中应力与应变的关系为

$$\varepsilon(t)=\frac{\sigma(t)}{E}（弹性范围） \tag{4-287}$$

$$\varepsilon(t)=\frac{\varepsilon_y+[\sigma(t)-\sigma_y]}{E_T}（塑性范围） \tag{4-288}$$

用增量的形式来描述卸载过程中的应力与应变的关系，有

$$\Delta\varepsilon=\frac{\Delta\sigma}{E} \tag{4-289}$$

（1）杆段 AB 和 BC 都处于弹性变形阶段。在刚开始加载的阶段，杆的两个分段 AB 和 BC 都处于弹性变形阶段，将式（4-285）及式（4-287）代入力的平衡关系式（4-286）中，有

$$R(t)=E\cdot A\cdot u(t)\left(\frac{1}{L_a}+\frac{1}{L_b}\right) \tag{4-290}$$

代入相应的数值后得到

$$u(t)=\frac{2R(t)}{3\times10^6A},\ \sigma_{AB}(t)=\frac{R(t)}{3A},\ \sigma_{BC}(t)=-\frac{2R(t)}{3A} \tag{4-291}$$

显然，在弹性阶段 $|\sigma_{BC}|>|\sigma_{AB}|$，若继续加载，杆段 BC 将首先产生塑性变形。继续分析下一步的情况。

（2）杆段 AB 弹性变形，杆段 BC 塑性变形。当杆段 BC 的应力等于屈服应力时，杆段开始塑性变形，记杆段 BC 开始塑性变形的时间为 t_1，即

$$\sigma_y = \frac{2R(t_1)}{3A} \tag{4-292}$$

此时 $R(t_1)$ 为

$$R(t_1) = \frac{3A\sigma_y}{2} \tag{4-293}$$

式中，σ_y 为屈服应力。

根据加载过程的应力、应变关系，若继续加载，在杆段 AB 产生塑性变形之前，有关系

$$\sigma_{AB}(t) = E\frac{u(t)}{L_a}$$

$$\sigma_{BC}(t) = -E_T\left[\frac{u(t)}{L_b} - \varepsilon_y\right] - \sigma_y \tag{4-294}$$

对于 $t \geqslant t_1$，根据力的平衡关系式（4-286），有

$$R(t) = \frac{EAu(t)}{L_a} + \frac{E_TAu(t)}{L_b} - E_TA\varepsilon_y + A\sigma_y \tag{4-295}$$

对上式求解，得到位移

$$u(t) = \frac{R(t)/A + E_T\varepsilon_y - \sigma_y}{\dfrac{E}{L_a} + \dfrac{E_T}{L_b}} = \frac{R(t)}{1.02 \times 10^6} - 1.9412 \times 10^{-2} \tag{4-296}$$

式中，ε_y 为屈服应变。

若杆段 AB 产生塑性变形，则必有条件 $\sigma_{AB}(t) = \sigma_y$，这时对应的载荷为 $\sigma_{AB}(t) = \sigma_y$，此时对应的载荷为

$$R(t) = 2\sigma_y + E_TA\varepsilon_y = 4.02 \times 10^4 \tag{4-297}$$

由图 4-18 的加载过程可知，实际最大的 $R(t) = 4 \times 10^4\text{N}$，因此，杆段 AB 在实际加载过程中处于弹性变形阶段。

（3）卸载阶段。在卸载阶段的应力与应变之间保持线性关系，基于式（4-290），写成增量形式，有

$$\Delta u(t) = \frac{\Delta R(t)}{EA_{ac}\left(\dfrac{1}{L_a} + \dfrac{1}{L_b}\right)} \tag{4-298}$$

综合以上的讨论，根据图 4-18 所示的加载情况，给出刚性夹持杆结构的载荷与位移的全过程变化状况，如图 4-19 所示。

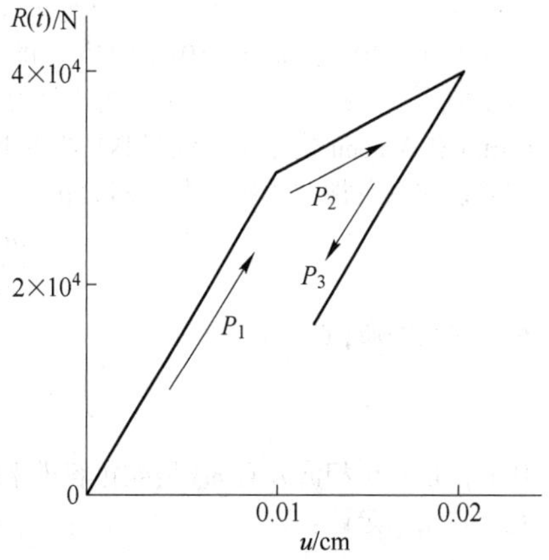

图 4-19　刚性夹持杆结构的载荷与位移的变化

习　题

4-1　设直杆的长度为 L，热源的强度为常数 Q，边界条件为 $T(x=0) = T_0$ 和 $q(x=L) = -q_L$（向外散

热)，试求解方程式（4-28）。

4-2　设 $T = C\sin(\pi x/L)$，其中 C 为常数，使用瑞利（Raleigh-Ritz）方法求解正文中讨论的一维热传导问题的近似解，假设有等截面均匀直杆长度为 L，在直杆上各处均匀加热，直杆两端的温度为 $T(0) = T(L) = 0$，对一维热传导问题的微分方程求解，即

$$\frac{d^2T}{dx^2} = -\frac{Q}{k}$$

4-3　如图 4-20 所示，推导关于 x_1，x_2，x_3 三点的形状函数。

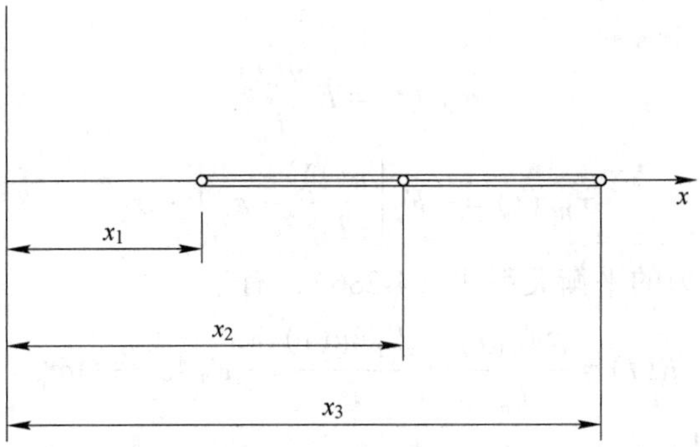

图 4-20　习题 4-3 图

4-4　根据习题 4-3 的条件和图，设 $x_1 = -L$，$x_2 = 0$，$x_3 = L$，求相应的形状函数。

4-5　根据习题 4-4 的条件，对长为 $2L$，坐标为 $(-L, 0, L)$ 的单元，推导其单元刚度矩阵。

4-6　根据习题 4-4 定义的长为 $2L$ 的三点单元，推导各点体积力分布的应力矩阵。

4-7　给定微分方程

$$u\frac{dC}{dx} - D\frac{d^2C}{dx^2} - m = 0,\ C(0) = C(L) = 0$$

假设有解 $C_R = a_0 + a_1x + a_2x^2 + a_3x^3$，使用 Galekin 方法求其一个近似解，并给出参数 $L = 1$m，$D = 1.0\times10^{-8}$，$m = 1.0\times10^{-4}$，将所得结果与精确解进行比较。

4-8　假设 $C_R = a_1x + a_2(1 - e^x)$，再次计算习题 4-7。

4-9　Gurtin 和 Yatomi 建立了合成材料中两相扩散的一个一维数学模型，它定义了一个自由相的浓度，并被假设在其硬性物质中扩散，对自由相 C_f 的物质平衡由下式给出

$$\frac{\partial C_f}{\partial t} + \frac{\partial j_f}{\partial x} = -m_f$$

对于硬性物质，C_f 为

$$\frac{\partial C_f}{\partial t} = m_f$$

其中 j_f 是自由相流并且 m_f 是被包容进来的自由相物质的比率，对自由相的连续方程可以假设为菲克（Fick）定律：

$$j_f = -D\frac{\partial C_f}{\partial x}$$

和

$$m_f = \beta C_f - \alpha C_r$$

对应比率项，使用 Galekin 方法推导此扩散原理所对应的有限元模型的公式。

4-10　根据图 4-21 所示，固定梁收到连续荷载 $\omega(x) = -\omega x/L$ 的作用，计算其反作用剪切力和反作用力矩。

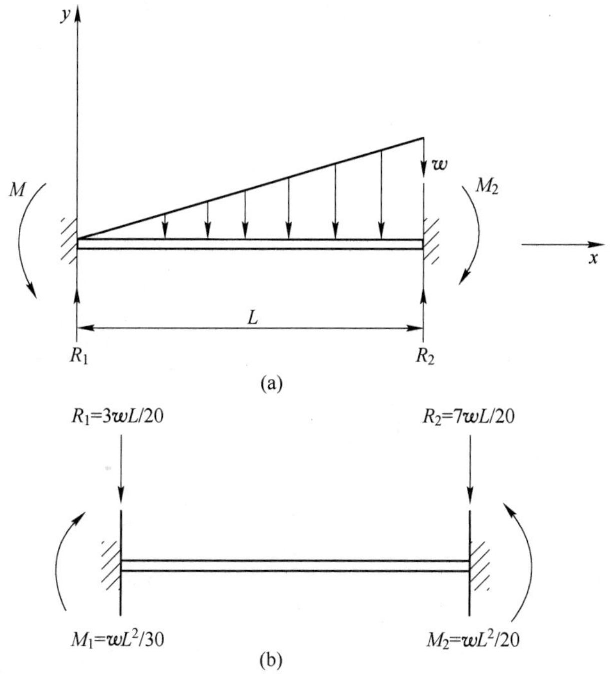

图 4-21　习题 4-10 图

（a）反作用力；（b）等价的节点载荷

4-11　图 4-22 中的梁是静定结构，反作用力 R_A 和 R_B 的计算方法应用了基本静力学方程，这个梁结构将用来说明位移法的基本思想，试采用位移法计算下图中梁的反作用力。

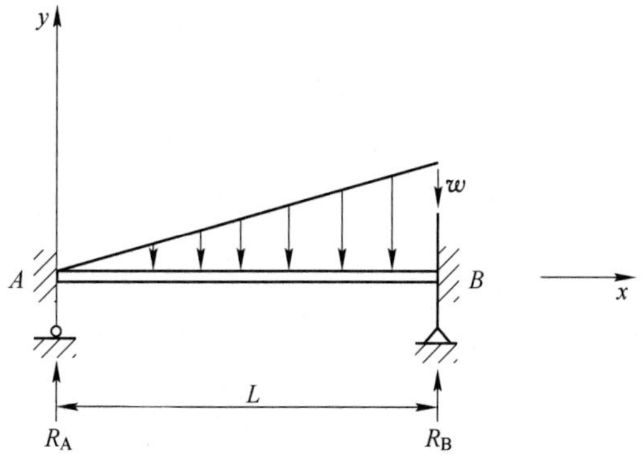

图 4-22　习题 4-11 图